이론과 실무능력 향상을 위한

창의적 설계 및 실습

허용정 · 임사환 공저

홍릉과학출판사

Preface

머리말

Creative Design and Lab

대기업을 비롯한 산업 현장으로부터 창의적 문제해결능력을 갖춘 공학도에 대한 요구가 점차 증가하고 있는 추세입니다. 삼성, POSCO 등 트리즈(TRIZ)를 본격적으로 도입하여 사원들의 혁신 마인드와 창조성을 함양하고 경쟁력 있는 특허등록 건수를 늘려나가는 구체적 사례가 늘고 있습니다. 삼성의 경우를 보면 2002년 이후 트리즈(TRIZ)를 적용한 국내외 특허 등록 건수가 급증하여 창의적, 혁신적 기업이라는 글로벌 이미지를 제고하고 있습니다. POSCO의 경우도 2010년 2월부터 사내에 트리즈(TRIZ)대학을 설립하고 향후 POSCO 경영 핵심 도구로 트리즈(TRIZ)를 적극적으로 활용해 나갈 것임을 분명히 한 바 있습니다. 창의성을 가지고 다른 경쟁기업보다 한발 앞서서 신제품을 출시하는 일은 이제 기업 생존의 필수불가결한 조건이 되었습니다. 선진 기술의 모방을 통하여 급속한 경제성장을 이루어 낸 우리나라 산업계가 이제는 더 이상 모방만으로는 글로벌 경쟁이 어렵다는 확신을 하게 된 것 같습니다. 선진국형의 신제품을 만들어 글로벌 시장에서 경쟁하기 위해서는 창조적 문제해결 능력과 발상이 절실히 요구됩니다.

이러한 시회적 변화와 요구에 발맞추어 대학은 공학인증제를 도입하고 설계교육이 그 어느 때보다 강조되고 있습니다. 창의적 공학설계를 비롯한 설계관련 과목들이 새로이 도입되거나 체계를 갖추어 나가고 있습니다.

과거에는 공학도들이 설계 현장에서 빈번히 부딪히게 되는 어려운 문제해결에 활용할 수 있는 실용적 사고 도구를 학습할 기회가 없었습니다. 체계적으로 시스템 사고를 통해 프로세스(process)를 거쳐 가능한 창의적 설계 대안을 생성하는 데 실질적으로 도움을 주는 방법론을 찾아보기 힘들었습니다.

대학에서의 교육은 주로 제안된 설계 대안을 공학해석을 통하여 평가하고 검증하는 분야에 많이 주안점을 두었습니다. 컴퓨터응용 공학해석(Computer Aided Engineering) 기술을 활용하여 해석하는 기술은 그동안 눈부신 발전을 이루었습니다.

그러나 설계 초기 단계에서 여러 모순된 요구조건을 만족시키기 위한 창의적 문제해결과 설계 대안을 창출하는 일은 현장의 오랜 경력을 지닌 전문기술자의 영역에 머물러 있었습니다.

러시아에서 개발된 창의적 문제해결 이론인 트리즈(TRIZ) 기술은 이러한 현장의 요구에 부합되는 시스템 사고와 창의적 문제해결에 적합한 사고 도구라고 할 수 있습니다. 공학설계 과목을 통해 배운 설계관련 전문지식을 잘 활용하기 위해서는 트리즈(TRIZ)를 비롯한 창의성관련 사고 도구들을 잘 활용하는 것이 중요합니다.

과거 뛰어난 창의성으로 우리나라를 눈부시게 발전시켰던 자랑스러운 선조들의 창의성 DNA가 오늘날 우리 후손에게도 다시 발현되어야 할 시기입니다. 미래의 공학도는 공학지식뿐 아니라 창의적 문제해결능력, 긍정적 마음가짐, 시스템 사고, 팀워크, 리더십, 의사소통능력, 기업가 정신, 열정 등 다양한 능력을 갖춘 벤처창업가형 공학도가 되어야 합니다. 공학기술자일 뿐 아니라 벤처창업가와 같은 창의성과 긍정적이고 도전적인 마음가짐을 가져야 합니다. 창업을 하거나 혹은 하지 않았더라도 각자 맡은 바 위치에서 기업가 정신을 겸비한 작은 창업가형 공학자로 거듭나야 합니다. 이러한 창업가형 공학도들이 많아질 때 본인의 미래뿐 아니라 우리나라 산업계의 미래가 활짝 밝아질 수 있을 것으로 확신합니다.

이 책이 이러한 창업가형 공학자를 배출하는 데 조금이라도 도움이 될 수 있기를 기대합니다.

이 책의 구성을 살펴보면 1부에서는 설계에 대한 기본적인 설명과, 창의공학 이론을 다루었습니다. 특히 기업에서 많이 활용되고 있는 트리즈(TRIZ)를 이해하고 실무 문제해결능력을 향상할 수 있도록 트리즈(TRIZ) 개념 설명을 실제 강의실에서 강의하듯이 쉽게 전달하려고 많은 노력을 기울였습니다.

2부는 1부에서 자세히 설명한 개념을 바탕으로 실제 현장에서 쉽게 사용될 수 있도록 '실무를 위한 쉬운 트리즈(TRIZ) 방법론'을 제공하려는 의도에서 쓰여졌습니다. 실용적인 차원에서 짧은 시간에 트리즈(TRIZ)를 습득하여 현장실무에 바로 적용할 수 있도록 하기 위한 것이 2부의 목적이라고 할 수 있습니다.

3부에서는 실습과 관련한 사항들이 자세히 설명되었습니다. 쉽게 접할 수 있는 국내외 트리즈(TRIZ) 소프트웨어를 활용하여 실제 실습을 할 수 있도록 구성하였습니다. 특히 국내에서 개발된 최초의 한글 트리즈(TRIZ) 소프트웨어인 InnoSolver를 활용하는 법을 예제와 함께 자세히 수록하여 학습에 도움이 되도록 하였습니다.

4부에서는 설계 해석 및 평가를 위한 CAE(Computer Aided Engineering)에 대한 설명이 이루어져 있습니다.

창의적으로 제안된 설계를 검증하기 위해서는 컴퓨터를 이용한 공학해석 프로그램의 활용이 필수적입니다. 설계검증에 요구되는 다양한 분야의 수많은 전문적인 상용 프로그램을 활용하기란 상당히 어렵고 노력을 요하는 일입니다. 본 교재에서는 현장에서 당면하는 여러 문제에 대한 공학적 해석이 요구될 때 상용 프로그램에 쉽게 접근할 수 있도록 간단한 예제를 통해 프로그램 사용을 되도록 자세하게 설명하였습니다. 각 예제풀이를 따라 단계별로 문제를 풀어나가면서 쉽게 상용 프로그램에 친숙해질 수 있도록 하였습니다. 공학도뿐 아니라 현장의 실무자들도 실무 현장에서 도움이 될 것으로 기대합니다.

부록 1에서는 선진공학 교육을 참고하는 의미에서 저자가 최근 방문하였던 미국 최고의 교육중심대학인 로즈헐만 공대와 일본의 유명한 교육중심대학인 가나자와 대학을 소개하였습니다. 부록 2에서는 한국 반도체장비 산업의 현황과 요구되는 현장 설계 기술에 관한 정보를 그리고 부록 3에서는 모순 매트릭스를 수록하였습니다. 부록 4에서는 설계한 창의적 결과물을 법적으로 보호받기 위한 특허를 스스로 출원하는 방법을 알 수 있도록 특허출원방법과 절차에 관하여 수록하였습니다. 부록 5는 트리즈 관련 유용한 홈페이지 주소를 수록하였습니다.

2011년 4월 저자

Contents

차 례

Creative Design and Lab

제1부

설계와 창의성, 그리고 트리즈(TRIZ)

Creative Design and Lab

01
우리나라 공학설계 기술의 현재와 미래

Creative Design and Lab

기술 발전의 관점에서 바라보면 우리나라의 현재 상황은 여러 가지 측면에서 전환기에 도달한 것으로 판단됩니다. 전환기는 변화의 격랑 속에 있는 시기이기 때문에 준비가 철저하면 새로운 기회와 성공적인 미래가 보장될 수 있지만, 반대의 경우에는 미래의 불확실성과 불안정성 속에서 자신의 좌표를 잃어버리고 표류할 수도 있는 위험이 상존합니다.

이에 대한 다양한 관점이 있겠지만 공학기술자의 입장에서도 새로운 변화의 시기를 철저하게 대비해 나가는 것이 필요하다고 생각됩니다. 기술 변화와 발전과정을 예단하고 현재의 기술을 전체 사이클의 관점에서 파악하는 것은 공학기술자에게 매우 중요한 일입니다.

그러나 기술 발전 추이를 예단한다는 것은 무척 어려운 일입니다. 트리즈(TRIZ)의 기술진화의 법칙과 S곡선에 관한 이론은 이러한 예측을 지원해 줄 수 있는 유용한 도구라고 할 수 있겠습니다.

우리나라의 산업과 기술이 발전해 온 것을 간략히 보면 근대 기술 발전의 시작은 광복 이후부터라고 할 수 있겠습니다. 일제 강점기에 일본인 기술자들이 담당했던 업무들을 해방 후 비록 경험은 적었지만 우리 한국인 기술자들이 담당하면서부터라고 할 수 있겠습니다. 고급기술자 양성은 공과대학에서 이루어져야 하는데 해방 직후 공과대학에는 전문교수인력이 너무나 부족하였습니다. 공과대학의 실습 위주 교육은 많은 현장경험과 이론지식을 겸비한 전문교수요원에 의해서만 이루어질 수 있는데 이러한 인력이 절대 부족하였던 것입니다. 이러한 이유로 초기의 공학교육은 강의실에서 쉽게 가르칠 수 있는 수학을 바탕으로 한 이론 위주 교육으로 시작되게 되었습니다. 고가의 실습장비가 부족했던 것도 그 이유 중의 하나였을 것으로 추측됩니다. 필자가 대학원에 다니던 1980년대 초기에 국내 유수의 공과대학에서조차 1950년대의 구형장비를 실습시간에 활용하였던 것을 기억합니다.

산업 현장 또한 전문설계인력이 절대 부족한 관계로 선진국에서 생산기계를 수입해서 우수인력을 기능공으로 훈련시킨 후 선진 제품을 모방 생산하는 것으로부터 시작하였습니다. 역공학(reverse engineering)에 의한 이러한 생산방식은 단시일 내에 우리나라를 제조 강국으로 성장하게 하였고, 국가의 부(富)도 급속히 증대되었습니다. 밤낮없이 힘써 일한 공학기술자 선배님들의 눈물 어린 많은 땀과 노력이 함께 하였습니다.

기술 선진국인 일본을 따라잡기 위해 열심히 노력하며 달려왔지만 그 사이 우리 옆에서는 중국이라는 강력한 경쟁상대가 오랜 잠에서 깨어났습니다. 중국은 우리가 성장을 위해 사용했던 선진 기술 모방, 외국기업 및 자본 유치 등 모든 방법들을 똑같이 동원하면서 엄청난 잠재력과 무서운 속도로 순식간에 세계 2위의 경제대국으로 성큼 올라섰습니다. 우리는 이러한 경쟁의 틈바구니에서 우리만의 고유 기술을 개발하여 창의적으로 세계시장에서 두각을 나타내야 하는 입장이 되었습니다.

이러한 상황에 가장 민감할 수밖에 없는 산업계에서부터 이와 관련된 목소리가 많이 나오고 있습니다. 1990년대 초반 세계적인 국내기업 S전자에서는 '마누라와 자식 빼고는 다 바꿔라' 라는 슬로건을 내세우고 '창조경영'이라고 하는 화두를 강하게 던졌습니다. '창조경영'은 기존 방식을 변혁하여 패러다임 전환의 시대에 적합한 혁신적 제품과 시스템을 창안해 보라는 요구였던 것 같습니다. 창조경영의 요구에 부응하기 위해 도입된 도구들 중 단연 눈에 띄는 도구가 트리즈(TRIZ)였습니다. S전자가 발표한 자료들에 의하면 트리즈(TRIZ)를 학습시켜 내부 직원들의 특허출원을 독려한 결과 2000년대 초반부터 특허 건수가 급증했다고 되어 있습니다. 이에 질세라 L전자, P기업 등 국내 유수의 기업들도 트리즈(TRIZ)를 과감하게 도입하였거나 도입하고 있는 중입니다. 이처럼 트리즈(TRIZ)는 대학에서 활성화되어 기업으로 이전되는 경로가 아니라 기업에서 먼저 사용하여 효과가 검증된 후 대학에서 교육을 시작하게 된 특별한 경우라고 할 수 있습니다.

왜 지금 기업에서 창의성에 대한 요구가 이렇게 급격히 증가하고 있을까요? 그것은 바로 기업들이 현재 처해있는 상황과 밀접한 관계가 있습니다. 과거에는 선진기술을 도입하여 모방만 하여도 충분한 경쟁력이 있었지만 글로벌화와 무한경쟁 시대로 접어든 지금은 선진국들도 기술 장벽을 높게 치고 첨단 기술을 이전해 주려고 하지 않기 때문입니다. 우리나라의 일부 제품의 경우 기술 수준이 이미 세계 최고 수준에 올랐기 때문에 모방할 제품 자체가 존재하지 않기 때문이기도 합니다.

세계 최고의 제품으로 경쟁해야 한다는 것이 우리의 당면 과제가 되었습니다. 세계 최고가 되기 위해서는 창의성을 활용해 우리만의 독자적 브랜드 제품을 만들어야 합니다. 창의성이라고 하는 것은 자기만의 고유한 시각으로 문제를 바라볼 때 가능하게 되는 것입니다. 이러한 고유의 관점을 갖는다고 하는 것은 그렇게 말처럼 쉽지만은 않습니다. 생각의 관성(mental inertia)인 고정관념이 해결해야 할 문제입니다. 고정관념은 우리 뇌의 작용패턴에 의해 발생됩니다. 우리가 생활 속에서 자주 만나게 되는 문제의 경우 여러 번의 학습을 거쳐 이러한 유형의 문제는 이렇게 대처해야 한다는 일종의 패턴을 형성하게 됩니다. 이러한 뇌의 작용은 우리의 생존을 위해 반드시 필요한 것이기도 합니다. 그러나 창의성을 요구하는 어려운 문제나 새로운 유형의 문제에 대처하게 될 경우 이러한 고정관념은 문제해결에 커다란 장애요인으로 작용하는 것입니다.

고정관념은 학문적으로 잘 규명되어 있지 않은 분야입니다. 그러나 경험적으로 고정관념을 극복하기 위한 방법론들은 많이 소개되어 있습니다. 그 중 하나는 우뇌를 활성화하는 방법론입니다. 이러한 방법론에 대해서는 심리학 분야에서 많은 연구가 진행되어 왔습니다. 그러나 공학 분야에 바로 적용하기가 쉽지 않습니다. 또 다른 방법은 트리즈(TRIZ)와 같이 좌뇌를 사용하여 고정관념을 극복하는 방법입니다. 이 역시 트리즈(TRIZ)가 쉽게 배우기 어려운 도구라는 점을 고려한다면 쉽지 않은 방법이라고 할 수 있겠습니다. 그러나 좌뇌를 많이 사용하는 공학도의 입장에서 보면 훨씬 접근하기 쉬운 도구라고 할 수도 있겠습니다. 실용성을 중시하는 기업체에서 트리즈(TRIZ)에 많은 관심을 가지고 도입하는 것이 이에 대한 대답이 될 수 있지 않을까요?

다가오는 새로운 시대는 혁신의 시대가 될 것입니다. 모든 나라는 혁신하고 번영하거나, 그렇지 못하고 쇠퇴하는 나라로 나뉘게 될 것입니다. 혁신이란 창의성의 적용을 의미합니다. 혁신은 기업, 교육기관, 정부 할 것 없이 모든 분야에 창의성이 적용되어야 하는 것을 의미합니다. 창의성의 적용은 창의적 문제해결과도 긴밀한 관계가 있습니다. 창의적으로 문제를 해결하기 위해서는 문제의 답을 단선적으로 찾기보다는 문제해결을 위한 사고 프로세스를 익히고 부단히 연습하는 것이 요구됩니다. 이러한 시대적 요구에 부응할 수 있는 것이 트리즈(TRIZ)이며, 따라서 트리즈(TRIZ)를 다른 말로 표현한다면 창의적 문제해결을 위한 사고 프로세스라고 표현할 수도 있겠습니다.

▸▸ **표 1.1** 기술 변화의 추이(Edward Lumsdaine, 2010)

시대 구분	1700~1900	1900~2000	2000
경제유형	농업	제조업	정보화
관련 기술	농기구	기계	컴퓨터
최종 생산품	식량	상품	정보
자원	토지	자본	지식
제조 단위	가족	회사	네트워크
에너지	근육	화석연료	정신
교육 – 수요 – 주안점	실습 – 최소한도 – 무엇을?	절차 – 상당한 정도 – 어떻게?	사고 – 지속적 – 왜?

표 1.1에 기술 변화의 추이를 나타내었습니다. 시대별로 경제의 유형, 관련 기술, 최종 생산품, 요구되는 자원, 에너지 등이 다르게 되는 것을 알 수 있습니다. 이렇게 시대가 패러다임의 변화를 가져올 때 이 변화에 적절히 대응하지 못하면 예외 없이 역사의 뒤안길로 사라져 가는 것을 알 수 있습니다. 이로부터 유추해 보면 지속적 성장을 유지하기 위해서는 새로운 패러다임에 적응하기 위한 고통스러운 혁신의 과정이 필수적으로 요구된다는 것을 알 수 있습니다.

▶▶ **표 1.2** 새로운 경제 패러다임

논점	구경제	신경제
시장	안정적	동적
경쟁	국내	국제적
조직 형태	계층적	기업가적 네트워크
사업의 이동성	낮음	높음
핵심 인자	자본/노동	지식/혁신
혁신의 영향	적당	높음
기관 간의 관계	자기충족적	협업
정부의 역할	부과된 요구사항	규제 완화 및 지원
연구 분야	물리학 및 공학	정보 시스템 및 바이오과학

표 1.2에 시대변화를 신, 구경제 패러다임의 관점에서 구분하고 각 패러다임의 특성을 비교하여 나타내었습니다. 구경제 패러다임에서는 시장의 규모가 주로 국내에 국한되고 안정적 시장을 유지할 수 있었지만, 신경제 패러다임에서는 시장이 국제화되고 동적인 시장으로 변화하여 나가는 것을 알 수 있습니다. 조직의 형태도 계층구조에서 기업가적 네트워크로 바뀌어 감을 볼 수 있습니다. 정부의 역할도 강제적으로 요구하고 규제 일변도의 역할에서 신경제 패러다임에서는 규제를 완화하고 지원하는 역할로 바뀌게 됨을 볼 수 있습니다. 각 경제 패러다임에서 중시되는 연구 분야도 과거의 물리학 및 공학에서 정보 시스템 및 바이오과학 분야로 변환되는 것을 알 수 있습니다.

이코노미스트 인텔리전스 유닛(Economist Intelligence Unit)이라는 시사잡지 이코노미스트 산하 조사기관이 있습니다. 이 기관의 2009년도 세계 각국의 혁신 수준에 대한 순위 조사결과에 의하면 우리나라는 11위에 올라 있습니다. 몇몇 주요 경쟁국들의 순위를 나열해 보면 일본 1위, 핀란드 3위, 미국 4위, 대만 7위, 이스라엘 9위, 싱가포르 16위, 홍

콩 21위 등입니다. 주목할 점은 중국이 10년 만에 60위에서 45위로 올라섰다는 점입니다. 우리나라는 10년 동안 4계단 올라섰다고 합니다.

이러한 상황에서 우리나라가 선진국으로 진입하려면 벤처창업에서 많은 비중을 차지하고 있는 공학기술자들에게 기업가 정신을 배양하는 것이 절실히 요구됩니다. 창의성을 겸비한 기업가 정신은 한 나라의 건강한 경제를 이루는 데 혈액이 됩니다. 기업가들은 새로운 직업, 새로운 부, 새로운 기회를 창출하여 부강한 나라를 이룰 수 있게 해 주는 중요한 역할을 합니다. 미국은 1948년에서 1998년까지의 기간 동안 많은 경제위기 상황을 경험하였다고 합니다. 경제위기를 극복하는데 전적으로 기업가들이 주도하였다는 미국교수님의 강의를 들은 적이 있습니다. 또한 2차 세계대전 이후 발명의 67%, 큰 혁신의 95%를 소기업들이 이뤘다고도 하며, 매년 70만 개 정도의 새로운 사업이 시작된다고 합니다. 새롭게 생겨나는 직업의 60%는 가장 빠르게 성장하는 신규기업의 10%에 의해서 창출된다는 놀라운 보고도 있습니다.

2000년 6월에 발표된 아리조나 대학의 경영대학 보고에 따르면 기업가 정신을 교육받은 학생들이 교육받지 않은 학생들에 비하여 다음과 같은 우수한 결과를 보였다고 합니다.

- 신규사업 시작한 경우가 3배에 달함.
- 연 수입이 27% 높았음. 자산은 62% 더 높았음.
- 대기업에 취업한 경우 연봉이 23,000불 더 높았음.
- 자신들의 직업에 만족도가 더 높았음.
- 더 혁신적인 경향을 보였음.

필자는 1970년대에 기계공학에 대한 공부를 시작하였습니다. 그 당시는 국가적인 중화학공업 육성으로 인하여 공과대학을 졸업하기만 하면 취업에 큰 문제가 없었던 시기였습니다. 지금 돌이켜 보면 선진 기술 도입을 통한 모방과 우수 인력 양성을 통한 대량생산의 시기였던 것으로 생각이 됩니다. 기계들을 제작하기 위한 정밀 공작기계의 도입과 운용을 위한 인력의 양성, 자동차 산업의 육성, 중화학 설비의 제작, 조선 산업의 급속한 발전 등이 눈부시게 추진되었던 시기였던 것입니다. 우리나라 경제를 급속히 성장시켰던 이러한 대량생산을 위한 능력은 중국의 맹렬한 추격으로 인하여 부가가치가 빠른 속도로 하락하고 있습니다. 대량생산방식과 원가절감이라고 하는 것만 가지고서는 더 이상 경쟁이 어려운 때가 온 것입니다.

창의성과 혁신 그리고 창업가 정신을 겸비한 인재들을 키우지 않고서는 더 이상 세계시장에서 경쟁이 어려워지게 되었습니다. 이러한 자각은 기술경쟁의 최전선인 기업체로부터 시작되었습니다. 대기업 리더들은 이러한 자각을 언론을 통하여 알리기 시작하였습니다. 이러한 기업의 요구에 대한 대학의 대응이 공학인증 시스템의 도입이라든가 창의적 설계교육 강화의 형태로 다양하게 나타나고 있습니다. 일본보다는 제조기술력이 앞서 나가지 못하고 중국보다는 가격경쟁에서 어려움을 겪는 힘든 경쟁구도이긴 하지만 우리 공학도들이 더욱 노력한다면 이러한 상황을 무난히 극복할 수 있을 것입니다. 세종대왕이나 이순신 장군 등 뛰어난 선조들로부터 물려받은 우리의 창의 DNA와 뜨거운 열정, 우리 민족 고유의 신바람까지 불어넣는다면 우리도 얼마든지 세계적 경쟁에서 앞서 나갈 수 있을 것이라 확신합니다.

02 공학설계 개요

Creative Design and Lab

2.1 공학설계 정의

인간의 편의와 사회적 요구를 충족시켜 산업 발전에 공헌하고자 하는 것이 공학설계(engineering design)의 목적이라고 할 수 있습니다. 새로운 상품, 공정, 소프트웨어, 시스템 또는 조직을 창안하는 것 등이 모두 공학설계의 예가 될 수 있습니다. 공학의 모든 분야는 설계나 종합(synthesis)과정을 포함하게 되는데 이는 공학자의 전문적인 행위라고 할 수 있습니다. 일반적으로 도면, 규격, 사양서, 부품 목록, 제품의 형상, 재료, 치수 등이 공학설계의 구체적인 결과물이라고 할 수 있겠습니다. 목적한 공학설계 결과물에 대하여 시제품을 제작하고 시험평가를 거친 후 유용성, 안전성 등이 확보되어야 성공적인 설계라고 할 수 있습니다. 아래의 결과물들이 공학설계 결과물이라고 할 수 있겠습니다.

1) 제품도면 : 부품도, 조립도, 사용재료 선정, 형상, 치수
2) 공학적 해석결과 : 응력, 기구학적 운동 등
3) 공정도 : 제작 방법, 순서 등
4) 시험평가 보고서 : 시험 내용, 시험결과
5) 품질보증 문서 : 제품규격, 시험규격 등

1950년대 후반에서 1960년대 초반 사이에 구소련의 스푸트니크(Sputnik) 우주선 발사 성공에 의해 구소련의 과학 기술이 미국에 비해 우월한 것으로 간주되었습니다. 이때 미국에서는 이공계 진학 감소 및 기피현상도 나타났습니다. 대학들은 이에 대해 공학교육에서 응용과학이 강조되지 않았기 때문이라고 판단하였습니다. 이러한 이유로 응용과학 교육이 강조되었고 반면 실무경험을 위주로 하는 공학설계와 같은 과목에 대한 관심은 감소하였습니다. 그러나 공학이 균형 있게 발전하기 위해서는 응용과학과 함께 강력한 설계역량과 기술에서 유래된 분야들에 대한 강조가 중요합니다.

전문가의 경험에 주로 의존해 오던 설계 기술의 과학화에 착안하여 이 분야를 오랫동안

연구해 오신 분들 중 한 분이 서남표 박사이십니다. 서남표 박사는 열역학의 공리인 제1법칙, 제2법칙과 같이 설계 분야에도 설계공리를 정립하여 설계를 과학화하려고 노력하였습니다.

'공학'이라는 용어를 접할 때 '과학'과 '기술'이라는 용어가 늘 비교됩니다. 기술과 경험은 많은 과학 분야에 있어서 과학 자체의 발달보다 앞섰습니다. 특정사회의 요구를 만족시키기 위한 해결책이 증기기관과 같이 먼저 시행오차를 통해서 발명되었습니다. 그 후 기술의 축적이 진행됨에 따라서 과학적 이론, 원리, 법칙들이 정립되게 됩니다. 이렇게 정립된 과학은 공학자에 의해 사용되어 새로운 기술을 빠른 속도로 발전시키는데 활용되었습니다. 과학은 인간이 접하게 되는 자연이나 자연현상의 원리를 탐구하는 학문입니다. 주로 현상을 체계적으로 파악하는 작업에 중점을 둡니다. 연구를 통해 획득된 과학적 지식을 체계적이고 합리적으로 적용하여 건축물, 기계 등의 결과물을 얻는 것이 공학의 핵심 활동이라고 할 수 있습니다. 표 2.1에서 보는 바와 같이 과학은 자연원리의 탐구, 공학은 과학적 지식의 현실 응용에 각각 중점을 두고 있다는 것으로 구분됨을 알 수 있습니다. 공학과 과학이 학문으로서 체계성에 특징이 있는 반면, 기술은 과학의 공학으로의 응용에 있어서 실질적 유용성을 추구하기 위한 실현과정을 중요시하는 활동 또는 수단을 말합니다.

표 2.1 공학자와 과학자의 역할 비교(이경우 외, 2006)

공학자	신경제
• 사회의 요구를 만족하려는 목적입니다.	• 대상을 궁극적으로 탐구하려는 목적입니다.
• 현실적용을 지향하고 있습니다.	• 과학적 지식 획득을 지향합니다.
• 문제해결책 또는 개선책을 추구합니다.	• 현상을 연구하며, 원인에 대한 답변을 추구합니다.
• 현실 사회에의 적용을 목표로 함으로 윤리 문제와 사회적, 법적 책임에 대한 대비가 필요합니다.	• 자연을 대상으로 한 탐구를 목적으로 하므로 윤리 문제에 대한 고려가 미약합니다.
• 인류의 축적된 지식을 특정 상황에 적용하여 제품과 서비스를 생산합니다. • 지식 자체가 목적이 아니고 구조물, 시스템, 제품 및 서비스를 생산하기 위한 기초로 활용됩니다.	• 인류의 이미 축적된 체계적 지식에 새로운 지식을 추가하고, 보편적인 자연법칙을 발견합니다.

2.2 공학설계의 역사

인간의 발전은 어떤 측면에서 도구의 발전과 함께하는 것 같습니다. 석기시대를 상상해 보겠습니다. 한 천재적 인물이 나타나 동물이나 물고기를 사냥하는데 뾰족한 돌이 살상력이 더 좋다는 것을 발견해서 그런 것들을 선별해서 사용했을 것 같습니다. 그러다가 아예 일정 모양으로 연마하고 가공하여 사냥이나 전쟁에 사용하게 되지 않았을까요?

오랜 옛날부터 인류가 초보적 공학설계를 수행해왔다는 것은 역사자료로 볼 때 분명하게 알 수 있습니다. 고대 이집트의 피라미드 건설을 예로 보더라도 자재 운반, 설치, 조립 등의 과정에 상당한 수준의 공학지식이 이용되었을 것으로 보입니다. 복합 도르래, 나사 펌프 등과 무기를 그리스 과학자 아르키메데스(287~212BC)가 설계한 것으로 나와 있습니다.

인류의 진보에 따라 공학설계는 지속적으로 발전을 거듭하게 됩니다. 르네상스 시기 이후 공학은 비약적 발전을 이룩하게 됩니다. 이 시기의 대표적인 과학자로는 레오나르도 다빈치(1452~1519)를 들 수 있습니다.

이외에도 갈릴레오, 뉴턴, 보일, 샤를, 후크, 영 등 저명한 과학자들의 이름을 들 수 있겠습니다. 근대 공학이 탄생한 18세기 이전에는 공학의 체계화가 충분히 이루어지지 못하였습니다. 아직 과학으로부터 분리되지 않은 상태로서, 공학설계 제품은 뛰어난 과학자 겸 기술자들에 의해 발전되게 됩니다. 공학교육이 보편화된 현재는 평범한 보통사람들도 공학을 공부하고 설계를 수행할 수 있는 혜택을 누리게 되었습니다.

역사 속에서 공학은 전쟁을 통하여 급격히 발전되는 경우가 많았습니다. 공학설계나 기술의 발달은 생존의 문제, 필요성에서부터 동기 부여가 되었던 것입니다.

2.3 설계교육의 중요성

대학에서 공학을 전공한 다음 사회에 나가 취업을 한다고 하면 제조업에서 종사하는 경우가 많습니다. 이외에도 교직 또는 공직으로 진출하거나, 연구원으로 일할 수도 있습니다. 창업을 통해 자신의 비전을 실현하고 사회에 공헌하는 것도 대단히 보람된 일입니다. 아직 우리나라는 대학을 졸업한 뒤 창업하는 비율이 매우 낮지만, 미국의 로즈헐만 공대는 교육중심대학임에도 불구하고 창업비율이 졸업생의 20%나 된다고 합니다. 로즈헐만 공대가 벤처창업 분야에 주력하고 있는 사실은 우리에게 주는 의미가 크다고 봅니다.

이웃 나라 일본의 유명한 교육중심대학인 가나자와 공대의 경우 '몽고방'이라고 하는 다른 대학에는 없는 특별한 시설이 있습니다. 가나자와 공대가 자랑하는 '몽고방'은 이 대학 학생들이 방과 후에 자기가 만들어 보고 싶은 작품을 언제든지 만들어 볼 수 있도록 대학에서 공간, 장비, 재료, 지원인력 등 모든 것들을 원스톱 서비스로 제공하는 곳입니다. 학생들 스스로의 '꿈과 아이디어를 실현할 수 있는 공장'인 것입니다. 자신이 직접 설계하고 가공하여 제품을 만들어 본 경험이 나중에 기업에 취직할 때 많은 도움이 된다고 하였습니다. 로즈헐만 공대와 가나자와 공대에 대한 필자의 방문기를 부록 1에 수록하였습니다.

로즈헐만 공대와 가나자와 공대의 경우에서 보듯이 경쟁의 시대에 이론적 지식뿐만 아니라 실무능력까지 함께 갖추는 것이 공학도에게 필수인 시대가 되었습니다. 과거에는 졸업 후 취업할 각 분야의 특성이 다르고 개인별로 어느 방향으로 진출할지 아직 모르기 때문에, 대학에서는 기본적인 응용과학을 배우고 개별 분야에 취업한 이후 거기에 적합한 기능을 현장에서 습득하는 체제로 되어 있었습니다.

그러나 이후 경제경쟁시대에 들어와서는 근본적인 과학 기술도 중요하지만 적기에 빠른 제품 개발과 출시에 따른 상품화가 더욱 중요함을 인식하게 되었습니다. 이에 따라, 현업에서 즉시 활용할 수 있는 설계능력이 대학을 졸업한 공학자에게 요구되었습니다. 응용과학 외에 현업에서 바로 적용할 수 있는 공학설계 및 생산 기술에 대한 대학교육의 필요성이 강조되기 시작하였습니다.

과거 선진 기술의 모방에 의한 역공학(reverse engineering)이 주로 이루어졌던 시기에는 선진 기술의 이해와 습득에 필요한 응용과학에 대한 지식이 요구되었습니다. 그러나 우리나라가 기술이전에 많이 의존해 오던 분야에 있어서 선진국과의 격차가 급격히 줄어들게 되어 급기야 2007년 9월, 우리나라의 산업정책 기본 틀이 '선진국 따라잡기'(Catch-up) 전략에서 '창조·혁신 주도형'으로 변경되기도 하였습니다. 선진국으로부터의 기술 이전을 더 이상 기대할 수 없는 단계에 이르게 된 것입니다.

선진국으로 진입한다는 것은 우리에게 꼭 필요하고 반드시 가야하는 길이지만 필사적인 노력의 경주 없이 무임승차하기는 어렵습니다. 이제는 과감하게 과거의 전략을 수정하고 창조적이고 친환경적인 새로운 제품의 독자 모델 개발에 나서야 합니다. 이 일을 최전선에서 담당해야 하는 산업계로부터 새로운 도전에 적합한 창의적 인재를 배양해 달라고 하는 강력한 요청이 공학인증 등의 제도로 반영된 것이라고도 할 수 있겠습니다.

기업에 이미 근무하고 있는 기존인력에 대한 재교육 수요와 아울러 전체적인 경쟁력 향상을 위해 신입사원 공학자에게도 공학설계 능력 보유가 절실히 요구되고 있는 실정입니다. 우리나라에는 2000년대 초부터 도입되어 공과대학에서 실시되고 있는 공학인증 시스템에서도 이러한 취지로 설계교육을 매우 중요한 요소로 다루고 있습니다.

공학설계는 다음과 같은 특성을 가진 어려운 과정입니다.

- **다 분야가 연계된 매우 복잡한 과정**입니다 : 하나의 공학설계 결과물은 기본적으로 하드웨어와 소프트웨어가 결합되는 것이 일반적이고 내용적으로 볼 때도 기계, 전기, 화학, 재료 등 공학 다 분야 지식뿐만 아니라 의학, 생물학, 경제 및 경영학 등 타 학제 영역지식도 결합되어야 합니다.
- **창조성과 분석력**을 필요로 합니다 : 여러 물적, 지식적 요소를 결합해 기존에 없는 결과물을 창출해야 하기 때문에 창조성이 요구됩니다. 이러한 창조성과 함께 기존 지식 및 물품에 대한 분석을 할 수 있는 능력이 수반되어야 합니다.
- **상호작용적 반복과정**입니다 : 공학설계의 특성상 단번에 원했던 결과물이 얻어지기 어렵습니다. 설계과정 중 평가에 따라 이전 단계를 다시 반복하는 것이 일반적입니다.
- **비구조화된 과정**입니다 : 특수한 경우들이 모두 일반화되기는 어렵기 때문에 설계 중에 일정한 공식과 구조화된 방법을 적용하기 곤란한 경우가 많이 있습니다.
- **개방형적인 과정**입니다 : 허용 가능하고 만족할만한 공학설계의 결과물이 유일무이하게 결정되는 것이 아니라 여러 가지의 가능한 해결책들이 도출될 수 있습니다.

공학인증 요건에 의하면 공학설계를 담당할 공학설계자는 다음과 같은 지식과 능력을 보유하고 있어야 합니다.

▸▸ **표 2.2** 공학설계자에게 요구되는 지식과 능력(한국기술교육대학교 보고서, 2010)

기술적 자질
① 수학, 기초과학, 공학의 지식과 정보 기술을 응용할 수 있는 능력 ② 자료를 이해하고 분석할 수 있는 능력 및 실험을 계획하고 수행할 수 있는 능력 ③ 현실적 제한조건을 반영하여 시스템, 요소, 공정을 설계할 수 있는 능력 ④ 공학 문제를 인식하며, 이를 공식화하고 해결할 수 있는 능력 ⑤ 공학 실무에 필요한 기술, 방법, 도구들을 사용할 수 있는 능력
비기술적 자질
① 복합 학제적 팀의 한 구성원의 역할을 해낼 수 있는 능력 ② 효과적으로 의사를 전달할 수 있는 능력 ③ 평생교육의 필요성에 대한 인식과 이에 능동적으로 참여할 수 있는 능력 ④ 공학적 해결방안이 세계적, 경제적, 환경적, 사회적 상황에 끼치는 영향을 이해할 수 있는 폭넓은 지식 ⑤ 시사적 논점들에 대한 기본지식 ⑥ 직업적 책임과 윤리적 책임에 대한 인식 ⑦ 세계문화에 대한 이해와 국제적으로 협동할 수 있는 능력

이를 바탕으로 공학인증 시스템을 주관하고 있는 공학인증원에서는 공학자의 자질을 아래와 같이 정리해 놓고 있습니다.

표 2.3 공학인증을 위한 공학자의 자질

- 새로운 업무나 생소한 분야의 지식 습득을 반기는 도전정신을 가지며 적극적으로 매진합니다.
- 경영자적 사고를 가진다(사고의 폭을 획기적으로 넓히고 멀리 보는 안목이 대단히 중요합니다).
- 기업의 이익구도를 알아야 합니다. 제품을 판매하는 영업인이 될 수 있습니다.
- 고객의 입장에서 생각합니다.
- 올바른 가치관을 확립합니다. 공학 업무를 통해서 다른 사람에게 봉사하고, 윤리적 기준에서 행동해야 하는 직업이라고 인식합니다.
- 미래를 위한 폭넓은 자기 개발의 필요성을 인식합니다.
- 폭넓고 체계적인 독서와 다양한 경험을 통하여 다른 분야의 지식을 수용합니다.
- 다양한 문제들을 해결하기 위해서 기본적 공학원리들을 잘 압니다.
- 평생토록 배운다. 공학적 지식 배경을 계속 발전시켜 나갑니다.

사실 기업에서 만족할만한 설계자의 자질을 갖추는 것이 그리 쉬운 일이 아닙니다. 한 사람의 유능한 의사가 배출되기 위해 의대 6년을 졸업하고도 의료 현장에서 경험 많은 의대교수들과 인턴 1년, 레지던트 4년 동안 무수히 많은 환자를 진료하면서 임상경험을 쌓아야 하는 것처럼 공과대학을 졸업하는 공학도들도 기업에서 유능한 설계자가 되기 위해서는 현장에서 많은 경험과 노력을 해야 하는 것입니다.

대학에서도 공과대학 졸업 시 위와 같은 설계능력을 갖춘 공학자를 배출하기 위한 방편으로 교과과정에서 설계능력을 함양할 수 있는 이론 및 실습 교과목들을 더욱 체계적으로 구성하고 보완하여 시행하고 있습니다. 졸업 시에 공학인증을 받는 학생들에 대해서는 엄격한 인증기준을 적용하고 있습니다. 설계실습을 위해 종합설계교과목(capstone design) 운영을 강력히 권장하고 있습니다.

종합적인 설계교육 외에도 최근의 사회적인 이공계 기피풍조와 맞물려서 발생하고 있는 공과대학 우수 입학자원 부족과 학력저하에 대처하기 위해 신입생 시절에 공학설계에 대한 교육의 중요성이 강조되고 있습니다.

공과대학 1학년 교육은 주로 교양과 기초과학으로 이루어져 있어서 1학년 동안 공과대학 학생으로서의 정체성을 찾지 못하고 있다는 문제가 지적되어 왔습니다. 기초 공학설계 교육이 이 문제에 대한 대안이 될 수 있을 것입니다. 기초 공학설계 교육은 간단한 설계교육을 통해 공학에 대한 동기부여와 창의성을 개발할 수 있도록 하는 과정입니다. 또한, 이러한 교육은 한국공학교육인증원에서 공학교육인증을 받기 위한 학습 성과에서 중요시되는 아래와 같은 5개 항목에 대한 능력을 배양할 수 있고, 학생들의 자발적인 참여로 재미있게 진행할 수 있을 것으로 여겨집니다.

- 창의성 향상
- 공학 도구를 사용할 수 있는 능력 배양
- 팀워크 능력 교육
- 공학에 대한 흥미 고취 등
- 의사소통 능력 교육

기초 공학설계교육을 위해서는 위에서 나열한 능력들을 향상하는 방법론(팀 구성 활동 방법, 창의성 향상 방법, 공학설계 프로세스 등) 외에도 경제성 고려에 대한 교육과, 이러한 내용들을 즐겁게 효율적으로 익힐 수 있는 실습교육 방안들이 준비되어야 합니다. 이러한 내용은 창의적 공학설계라는 과목으로 주로 도입되어 있습니다.

실제 현장에서 요구되는 실무설계 기술을 간략히 이해할 수 있도록 현장기술자가 직접 작성한 반도체장비 산업의 현황과 현장요구 기술에 대한 사항들을 부록 2에 수록하였습니다.

2.4 공학설계 과정

2.4.1 공학설계 종류

공학설계는 대략적으로 적응설계, 개발설계, 새로운 설계로 분류할 수 있겠습니다. 적응설계(adaptive design)는 기존 설계에서 크게 변화하지 않는 수준의 설계입니다. 설계자에게 큰 노력과 창의성이 요구되지 않고 기존 설계를 약간 수정, 변경시키는 선에서 쉽게 설계가 진행되게 됩니다. 새로운 지식이나 기술이 요구됨 없이 기존 기술의 대체 적용 등으로 기본적인 기술훈련을 받은 공학자가 수행할 수 있습니다. 기존 설계에 대한 실제적인 발전은 이루지 못한다고 볼 수 있겠습니다.

개발설계(development design)는 비록 기존 설계로부터 출발하지만 보다 과학적인 지식, 훈련과 설계능력이 설계를 위해 필요한 경우입니다. 이 경우 설계의 최종결과물은 기존의 것과 상당히 다르게 됩니다.

- 적응설계
- 개발단계
- 새로운 설계

▶▶ **그림 2.1** 공학설계 종류

새로운 설계(new design)는 기존에 없는 제품이나 시스템들을 과학적 지식을 바탕으로 창의성을 발휘하여 창안해야 하는 가장 힘든 경우라고 할 수 있습니다. 새로운 창조적 결과물이 얻어지는 경우입니다.

설계결과물의 발전 형태에 따라 진화적 변화와 혁신적 변화로 구분될 수도 있습니다. 한 결과물이 시간적으로 점차 개량, 개선되는 형태를 진화적 변화라고 합니다. 경쟁이 약한 경우에 많이 발생하며 설계자의 창의력 발휘는 제한적으로 이루어지게 됩니다. 기업 생존을 위한 경쟁이 치열해지면서 급격한 과학 기술의 발전이 이루어질 때 혁신적 변화가 발생합니다. 설계자의 창의적 기술과 분석 능력이 크게 요구되는 경우가 되겠습니다. 예를 들면 자동차의 경우, 그간의 화석연료 엔진에서의 발전은 전자에 해당되고, 하이브리드 또는 전기자동차의 경우는 후자에 해당됩니다.

전체 설계과정 중 일부에 관한 것이기는 하지만, 개념설계와 제품설계로 구분할 수도 있습니다. 개념설계는 원하는 설계결과를 얻기 위한 여러 방안들을 얻는 단계까지를 말하며, 제품설계는 얻어진 여러 개념들을 분석 평가하여 특정한 개념에 대한 상세 설계를 실시하는 단계를 말합니다.

2.4.2 설계과정

공학설계는 과학과는 달리 사회적 필요성이나 고객의 요구에 의해 시작되게 됩니다. 고객들로부터 제기된 요구에 따라 설계자는 설계 목표의 구체화, 설계방안 도출, 최적 설계방안 추출, 상세 설계, 시제품 생산 및 평가 등의 과정을 거치게 됩니다. 과정 중에 연속적인 평가에 따라 이전 단계로 되돌아가 다시 설계하는 반복과정을 거칠 수도 있습니다. 이러한 설계과정은 내용의 세분화 정도에 따라 여러 가지로 분류됩니다.

- 가장 단순한 분류(5단계)

  고객요구 → 개념설계 → 예비설계 → 상세설계 → 최종설계

- 일곱 단계 기술적 설계과정 모형(7단계)

  고객요구 → 문제정의 → 개념설계 → 예비설계 → 상세설계 → 설계 의사소통 → 최종 설계

본 교재에서는 그림 2.2와 같이 중간 정도로 세분화된 설계과정을 채택해서 설명하고자 합니다.

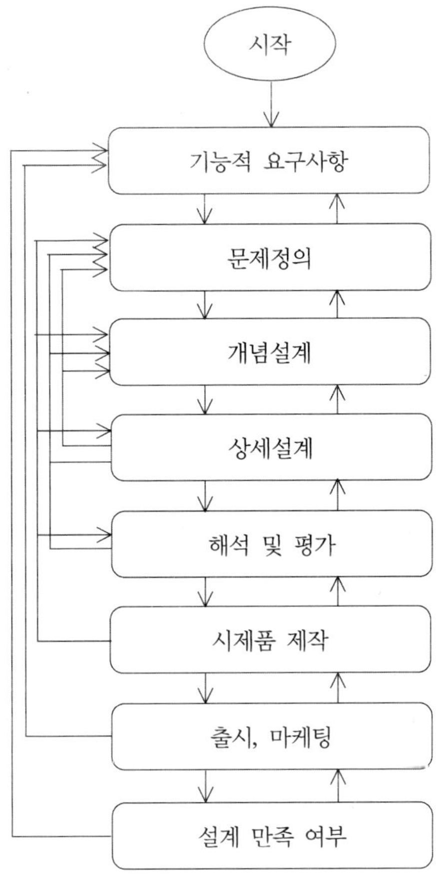

▸▸ **그림 2.2** 설계 과정 및 절차

2.4.3 기능적 요구사항

공학설계는 기본적으로 인간의 복리증진을 위한 사회적 필요성과 시장의 요구에서부터 시작됩니다. 필요성의 제기는 고객으로부터 능동적으로 발생하기도 하지만, 시장분석을 통한 설계자 측면에서 제기되는 경우도 많이 있습니다.

고객의 요구는 설계자에게 넘겨져서 공학적인 검토를 거쳐 기능적 요구사항(functional requirements)으로 변환되게 됩니다. 설계결과물의 특성을 확인하여 사양서를 작성하고, 주요 경쟁 제품들을 벤치마킹하게 됩니다. 제품에 영향을 주는 법규, 산업표준 및 환경규제 같은 제한조건들도 고려합니다. 이 단계는 지금까지의 공과대학 교육과정에서 별로 다루지 못한 부분입니다. 공학인증의 인증요건에 따라 종합설계 교과목에서 조금은 다루어질 수도 있습니다.

2.4.4 문제정의

공학도들에게 중요한 주제임에도 불구하고 기존의 공학교육과 교재들에서는 별로 다루어지지 못하였습니다. 문제의 핵심을 정확히 파악하고, 해결과정을 촉진할 수 있는 모든 자료를 수집하고 분석합니다. 이 단계에서 문제가 정확하게 정의되어야 이후 진행과정에서 불필요한 해결방안 수정 등의 시행착오로 인한 많은 자원 낭비를 막을 수 있습니다. 매우 중요한 단계라고 할 수 있습니다. 현업에서 이 단계를 수행할 때 정의된 결과로부터 제품 사양을 만들게 되기 때문에 이후 모든 결정이 이 단계에서 이루어진 결정에 영향을 받게 됩니다. 이 사양에는 기술적 및 비기술적 요구조건들이 모두 포함되어야 합니다. 기술적 요구조건은 소비동력, 성능, 유지관리 용이성 등과 같은 것을 포함하며 비기술적 요구조건은 경제성, 심미성, 친환경성, 기술 윤리성 등을 들 수 있겠습니다.

문제정의는 중요한 단계이면서도 초기에 완벽하게 수행되기가 쉽지 않은 어려움을 가지고 있습니다. 문제정의과정을 좀 더 세분하여 **문제인식 단계와 문제정의 단계**로 나누어 설명하는 것이 이해에 도움이 될 것 같습니다.

문제인식 단계에 대해 먼저 설명해 보기로 하겠습니다.

우리 공과대학 졸업생들이 사회에 나가 일해야 하는 기업에서의 예를 들어 보겠습니다. 그 중에서도 우리나라 경제의 큰 견인차 역할을 하고 있는 자동차 산업을 생각해 보겠습니다. 초기에 생산되었던 자동차 모델 중에 '포니'라고 하는 모델이 있었습니다. 지금 생각해 보면 모양도 투박하고 성능도 별로일 수 있지만 그 당시에는 자동차가 귀했던 시절이라 비싼 가격에도 불구하고 오랫동안 시장에서 환영받으며 잘 팔렸던 모델로 기억합니다. 이 모델의 인기는 20여 년간 지속되었습니다. '포니' 모델의 경우 수요자의 요구사항을 엄밀하게 반영하여 출시된 모델은 아니지만 공급자의 입장에서 모든 것을 결정하여도 시장에서 쉽게 받아들여진 경우라고 할 수 있겠습니다. 수요에 비해 공급이 매우 부족한 시기였던 것입니다. 타사와의 경쟁도 별로 없던 시기였으며 요즘 용어로 블루오션(blue ocean)의 사업영역을 선점한 것이라고도 볼 수 있겠습니다. 그러나 요즈음의 자동차 시장은 어떻습니까? 어떤 모델은 시장에 출시된 지 6개월 만에 사라지기도 합니다. 그 정도는 아니라고 하더라도 대부분의 경우 수요자의 입장을 수시로 체크하고 반영하여 모델의 변경을 주기적으로 하고 있습니다. 공급이 수요를 훨씬 뛰어넘는 치열한 과다경쟁의 시기가 온 것입니다.

기업에서 블루 오션을 선점하기 위해서는 문제가 생길 때까지 기다리지 말고, 문제에게로 다가가야 합니다. 과거에는 남들 하는 대로 따라 하기만 해도 경쟁력이 있었지만 이제는 시장의 요구를 미리 예측하고 남보다 한걸음 앞서서 나아가야 하는 시대가 되었습니다. 즉, 남들보다 먼저 문제를 인식해서 해결책을 제시해야 생존경쟁에서 앞서 나갈 수 있다는 것입니다. 시장이 요구하는 새로운 제품이 무엇인지를 고객이 요구하는 이전에 미리 예측해야 하는 시대가 온 것입니다. 시장이 요구하는 문제 찾기에 기업의 운명이 달려 있다고 해도 과언이 아닙니다. 전통적으로 기업에서 중시해 오던 문제해결보다 오히려 문제를 먼저 인식하는 것이 더 중요하고 기존의 제품을 어떻게 생산할 것인가 하는 문제를 넘어서서 무엇을 생산할 것인가 하는 문제가 부각되고 있습니다.

남들보다 먼저 문제를 인식하기 위해서는 미래 기술을 예측할 수 있어야 하겠습니다. 그러나 미래를 예측한다는 것은 너무도 어려운 일입니다. 이 경우 예측을 위한 지원 도구로서 트리즈(TRIZ)의 기술 진화법칙을 활용한다면 매우 유용할 것으로 판단됩니다.

또한 공급자의 입장에서 문제를 의도적으로 만들고 그것을 많은 사람들에게 문제로 인식시키는 것도 하나의 방법이 될 수 있을 것입니다.

문제인식 단계의 예를 든다면 다음과 같은 경우가 있을 수 있겠습니다.

① 요구분석 또는 시장분석을 통해서 문제를 발견하는 것
② 새로운 제품, 새로운 시장, 새로운 가치 등을 발견하기 위해 문제를 고안해 내는 것
③ 대학 및 기업의 재교육 과정에서 교육을 위한 팀 과제의 테마를 정하는 것

문제인식의 유형은 요구 관점의 문제 인식과 문제 관점의 문제 인식으로 구분할 수 있겠습니다.

가. 요구 관점의 문제인식

요구 관점의 문제인식은 다시 수요자 요구 관점과 공급자 요구 관점으로 구분할 수 있습니다.

(1) 수요자 요구 관점

소비자들이 요구하는 기능을 만족시키기 위한 것이라고 할 수 있습니다. 고객 대상 설문조사, 고객 지원센터의 고객 불만접수 사항, 적극적인 고객평가단 운영 등을 통해서 소비자의 요구를 파악할 수 있습니다.

(2) 공급자 요구 관점

공급자의 입장에서 새로운 기술 개발을 시도하여 새로운 수요를 창출하는 것입니다. 타 우수 경쟁업체에 대한 벤치마킹이나 미래 기술 예측 등을 통해서 새로운

시장의 요구를 미리 인식할 수도 있겠습니다.

요구 관점의 문제 인식은 기존 제품의 개선에 주로 효용이 있습니다. 시장에 아직 존재하지 않는 획기적인 신제품을 개발한다는 측면에서 보면 한계가 있습니다.

나. 문제 관점의 문제인식

문제 관점의 문제인식은 문제해결형과 문제생성형으로 세분될 수 있습니다.

(1) 문제해결형

누구나 문제라고 인식하고 있는 것을 해결하는 것입니다. 예를 들면, 컴퓨터 계산 속도를 높이는 연구를 시도하거나 휴대를 쉽게 하기위해 소형 카메라를 개발하는 것은 문제해결형 문제 인식의 경우라고 볼 수 있습니다.

(2) 문제생성형

개발자가 문제를 의도적으로 만들어서 소비자에게 그것을 문제로 인식시키는 경우를 말합니다. 예를 들면 휴대폰에서 시간을 알려주기 때문에 시간을 보는 용도로서의 시계의 효용은 없어졌다고 할 수도 있겠습니다. 그러나 명품시계라든지 하는 식으로 새로운 가치를 창출하여 소비자에게 다가가는 것이 이러한 개발자가 주도하는 문제생성형 문제인식의 사례가 될 수 있겠습니다.

즉, 시계라는 제품을 사용하지 않아도 일상생활에는 문제가 없지만, 고객에게 새로운 '가치'를 호소하여 시계구매 욕망을 느끼게 함으로써 새롭게 문제로 인식시키는 것입니다. 이런 유형의 최근의 예로서 애플사의 아이폰(Iphone) 제품을 들 수 있겠습니다. 문제 생성 방법으로는 자연 활용, 시스템 사고 이용, 현실과 이상 비교, 인간 욕망분석 등이 있습니다.

문제인식에 대해 개략적으로 살펴보았는데, 문제 인식을 구체적으로 어떻게 해야 하는가의 과제가 여전히 남아 있습니다. 문제인식의 유형을 잘 이해했다고 하더라도 어떻게 현실 속에서 인식해야 하는가 하는 것이 문제입니다.

이를 위해서는 좌뇌와 우뇌를 동시에 사용하는 것이 요구됩니다. 우뇌의 관점에서 미래 예견과 시대적 경향성을 파악해 내고 특정 문제를 상황적 관점에서 파악하고 해결해 나가는 것입니다. 마치 모험을 즐기는 탐험가와 같은 입장에서 문제를 파악해 나가는 것을 의미합니다. 다른 사람과의 팀워크(teamwork)도 고려해야 합니다. 이상적인 목표를 상상해 보기도 합니다. 마음의 한계를 극복해 보려고 노력하기도 합니다. 새로운 패러다임을 고려해 보기도 합니다.

좌뇌의 관점에서 또한 문제를 파악해야 합니다. 어려운 사건을 해결해 나가는 탐정과도 같이 문제를 좁혀 나가 치밀하게 분석해 봅니다. 이미 알고 있는 사실들을 나열하고 어떤 데이터가 필요한지를 결정합니다. 시간, 예산, 자원, 가용 인원 등을 생각해 봅니다. 공학적 도구와 방법도 활용합니다. 문제의 근본원인과 단서를 추론해 봅니다.

이처럼 좌뇌와 우뇌를 동시에 활용하여 전뇌적으로 문제를 인식하고 정의해야 합니다.

2.4.5 개념설계

개념설계는 근본 문제를 규명하고 기능구조를 구축하고 설계에 적합한 작용원리를 탐색한 후 이를 종합하여 원리적 해결안을 결정하는 단계를 말합니다. 개념설계는 설계사양을 만족할 수 있는 가능성 있는 해들의 창출을 말하는 것으로서 설계결과물의 주된 특성 및 원리만을 보여주는 간략한 스케치를 포함합니다. 이 단계에서는 창의성을 발휘하는 것이 중요하며 실용성 또한 주된 관심사입니다. 브레인스토밍을 비롯하여 트리즈(TRIZ) 등 다양한 도구들이 이 단계에서 사용될 수 있습니다. 이 단계를 통하여 주어진 과제가 설계의 형태로 점점 발전됩니다. 과제에 요구되는 정보에 관한 사항, 주어진 예산한도 내에서 과제 목표의 달성 가능성 등 상세설계로 넘어가기 위한 작업들이 미리 수행되어야 합니다.

2.4.6 상세설계

다음으로는 선정된 개념설계 안에 대한 세부 상세설계를 실시하게 됩니다. 스케치 수준의 개략적인 제품설계로부터 구체적인 제품설계로 변환하는 과정입니다.

이 과정에서 이루어지는 주요 작업들을 나열하면 다음과 같습니다.

① 주조립품, 부조립품, 부품들의 설계사양 결정
② 각 부품에 대한 재질, 형상, 열처리, 표면처리, 공차, 생산 공정 및 조립품에 대한 생산 공정 등에 대한 사양 결정
③ 자체 제작이 아닌 외주 구매 부품과 조립품을 선정
④ 생산과 검사가 쉽게 되도록 모든 부품, 부조립품 및 주조립품에 대한 상세도면 작성 (CAD 및 CAM 전용 프로그램이 주로 이용됨)
⑤ 제품설계 시에는 실제 생산 시 효율적인 생산을 위해 제조고려설계(DFM, Design for Manufacturing)가 적용
⑥ 상세설계 중에 다양한 실험이 요구될 경우 실험계획법 등을 이용

과거 설계를 한다고 할 때 설계자가 주력하였던 것은 이 단계 업무들이었습니다. 이 업무들이 설계자의 전문 분야이긴 하지만, 설계자에게 공학설계 프로세스에 대한 전반적인

지식 및 경제성, 환경영향성 등에 대한 고려도 점점 강조되고 있는 추세입니다.

2.4.7 해석 및 평가(Analysis and Evaluation)

1960년대 이후 선진국인 미국을 비롯하여 설계 분야 교육에서 가장 중점적으로 노력을 기울인 부분이 이 부분이라고 할 수 있습니다. 응용과학과 수학을 바탕으로 과학적 원리와 법칙을 가지고 재현성 있고 합리적으로 교육할 수 있기 때문이었습니다.

구해진 개념설계에 대해 수학적 모델, 방법 또는 컴퓨터 이용 해석(CAE, Computer Aided Engineering)에 의해 비용과 성능에 대한 예측을 하게 됩니다. 기본적으로 설계사양을 기준으로 여러 가지 판단을 위한 조건들을 수치화하여 가장 만족할만한 개념설계를 선정하게 됩니다. 대부분의 경우 만족할 만한 개념설계가 단번에 얻어지기는 어렵습니다. 이 단계에서도 개념설계가 후속적으로 정정, 보완되기도 합니다.

2.4.8 시제품 제작

잘못된 제품설계는 주어진 문제정의를 충족시킬 수 없고 좋은 설계가 될 수도 없습니다. 상세설계가 이루어지면 시제품을 제작하여 의도했던 기능, 성능이 발휘되는지 확인해야 합니다. 설계 단계에서 CAE(Computer Aided Engineering) 해석 프로그램을 활용하여 설계의 허용 가능성 등을 평가할 수 있습니다. 컴퓨터의 지원으로 설계평가가 가능하게 되었지만 시제품 제작은 아직도 꼭 필요한 단계라고 할 수 있겠습니다.

시제품의 성능 평가결과에 따라, 앞 단계로 다시 되돌아가서 상세설계 절차를 반복하기도 합니다. 원칙적으로 일시적인 성능, 기능뿐 아니라 제품의 신뢰성, 유지 보수성, 내구성 등도 확인되어야 합니다. 이를 위해서는 많은 시간과 비용이 소요되므로 소량생산의 경우 또는 제품 출하 시기가 급박한 경우나, 경쟁적인 제품의 경우에는 생략하거나 출시 후에 병행하기도 합니다. 그러나 이러한 경우 사후 서비스 요청이 빈번하게 발생하거나 리콜 등에 의해 추가 비용이 과도하게 지출될 수도 있다는 것이 고려되어야 할 것입니다.

2.4.9 출시, 마케팅

생산된 제품은 시장에 출시해야 합니다. 제품의 시장에서의 성공 여부가 마케팅에 달려있습니다. 여기에는 출시 시기, 브랜드 인지도, 판매망 확보, 사후 서비스 체제 구축 등의 공학적 지식 이외의 경영적 지식과 작업이 요구됩니다.

2.4.10 설계 및 제품 만족 여부

출시 후 제품 사용자들로부터 설문 또는 부품 교환, 수리 등의 사후 서비스 활동을 통한 의견 수집결과를 수집하고 분석합니다. 아울러 신기술, 신제품 동향, 산업 및 문화 트렌드의 변화 등을 모니터하여 기본 자료화해야 합니다. 이런 자료는 추후의 신제품 개발과 마케팅 등에 유용하게 활용될 수 있습니다.

2.5 공리설계(Axiomatic Design)

공리설계는 창안자가 자신의 특허와 발명 그리고 우수한 설계를 참조해서 설계공리를 정립하였다고 합니다(서남표, 2002).

트리즈(TRIZ) 탄생과 비슷한 재료인 특허와 발명 자료에서 공리설계원리가 고안되었다는 것이 흥미롭습니다. 트리즈(TRIZ)는 사고의 과정을 중시하며 창의적 문제해결을 위한 방법론으로 발전되었습니다.

반면 공리설계는 설계결과에 보다 주안점을 두어 좋은 설계가 가지는 특성을 추출하여 설계공리를 확정하는 방향으로 발전이 되었습니다. 설계가 과학화되기 위해서는 열역학에서와 같이 학문의 근간이 되는 공리의 정립이 요구됩니다. 열역학에서는 공리로서 열역학 1법칙과 열역학 2법칙이 주어져 있습니다. 설계도 과학화되기 위해서는 좋은 설계와 나쁜 설계를 판단할 수 있는 판단의 근거로서 설계공리가 필요합니다.

설계공리는 다음과 같습니다.

> 공리 1. 독립공리
> 기능 요구사항의 독립성을 유지하시오.
>
> 공리 2. 정보공리
> 설계의 정보량을 최소화하시오.

공리설계의 측면에서 설계란 무엇일까요? 설계란 얻고자 하는 것과 어떻게 얻을 것인가 하는 질문의 연속적인 상호작용을 말합니다(서남표, 2002). 또한 '기능적 영역에서의 기능요구사항(FRs, Functional Requirements)들을 물리적 영역에서의 설계 파라미터(DPs, Design parameters)로 유기적으로 변환하는 것이 설계이다' 라고도 말할 수 있습니다.

고객들로부터 얻어진 사회적 요구사항을 수렴하여 설계전문가들이 이를 기능요구사항으로 정의합니다. 이러한 기능요구사항들을 만족하는 설계 파라미터를 결정하여 물리적으로 구체화해야 합니다. 이 과정에서 하나 이상의 설계가 도출될 수 있습니다. 설계공리는 이러한 여러 개의 가능성 있는 설계 중 좋은 설계를 선택할 수 있도록 기반을 제공합니다.

공리설계에서 문제정의는 기능요구사항의 형태로 기술하는 것입니다. 최종 제품이 만족해야 하는 기능요구사항을 설정해야 합니다.

예를 들어 설명을 해보도록 하겠습니다.

예제 수돗물 온도와 양의 효과적 제어 인지된 요구 : 수돗물 온도와 양의 제어를 위해 더운물, 찬물이 각각 나오는 수도꼭지를 설계하였습니다(그림 2.3(a)).

이러한 수도꼭지가 공리설계의 관점에서 좋은 설계인자를 검토하고 대안 설계를 제시해 보시오.

(a) 더운물과 찬물이 따로 나오는 수도꼭지

(b) 개선된 수도꼭지

▸▸ **그림 2.3** 수도꼭지 설계사례

문제정의 인지된 요구에서 보여진 기존 설계는 다음과 같이 문제 정의될 수 있습니다.

FR1 : 수돗물의 양 제어

FR2 : 수돗물 온도 제어

DP1 : ϕ_1(더운물 조절 각도)

DP2 : ϕ_2(찬물 조절 각도)

기존 설계에 대해 독립공리를 적용하여 수학적으로 설계방정식을 써 보면 다음과 같습니다. 기능적 요구사항과 설계 파라미터를 연관 짓는 행렬은 설계행렬이라고 합니다. 설계행렬의 각 항이 대각원소만 0이 아닌 것으로 되고 나머지는 0이 될 경우 이 설계는 독립공리를 만족하고 비연성설계(uncoupled design)이라고 합니다.

설계행렬의 각 항이 삼각행렬의 원소만 0이 아닌 것으로 되고 나머지는 0이 되면 이 설계는 독립공리를 만족하고, 비연성화설계(decoupled design)라고 합니다.

위의 2가지 경우를 제외하고 설계행렬의 항이 임의로 존재하는 설계는 연성설계(coupled)라고 하고 독립공리를 위배하는 경우가 됩니다.

두 번째 설계공리인 정보공리는 독립공리를 만족하는 여러 설계대안 중에서 정보가 최소로 요구되는 좋은 설계를 선택할 수 있도록 지침을 줍니다.

그림 2.3(a)와 같은 설계에 대하여 독립공리의 관점에서 검토해 보도록 하겠습니다.

$$\begin{bmatrix} FR1 \\ FR2 \end{bmatrix} = \begin{bmatrix} X\,X \\ X\,X \end{bmatrix} \begin{bmatrix} DP1 \\ DP2 \end{bmatrix} \tag{2.1}$$

$$\begin{bmatrix} Q \\ T \end{bmatrix} = \begin{bmatrix} X\,X \\ X\,X \end{bmatrix} \begin{bmatrix} \Phi_1 \\ \Phi_2 \end{bmatrix} \tag{2.2}$$

위의 설계와는 달리 만약 그림 2.3(b)와 같은 설계 대안이 나왔다고 하면 공리설계의 관점에서 좋은 설계인지를 검토해 보도록 합니다. 수도꼭지를 아래위로 움직이는 각도를 θ라하고, 양옆으로 움직이는 각도를 Φ라고 하기로 합니다. 이 설계에 대한 식은 (2.3), (2.4) 식과 같이 됩니다.

$$\begin{bmatrix} FR1 \\ FR2 \end{bmatrix} = \begin{bmatrix} X & 0 \\ 0 & X \end{bmatrix} \begin{bmatrix} DP1 \\ DP2 \end{bmatrix} \tag{2.3}$$

$$\begin{bmatrix} Q \\ T \end{bmatrix} = \begin{bmatrix} X & 0 \\ 0 & X \end{bmatrix} \begin{bmatrix} \theta \\ \Phi \end{bmatrix} \tag{2.4}$$

위의 설계방정식으로부터 쉽게 독립공리를 만족하는 비연성설계(uncoupled design)인 것을 알 수 있습니다.

위의 예제에서 알 수 있는 바와 같이 공리설계는 설계 대안에 대한 지침을 주지는 않으나 주어진 설계가 좋은 설계인지 여부를 기능적인 관점에서 판정할 수 있도록 판단기준을 제공합니다. 문제가 큰 시스템을 다루는 경우에도 전체 시스템을 공리설계의 관점에서 바라보고 좋은 설계인지를 판단할 수 있도록 해 주는 장점이 있습니다.

반면 트리즈(TRIZ)는 설계 대안에 대한 가이드(guide)를 제공해 줄 수 있습니다. 모순을 극복하는 방향으로 어떻게 설계가 개선되어야 하는지 방향을 제시해 줍니다. 그러나 트리즈(TRIZ)는 전체 시스템의 관점에서 문제를 바라보기가 쉽지 않다는 점이 있습니다. 공리설계로 전체 시스템의 관점에서 문제를 파악하고 해결안은 트리즈(TRIZ)를 활용하여 제시할 수 있을 것이라고 생각됩니다.

03
허만의 지능 모델과 창의적 방법론

Creative Design and Lab

3.1 지능 모델과 두뇌선호도

지능 모델을 창안한 네드 허만(Ned Herrmann)은 기업에서 일하면서 특정한 업무에 탁월한 사원이 다른 업무는 너무나 어리석게 수행하는 것을 발견하고 이 문제에 대해 그 원인을 연구하였습니다. 뇌 이론 및 임상에 대한 연구와 창의성 관련 연구를 다년간 수행한 이후 그는 각 개인의 두뇌 활용 패턴에 따라 사고 유형이 특화된다는 사실을 발견하게 되었습니다. 그 결과 인간의 뇌의 기능을 크게 좌뇌와 우뇌로 나누고 좌우뇌를 다시 각각 상하로 나누어 4개의 독특한 4분면으로 구성되는 지능 모델을 제시하였습니다. 각 개인은 두뇌 부위 중 어느 부위를 중점적으로 사용하느냐에 따라 사고 패턴이 판이하게 달라진다는 것입니다. 이것은 마치 오른손잡이가 오른손을 지속적으로 사용함에 따라 오른손을 활용하는 것이 왼손에 비하여 훨씬 편리하게 느끼는 것과 같습니다.

이것을 그림으로 표현하면 그림 3.1과 같게 됩니다.

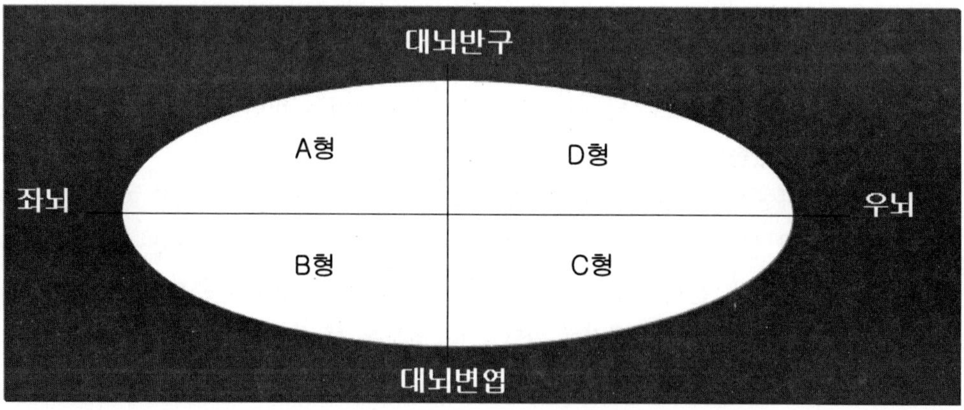

▸▸ **그림 3.1** 두뇌선호도 정의를 위한 지능 모델(Edward Lumsdaine, 2001)

특히 두뇌선호도가 대각선 위치에 있는 A와 C 사분면의 두뇌선호도 소유자들과 B와

D 사분면의 두뇌선호도 소유자들은 서로 의사소통을 하거나 상대방의 행동을 이해하는데 매우 불편함을 느끼게 된다고 합니다. 사고선호도가 서로 다른 경우 서로 다른 색깔의 '안경' 또는 '필터(filter)로 세상을 바라보기 때문에 서로 다르게 생각할 뿐 아니라 서로 이해하기도 어렵다는 것입니다.

만약 이러한 상황이 스승과 제자, 상사와 부하, 부부, 부모와 자녀의 관계에 나타날 경우 갈등이 심해지고 문제가 악화될 수 있다고 합니다. 그러나 이러한 결과가 두뇌선호도의 차이로 나타나는 것이지 누구의 의견이 맞고 틀린 것에 대한 문제가 아니라는 것을 서로 이해하게 되면 갈등이 해소될 수 있다고 합니다.

나아가서 대학에서 조별로 과제를 수행할 때나 기업에서 팀으로 업무를 수행할 때에도 이러한 상황이 발생할 수 있습니다. 이 문제에 대응하는 핵심사항은 누가 옳고 틀린가의 관점이 아니라 전체 과제를 수행하는 데 '팀원 개개인의 특성이 어떤 유형의 특정 업무에 적합한가?' 라는 관점에서 접근해야 한다고 합니다.

A, B, C, D 사분면으로 설명되는 두뇌선호도에 대해 간단히 설명하면 다음과 같습니다.

(1) A 사분면 : 분석적 사고

- 특징 : 논리적, 이성적, 실세적, 학구직, 권위적, 성과 지향저
- 행위 : 자료분석, 예산 작성, 위험 평가 등
- 강한 우성을 나타내는 직업 : 법률가, 엔지니어, 외과 의사 등
- 유명 인사 : 조지 갤럽(George Gallop) - 미국 여론조사가

(2) B 사분면 : 순차적 사고

- 특징 : 순차적, 계획적, 구조적, 보수적, 관료적, 성취 지향적
- 행위 : 조직관리, 정해진 절차의 실행, 현상 유지 행위
- 강한 우성을 나타내는 직업 : 행정가, 군인, 경리 담당자 등
- 유명 인사 : 에드거 후버(Edgar Hoover) - 미국 FBI국장

(3) C 사분면 : 대인관계와 관련된 사고

- 특징 : 감각적, 감성적, 인간적, 협동적, 가치 지향적
- 행위 : 팀워크, 대인관계, 의사소통
- 강한 우성을 나타내는 직업 : 교사, 간호원, 카운셀러, 사회사업가 등
- 유명 인사 : 마하트마 간디(Mahatma Gandhi)

(4) D 사분면 : 상상력이 풍부한 사고

- 특징 : 시각적, 총체적, 공간적, 직관적
- 행위 : 탐험적, 기업가적, 모험적
- 강한 우성을 나타내는 직업 : 발명가, 예술가, 사업가, 극작가 등
- 유명 인사 : 레오나르도 다빈치(Leonardo Da Vinci)

허만이 발견한 중요한 사실 중 하나는 어떤 유형도 다른 유형에 비하여 더 중요하거나 가치 있는 것이 아니라는 사실과, 자기가 부족한 유형의 사고는 관련된 사분면의 두뇌를 사용하는 연습을 통해 발전시킬 수 있다고 하는 것입니다.

3.2 전뇌적 접근을 요구하는 공학설계

학생들을 가르쳐 보면 전통적인 공과대학의 교과과정과 교수진이 A, B 사분면에 많이 치중되어 있기 때문에 C, D 유형의 학생들이 학습에 자신감을 얻기 어려워 힘들어 하는 경우를 종종 보게 됩니다. 공학인증제 이후 창의적 공학설계 등 C, D 유형의 학생들이 자신감을 가질만한 과목도 일부 신설되고 있지만 이들이 자신들의 장점을 충분히 발휘하기에는 현재의 여건이 여전히 많이 부족하다고 할 수 있습니다.

그렇지만 이들이 장점을 나타내는 타인에 대한 배려, 의사소통, 창의성, 상상력 등은 공학설계를 수행하는 데 있어서 반드시 필요한 부분이라고 할 수 있습니다. 기업에서 설문을 받아보면 창의적 공학인재를 요구한다고 하는데 앞으로의 기업은 이러한 유형의 공학도들을 더 많이 요구하게 되지 않을까 생각됩니다.

구체적으로 공학설계를 수행함에 있어서 각 사분면의 두뇌선호도를 가진 사람들이 어떤 업무에 적합한지를 살펴보도록 하겠습니다.

3.2.1 C 사분면

C 사분면 소유자는 설계에 있어서 고객의 요구를 인터뷰 또는 설문을 통해 알아내는 데 적합합니다. 기술을 잘 모르는 소비자를 위한 사용설명서 작성, 교육 및 판매, 고객에게 다가갈 수 있는 제품 제안, 고객관리, 회사의 대외 업무 등에 장점을 보일 수 있습니다.

3.2.2 D 사분면

D 사분면 소유자는 신제품에 대한 창의적 아이디어 제안, 회사의 전략 작성, 개혁안

작성, 개념설계 등에 장점을 보여 줄 수 있습니다.

3.2.3 A 사분면

A 사분면 소유자는 일반적인 공과대학생들이 소유한 특성으로 나타납니다. 제안된 신제품 아이디어의 실행을 위한 분석, 설계안을 해석하여 평가, 정량적 결과의 도출, 문제에 대한 수학적 논리적 접근 등에 있어 장점이 있습니다.

3.2.4 B 사분면

B 사분면 소유자는 제안된 최적설계를 직접 실행하는 것, 경영, 안정추구, 품질관리 등의 작업에 장점이 있습니다.

이상과 같이 각각의 사분면 소유자들은 자신들만의 고유한 장점을 지니고 있습니다. 그러나 자신의 유형만을 고집한다면 팀워크, 의사소통에 커다란 문제가 발생하게 됩니다. 특히 서로 대각선에 위치한 A와 C, B와 D 사분면 소유자들은 서로 상대 사분면의 입장에서 사고하고 그들의 언어로 소통하려고 하는 노력이 매우 중요합니다.

일단 위에서 소개한 특성으로도 자신의 유형을 대략 알 수 있습니다. 이런 정보를 바탕으로 팀을 구성할 때 자기와 다른 유형들과 팀을 구성하게 되면 어려운 창의적인 문제해결에 더 효과적인 팀이 된다고 합니다(Edward Lumsdaine, 1999).

정확한 진단을 받기 위해서는 HBDI 연구소에서 제공하는 진단서비스를 이용하면 되겠습니다.

3.3 창의적 문제해결 전략

3.3.1 브레인스토밍

(1) 서론

미국의 오스본이 1941년 광고와 관련된 뛰어난 아이디어를 발상해 내는 방법론으로 브레인스토밍 기법을 연구하였습니다. 문자 그대로 '뇌의 폭풍'이 몰아치듯이 참가자 전원이 자신의 창의력을 구사하여, 여러 방면에서 문제해결의 아이디어를 생각해 내는 것을 브레인스토밍이라 합니다. 다양한 아이디어가 여러 사람에 의해 생성되는 것과 그때의 분위기가 마치 폭풍이 몰아치는 것과 비슷하다고 하여 이와 같은 명칭을 붙이게 되었습니다.

마음껏 자유롭게 생각할 수 있도록 서로 격려함으로써, 다양하고 우수한 아이디어를 얻는 방법이라고 할 수 있습니다. 이 기법은 일상적인 사고 기법이라고 할 수는 없습니다. 브레인스토밍 기법은 아이디어의 발상과 평가 부분을 분리하여 제안된 아이디어에 대한 비판을 금지하고 '열린 사고' 또는 '자유로운 사고'를 강조합니다.

팀 단위로 사용되는 아이디어 창출 기법을 브레인스토밍이라고 합니다. 이러한 브레인스토밍 기법은 팀 효과를 살리고 상대의 아이디어에 자극받아 연쇄적으로 아이디어가 연상될 수 있게 유도합니다. 처음에는 자유롭게 '양(quantity)' 위주로 '품질(quality)'에 신경쓰지 않고 아이디어가 생성될 수 있도록 유도합니다. 이러한 방식으로 문제에 대한 해결책이나 개선의 기회를 찾아 나가는 것입니다.

주어진 특정 문제해결에 있어서, 판단이나 비판을 금지한 채 제안된 아이디어의 품질은 고려하지 않고 머리에서 떠오르는 대로 아이디어를 자유롭게 제안한 후 이를 기록원이 기록합니다. 다음 단계에서는 제안으로 생성된 아이디어들을 결합하거나 실현 가능하도록 수정, 개선하는 작업을 수행합니다. 자유 연상에 의하거나 다른 사람의 아이디어에 자극받아 그 아이디어를 활용하여 시너지(synergy) 효과로 더 좋은 아이디어를 산출하기도 합니다.

실험에 의하면 브레인스토밍 강좌를 수강한 사람들이 수강하지 않은 사람들보다 더 많은 좋은 아이디어를 내놓았다고 합니다. 기업체 안에서 어떤 문제를 해결하는데 필요한 좋은 아이디어를 얻기 위해 브레인스토밍이 고안되었습니다. 브레인스토밍은 참가자들의 유연한 사고, 창의성을 높여 가는데 유용한 방법론이며, 구성원의 두뇌 훈련, 창조적인 태도 배양, 인간관계 개선에도 유효한 것으로 알려져 있습니다.

이 기법은 주로 다음과 같은 경우에 적용하게 됩니다.

- 문제에 대한 근본원인을 가능한 한 모두 찾아야 하는 경우
- 문제에 대한 해결책을 얻으려 하는 경우
- 어떤 개선 활동을 해야 할지를 결정해야 하는 경우
- 프로젝트의 각 단계에 대한 계획을 세워야 하는 경우
- 팀의 창조성을 촉진시키려는 경우
- 공정이나 제품 또는 서비스에 대한 개선방안을 찾으려는 경우
- 팀의 참여를 통해 공정, 제품, 그리고 서비스의 혁신을 시작하는 경우

브레인스토밍은 한 팀당 인원은 5~10명 정도로 구성됩니다. 시간은 40~60분 간 주어 특정과제에 대한 회의를 하고, 구성원의 자유발언을 통한 아이디어의 제시를 요청하여 새로운 발상을 찾아내는 형태로 진행합니다. 브레인스토밍의 원리는 다음과 같습니다.

① 한 사람일 때보다 여러 사람인 경우, 제기되는 아이디어가 많습니다.

브레인스토밍은 우선적으로 아이디어의 양을 중시합니다. 산출되는 아이디어가 많으면 많을수록 유용한 해결안이 생성될 가능성이 많기 때문입니다. 브레인스토밍은 집단 효과를 살리고 아이디어의 연쇄반응을 위하여 다수로 구성된 팀별로 진행됩니다. 산출된 아이디어들은 브레인스토밍 시간이 지속될수록 창조적인 경향을 띄게 됩니다.

② 제기된 아이디어의 수가 많을수록 질적으로 우수한 아이디어가 나올 가능성이 높습니다.

엉뚱하고 기발한 아이디어의 상상을 허용합니다. 현재 상황에 적합해 보이지 않는 아이디어라 하더라도, 다른 관점으로 문제 상황에 적용해 본다면 현실적으로 타당한 안이 될 수도 있습니다. 이상하거나 색다른 아이디어의 출현은 다른 사람의 상상력을 자극하여 또 다른 아이디어를 이끌어낼 수가 있습니다. '아이디어를 내놓는 분위기를 비판하거나 억누르면 안된다'라는 사실을 그룹의 리더가 명확히 인식하는 것이 중요합니다.

③ 일반적으로 비판이 가해지지 않으면, 제안되는 아이디어는 많아집니다.

아이디어는 자유롭게 발표되도록 하고, 이 단계에서는 방해받지 않아야 합니다. 비판과 비평이 일절 금지되어야 합니다. 모든 아이디어들은 좋건 나쁘건 간에 수용되고 평가는 추후로 유보합니다. 그룹 리더는 팀원들이 자유롭게 발언할 수 있도록 비판하지 않는 분위기를 조성해야 하고, 서로의 생각을 토대로 하거나 활용할 수 있도록 격려해야 합니다.

브레인스토밍에서는 어떠한 내용의 발언이라도 그에 대한 비판을 하지 않고 오히려 자유분방하고 엉뚱하기까지 한 의견을 출발점으로 해서 아이디어를 전개시켜 나가도록 하고 있는데, 일종의 자유연상법이라도 할 수 있겠습니다.

④ 다른 사람의 아이디어를 개량하거나, 2개의 아이디어를 조합하는 것도 좋습니다.

제안된 각각의 아이디어는 이미 그 아이디어를 제안한 사람의 전유물이 아니고, 서로 공유하는 아이디어로 사용되어야 합니다. 이미 제안된 아이디어의 결합 및 조합을 통해, 더 좋고 새로운 아이디어로 발전시켜 나가는 것입니다.

(2) 브레인스토밍 준비

브레인스토밍 수행 시 주의해야 할 사항이 있습니다. 브레인스토밍은 광범위하고 복잡한 문제에 대해서는 적합하지 않습니다. 단순하고 명료한 문제에만 사용되어야 합니다. 또한 문제의 성격상 시행착오를 거쳐야 하는 상황일 경우에는 적합하지 않습니다. 단번에 답을 얻을 수 있는 문제가 적합합니다. 마지막으로 브레인스토밍은 발표 그룹의 리더 자질이 중요합니다. 팀원들의 아이디어에 의존하는 방법이기는 하지만, 리더의 능력에 따라 그 결과가 크게 달라질 수 있기 때문입니다.

브레인스토밍을 실행하기 위해서는 사전에 준비되어야 할 사항들이 있습니다.

- 기록원 2명. 반드시 팀원일 필요는 없다(아이디어는 급속히 나올 때가 많으므로 기록원 한 명으로는 부족할 수 있습니다.).
- 플립차트(flip chart), 보드마커(매직펜)
- 테이프 (플립차트의 각 페이지를 벽에 붙이는데 사용)
- 시계(어떤 팀은 시간을 정해놓고 일하는 것을 선호하기 때문에, 회의에 걸리는 시간 측정을 위한 시계가 필요할 수도 있습니다.)

브레인스토밍에서 리더가 성패를 좌우한다고 해도 과언이 아닐 정도로 그 역할이 중요합니다. 리더의 역할은 다음과 같습니다.

- 기록원의 역할을 병행하기도 합니다.
- 해결하려고 하는 문제를 설명하고 브레인스토밍의 규칙을 설명합니다.
- 팀원이 문제에 집중하도록 격려합니다.
- 4가지 규칙이 잘 지켜지고 있는지 감독합니다.
- 아이디어 창출에 참여하지 않는다. 브레인스토밍의 결론에 큰 영향을 미칠 수 있기 때문입니다.
- 아이디어가 지엽적으로 흐를 경우 방향전환을 유도하여 여러 방면으로 아이디어가 나올 수 있게 합니다.

① 구성원(멤버)

리더 1명, 기록원 2명, 구성원 10명 정도의 전문 경력이 다른 동일 비율의 남녀로 구성된 모임이 이상적입니다. 브레인스토밍 팀은 6~12명의 구성원으로 이루어지는 그룹을 선발합니다. 구성원의 수가 너무 많으면 구성원에 의해 제기되는 아이디어를 모두 수용하기 어려우므로, 전체 팀 인원은 13명 미만으로 하는 것이 좋습니다. 리더와 기록원을 선발합니다. 브레인스토밍 회의를 시작하기 전에 리더가 문제를 정의합니다.

② 시간

40~60분 정도의 충분한 시간이 없는 경우, 10~15분도 무난합니다. 학교에서의 실험활동 계획단계에서는 짧은 시간 동안 브레인스토밍을 실시하는 것이 좋습니다.

③ 주의사항

시작하기 전, 5분 간은 흥미롭고 부드러운 분위기를 조성합니다. 우뇌를 자극할 수 있는 문제를 같이 푸는 것도 좋겠습니다.

- 참가자들이 진지하게 임할 수 있도록 회의 주제는 현실 상황에 중요한 문제를 선정하는 것이 효과적입니다.
- 문제를 명확하게 정의합니다. 참가자 전원이 아이디어를 내놓도록 유도합니다.
- 생성된 많은 아이디어들을 분류, 정리하고 그 중에서 문제 해결에 가장 적합한 것을 선택하는 사고훈련도 중요합니다.
- 참가자가 내놓은 아이디어는 모두 칠판에 기록합니다.
- 리더는 모든 활동이 참가자의 창의적 문제해결 사고에서 나올 수 있도록 그 분위기를 조성해야 합니다.

(3) 브레인스토밍 진행

준비가 되었으면 다음과 같은 절차를 따라 브레인스토밍을 실행합니다.

① 단계 1

6~12명의 구성원으로 이루어지는 그룹을 선발합니다. 이때 구성원의 수가 너무 많으면 제기되는 아이디어를 모두 수용하기 어렵게 되므로, 전체 팀 인원은 13명 미만이 되도록 하는 것이 좋습니다.

② 단계 2

리더와 기록원을 선발합니다.

③ 단계 3

브레인스토밍 회의를 시작하기 전에 리더가 문제를 정의합니다. 기록원은 이것을 플립차트에 기록합니다.

④ 단계 4

리더는 브레인스토밍에 대한 개략적인 설명을 하고 다음의 중요한 규칙들을 설명합니다.

- 비판금지 : 어떤 제안에 대해서도 평가를 해서는 안 됩니다. 즉, 아이디어에 대한 평가는 보류되어야만 합니다.
- 자유분방 : 우스꽝스럽거나 현실적이지 않은 아이디어라 할지라도 모든 아이디어를 환영합니다. 엉뚱한 아이디어일수록 더 좋다. 좋은 아이디어는 색다른 시각으로부터 올 때가 많습니다.

- 양적 추구 : 아이디어는 많으면 많을수록 더 좋습니다. 아이디어의 수가 많을수록 훌륭한 아이디어가 나올 가능성이 높기 때문입니다.
- 결합개선 : 참가자는 자신의 아이디어를 제시하는 것뿐만 아니라, 다른 사람의 아이디어를 더 좋은 아이디어로 바꾸거나, 두세 개의 아이디어를 결합하여 훨씬 더 좋은 아이디어로 만들 수 있습니다.

⑤ 단계 5

그룹의 구성원들은 문제에 대한 해결책을 제시합니다. 이때 앞서 설명한 네 가지 규칙을 계속 준수하도록 합니다.

⑥ 단계 6

기록원은 아이디어가 나오는 즉시 플립차트에 기록합니다.

⑦ 단계 7

충분한 양의 아이디어가 나왔으면, 잠깐의 휴식 후에 아이디어에 대한 평가를 합니다.

(4) 브레인스토밍 규칙 및 적용사례

① 간결하게 기술하여 모든 사람이 문제를 이해할 수 있도록 합니다. 이 단계에서는 문제에 대한 많은 제약을 둘 필요는 없습니다.

② 문제를 해결할 아이디어를 시간을 가지고 생각합니다. 보통 30분 정도의 시간을 준다. 참가 인원이 많으면 시간이 늘어날 수도 있습니다.

③ 모든 참가자가 자유롭게 아이디어를 내도록 격려해야 하며, 아이디어가 아무리 비현실적이고 우스꽝스러워 보여도 절대 비판을 하지 않습니다. 제안된 모든 아이디어는 기록합니다.

④ 시간종료 후 가장 좋은 아이디어 5개를 참가자 대다수의 합의에 의해 선택합니다.

⑤ 가장 적합한 해결책을 판단하기 위해, 10가지 정도의 선정기준을 작성합니다. 선정기준의 예를 들면 '비용이 저렴해야 한다.' '이윤이 높아야 한다.' 등이 될 수 있습니다.

⑥ 아이디어가 제시된 선정기준을 얼마나 충족시키는지에 따라 점수를 부여합니다. 각 아이디어에 대한 최종 평가점수를 계산합니다.

⑦ 가장 점수가 높게 나온 아이디어가 문제해결에 가장 적합한 것으로 채택됩니다. 현재, 가장 좋은 것으로 채택된 아이디어가 실제적인 구현이 불가능할 때를 대비해서, 좋은 것으로 선택된 모든 아이디어와 그 평가점수를 기록하고 보존해야 합니다.

3.3.2 오스본의 스캠퍼(SCAMPER)법

준비 활동 : SCAMPER의 필요성(5분 발표)
• 당신이 연필회사 개발실장이라고 가정하고 새로운 연필을 개발하기 위한 아이디어를 창출하여 보아라. • 아이디어 창출이 더딜 경우 어떤 방법을 사용하여 아이디어 창출에 도움을 줄 수 있을까? • 전화기에서 휴대폰으로의 변천과정, 휴대폰 자체의 변천과정 • 가전제품 → 변천과정

변형하거나 조작(manipulation)하는 것은 창조의 시작이라고 할 수 있습니다. 대부분의 창조적인 아이디어들은 기존의 아이디어에 첨가 또는 약간의 변형을 통해서 얻어지게 됩니다. 1909년에 헨리포드(Henry Ford)가 자동차 모델 'the Model T'를 발표할 당시에 다음과 같이 고백하였습니다.

"사실 나는 새로운 무엇을 발명한 것은 아닙니다. 단지 여러 다른 사람들이 발명한 것들을 결합하여 차를 만들었을 뿐입니다. 만약 내가 50년만 더 일찍 이 일을 시작했다면 이 일은 실패로 끝났을 것입니다."

그는 이미 개발된 다른 사람들의 아이디어를 변경 또는 조합하여 또 다른 창의적인 아이디어(자동차)를 도출할 수가 있었던 것입니다. 이처럼 변화, 변경 또는 두 가지 이상의 아이디어 조합에 따라 이전과 전혀 다른 형상이나 아이디어를 도출해 낼 수가 있습니다.

아이디어 제시에 효과적인 방법 중에서 오스본(Osborn)이 제안한 스캠퍼(SCAMPER) 또는 체크리스트법이 있습니다. 이 방법은 창의적 대안 창출을 위한 방법으로서 광고회사에 한 동업자로 근무하던 알렉스 오스본(Alex Osborn)에 의해 1953년에 처음 제안되었습니다. 아이디어 창출을 위해 사고의 출발점 또는 문제해결의 착안점을 미리 정해놓고 그에 따라 다각적인 사고를 전개함으로써 아이디어를 효율적으로 얻는 방법이며 다음과 같이 적용할 수 있습니다.

- 이외의 다른 방법은 없을까? 현재의 상태를 약간 변경하면?
- 다른 곳에서 아이디어를 빌려올 수는 없을까? 비슷한 것은 무엇인가? 비슷한 것이 과거에는 없었는가? 무엇인가 흉내낼 수 없을까? 누구의 흉내를 낼 수 있을까?
- 형태, 색깔, 방향을 바꾸면 어떻게 될까? 새로운 것을 시도하면 어떨까?
- 확대한다면, 무엇을 첨가한다면? 시간을 더 걸리게 한다면? 횟수를 증가시킨다면? 길게 한다면, 얇게 한다면? 가치를 부가시킨다면? 결합시킨다면?
- 축소한다면? 무엇인가를 제거한다면? 압축한다면? 가볍게 한다면? 제한한다면? 분할한다면?

- 다른 것으로 대신한다면? 다른 방법을 적용한다면? 다른 소재를 사용한다면? 절차를 변경한다면? 다른 동력으로 대치한다면? 다른 음색을 쓴다면?
- 바꾸어 보면? 순서를 바꾸면? 원인과 결과를 바꾸면? 일정을 바꾸면? 상황을 바꾸면?
- 거꾸로 하면? 안팎을 뒤집으면? 반대로 하면? 상하를 바꾸면? 역할을 바꾸면?
- 결합하면? 합금으로 한다면? 조립하면? 부속 단위를 결합하면? 목적을 묶으면? 아이디어를 결합하면?

등을 들 수 있는데 위의 점검목록을 정리하여 오스본이 스캠퍼(SCAMPER) 기법이라는 것을 만들어 더 많은 아이디어를 창출할 수 있도록 하였습니다.

▶▶ 표 3.1 스캠퍼(SCAMPER)법

약자	의미	설명	예
S	Substitute (대체)	다른 재료, 요소, 원동력, 프로세스 등	통나무로 만든 집, 종이컵
C	Combine (결합)	혼합, 조립, 그리고 작동, 단위, 방법, 아이디어 등의 결합	사색 볼펜, 시계겸용, 라디오, 보온 겸용 밥솥, 스위스 군용칼
A	Adapt (적용)	다른 용도, 과거의 적용, 다른 아이디어의 도용.	벌집을 본뜬 건축구조물
M	Modify, Magnify (변형 및 확대)	뜻, 색깔, 동작, 모양 등을 변형, 더 할 수 있는 요소는? 더 크게, 높게, 강하게, 두껍게, 과장되게 등	실패한 접착제를 이용한 포스트잇 개발
P	Put to other use (다른 용도)	원래의 용도를 바꾸기 등	폐타이어를 활용한 어린이 놀이터의 고무블록
E	Eliminate, Minify (최소화)	취소, 분리, 가볍게, 짧게, 여러 개로 나누기 등	트랜지스터, 노트북 PC
R	Reverse, Rearrange (역방향)	방향을 바꾸기, 거꾸로, 용도의 교환 등	전기 모터와 발전기

스캠퍼법을 진행할 때는 첫째, 문제나 주제를 파악합니다. 둘째, 문제나 주제를 스캠퍼 목록에 맞추어 어떤 새로운 아이디어가 나올 수 있는지 살펴봅니다. 가능한 모든 아이디어를 떠올려 본 후 창의적인 생각을 표현해 볼 수 있도록 합니다. 스캠퍼법은 주어진 질문의

패턴에 따라 사고를 전개하므로 초보자도 쉽게 활용할 수 있고, 문제인식을 습관화할 수 있습니다. 생활하면서 불편한 점이 생각날 때마다, 좀 더 크게 좀 더 작게 하는 식으로 질문을 던져보면 생활을 편리하게 해줄 수 있는 제품을 고안해 낼 수 있을 것입니다.

3.3.3 형태학적 분석법(Morphological Analysis)

준비 활동 : 형태학적 분석법의 중요성, 필요성(5분 활동, 5분 발표)
- 원래의 전화기에서 휴대폰으로 발전된 과정

형태학적 분석법은 프린츠 츠위키에 의해 개발되었으며 다음의 그림 3.2에 도시된 대로 매트릭스의 형식을 갖게 됩니다. 츠위키는 우주공학의 권위자로 유명하며, 그는 '인간은 문제해결을 하는 데에 있어 선입관에 의해 사전에 평가해 버리는 경우가 너무 많다'라는 생각으로부터 이 기법을 개발하게 되었습니다. 선입관 또는 사전평가를 하지 않기 위해서는 어떻게 하면 좋을까? 츠위키는 '어떤 일이 명확히 불가능하다고 증명되지 않는 한 불가능하다고 인정할 수 없다'고 하는, 가능성 추구의 시점으로부터 사물을 자세히 분해해 보기를 제안하였습니다.

형태분석법에서는 해결해야 할 문제를 모든 구성요소의 조합으로 파악하고, 그것을 차트화 하는 것입니다. 츠위키는 이 구성요소를 '독립변수(independent variables)'라고 명명하였습니다. 각 독립변수가 형태학적 분석법 매트릭스의 축이 되는 것입니다. 만일, n개의 독립변수가 있으면, n차원의 차트가 가능한 것입니다.

매트릭스 작성 및 이를 이용하여 아이디어 창출하는 방법은 아래와 같은 방법으로 행하게 됩니다.

(1) 개선되어야 하는 상품 또는 서비스를 정합니다.
(2) 2차원 매트릭스를 제작하는데 하나의 축에는 대상 물건 또는 서비스의 특징 또는 속성들을 나열합니다(세로축 : 크기, 높이, 무게 등).
(3) 다른 축에는 특징 또는 속성들의 다른 형태의 단어 즉 형용사, 부사, 또는 동사의 형태로 변환하여 기입합니다(그림의 가로축: 예를 들어 여기서는 오스본의 SCAMPER).
(4) 그리고 더 많은 아이디어 창출을 위하여서는 다른 하나의 축(세 번째 축)을 첨가할 수 있으며 세 번째 축에는 다른 관련된 요소들을 나열하여 기입합니다.
(5) 바뀐 단어들을 대상 물건 또는 서비스의 특징 및 속성들에게 적용합니다.
(6) 결과들을 토론 또는 평가합니다.

형태학적 분석법은 개인 또는 단체로 실시할 수 있는데 장점으로는 짧은 시간에 대단히 많은 아이디어가 창출될 수 있다는 것입니다. 예를 들어 21×7의 매트릭스는 147개의 아이디어를 창출시킬 수 있습니다.

속성 \ 변환 속성	대체	결합	적용	변형/확대	다른 용도	최소화	역방향
크기							
높이							
무게							
체적							
모양							
위치							
지역							
배열							
내구력							
구성							
성분							
경도							
안정성							
부착							
처리							
색깔							
시간							
동력							
전기							
전달성							
화학							

▸▸ **그림 3.2** 형태학적 분석법을 위한 매트릭스 예(21×7)

3.3.4 유추와 은유(Analogy and Metaphor)

문제의 해결책을 제안할 대 유추와 은유를 통하여 새로운 아이디어를 창출할 수 있습니다. 유추는 같은 종류의 것 또는 유사한 점을 갖는 다른 사물을 미루어 추측하는 일을 말합니다. 자연에서 얻은 유추의 예로서는 벌집 형상을 연구하여 건축구조물을 만든 것을 들 수 있습니다.

은유는 '아이디어 기근'이나 '얼어붙은 그림자' 등과 같이 서로 다른 두 개의 사물의 상태나 움직임이 어느 정도의 유사함에 의해 암묵적으로 연결되는 표현 기법입니다. 넓은 의미에서 모든 은유는 간단한 유추입니다. 그러나 모든 유추가 은유인 것은 아닙니다. 명확한 것들을 비교하는 것은 은유가 아닙니다.

은유를 이용하여 문제의 해결책을 찾기 위해서는 먼저 풀어야 할 문제와 비슷한 성질을 갖는 어떤 개념을 찾아내야 합니다. 예를 들어, 항공기를 개선하는 문제와 생체조직이 진화하는 양식 사이에 비슷한 성질이 있다고 생각하여 "만약 항공기가 생체조직처럼 진화할 수 있다면, 어떻게 진화할 것인가?"라는 질문을 던지고 이 질문이 주는 어떤 통찰력이나 잠재적 해결책이 무엇인지 생각해 보는 것입니다.

3.3.5 연상(Association)

창의적인 문제 해결책을 제안하기 위해서 연상을 사용할 수 있습니다. 어떤 물건이나 단어를 보면 다른 관련된 단어가 떠오르는 것이 연상이라고 할 수 있습니다. 즉, 연상은 다른 물건이나 아이디어 사용에 있어서 연결고리를 만드는 것과 연관됩니다. 연상은 인접(contiguity), 유사(similarity), 대조(contrast)의 세 가지 법칙에 의해서 발생합니다.

- 인접 : 거리상 가까운 것을 생각해 내는 것입니다.
  예) 선생님을 생각하면 학교가 연상됩니다.
- 유사 : 어떤 물건이나 생각이 다른 비슷한 물건이나 생각을 불러일으키는 것입니다.
  예) 닭을 보면 칠면조가 생각납니다.
- 대조 : 거의 반대의 형태의 사물이나 개념을 생각해 내는 것입니다.
  예) 하늘/땅, 소녀/소년, 서양/동양

연상을 실행하는 순서는 다음과 같습니다.

(1) 칠판에 문제와 연관이 없을 수도 있거나 연관이 있는 단어 또는 단어를 적습니다.
(2) 이 단어와 연관되어 두뇌에 떠오르는 아무 단어라도 적습니다.
(3) 이런 연관을 연속적으로 수행한 다음 주어진 문제에 해결책으로 인도해 줄 단어들이 있는지 살펴봅니다.

예 1) 대형 마트 점장들의 그룹이 '신속'이라는 단어로 연상을 시작하였습니다. '제트기', '일일특급우편'이라는 단어는 '바코드'와 '광학스캐너'라는 단어를 생각나게 했고, 이것이 '계산대의 대기 시간 단축의 차별화'라는 문제에 대한 해결책을 제공해 주었습니다. 즉, 바코드가 고객들의 기다리는 시간과 계산원의 계산시간을 단축하는데 사용되었습니다. 최종적으로 재고파악 및 물류 시스템을 구축하게 되었습니다.

예 2) 떡을 제조하고 판매하는 업소에서 제품 개발자들이 새로운 아이디어 회의 중에 '기념하다'라는 단어를 선택하여 연상을 시작하였습니다. 일반적으로 케이크는 생일을 기념하고, 떡은 아기의 백일을 기념하는 것으로 '케이크'와 '떡'이라는 단어가 순차적으로 연상되었습니다. 그때 한 참석자가 떡으로 만든 케이크로 기념하는 것이 좋겠다는 말을 하였습니다. 떡은 여성이나 아이들이 좋아하지 않아 잘 팔리지 않는다고 생각했습니다. 이러한 떡이 케이크와 연관되어 떡 케이크라는 매우 성공적인 제품으로 발명되었습니다.

3.4 창의적 문제해결과정(Creative Problem Solving)

Edward Lumsdaine은 기존의 창의적 문제해결 과정에 자신이 고안한 은유와 허만의 지능 모델을 도입하여 창의적 문제해결과정을 제안하였습니다.

3.4.1 문제정의

탐험가의 마음가짐으로 문제를 정의해야 합니다. 탐험가는 두뇌선호도로 볼 때 우뇌를 선호합니다. 탐험가의 주요 목표는 문제의 배경을 발견하고 기회를 찾는 것입니다. 허만의 지능 모델로 보면 C 사분면과 D 사분면의 특성을 가지고 탐험가의 마음가짐으로 문제 전체의 윤곽을 과감하게 조사해 나갑니다. 문제와 관련된 넓고 다양한 정보, 문제와 관련된 시대적 트렌드 등을 자료조사나 웹서핑 등을 통해 파악합니다. 특허를 조사할 수도 있습니다.

한편 탐정과 같은 마음가짐으로 문제를 정의해 나가야 합니다. 탐정은 좌뇌를 선호합니다. 허만의 지능 모델로 보면 A 사분면과 B 사분면의 특성을 가지고 체계적으로 분석해 나가는 것입니다. 무엇이 진짜 문제인가를 따져 나가야 합니다. 설문조사와 파레토도, 근본원인 분석 같은 도구를 활용할 수도 있습니다.

최종적으로 문제는 긍정적인 표현으로 가능한 한 구체적으로 기술되어야 합니다.

3.4.2 아이디어 창출

예술가의 마음가짐으로 자유롭게 아이디어를 창출해 냅니다. 이 단계에서는 브레인스토밍 기법을 활용합니다. 우뇌를 활성화시키는 문제를 푼다든지 하여 창의적 사고가 고양되게 한 후 이 단계를 시작합니다. 엉뚱한 아이디어라고 할지라도 이 단계에서는 다 기록하는 것이 좋습니다. 다른 사람의 아이디어를 활용해서 아이디어를 내어도 좋습니다. 아이디어가 잘 나오지 않으면 성공을 상상하든지 또는 최악의 경우를 상상해 봅니다. 무관한 두 개의 아이디어를 억지로 끼워 맞춤해 보기도 합니다. 자유연상을 해 본다든지 생체모방공학을 활용하는 것도 하나의 방법이 되겠습니다.

3.4.3 아이디어 다듬기

2단계에서 생성된 아이디어들을 군으로 분류하고 실현 가능한 아이디어로 정리하는 단계입니다. 엔지니어의 마음가짐으로 이 단계를 수행하게 됩니다. 허만의 지능 모델로 보면 A 사분면과 D 사분면을 활용하게 됩니다. 좌뇌와 우뇌를 동시에 활용하고 A 사분면의 분석력과 D 사분면의 창의력이 함께 활용되어야 하는 단계입니다. 2단계에서 생성된 아이디어들을 창의적으로 종합(synthesis)하여 실행할 수 있는 좋은 여러 개의 아이디어로 정리해야 하는 중요한 단계입니다.

3.4.4 최종 해결책 선정

3단계에서 제안된 여러 개의 대안들 중에서 최적의 아이디어를 선정하는 단계입니다. 최적의 아이디어를 선정하기 위해서는 선정을 위한 합리적인 기준들이 만들어져야 합니다. 선정기준의 결정이 이 단계에서 가장 중요합니다. 결정된 선정기준을 활용하여 퓨 방법 등을 사용하여 최적의 대안을 선정하게 됩니다.

3.4.5 해결책 실행 단계

4단계에서 선정된 해결안은 이 단계에서 제작자의 마음가짐으로 실현해야 합니다. 실현되지 않으면 앞 단계에서의 이루어진 모든 일들이 수포로 돌아가게 됩니다. 제작자는 허만의 지능 모델로 보면 B 사분면과 C 사분면의 특성을 가지고 좌뇌와 우뇌를 활용하여 실행을 해 나가야 합니다. B 사분면의 치밀한 계획과 과감한 추진력, 책임감, C 사분면의 의사소통능력, 팀워크 능력 등이 매우 중요합니다.

04 트리즈(TRIZ) 방법론

Creative Design and Lab

4.1 기능(Function)과 기능분석

기술 시스템은 기능을 반드시 수행해야 합니다. 기능이 기술 시스템 존재의 이유인 것이지요. 고객이 특정 시스템을 구매하는 목적은 시스템의 기능을 활용하려는 것입니다. 트리즈(TRIZ) 이론에서 기능이라는 개념은 매우 중요합니다. 기능은 두 가지 요소를 포함합니다. 두 가지 요소는 도구(tool)와 대상(object)입니다.

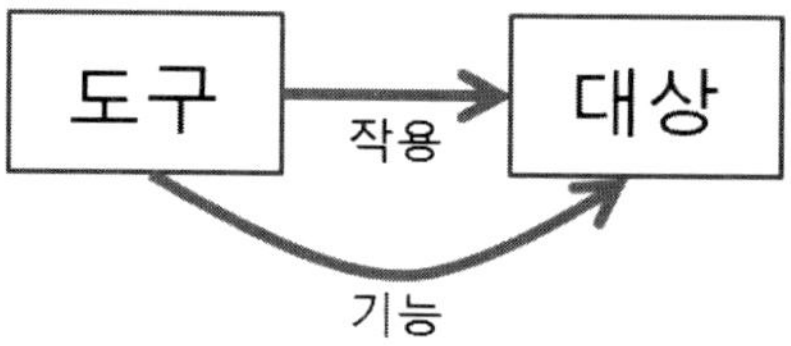

▸▸ 그림 4.1 도구와 대상

기능의 서술은 '대상이 도구의 작용을 받는다'는 형태로 됩니다. 작용의 주체인 도구가 대상에 작용을 주어 대상의 특성(feature)을 바꾸거나 변화시키는 것입니다. 이 때 주목해야 할 것은 작용에 의해 대상의 특성이 반드시 변화하는 형태로 기능이 서술되어야 한다는 점입니다. 이 점이 강조되지 않으면 기능의 모델링이 아무런 의미가 없게 됩니다. 설계자의 입장에서도 설계의도를 반영시킬 수 있는 여지가 없게 되는 것입니다. 예를 들어 설명하도록 하겠습니다. '망치가 못을 박는다'는 표현에서 대상은 목적어인 '못'이 되고 도구는 주어인 '망치'가 됩니다. 도구가 대상에 '박는다'라는 작용을 하는 것입니다.

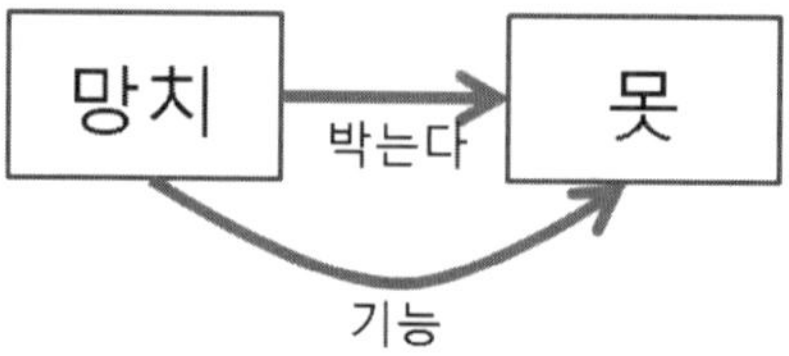

▸▸ 그림 4.2 도구(망치)와 대상(못)의 예시

도구와 대상은 명사로 서술되고 작용은 동사로 서술되어 있습니다. 그런데 문제는 작용을 '박는다.'라고 서술할 경우 우리의 일상생활에서의 표현으로는 전혀 문제가 없지만 기능의 관점에서 보면 적절하다고 하기가 어렵습니다. 이 부분이 기능으로 서술할 때 우리가 가장 주의해야 할 점이고 실제로 많은 사례를 가지고 연습을 하지 않으면 어렵게 느껴질 수 있는 부분이기도 합니다. 조금 더 설명하여 보도록 하겠습니다. '박는다.'라는 작용이 실제로 대상인 '못'의 어떤 특성을 바꿀 수 있는 것인지가 중요합니다. 즉 대상인 '못'의 특성을 가지고 그 특성이 변화하는 것을 나타내는 형태로 서술해야 하는 것입니다. '박는다.'는 작용을 통해 '못'의 어떤 물리적 특성이 변화하게 될까요? '못'의 위치가 변화하게 되는 것입니다. 기능의 정의에 맞도록 다시 서술해 본다면 '망치가 못을 움직인다.'라고 하는 표현이 더 적절하다고 할 수 있습니다. 물론 더 엄밀히 표현한다면 '망치가 못의 위치를 변경시킨다.'라고 할 수도 있겠습니다. 이렇게 표현되어야 설계자가 설계의도를 반영시킬 수 있게 되는 것입니다. 여기서 설계의 목적을 망치가 못을 잘 움직일 수 있도록 하는 것이라고 가정한다면 못을 잘 움직일 수 있게 하는 망치를 설계하면 되는 것입니다.

'자동차는 사람을 이동시킨다.'라고 할 때, 자동차는 주어로서 도구가 됩니다. '사람을 이동시킨다.'라는 것은 기능을 표현합니다. 도구가 대상이 되는 객체인 사람에게 수행하는 '이동시킨다.'라는 작용을 도구의 기능이라고 하는 것입니다. 이런 의미에서 기능은 대상이 되는 객체에 수행되는 작용을 의미합니다.

'안전모는 머리를 보호하다.'라는 문장은 기능의 입장에서 보면 적절한 문장이 아닙니다. 이 문장은 기능의 차원에서 '안전모는 머리에 부딪히는 대상물을 차단한다.'라고 표현하는 것이 적절합니다. 머리에 부딪히는 대상물의 위치가 머리까지 전진하여 머리를 손상하는 것을 차단하는 작용을 하는 것입니다. 이렇게 서술이 될 때 비로소 안전모가 머리를 보호하기 위한 차단벽으로서 어떤 구조를 가지는 것이 좋은가의 문제로 정의될 수 있기 때문입니다. 튼튼하고 가벼운 구조를 가져야 한다는 등의 설계 대안이 제시될 수 있을 것입니다.

그리고 '에어컨이 사람을 시원하게 한다.'는 어떻게 표현되어야 할까요? '에어컨이 공기를 냉각시킨다.'라고 표현되어야 합니다(그림 4.3).

'칫솔은 치아를 닦는다.'라는 문장은 '칫솔은 치아로부터 플러그(plaque)나 이물질을 제거한다.'라고 표현하는 것이 좋습니다(그림 4.3).

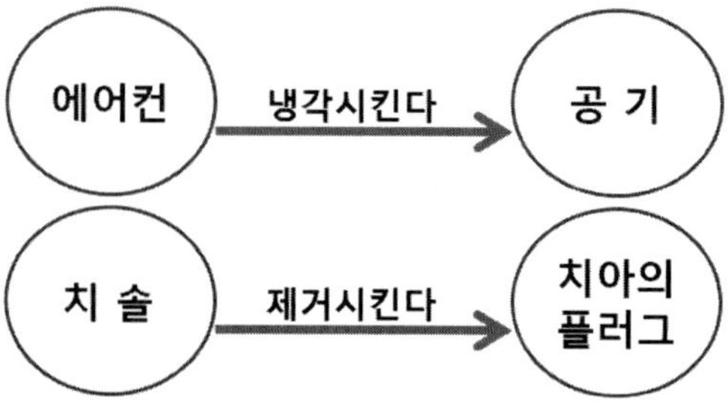

▸▸ **그림 4.3** 도구와 대상의 예

도구가 수행하는 작용은 유용한 작용, 불충분한 유용한 작용, 유해한 작용 등으로 분류될 수 있습니다.

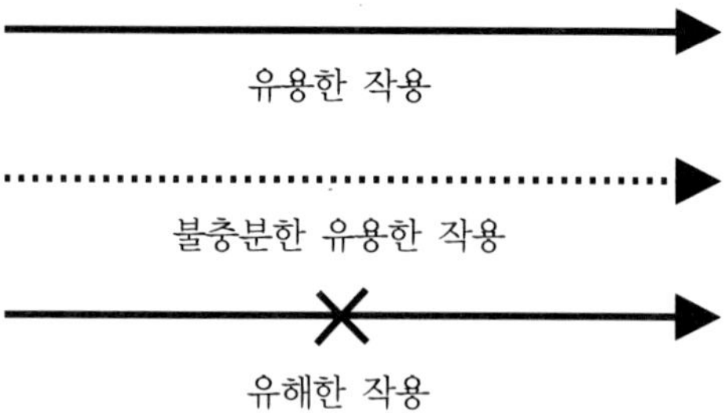

▸▸ **그림 4.4** 유용한 작용과 유해한 작용

트리즈(TRIZ)의 관점에서 기능을 올바르게 표현하는 것은 우리가 일상에서 사용하는 감성적 표현과는 확연한 차이가 있습니다. 예를 들면, '선풍기의 바람이 우리 몸을 시원하게 한다.'라고 하는 표현이 일상생활에서의 표현으로는 아무 문제가 없지만 트리즈(TRIZ) 관점에서 기능에 대한 표현으로서는 적절하지 못하다고 할 수 있습니다. 위의 표현을 트리즈(TRIZ) 관점에서 바꾸어 '선풍기의 날개의 회전이 공기를 움직인다.'라고 하는 것이 보다 적절한 표현이 될 수 있겠습니다.

이해를 돕기 위해 또 다른 예를 들어 보겠습니다. '광학렌즈가 대상 물체를 확대한다.' 라는 표현은 '광학렌즈가 빛을 굴절시킨다.'로 표현할 수 있겠습니다. 쉽지는 않지만 지속적 연습을 통해서 점점 이해가 증진되리라고 생각합니다.

기능에 대해서 좀 더 설명해 보도록 하겠습니다. 자동차의 경우 화물이나 사람을 운반하는 기능을 '주기능'이라고 합니다. 주기능은 많은 요소들로 구성될 수 있습니다. 그리고 각각의 요소들은 자기만의 기능을 가지고 있습니다.

기능 모델링으로 문제를 표현하면 전체의 문제가 정확하게 시스템적인 관점에서 파악될 수 있는 장점이 있습니다. 기능 모델링을 하는 방법은 다음과 같습니다(그림 4.5).

- 시스템의 동작 메커니즘을 구성요소들 간의 기능으로 분석합니다.
- 기능을 유용한 기능과 유해한 기능으로 구분합니다.
- 시스템이 수행하는 기능을 목표대상(target), 구성요소(component) 및 환경(상위)요소(supersystem)의 관점에서 모델링합니다.
- 구성요소들 간의 기능으로부터 모순요소를 찾아내어 분석합니다.
- 구성요소들 중 상대적으로 목표에 대한 기여도가 낮은 요소는 없애고(trimming), 이 요소가 수행하던 기능은 다른 요소에게 담당시킵니다.

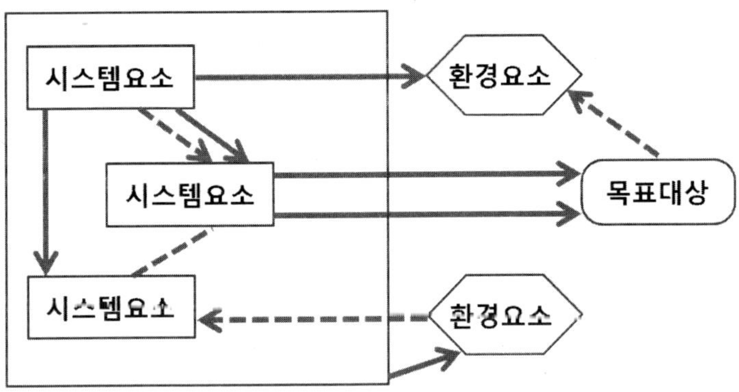

▶▶ **그림 4.5** 기능 모델링

간단한 예를 들어 설명해 보면 헤어드라이어의 경우 모터, 팬(fan), 하우징(housing), 가열열선(heating coil), 전력 공급 장치(power supply) 등의 요소로 구성되고 각각의 요소들은 고유한 기능을 가지고 있습니다. '주기능'을 구현하기 위해 각각의 요소들이 부분적으로 지원하는 기능을 '보조기능'이라고 합니다. 시스템을 구성하는 요소들은 모두 기능을 가지고 있고 기능을 수행하는 것은 반드시 그 기능을 받게 되는 대상(object)을 가지고 있습니다. 도구로부터 대상이 기능을 받게 되면 대상의 특성이 1개 이상 변화하게 되어 있습니다.

헤어드라이어의 요소를 간단히 나열하고 나열된 요소들 간의 상호작용을 그림 4.6에 나타내었습니다. 그림 4.6과 같이 기술 시스템을 구성하는 요소들을 나열하고 요소들 간의 상호작용을 나타낸 것을 기능분석도라고 합니다. 도구가 대상으로 기능을 주는 방향을 화살표 방향으로 나타내고 있습니다.

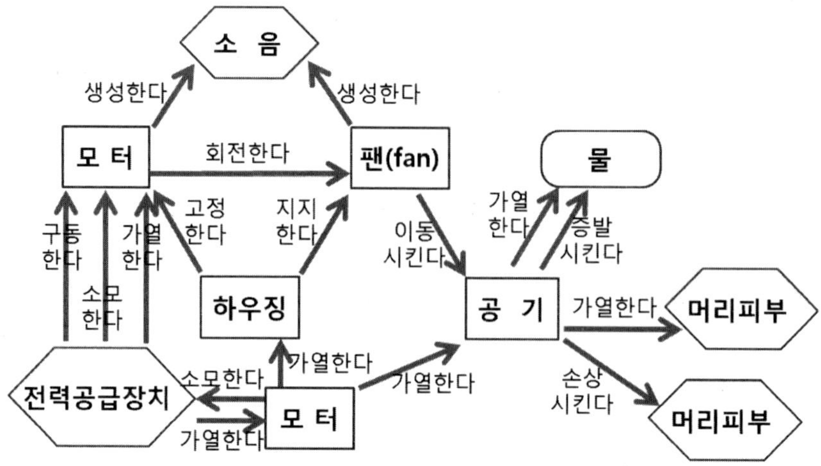

▸▸ **그림 4.6** 헤어드라이어의 기능분석도

4.2 기술적 모순

4.2.1 기술적 모순이란?

트리즈(TRIZ) 이론을 창안한 알트슐러가 수많은 특허 문서들을 검토하였을 때 발견한 중요한 결과들 중 하나는 대부분의 발명들에 있어서 알트슐러가 '기술적 모순'이라고 이름을 붙인 모순이 공통적으로 존재하고 있다는 사실이었습니다. 기술적 모순은 기술 시스템에 있어서 하나의 파라미터 A를 향상하려고 시도할 경우 시스템 내의 또 다른 파라미터 B가 악화되는 상황을 나타내고 있습니다.

우리가 매일 사용하고 있는 책상을 예로 들어 설명해 보겠습니다.

▸▸ **그림 4.7** 책상의 사례

책상의 두께를 증가시켜 시스템의 파라미터 중 하나인 강도를 개선하려고 시도하면 시스템의 또 다른 파라미터인 무게가 증가되어 책상의 이동 용이성이 저하되게 됩니다.

트리즈(TRIZ)에서 설명하는 기술적 모순은 항상 한 쌍으로 존재하게 됩니다.

기술적 모순 1 : 두께 증가 → 강도 개선, 경량성 악화
기술적 모순 2 : 두께 감소 → 강도 악화, 경량성 개선

책상의 강도를 증가시키기 위해 강도가 높은 재료를 선택한다면 비용이 증가하게 됩니다. 이와 유사한 상황이 현장에서 설계자가 설계를 수행할 때 빈번히 발생하게 됩니다. 실무 현장에서는 대개 타협을 통해 적당한 값을 취함으로써 이러한 문제를 해결하게 됩니다. 그러나 이 경우 어느 하나의 파라미터 성능도 충족하지 못한 결과를 얻게 됩니다. 트리즈(TRIZ)는 모순이 되는 두 파라미터 모두 바람직한 방향으로 문제해결책의 방향을 제시해 주고 궁극적으로 모순이 제거될 수 있게 합니다.

4.2.2 기술적 모순 매트릭스와 발명원리

알트슐러는 트리즈(TRIZ) 이론 개발 초기에 기술적 모순을 정의하고 모순해결을 위한 방법론으로 모순 매트릭스(contradictions matrix)를 제안하였습니다. 모순 매트릭스는 열(row)과 행(column)에 각각 39개의 엔지니어링 파라미터를 나열하고 열은 개선되는 특성, 행은 나빠지는 특성으로 배치합니다.

►► 표 4.1 39가지 파라미터와 40가지 발명원리

39가지 파라미터		40가지 원리	
1	움직이는 물체의 무게	1	분할
2	정지한 물체의 무게	2	추출(빼내기, 회수, 제거)
3	움직이는 물체의 길이	3	국소적 성질
4	정지한 물체의 길이	4	비대칭
5	움직이는 물체의 면적	5	통합
6	정지한 물체의 면적	6	범용성 / 다용도
7	움직이는 물체의 부피	7	포개기
8	정지한 물체의 부피	8	평형추
9	속도	9	사전반대 조치
10	힘	10	사전 조치
11	압력	11	사전 예방
12	모양	12	높이 맞추기

39가지 파라미터		40가지 원리	
13	구성의 안정성	13	반대로 하기
14	강도	14	구형화
15	움직이는 물체의 작용 시간	15	역동성
16	정지된 물체의 작용 시간	16	과부족 조치
17	온도	17	차원 바꾸기
18	밝기	18	기계적 진동
19	움직이는 물체의 소비 에너지	19	주기적 작동
20	정지된 물체의 소비 에너지	20	유용한 작용의 지속
21	동력	21	고속처리
22	에너지의 손실	22	전화위복
23	물질의 손실	23	피드백
24	정보의 손실	24	매개체
25	시간의 손실	25	셀프 서비스
26	물질의 양	26	복제
27	신뢰성	27	일회용품
28	측정의 정확성	28	기계시스템의 대체
29	제조의 정밀도	29	공기 / 수압식 구조물
30	물체에 작용하는 해로운 효과	30	유연한 막 / 얇은 필름
31	유해 부작용 효과	31	다공질 재료
32	제조 용이성	32	색깔 변경
33	사용 편이성	33	동질성
34	보수성	34	폐기 및 재생
35	적응성	35	속성 변환
36	장치의 복잡성	36	상전이
37	제어의 복잡성	37	열팽창
38	자동화 수준	38	산화 가속
39	생산성	39	불활성 환경
-		40	복합재료

트리즈(TRIZ) 방법론 가운데 가장 이해가 쉬운 트리즈(TRIZ) 도구이기 때문에 처음 국내에 소개될 때 모순 매트릭스가 트리즈(TRIZ)를 대표하는 것처럼 소개되어 많은 부작

용을 낳기도 하였습니다. 모순 매트릭스는 쉬운 반면 사용자들이 자신의 문제를 39개의 엔지니어링 파라미터로 정확하게 대응시키기도 쉽지 않고 모순 매트릭스 자체가 수준 높은 트리즈(TRIZ) 도구가 아니다 보니까 얻어진 결과에 대해 불만을 가지는 경우도 있었습니다. 모순매트릭스가 여전히 많은 문제를 안고 있는 것도 사실입니다. 즉 '엔지니어링 파라미터가 39개만으로 구성이 가능한가?', '모순 매트릭스가 완벽한가?' 등 많은 의문점이 남아 있지만, 기술적 모순해결을 위한 아이디어 생성 도구로 쉽고 유용한 도구인 것만은 틀림없는 것 같습니다. 일단 모순 매트릭스를 활용하여 문제해결을 시도해 본 후 수준 높은 트리즈(TRIZ) 도구를 보완하여 사용하는 것이 좋겠습니다.

39개 엔지니어링 파라미터와 40가지 발명원리를 표 4.1에 도시하였습니다.

알트슐러는 39x39 매트릭스의 형태로 된 모순 매트릭스를 제안하였습니다. 모순 매트릭스의 설명을 위하여 일부를 그림 4.8에 나타내었습니다. 전체 모순 매트릭스는 부록 3에 수록하였습니다.

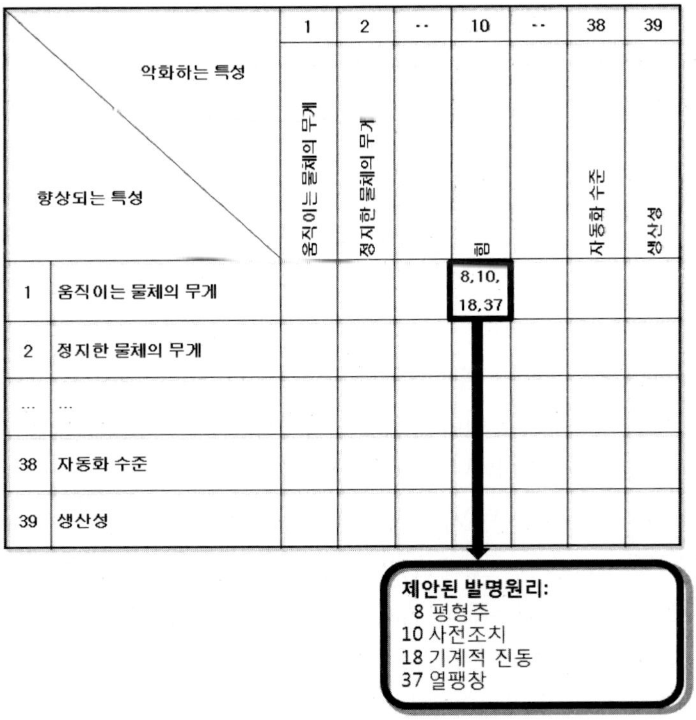

▸▸ **그림 4.8** 모순 매트릭스의 일부분

모순 매트릭스를 활용하여 모순을 제거하고 문제를 해결하는 방법을 설명하여 보겠습니다. 예를 들면 모순 매트릭스 열(row)에 있는 i 번째 파라미터와 행(column)에 있는 j 번째 파라미터가 만나는 곳 부분에 4개 내지 5개 가량의 발명원리들이 수록되어 있습니다. 이 발명원리들이 i 번째 파라미터의 특성을 악화시키고 j 번째 파라미터의 특성을 개선하기 위한 발명원리들인 것입니다. 열에 있는 i 번째 파라미터와 행에 있는 j 번째 파라미터가 이루는 기술적 모순을 제거하기 위한 방법론으로 모순 매트릭스에서 제안하는 도구인 것입니다.

그림 4.8을 이용해서 다시 설명하면 악화되는 특성인 i 번째 파라미터는 10 번째 열 힘(Force)이 되고 개선되는 특성 j 번째 파라미터는 첫 번째 행 움직이는 물체의 무게(weight of moving object)가 됩니다. 두 행과 열이 만나는 곳에 추천되는 발명원리인 8번 평형추(counterweight), 10번 사전조치(prior action), 18번 기계적 진동(mechanical vibration), 37번 열팽창(thermal expansion)을 얻을 수 있게 되는 것입니다. 발명원리 그 자체가 우리 문제에 해답이 되는 것은 아니고 이 원리들을 적용해야 해답을 얻게 되는 것이 우리에게 쉽지 않은 과제로 남아 있습니다. 보다 정확하게 모순 매트릭스를 사용하려면 기존에 존재하는 많은 사례를 꼼꼼하게 연구해야 합니다.

4.3 물리적 모순(Physical Contradiction)

트리즈(TRIZ)에 있어서 물리적 모순이란 가장 중요한 개념 중의 하나라고 할 수 있습니다. 우리가 당면한 문제를 정의하고 해결해 나가는 과정에서 물리적 모순을 제대로 정의하고 발견해 내었다면 문제의 본질에 접근한 것으로 보아도 좋을 것입니다.

물리적 모순은(작용 영역에 있어서) 기술 시스템의 요소들 중 하나의 요소의 두 가지 조건들 사이에 서로 모순이 발생하는 것을 말합니다. 이를 달리 표현한다면 시스템에 있어서 하나의 파라미터 C가 어떠한 이유로 증가하여야 하고 또한 다른 어떠한 이유로 감소해야 하는 상황을 나타냅니다. 이와 같은 상황을 '물리적 모순'이라고 말하고 있습니다.

이러한 물리적 모순은 반드시 이상해(IFR, Ideal Final Result)가 정의된 이후에만 정의될 수 있습니다. 그 이유는 트리즈(TRIZ)에 있어서 현재 문제의 상황은 궁극적으로 물리적 모순으로 나타나게 되는데, 문제해결의 목표가 되는 가장 바람직하고 이상적인 해결책이 이상해로 표현되기 때문입니다. 만약 이상해(理想解)가 달리 선택된다면 물리적 모순도 이에 맞추어 달리 정의되어야 하기 때문입니다.

다시 표현한다면 물리적 모순이란 기술적 파라미터에 부여되는 상반된 요구로서, 하나의 파라미터가 갖는 두 개의 값 사이의 모순을 의미합니다. 즉, 하나의 특성(성분 또는 구성요소)이 서로 다른 값을 동시에 가져야 하는 상황 또는 같은 특성이 상호 배타적인 물리적 상태에 있어야 하는 상황인 것입니다. 이러한 물리적 모순을 정리하면 다음과 같습니다.

> 1) 작용 A1을 수행하기 위해서 성분(또는 구성요소)은 특성 P를 가져야 하지만,
> 2) (예방, 중화) 작용 A2를 수행하기 위해서 이 성분(또는 구성요소)은 반대 특성 -P를 가져야 합니다.

예를 든다면, 비행기의 바퀴는 이착륙 시에는 반드시 '있어야' 하지만, 비행 중에는 공기 저항을 줄이기 위해서 '없어야' 하는 상황이 물리적 모순이 되겠습니다. 물리적 모순을 내포하는 특성의 값은 다음과 같이 상반되는 값을 갖게 됩니다.

있어야 합니다.	⇔	없어야 합니다.
커야 합니다.	⇔	작아야 합니다.
많아야 합니다.	⇔	적어야 합니다.
뜨거워야 합니다.	⇔	차야 합니다.
단단해야 합니다.	⇔	부드러워야 합니다.

다른 예로 우리가 매일 사용하는 책상을 생각해 보겠습니다. 이 경우에 있어서 물리적 모순과 이상해를 설명해 보도록 하겠습니다.

먼저 책상에 있어서 이상해를 생각해 보겠습니다. 이상해가 무엇인지 다시 설명해 본다면 이상해란 다른 기능의 저하 없이 유용한 기능을 달성하거나. 하나의 유해한 기능을 제거해도 또 다른 유해한 기능이 나타나지 않는 해결책을 의미합니다. 이상해를 생각하면 눈앞에 당장 가능한 해결방법을 취하지 않고, 항구적인 해결방법을 강구하게 되고, 궁극적으로 원하는 최종 목표를 정하게 되기 때문에 설계자에게 매우 중요한 개념이라고 하겠습니다.

이상해를 정의하는 방법은 다음과 같이 기술적 모순을 포함하는 상반된 상태에서의 장점을 모두 포함하는, 가장 이상적인 최종 해결책을 기술하면 되겠습니다.

> [장점 1]과 [장점 2]를 모두 포함하는 ○○○

이러한 방식으로 책상의 경우 '강도(strength)도 크고 무게(weight)는 가벼워서 이동하기 좋은 책상'이라고 이상해를 정립해 보겠습니다. 일반적으로 강도가 크기 위해서는 책상을 구성하는 재료의 두께가 증가되어야 하고 두께가 증가하게 되면 무게가 증가하게 됩니다.

즉 강도를 크게 하기 위해서는 두께가 증가해야 하고 가볍게 하기 위해서는 두께가 감소해야 하는 것입니다. 이러한 경우 공학에 있어서는 일반적으로 적절한 두께를 정함으로써 양쪽의 요구에 다 만족하지 못하는 타협적인 방법을 취하게 됩니다. 그렇지만 이런 방식으로는 어떤 요구에도 정확하게 충족하지 못하는 결과를 얻게 되는 것입니다.

그러나 트리즈(TRIZ)의 방법을 이용하면 양쪽의 요구에 다 부응하는 결과를 얻을 수 있습니다. 이러한 결과를 얻기 위해 앞에서 설명한 물리적 모순으로 문제를 표현한다면 트리즈(TRIZ)에서 물리적 모순을 해결하기 위해 제시하는 분리의 원리를 이용하여 원하는 결과를 얻을 수 있게 됩니다. 분리의 원리를 이용한 최종 결과는 추후 분리의 원리를 소개할 때 설명하도록 하겠습니다. 다시 책상의 문제로 돌아가서 생각해 보면, 시스템에 있어서 하나의 파라미터 C가 책상의 두께라는 길이의 차원을 갖는 물리량이 되는 것입니다. 즉, 시스템의 파라미터 중 하나인 C 즉 책상의 두께는 증가해야 하고, 감소해야 하는 것입니다. 특정한 이상해가 주어졌을 때 이 이상해를 달성하기 위해서는 주어진 시스템 내에 존재하는 물리적 모순을 제거해 나가야 한다는 것입니다. 물리적 모순을 제거함으로써 '주어진 시스템은 궁극적으로 이상해에 도달하게 된다.'라고 하는 것입니다.

물리적 모순은 거시적 물리적 모순과 미시적 물리적 모순으로 나뉘어 지는데, 각각 시스템의 다른 수준을 나타냅니다. 앞의 예에서 생각해 본다면 거시적인 수준은 책상의 수준에서 시스템을 다루는 것이고, 미시적인 수준으로 본다면 책상을 구성하는 재료의 분자수준까지 다루어 보는 것입니다. 물리적 모순을 제거한 이후에야 우리는 주어진 기술 시스템의 해를 얻게 되는 것입니다.

물리적 모순을 도출하는 과정을 좀 더 자세하게 설명해 보도록 하겠습니다. 물리적 모순은 다음과 같이 세 단계를 통해서 도출될 수 있으며, 이 과정이 익숙해지면 이 가운데 모순 상황 도식화는 생략할 수 있습니다.

4.3.1 모순분석

문제를 발생시키는 작용 영역에서 물리적 모순을 찾아서, 다음과 같은 표를 작성합니다.

필수조건 1	필수조건 2
제약조건 1	제약조건 2

4.3.2 모순 상황 도식화(옵션)

이상해를 달성하기 위한 두 가지 필수조건과 각 필수조건을 만족하기 위한 제약조건을 그림 4.9와 같이 표현하였습니다. 만약 앞의 이상해 정의 단계를 생략한 경우라면, 위의 모순 분석에서 발견한 두 개의 필수조건이 조합된 것이 이상해가 될 수 있겠습니다. 실제로 조건 1과 조건 2 사이에는 기술적 모순이 존재하고, 제약 1과 제약 2 사이에는 물리적 모순이 존재하지만, 여기에서는 물리적 모순에 초점을 맞추도록 하겠습니다. 그림 4.9는 제약 이론(TOC, Theory of Constraint)에서 아이디어를 얻은 것입니다. 제약 이론은 엘리 골드렛(Eliyahu M. Goldratt)이라고 하는 이스라엘의 물리학자가 창안한 것인데 그 이론 중에서 증발구름(EC, Evaporating Cloud)이라고 하는 기법을 차용한 것입니다.

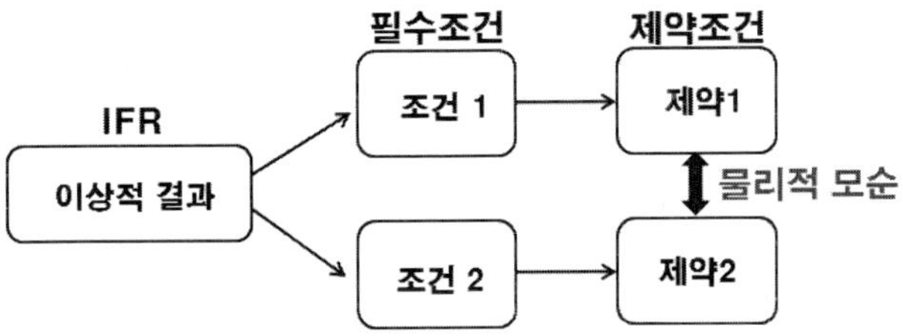

▸▸ **그림 4.9** 모순 상황 도식화

4.3.3 물리적 모순정의

[필수조건 1]을 달성하기 위해서는 [제약조건 1]을 만족하게 해야 하고,
[필수조건 2]를 달성하기 위해서는 [제약조건 2]를 만족하게 해야 합니다.

아이들이 유리문에 손을 다치는 문제의 경우, 안전을 위해서는 문의 틈새가 커야 하고 문의 기능을 수행하기 위해서는 문의 틈새가 작아야 합니다. 다음과 같이 물리적 모순을 도출할 수 있습니다(그림 4.10).

(1) **모순분석**

안전을 위해	문의 원래 기능을 위해
문의 틈새가 커야 합니다.	문의 틈새가 작아야 합니다.

(2) **모순 상황 도식화**

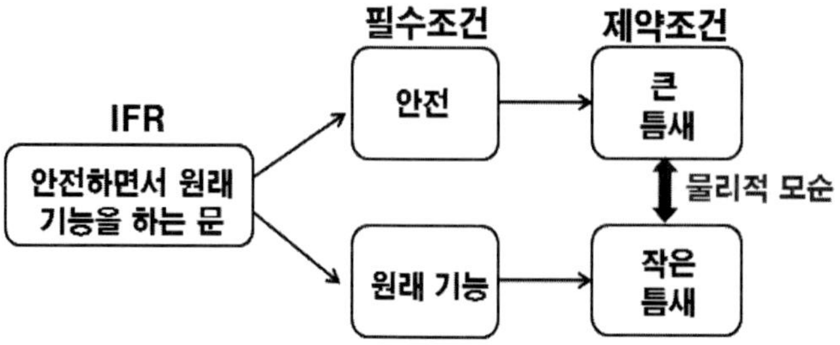

▸▸ **그림 4.10** 모순 상황 도식화의 사례(유리문의 경우)

(3) **물리적 모순정의**

> [안전]을 위해서는 [틈새가 커야] 하고,
>
> [문의 원래 기능을 하기] 위해서는 [틈새가 작아야] 합니다.

4.3.4 물리적 모순(Physical Contradiction)의 해결

알트슐러는 물리적 모순을 제거하기 위한 원리들을 정의하였습니다.

여기서는 4가지만 설명하도록 하겠습니다. 시간 분리, 공간 분리, 전체와 부분의 분리, 조건에 따른 분리가 물리적 모순해결에 많이 사용되는 4가지 원리라고 할 수 있습니다.

(1) **시간 분리**

시간 분리를 설명해 보도록 하겠습니다. 시간 분리는 시스템의 특성이 어느 시간대에는 커야 하고 또 다른 시간대에는 작아야 하는 그러한 경우를 말합니다. 시스템의 특성이 어떤 시간대에는 존재하고 또 다른 시간대에는 존재하지 않는 경우도 해당됩니다.

실제적인 예를 가지고 좀 더 살펴보도록 하겠습니다.

콘크리트 파일(concrete piles) 공사의 예 : 건축물의 기초공사에 사용되는 콘크리트 파일은 처음에 땅 속 깊이 박아 넣을 때에는 끝이 뾰족해야 하지만, 땅에 박아 넣은 이후에는 많은 하중을 잘 지지하기 위해서 끝 부분이 뭉툭해야 하는 상황이 발생하게 됩니다(그림 4.11).

▸▸ 그림 4.11 콘크리트 파일 공사의 사례

시간을 분리해서 각각의 경우에 대처해야 하는 상황이 발생하게 되는 것인데 공학적 해결에서는 이렇게 시간을 분리해서 대처하는 경우가 별로 없습니다.

시간의 분리를 위의 사례에 대해서 적용하면 다음과 같이 나타낼 수 있습니다.

> [처음 땅 속에 파일을 박아 넣는 시간]
>
> [파일을 땅 속에 박아 넣은 이후의 시간]

공학에서는 일반적으로 예리하지도 않고, 평평하지도 않은 중간의 어느 정도의 값으로 타협을 하게 됩니다. 설계자가 이렇게 설계안을 결정하게 되면 양쪽의 어느 요구에도 부합된다고 말할 수 없게 됩니다.

그러나 이 문제에 트리즈(TRIZ)의 시간 분리원리를 적용한다면 양쪽의 상반된 요구를 다 만족할 수 있게 됩니다. 시간을 연속하는 전체 단위로서 파악하지 않고 부분으로 분리하고 나눌 수 있는 양으로서 생각하는 것입니다.

처음에 파일을 땅 속에 박아 넣는 시간 동안은 파일의 끝 부분을 예리하게 한 상태에서 박아 넣습니다. 박아 넣은 이후에는 파일의 끝이 뭉툭하게 될 수 있는 방안을 찾습니다. 여러 가지 방안이 강구될 수 있겠습니다. 기구학적으로 땅 위에서 조작해서 끝 부분이 펼쳐지게 할 수도 있겠습니다. 실제 현장에서는 어떻게 해결하고 있을까요? 실제 현장에서는 끝 부분의 내부에 미리 폭약을 장착하고 선을 내어 땅 위에서 폭약을 터뜨릴 수 있도록 합니다. 파일을 땅 속에 박아 넣은 이후에 폭약을 터뜨려 끝 부분이 뭉툭해지게 만드는 것입니다. 실제로는 뭉툭한 정도가 아니라 훨씬 더 튼튼하게 땅에 지지되게 될 것입니다. 폭약 이외에도 다른 많은 아이디어가 있을 수 있습니다.

다른 사람이 해결한 최종 결과를 놓고 보면 '너무 쉬운 것 아닌가'라고 할 수도 있겠지만 기술 발전의 역사를 읽어 보면 일반적 생각보다 훨씬 기술이 느리게 발전하는 것을 볼 때 스스로 해결책을 고안해서 이러한 문제를 푸는 것이 꼭 쉽지만은 않은 것 같습니다.

어쨌든 '콜럼버스의 달걀' 같기도 하지만 문제를 물리적 모순의 형태로 분명히 정의하기만 한다면 분리의 원리를 이용하여 문제를 풀 수 있게 됩니다.

비행기 날개의 예 : 비행기의 날개를 가지고 물리적 모순의 다른 사례를 설명해 보도록 하겠습니다(그림 4.12).

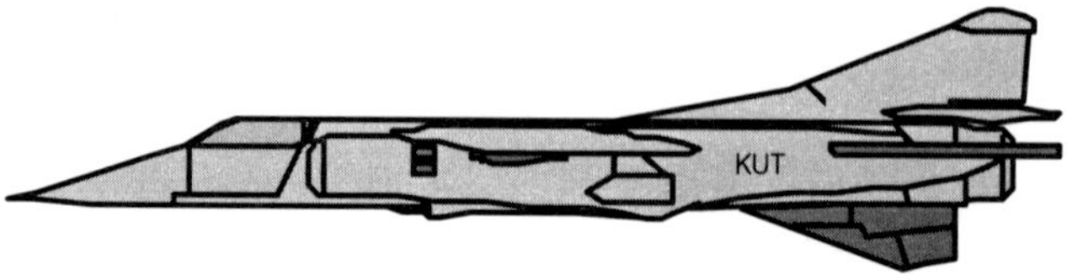

▸▸ **그림 4.12** 비행기 날개의 사례

비행기의 날개는 이륙 시에 충분한 양력을 얻기 위해 날개의 면적이 넓어야 하지만 상공에서 고속으로 날고 있을 때에는 공기 저항을 줄이기 위해 날개의 면적을 좁게 해야 합니다. 비행기 날개가 면적이 넓기도 하고 좁기도 해야 하는 물리적 모순의 문제로 되는 것입니다.

이러한 모순의 문제는 간단히 생각해서는 답을 얻기 어렵습니다. 그래서 공학자들은 전통적으로 타협의 방법을 써 온 것입니다. 날개의 면적이 어느 시간대에는 넓어졌다가 또 다른 시간대에는 좁아지는 것이 가능할까요?

비행기의 주날개에 보조날개를 달아 이러한 모순을 해결할 수 있습니다. 이륙 시에는 보조날개를 펴서 날개의 면적을 넓게 만들고 비행 시에는 보조날개를 접어서 날개의 면적을 좁게 만드는 것입니다.

시간 분리의 핵심 개념은 대상이 되는 시간 전체를 하나로 보지 않고 분리할 수 있는 연속적 양으로 생각합니다. 정리하면 다음과 같이 될 수 있겠습니다.

시간의 분리를 위의 사례에 대해서 적용하면 다음과 같이 나타낼 수 있습니다.

[처음 비행기가 이륙하는 시간]

[비행기가 이륙한 이후 비행할 때의 시간]

샌드블라스팅(sandblasting) 공정의 예 : 샌드블라스팅 공정은 제품의 표면에 가는 모래를 고압 공기로 고속 분사하여 표면을 연마하는 공정입니다. 이 경우 흔히 발생하는 문제점은 작업이 완료된 이후 제품 표면에 모래가 남아있게 되는 것입니다. 트리즈(TRIZ)의 분리원리로 이 문제를 어떻게 해결할 수 있을까요? 공정 중에는 모래가 존재하고 공정 이후에는 모래가 없어지는 그런 해결책이 과연 가능할까요? 이처럼 과학의 지식이 함께 적용되어야 하는 경우를 위해서 트리즈(TRIZ)에서는 과학효과(scientific effects)라고 하는 도구를 제공하고 있습니다. 기존의 과학지식과는 달리 원하는 기능을 얻기 위한 과학지식으로 재편되어 있는 편리한 도구입니다.

이 경우에 가능한 해결책의 하나로서는 연마제로서 드라이아이스 입자를 활용하는 것입니다. 연마 작업 중에는 드라이아이스의 고체입자가 연마제로서 사용될 수 있고 연마 작업 이후에는 승화작용에 의해 드라이아이스 입자가 공기 중에서 간단히 사라지게 되기 때문입니다.

(2) 공간 분리

시간 분리에 대해서는 이해가 되셨을 것입니다. 이제 공간 분리에 대해서 설명해 보도록 하겠습니다. 관련된 시스템의 특성은 어느 장소에서는 커야 하고 또 다른 장소에서는 작아야 한다는 것입니다. 또는 시스템의 특성이 어느 장소에서는 존재해야 하고 또 다른 장소에서는 존재하지 않아야 한다는 것입니다.

실제적 예를 가지고 좀 더 설명해보도록 하겠습니다.

잠수함의 수중음파 탐지기 문제 : 잠수함은 수중에서 물체를 탐지하기 위해서 수중음파 탐지기를 장착하고 있습니다(그림 4.13). 수중음파 탐지기를 장착한 잠수함 가운데 수중음파 탐지기를 밧줄에 연결하여 수천 피트(feet) 이상 늘어뜨려 끌고 다니는 경우가 있습니다. 이것은 잠수함의 소음으로부터 수중음파 탐지기를 분리하기 위한 것입니다. 잠수함의 공간에서 수중음파 탐지기를 분리하여 목적을 달성한 공간 분리의 예라고 할 수 있겠습니다.

▸▸ **그림 4.13** 잠수함 수중음파 탐지기(위키피디아 인용)

이중 초점렌즈의 문제 : 이중 초점렌즈의 경우도 공간 분리의 예라고 할 수 있겠습니다 (그림 4.14).

▸▸ **그림 4.14** 이중 초점렌즈 문제

(3) 전체와 부분의 분리

시스템의 특성은 시스템 전체 수준에서의 특성 값과 부품 수준에서의 특성 값이 반대의 값을 갖는 경우가 되겠습니다. 또 다른 경우는 시스템의 특성이 시스템 전체의 수준에서는 존재하고 부품 수준에서는 존재하지 않는 경우입니다.

예를 가지고 좀 더 설명해보도록 하겠습니다.

자전거 체인의 문제 : 자전거의 체인은 동력을 전달하고 강도를 좋게 하려면 충분히 단단해야 하지만 페달과 뒷바퀴 사이를 연결하기 위해서는 유연해야 합니다. 이 문제는 전체와 부분의 분리에 의해 해결될 수 있습니다. 즉 부품 수준에서는 강도를 좋게 하려면 단단하게 하고 전체의 수준에서는 유연하게 만들면 되는 것입니다.

에폭시 레진(epoxy resin)과 경화제의 문제 : 에폭시 레진과 경화제는 각각 보관하고 있을 때는 액상으로 존재합니다(그림 4.15). 그러나 사용하기 위해 둘을 섞어서 휘젓게 되면 고체로 되게 됩니다. 즉 각각 부품으로 존재할 때는 액체이고 전체로서는 고체가 되는 전체와 부분이 분리되는 예가 되는 것입니다.

▸▸ **그림 4.15** 에폭시 레진과 경화제

(4) 조건에 따른 분리

시스템의 특성은 어떤 조건에서는 높고 또 다른 조건에서는 낮게 되는 경우가 되겠습니다. 또 다른 경우는 시스템의 특성이 어느 조건에서는 존재하고 또 다른 조건에서는 존재하지 않는 경우가 되겠습니다.

예를 들어 좀 더 설명해보도록 하겠습니다.

부엌 싱크대 배수구 체의 문제 : 싱크대 배수구에는 음식물을 배수구에 통과하지 못하게 하기 위해 체가 설치되어 있습니다(그림 4.16). 체의 기능은 물은 가는 구멍을 통하여 통과시키고 음식물 찌꺼기는 통과시키지 않는 것입니다. 즉 물이라는 조건에 대해서는 통과시키고 음식물 찌꺼기라고 하는 조건에 대해서는 통과시키지 않는 조건에 의한 분리의 예가 될 수 있습니다.

▸▸ **그림 4.16** 부엌 싱크대 배수구 체

다이빙의 예 : 다이빙대에서 점프하여 낮은 속도로 물속에 진입할 때는 물이 부드럽게 느껴지지만 동일한 물에 높은 다이빙대에서 점프하여 높은 속도로 진입할 경우 물이 보다 단단하게 느껴지는 경우가 되겠습니다(그림 4.17). 물과 상호작용하는 인체의 속도가

이 경우에 있어서 조건에 따른 분리원리의 조건으로 작용하게 되는 것입니다.

▸▸ **그림 4.17** 다이빙

연습문제

- 물리적 모순

교차하는 고속도로의 문제 : 두 개의 서로 수직하게 통과하는 고속도로가 있습니다. 그림 4.18에서 보는 바와 같이 이 경우 서로 충돌 없이 고속도로를 통과할 수 없게 됩니다.

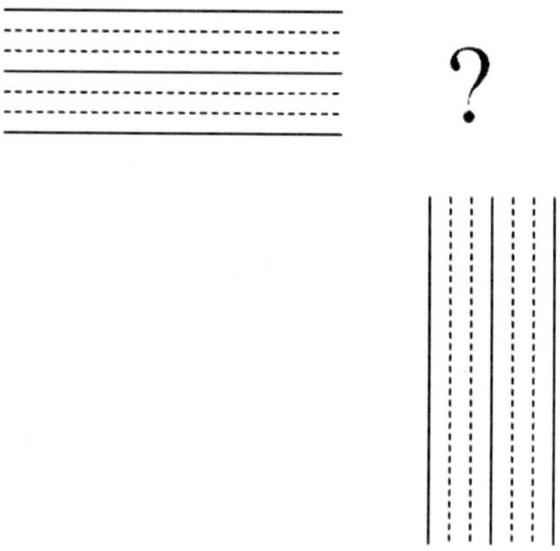

▸▸ **그림 4.18** 교차하는 고속도로 문제

- 위의 문제를 공간 분리원리를 이용하여 해결하여 보시오.

- 위의 문제를 시간 분리원리를 이용하여 해결하여 보시오.

4.4. 기술진화와 물질-장(Substance-Field)

4.4.1 기술진화란?

기술 시스템은 여러 요소들로 구성되어 있습니다. 기술 시스템을 구성하는 내부의 각 요소들은 서로 다른 속도로 발전하게 됩니다. 예를 들어 설명해보도록 하겠습니다. 어떤 기업에서 특정 제품을 제조한다고 했을 때 이 제품은 여러 개의 부품 또는 요소들로 구성되게 됩니다. 제품을 구성하는 여러 부품 또는 요소들은 서로 접촉하고 서로 간에 모순도 발생하게 됩니다. 요소들 간의 접촉은 주로 에너지, 정보 등의 전달의 측면에서 이루어지게 됩니다. 경우에 따라 각각의 부품들은 그보다 하위에 존재하는 부품들로 구성될 수도 있습니다.

기업에서는 각 부품을 담당하는 부서들이 있고 각 부서 구성원들의 능력에 따라 부품들의 성능과 발전 수준이 결정되게 됩니다. 이 특정제품에 대해 현실적으로는 달성하기 어렵더라도 궁극적으로 원하는 이상적 목표가 있을 것입니다.

각 부품들의 성능이 동일하지 않고 서로 다를 경우 이 제품을 하나의 기술 시스템으로 간주하여 시스템을 이상적 목표를 향하여 발전시키려고 하면 성능이 불일치한 부품들 간의 충돌이 일어나게 됩니다. 시스템이 발전하는 도중에 내부에 존재하는 한 부분과 다른 부문 산에 많은 충돌 즉 모순들이 발생하게 되는 것입니다. 트리즈(TRIZ) 이론에서는 모순을 문제로 바라보고 이러한 모순의 극복을 통해 시스템의 이상성에 도달하게 된다고 보는 것입니다.

시스템의 발전을 설명해 주는 중요한 법칙인 S 곡선을 설명하도록 하겠습니다(그림 4.19(a)).

그림 4.19의 종축은 (a) 시스템의 진화 단계, (b) 발명의 수, (c) 발명의 수준, (d) 이윤을 나타내고 있고 횡축은 시간을 나타냅니다.

어떤 기술 시스템이 탄생한 이후 처음에는 매우 느린 속도로 발전이 점진적으로 이루어지게 됩니다(유아기). 어느 시점에 도달하면 이 시점을 기준으로 시스템이 급속하게 발전하는 단계가 나타나게 됩니다(성장기). 이 단계를 지나면 다시 발전 속도가 느려지고 발전의 최고점을 지나(성숙기) 시스템 발전이 하향곡선을 그리게 되는 단계(노년기)가 오게 됩니다. 이것이 기술 시스템의 성장곡선으로 표현되어 있습니다.

시계를 사례로 하여 이 과정을 다시 설명해보도록 하겠습니다. 기술 발전의 관점에서 오래전에 나왔던 수작업으로 만들어진 기계식 시계는 단지 소수의 사람들만이 소유할 수 있었습니다. 시계를 가진 사람은 부자이거나 저명인사였습니다. 이 시기는 시계의 '기능' 자체가 매우 중요하였습니다.

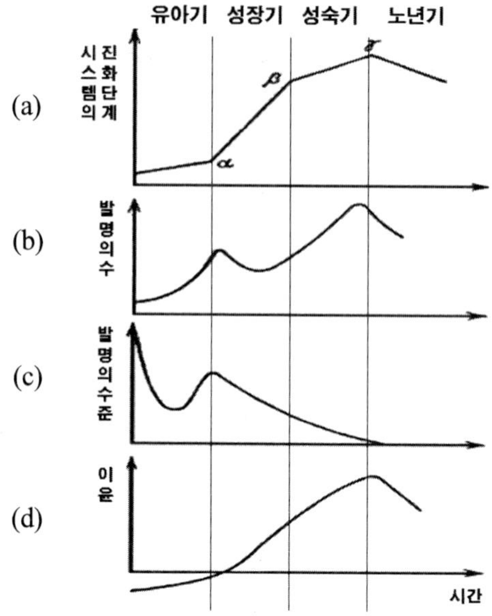

(a) S 곡선(시스템 진화단계) (b) 발명의 수 (c) 발명의 수준 (d) 이윤

그림 4.19 기술 시스템 성장곡선

이 단계를 지나면 시계 기술이 급격히 발전하고 시계의 생산량도 가파르게 증가하게 됩니다. 그러나 생산량이 무한대로 증가하는 것은 아닙니다. 시계를 살 고객의 수는 한정되어 있기 때문입니다. 한 사람이 많은 시계를 소유하는 것이 아니기 때문에 시스템 발전의 한계에 도달하게 되는 것입니다.

이러한 한계에 도달한 어느 시점에 전자시계와 같은 새로 기술 시스템이 시장에 등장하게 됩니다. 문제는 '변화의 순간이 갑자기 온다.'는 것입니다. 변화가 아무런 징조도 없이 오는 것은 아닙니다. 이러한 변화가 나타나는 특정 상황이 있습니다.

기계식 시계가 갑자기 전자시계로 바뀌는 이러한 급격한 변화는 토마스 쿤(Thomas Kuhn)이 이야기한 패러다임 전환(paradigm shift)과도 밀접한 관계가 있습니다. 이러한 급격한 변화는 과거의 연속선상에 있는 것이 아니고 불연속적으로 발생하기 때문에 미리 예측하기가 대단히 어렵습니다. 하지만 이를 정확하게 예측하고 대비하지 못할 경우 기업의 생존에 큰 영향을 미칠 수도 있게 되는 것입니다.

이러한 상황을 한 때 유행했던 김위찬 교수님의 블루오션(blue ocean) 개념으로 설명해 보도록 하겠습니다. 블루오션은 '경쟁이 별로 없는 새로운 잠재력을 가진 시장'을 의미합니다. S 곡선으로 볼 때 기술 시스템이 발명된 직후가 아니라 점진적 발전 이후 급격히 기술 발전이 이루어지기 직전 부근이 되겠습니다. 이윤을 나타내는 그림 4.19의 도표에서 이윤이 발생되기 시작하는 점이 바로 이 지점입니다. 처음 기술이 발명되면 대부분의 사람들은 이 신기술에 관심을 갖지 않고 신기술에 관심이 많은 일부 사람들만이 제품을 구매하기 때문에 수익성의 관점에서 볼 때 이 시기는 수익이 나지 않고 적자가 발생하는 시기라고 할 수 있습니다. 이때는 블루오션의 시점이라고 하기 어렵습니다. 개발된 기술이 어느 정도 시장에 알려지고 이 기술에 대해 투자자본과 우수 인적자본들이 투입되기 시작하는 시점이 블루오션의 단계이고 수익발생이 시작되는 시점이라고 할 수 있습니다.

이 단계가 기술이 급속히 발전되고 특허의 수도 증가하는 시기입니다. 이 단계에서 최적화나 식스시그마 같은 품질관리 기법, 생산성 향상 기법들이 다양하게 적용되게 됩니다. 아울러 제품의 신뢰성 향상이 중요해지는 시기이기도 합니다.

이러한 급격한 기술 발전을 지나면 정점을 넘어 시스템의 한계에 도달하여 더 이상 자원을 투입하여도 기술 발전이 저하되는 시점이 나타나게 됩니다. 이 단계에 이르면 기업은 제품단가를 낮추어 경쟁기업과의 가격을 통한 무한경쟁에 뛰어 들게 됩니다. 이 단계가 바로 레드오션(red ocean)의 상태라고 할 수 있겠습니다. 레드오션이란 경쟁이 너무 치열하여 수익발생이 어려운 시장을 의미합니다.

그림 4.19(b)는 특허의 수를 나타내고 있고 그림 4.19(c)는 특허의 수준을 나타내고 있습니다. 그림 4.19(b)와 그림 4.19(c)에서 볼 때 처음 단계에서 특허의 수는 많지 않지만 특허의 수준은 높다는 것을 알 수 있습니다.

개인용 컴퓨터가 우리나라 시장에 나타나던 상황도 생각해 보면 이와 비슷한 상황을 보여 주는 것을 알 수 있습니다. 필자가 처음 경험한 컴퓨터는 1970년대 말과 1980년대 초 대학과 대학원을 다닐 때 사용했던 대형 컴퓨터로 연구소나 대학 등 몇몇 기관만이 보유하고 있는 희귀한 것이었습니다.

그러다가 이후 미니 컴퓨터라는 것이 보급되었고 필자가 처음 경험한 개인용 컴퓨터는 1980년대 초에 나온 애플사에서 개발한 흑백 개인용 컴퓨터였습니다. 나중에 IBM 개인용 컴퓨터가 보급되고 나서야 컴퓨터가 점점 대중화되기 시작했습니다. 컴퓨터가 처음 개발되었을 때 컴퓨터의 성능 수준은 지금에 비교하면 낮은 수준이었지만 발명의 입장에서 보면 발명 수준은 대단히 높은 것이었다고 할 수 있겠습니다.

그림 4.19(a)에서 처음 단계(유아기)와 급격히 발전하는 단계(성장기)를 지나 기술 발전의 정점(성숙기)에 도달하게 되면 시장에서 살아남기 위해서 더욱 기술 개발과 특허 창출에 박차를 가하게 됩니다. 노력과 기술 개발 투자가 많이 투입되므로 성과로 나타나는 특허의 수는 많지만 이미 기술의 한계(노년기)에 도달했기 때문에 특허의 수준은 낮습니다. 대개 이 상태에서 시장에서 버티어 보려고 많은 노력을 하게 됩니다. 그림 4.19(d)에서 이러한 사실을 확인할 수 있습니다. 그림 4.19(a)에서 기술 발전의 정점 부위에 해당하는 그림 4.19(d)의 상황을 보면 기술수준의 변화는 대단히 낮은데 비하여 투입

되는 비용은 상대적으로 높게 나타납니다.

이러한 기술 시스템 발전의 마지막 단계는 기업에 있어서 대단히 중요합니다. 왜냐하면 이 단계에서 제대로 대응을 못하면 기업의 앞날이 위험해질 수 있기 때문입니다. 이 단계에서 발생하는 현상들을 예를 들어 좀 더 부연 설명하도록 하겠습니다.

이 단계에서 제품이 시장에서 살아남기 위해서는 가격경쟁력이 중요해지게 됩니다. 중요하지 않은 개선이라 하더라도 부품의 개수를 줄였다든지 하게 되면 전체 생산량이 많기 때문에 이익은 많이 낼 수도 있습니다. 부품의 개수를 줄이는 개선은 발명의 수준은 낮지만 이익은 크게 낼 수도 있는 것입니다.

반면에 기술 시스템이 처음 등장했을 때 발명의 수준은 높지만 그림 4.19(d)에서 볼 때 투자비용만 있고 이익은 발생하지 않습니다. 이러한 상황이 경영자의 입장에서 보면 모순이 될 수 있겠습니다. 경영자의 입장에서 이러한 모순을 해결하기 위해서는 기존 기술 시스템이 정점에 있는 동안에 동시에 새로운 기술 시스템의 개발을 시도해야 하는 것입니다. 2개의 기술 시스템을 동시에 개발함으로써 이런 모순을 방지할 수 있는 것입니다. 기존 기술 시스템이 성장기에 접어든 이후 바로 새로운 기술 시스템의 개발을 시작하는 것입니다. 이 전략은 기업의 생존을 위해 대단히 중요한 점이라고 할 수 있겠습니다.

기존의 시스템의 정점에 있는 동안에 비록 적은 수준의 개선이라 할지라도 많은 이익을 창출할 수 있으므로 이 이익을 활용하여 새로운 시스템의 개발에 투자한다고 하는 발상인 것입니다. 이것은 기술 개발뿐만 아니라 경영의 문제와도 관련되는 중요한 사항이라고 할 수 있겠습니다.

이 문제를 회사 내부의 문제로 좁혀보면 동일한 문제가 발생한다는 것을 알 수 있습니다. 즉 회사의 각 부서를 위와 같은 시각으로 보게 되면 부서별로 제품 품목별로 기술 발전의 수준과 이익 창출이 다를 수 있기 때문입니다. 하나의 큰 상황에서 어떤 부서와 어떤 부서가 함께 일하고 어떤 부서는 분리해서 일할지를 잘 결정해야 하는 것입니다.

이런 측면에서 보면 큰 회사는 상대적으로 문제가 간단하지만 작은 회사는 간단하지가 않습니다. 작은 회사는 여러 개의 제품 개발 프로젝트를 동시에 추진하는 것이 어려울 수 있기 때문입니다. 이런 경우 트리즈(TRIZ)의 상위 시스템의 개념을 이용하면 문제가 해결될 수 있습니다. 상위 시스템으로는 정부의 기술 개발 지원금, 산학협력 대학 및 연구소, 다른 기술 개발 펀드(fund) 등을 활용할 수 있겠습니다.

하나의 기술 시스템이 발전의 한계에 도달하여 또 다른 기술 시스템으로 발전한다는 이 의미는 여러 가지 관점에서 잘 고찰해 볼 필요가 있습니다. 하나의 기술 시스템이 창조되어 어느 시기부터 급격한 발전을 이루다가 시스템의 한계에 부딪혀 어느 순간 경쟁력을 잃고 사라지고 다른 기술 시스템이 다시 창조되어 발전되어 나간다는 것은 토마스 쿤이 이야

기한 패러다임 전환과도 같습니다.

브라운관 TV에서 기술이 점진적으로 발전되어 상식적으로 생각하기에는 뛰어난 성능의 브라운관 TV로 계속 발전해 나갈 것 같지만 어느 순간 LCD 평면 TV로 바뀌었다는 사실은 우리에게 많은 교훈을 시사해 줍니다. 어느 순간 불연속적으로 게임의 법칙이 변화하게 되는 것입니다. 브라운관 TV에서의 경쟁 기술이 LCD 평면 TV 시장에서 더 이상 통용되기는 어렵습니다. 완전히 새로운 경쟁의 잣대와 게임의 법칙하에서 다시 시작해야 하는 것입니다.

1960년대 후반 정밀 시계 제조 분야에서 세계시장의 80% 정도를 점유하고 있던 스위스 사는 오늘날 시계 시장의 10%도 확보하지 못하고 있다고 합니다. 그 이유는 수정디지털 시계의 등장 때문이라고 합니다. 자신들이 우위를 점하고 있던 기존의 손목시계 기술이 계속 지속될 것이라고 하는 패러다임 전환을 무시한 스위스 기술자들의 판단이 그들을 엄청난 위기 속으로 몰아넣었습니다. 일단 수정디지털 시계가 시장에서 주류로 등장한 이후에는 시계 시장의 패러다임이 바뀌게 됩니다. 패러다임이 바뀐 이후 수정디지털 시계를 뒤늦게 생산하기로 결정해 보았지만 이미 경쟁에 뒤처지게 되었습니다. 과거의 손목 시계 기술에 대한 스위스사의 방대한 경험이 디지털시계 생산에 별로 도움이 되지 못했습니다. 게임의 법칙은 이미 바뀌고 난 이후였던 것입니다.

이러한 패러다임 전환에 대해서 현상은 설명하기가 쉽지만 언제 패러다임 전환이 일어나는지에 대한 예측은 대단히 어렵습니다. 기술진화에 대한 S 곡선에 대한 정확한 이해는 이러한 예측에 많은 도움이 될 것입니다.

트리즈(TRIZ) 이론에는 이상 해결책이라는 도구가 존재하기 때문에 현재 개발된 기술시스템의 이상적 목표를 명확하게 해 줄 수 있습니다. 기술 시스템에 대한 비전 제시라고도 할 수 있겠습니다. 명확한 목표를 가지고 현재의 기술 시스템의 문제점을 모순으로 진단하고 적절한 트리즈(TRIZ) 도구들을 활용하여 끊임없이 모순을 극복해서 이상적 기술 시스템으로 발전해 나아가는 것이 트리즈(TRIZ)의 개념이라고도 할 수 있겠습니다.

미래를 예측한다는 것은 대단히 어렵습니다. 최신의 기술과 슈퍼 컴퓨터를 활용하는 일기예보만 하더라도 70% 이상 맞추기가 어렵습니다. 그렇다고 누구도 일기예보를 무시하거나 귀를 막지는 않습니다. 미래에 대해 귀를 기울이고 끊임없이 노력하는 것이 사고를 미연에 방지하고 피해를 최소화할 수 있다는 것을 잘 알기 때문일 것입니다.

기술진화를 알 수 있게 해 주는 이러한 그림은 수준 높은 트리즈(TRIZ)의 도구로 이용될 수 있고 또한 새로운 트리즈(TRIZ) 도구를 작성하는 데에 활용될 수도 있습니다.

4.4.2 기술 시스템의 발전법칙

알트슐러는 최초에 8가지 기술 시스템 진화의 법칙을 개발하였습니다. 먼저 초기 형태의 시스템 발전법칙을 알아보기로 하겠습니다. 기술 시스템의 발전법칙은 세 그룹으로 나눌 수 있습니다(Genrich Altshuller, 1984). 정역학적(static) 법칙에 속한 3가지 법칙, 운동역학적(kinematic) 법칙에 속한 3가지 법칙, 동역학적(dynamic) 법칙에 속한 2가지 법칙들로 구성됩니다.

먼저 정역학적 법칙 3가지를 알아보도록 하겠습니다. 정역학적 법칙 3가지는 시스템이 존재하기 위해 요구되는 법칙들입니다.

(1) 시스템 부분들의 완전성 법칙

기술 시스템으로 존재하기 위해서는 시스템 기본 요소들과 기능이 요구됩니다. 모든 기술 시스템은 개념적으로 4가지 기본 요소를 포함해야 합니다. 단 여기서 4가지 기본 요소는 모델이지 독립적인 실제 요소로 존재해야 한다는 의미는 아닙니다. 4가지 기본 요소는 엔진, 전달 장치, 도구, 제어 요소입니다.

(2) 시스템 에너지 전도성 법칙

기술 시스템이 작동하기 위해서는 시스템 모든 부분으로 에너지와 정보의 원활한 흐름이 요구됩니다. 엔진에서 전달 장치를 지나 도구까지 전반적으로 에너지가 잘 전달될 수 있어야 합니다.

(3) 시스템 부분들의 리듬 조화 법칙

기술 시스템이 원활하게 작동하려면 시스템의 모든 부분들이 서로 조화를 이루어야 합니다. 예를 들면 컴퓨터에 스피커를 연결할 경우 스피커의 용량이 컴퓨터와 비교하여 서로 적절해야 합니다. 기술 시스템을 구성하는 부품들 간에 서로 크기, 용량이 비슷해야 하고 하나가 바뀌면 다른 부품들도 그에 맞게 서로 적절하게 바뀌어야 한다는 것입니다. 자동차의 예로 보면 작은 자동차에 비하여 큰 바퀴, 큰 창문 등이 조화를 이루지 못한다는 의미입니다. 작은 승용차에 너무 큰 용량의 엔진을 달지 못한다는 것도 예가 될 수 있습니다.

이상의 3가지 법칙들이 기술 시스템이 존재하기 위한 법칙들이라고 할 수 있겠습니다. '이런 법칙들 없이는 기술 시스템이 구성될 수 없는가?' 하는 의문이 들 수도 있지만 이러한 법칙들을 통해서 트리즈(TRIZ) 이론이 과학으로 존재할 수 있게 되는 것입니다. 이러한 법칙이 없이도 기술 시스템의 구성은 가능합니다. 그러나 실수가 발생할 가능성이 높아지게 되고 우리에게 중요한 자원인 시간과 비용을 낭비할 가능성이 커지게 되겠습니다. 과학의 도움 없이 우리는 효과적이고 효율적으로 일하기가 어렵습니다.

다음으로 소개할 법칙들은 크게 분류하면 5가지 법칙을 1+4의 법칙으로 설명할 수도 있겠습니다. 여기서 1에 해당하는 주가 되는 가장 중요한 법칙은 이상성 증가의 법칙이 되겠습니다. 그리고 나머지 4개의 법칙은 이상성 증가의 법칙을 보조하는 법칙이라고 할 수 있습니다. 앞에서 소개한 3가지 법칙이 기술 시스템이 존재하기 위한 법칙이라고 하면 이 5가지 법칙은 기술 시스템의 발전에 대한 법칙이라고 할 수 있습니다.

(4) 시스템 이상성 증가의 법칙

모든 시스템은 이상성이 증가하는 방향으로 발전하게 됩니다.

$$\text{이상성}(\mathit{Ideality})\text{은} \quad I = \frac{\text{유용한 효과들의 총화}}{\text{유용한 효과들의 총화} + \text{유해한 효과들의 총화}}$$

위의 식에 의해 이상성이 정의되게 됩니다. $0 < I < 1$

아울러 이상해(IFR, Ideal Final Result)는 이상적인 해결책을 의미합니다. 이상적 시스템은 기능은 존재하지만 시스템은 실제적으로 존재하지 않는 시스템을 의미합니다.

(5) 시스템 부분들의 불균일 발전법칙

시스템을 구성하는 각 부분들은 서로 발전하는 속도들이 다 다르다는 법칙입니다. 시스템의 구성 부품을 개발하는 부서들이 다른 경우에도 각 부서간의 부품 개발 속도가 다르면 이런 일이 발생할 수 있겠습니다. 첨단 부품과 오래되고 성능이 낙후된 구기술력의 부품이 함께 사용되는 경우도 이러한 예가 될 수 있습니다.

(6) 상위 시스템으로 전이법칙

시스템의 발전이 한계에 도달하게 되면 시스템은 상위 시스템의 한 부분으로 포함되게 됩니다.

위의 3가지 법칙이 운동역학적 법칙이었고 크게는 다음에 소개될 동역학적 법칙 2개와 함께 5가지의 기술 시스템 발전에 관한 법칙에 속하게 됩니다.

(7) 거시에서 미시 수준으로 전이법칙

거시에서 미시 수준으로 발전합니다.

(8) 물질-장 상호 증가법칙

기술 시스템은 물질-장의 상호작용이 증가하는 방향으로 발전합니다.

4.4.3 물질-장(Substance-Field)분석

이상의 기술진화의 법칙들은 문제해결을 위한 방향으로서 필수적으로 알고 있어야 합니다. 그러나 실제로 기술진화의 법칙을 활용하여 문제를 해결하기에는 막연한 감이 있습니다. 기술진화의 법칙을 문제해결에 사용하기 위한 구체적 방법론이 '76가지 표준해' 라고 할 수 있겠습니다.

'76가지 표준해'를 활용하면 문제해결을 위한 아이디어 도출이 가능하게 됩니다. 기술시스템 진화의 법칙을 구체화하는 76가지 표준해를 잘 활용하기 위해서 물질-장(substance-field) 분석을 이해해야 합니다.

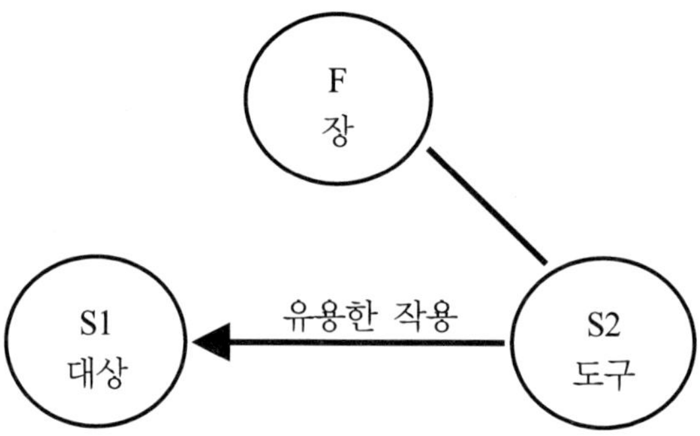

▸▸ **그림 4.20** 물질-장 모델

트리즈(TRIZ)에서는 기술 시스템이 기능을 수행하기 위해서 '최소한 1개의 장(field)과 2개의 물질(substance)이 요구된다'라고 합니다. 문제를 이러한 3개의 요소로 기술하는 것이 76가지 표준해에 의한 문제해결의 시작이 되는 것입니다(그림 4.20). 76가지 표준해를 한꺼번에 다 설명하기는 어렵습니다. 여기서는 이해를 위해 2개의 표준해만 설명합니다.

표준해 1-1-1 : **물질-장 모델의 합성**

주어진 문제의 해결을 위하여 변경이 어려운 대상의 변형이 요구되고, 외부로부터 물질이나 장의 도입에 제약이 주어지지 않은 경우 물질-장 모델을 합성하여 해결이 가능합니다. 장에서 비롯된 작용을 새로 도입된 물질에 적용시켜 문제가 되는 대상에 요구되는 작용을 수행할 수 있습니다.

위의 표준해 1-1-1을 설명하기 위해 치아의 이물질과 플러그(plaque)를 제거하는 문제를 생각해 보기로 하겠습니다. 치아의 이물질과 플러그를 제거하기 위해 손으로 문지른다면 플러그가 제거될 수 있을까요? 위의 물질-장 모델로 생각해 보면, 장 F는 '사람이 손가락으로 문지르는 힘(장)', S1은 '플러그'라고 할 때, 손으로 문지르기만 해서는 플러그를 제거할 수 없습니다.

플러그를 제거하기 위한 도구가 필요합니다. 플러그를 제거할 수 있는 도구인 S2가 존재하지 않기 때문입니다. 도구 S2를 도입해야만 하는 것입니다. 도구 S2로서 칫솔을 사용하면 플러그의 제거가 어느 정도 가능할 것입니다. 그러나 그 작용이 충분하지 않다는 문제가 여전히 존재하고 있습니다(그림 4.21).

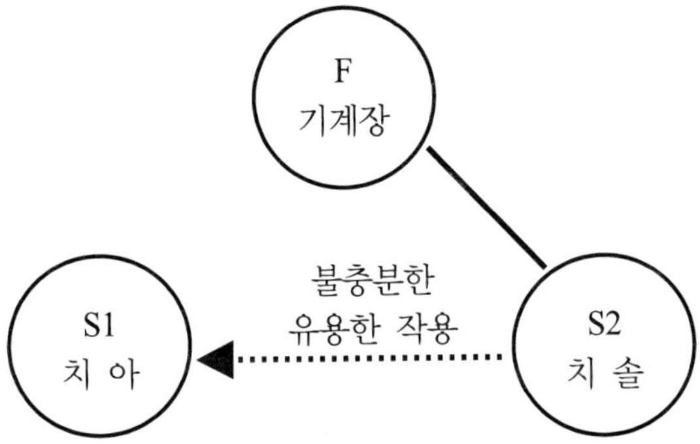

▸▸ **그림 4.21** 물질-장 모델의 사례(치아와 칫솔)

표준해 1-1-2 **내부 복합 물질-장 모델 구축**

주어진 문제의 해결을 위해 기존의 물질-장 모델을 요구되는 수준까지 변형이 어렵고 주어진 물질-장 모델의 관련된 물질에 첨가제의 도입이 가능한 경우 내부 복합 물질-장으로 전이시켜 문제해결이 가능합니다. 기존의 물질에 첨가제를 도입하여 제어능력을 강화시키거나 필요한 특성을 물질-장 모델에 가져올 수 있습니다.

이렇게 그 작용이 충분하지 않을 경우 칫솔이라는 도구만으로는 문제해결이 어렵습니다.

이에 대한 해결책을 표준해 1-1-2에서 얻을 수 있습니다. 표준해 1-1-2에서 '첨가제 도입'이라는 것은 치아의 문제에서는 치약을 짜서 첨가하는 것을 말합니다. 이 경우 치약이 첨가제 S3가 되는 것입니다. 플러그의 제거라고 하는 '주기능의 강화'를 위해 기본적으로는 기술진화의 법칙에 근거하여 76가지 표준해를 활용하는 것입니다.

이외에도 물리 효과(effects)라고 하는 기존의 물리적 지식들을 기능의 관점에서 데이터베이스로 구성한 도구도 트리즈(TRIZ)에서 제공합니다. 컴퓨터를 활용한 트리즈(TRIZ) 소프트웨어들을 구매한다면 더욱 효과적으로 문제해결을 위한 관련 지식을 검색해서 이용할 수 있습니다.

시스템 발전법칙도 문제해결에 활용될 수 있습니다. 칫솔의 문제를 계속해서 다루어 보도록 하겠습니다.

시스템 발전법칙 중에서 7번 거시에서 미시 수준으로 전이법칙을 이용해서 아이디어를 도출해 보기로 하겠습니다. 처음 시작을 '단일구조'라고 생각한다면 우리가 일반적으로 사용하는 평범한 칫솔이 되겠습니다. 이러한 단일구조를 분할하여 '분할구조'로, '액상'으로, '기체'로, '플라즈마' 장으로 발전한다고 계속해서 생각해 보는 것입니다. 칫솔은 일반적으로 손잡이와 털 부분으로 구성됩니다. 털 부분은 치아와 잇몸을 깨끗하게 하는 기능을 하게 됩니다. 이러한 칫솔구조는 치아를 깨끗하게 하는데 적합하기는 하지만 이상적인 형태라고 보기는 어렵습니다.

'치아와 잇몸을 깨끗하게 하기 위한 더 나은 도구는 없을까?'라고 생각해 보는 것입니다. 먼저 '단일구조'를 '분할구조'로 바꾸면 어떨까요? 털 부분을 분할구조로 나누고 각도를 주어 더 효과적으로 치아와 잇몸을 닦을 수 있는 입체적 구조를 생각해 보는 것입니다.

다음 단계에서는 '분할구조'에서 '액체 상태'의 구조로 변환해 봅니다. 치아 사이와 잇몸 아래 끼어 있는 찌꺼기에 물 제트를 발사하여 플러그와 박테리아를 제거할 수는 없을까요?

여기서 더 나아가서 '액체 상태'의 구조에서 '플라즈마'나 장으로 된 도구를 생각해 보면 어떨까요? 이산화티타늄과 빛의 전자화학 반응을 이용하는 것입니다. 광민감성 이산화티타늄은 빛에 노출되면 음극을 띤 전자를 방출합니다. 봉이 방출한 이 이온들은 플러그에 존재하는 산으로부터 양극을 띤 이온을 끌어당겨 합쳐지게 됩니다. 결과적으로 산은 중화되고 플러그는 분해되게 됩니다. 치약은 필요하지 않거나 극히 소량만 사용해도 충분합니다.

'장(field)'을 도입하면 어떨까요? '초음파'를 적용하면 치아에 존재하는 플러그와 얼룩을 제거할 수 있습니다. 초음파를 이용한다면 잇몸에서 피가 나는 것도 방지할 수 있습니다. 이와 같은 방식으로 기술진화 법칙을 이용해서 해결책을 발전시켜 나갈 수도 있습니다.

4.4.4 자원분석(Resource Analysis)

일단 기술 시스템이 결정되고 모순이 정의되고 나면 모순 극복을 위해 어떤 자원이 사용될 수 있는지 평가할 필요가 있습니다. 모순해결을 위해 트리즈(TRIZ)에서는 기존 시스템의 물질-장 자원을 사용하기를 권장합니다. 트리즈(TRIZ)에서 자원은 문제해결을 위해 적용될 수 있는 모든 것을 의미합니다. 큰 비용이 들지 않으면서도 시스템을 향상할 수 있는 모든 것을 말합니다. 자원은 쉽게 얻어질 수 있고 비용이 들지 않거나 저렴해야 합니다.

자원은 시스템의 내부 또는 외부에 존재할 수 있고 도구와 대상으로 불리는 요소들에 속해 있습니다. 공간, 시간, 또는 주위에 존재하는 다른 시스템일 수도 있습니다.

4.4.5 시스템 사고

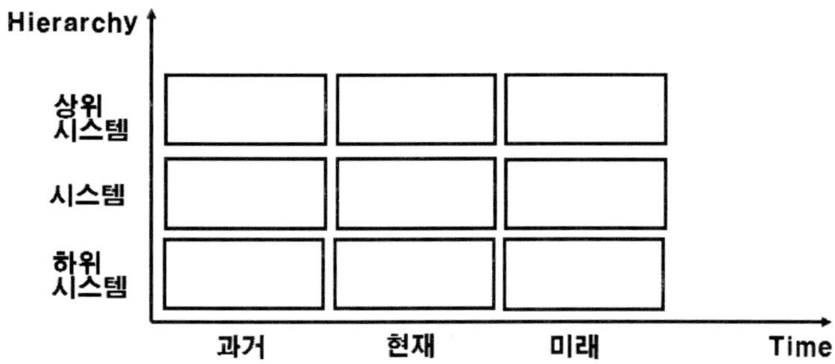

▸▸ **그림 4.22** 시스템 사고를 위한 멀티스크린(Multiscreen) 분석

시스템 사고는 멀티스크린(multi-screen)사고라고 하며, 문제를 하나의 시스템으로 이해하고, 그림 4.22와 같이 시간적, 공간적으로 문제 영역을 확대하여 분석함으로써, 종합적인 관점에서 문제를 파악하는 방법입니다. 과거부터 미래까지, 상위 시스템(supersystem)에서 하위 시스템(subsystem)까지, 광범위한 확장된 관점에서 문제를 본질적으로 이해하고 분석할 수 있는 방법입니다.

하위 시스템은 시스템을 구성하는 모든 부품들이 될 수 있고, 상위 시스템은 시스템에 영향을 주는 것으로 사회적 추세나 장소, 환경, 기후, 법규 등이 될 수 있습니다. 자동차의 예를 들면, 자동차의 하위 시스템은 자동차의 부품들이 되고, 상위 시스템은 운전자, 자동차 도로, 교통법규 등이 될 수 있습니다.

현재의 시스템에서 해결책을 찾아 나갈 수도 있지만, 상위 시스템이나 하위 시스템을 함께 분석함으로써 보다 광범위한 영역에서 해결책을 찾을 수도 있다는 장점이 있습니다. 이상적인 해결책을 찾는 상황이라면 미래의 상위 시스템에서 해결안을 도출해 낼 수 있을 때 시장을 선점할 가능성이 높아진다고 할 수 있겠습니다.

4.5. 이상해(IFR, Ideal Final Result)

4.5.1 이상해(理想解)란?

원래 문제에 있어서 메커니즘이나 혹은 제한 조건들에 구애받지 않고 문제에 대한 이상적인 해를 기술해 보는 것을 의미합니다. 기술 시스템의 입장에서 기술해 보자면, 기술 시스템이 진화를 거듭한 끝에 도달하게 되는 진화 단계의 '최종 형태'라고 할 수 있습니다. 가장 '이상적인 형태의 최종 해결책'인 것입니다. 기술 시스템은 반드시 '기능'을 수행하게 됩니다.

다른 말로 표현하면 기술 시스템은 '무엇인가'를 해결하기 위한 목적으로 존재합니다. 여기서 언급되는 '무엇인가'는 청소기의 경우 '바닥의 먼지들을 흡입한다'가 될 것입니다. '이러한 목적(주기능)을 어떻게 이상적으로 달성할 것인가?'하는 것입니다.

이 목적을 달성하기 위해 기술 시스템은 어떻게 진화해 나갈 것인가를 보여 주는 법칙이 바로 기술진화의 법칙입니다. 그 중에서도 가장 중요한 법칙이 '이상성 증대의 법칙'이라고 할 수 있겠습니다. '모든 시스템은 이상성이 증대하는 방향으로 진화한다'는 법칙이 '이상성 증대의 법칙'입니다.

이렇게 반복을 거듭한 진화의 최종 형태가 바로 이상해(IFR, Ideal Final Result)라고 하는 것입니다. 이상해를 알고 문제를 해결해 나가는 것은 결과를 미리 알고 문제를 풀어 나가는 것과 비슷합니다. 이상해를 목적으로 정립하고 현재의 상황을 모순으로 정의하여 이상해를 추구해 나가는 것이 트리즈(TRIZ)의 핵심 개념 중 하나입니다.

이상 시스템은 공간도 점유하지 않고, 무게도 없고, 시스템을 구축하기 위해 어떠한 노동도 요구되지 않습니다. 유지보수도 필요하지 않습니다. 이상 시스템은 유해한 작용이 없이 유익한 작용만 전달하는 시스템이라고 할 수 있습니다. 이상적 시스템은 기능은 수행하면서도 다른 어떠한 문제도 초래하지 않습니다.

이상해는 또한 '고객의 요구(customer's need)'에 부응하는 것이라야 합니다. 왜 이상해라는 개념을 트리즈(TRIZ)에서 사용할까요? 이상해를 사용하게 되면 현실적 제한 조건은 무시하고 최고의 목표를 설정하게 되기 때문에 설계자에게 분명한 목표를 주게 됩니다. 이러한 목표는 심리적 장애요인을 제거하는데 효과적입니다. 간단하면서도 강력한 효과를 주는 방법입니다.

이상적 해를 미리 결정하고 이상해의 구현을 목표로 설정한다는 것은 중요합니다. 문제해결에 있어서 목표가 있다는 것은 길을 떠날 때 내비게이션에 목적지를 넣는 것과 유사한 것입니다. 목적지를 향해서 운전하고 가다가 잠깐 잘못해서 다른 길로 빠지게 되더라도 목적지만 분명하다면 내비게이션은 다시 목적지로 가는 길을 계산해서 제시해 줍니다.

▸▸ **그림 4.23** 내비게이션 시스템

문제해결에 있어서도 목표가 분명하면 최상의 해를 얻을 가능성이 매우 높다고 할 수 있습니다.

이상해를 구성하는 방법은 다음과 같이 3가지 방법을 말할 수 있겠습니다.

- 이상성 공식(Ideality Equation)
- 이상성 체크리스트(Ideality Checklist)
- '그 자체' 방법('ITSELF' Method)

4.5.2 이상성(Ideality) 공식

혁신적인 해결책은 시스템의 이상성을 항상 증가시킵니다. 이상성은 다음과 같은 정상적인 공식으로 정의될 수 있습니다.

$$\text{이상성}(\textit{Ideality})\text{은} \quad I = \frac{\text{유용한 효과들의 총화}}{\text{유용한 효과들의 총화} + \text{유해한 효과들의 총화}}$$

여기서 $0 < I < 1$

이상성은 트리즈(TRIZ) 방법론을 매력 있고 효과적이게 해 주는 기본 개념 중 하나입니다. 이상성은 기술 시스템을 발전시켜 나갈 수 있는 본질적인 개념이라고 할 수 있습니다. 이상성이 증가할수록 기술 시스템은 더 낮은 비용으로 더 빠르고 좋게 진화해 나가게 됩니다.

이상성 공식에 의하면 시스템의 이상성을 증가시킬 수 있는 3가지 방법이 있습니다.

- 분자에 있는 유익한 기능을 증가시킵니다.
- 분모에 있는 유해한 기능과 비용을 감소시킵니다.
- 위의 두 가지 방법을 결합해서 사용합니다.

이상성의 정의에 따라 생각해 보면, 우리가 어떤 유익한 기능을 얻고자 할 때 부수적으로 수반되게 되는 원하지 않는 결과는 유해한 기능과 비용 문제입니다. 제품을 개발하려고 할 때 유익한 기능을 얻기 위해서는 소요비용과 아울러 수반되는 유해한 기능을 고려해야 하는 것이 일반적입니다. 그러나 이상성의 정의를 따라 설계한다면 원하는 유익한 기능은 증가시키고 소요비용과 수반되는 유해한 기능은 제거하거나 감소시켜야 하는 것입니다.

실제로 존재하는 시스템은 이상 시스템을 근사화한 것입니다. 이상 시스템을 얻는다는 것은 불가능하기 때문입니다. 근사하게 얻기 위한 방법으로는 모순해결, 자원 이용, 부품 최소화를 위한 트리밍(trimming), 과학 효과(scientific effects) 사용 등이 있습니다. 트리즈(TRIZ)의 정의에 따르면 이상 시스템은 기능은 존재하지만 물질적으로는 존재하지 않는 시스템입니다. 시스템이 진화해 나감에 따라 이상성이 점점 더 높아지게 되고 소요비용은 감소하는 반면, 사람들의 요구에 대한 대응능력은 더 증가하게 됩니다.

실제로 이러한 이상해를 얻는 것이 불가능하다고 하더라도 이상해를 일단 생각해 보고 추구해 나가는 것은 자기가 설계하려는 기술 시스템의 이상적 목표를 미리 세우는 것과 같게 되는 것입니다. 즉 자신의 현재 위치인 시스템의 문제를 정의한 후 이상적 목표를 향하여 지속적으로 모순을 제거하면서 나아가게 되는 것입니다.

이상해는 설계 목표를 분명하게 해줍니다. 비록 현실적으로 여러 가지 제한 조건들이 존재한다고 하여도 분명한 목표를 설계자가 항상 인식하고 있다는 것은 고정관념 타파와 문제해결에 매우 강력한 도움이 됩니다. 문제해결과정 동안 목표를 수행하기 위한 지침으로서 또한 계속 제안되는 해결안에 대한 평가지침으로서 신뢰할만한 도구라고 할 수 있습니다. 이상 시스템은 이론적 개념이며 트리즈(TRIZ)뿐 아니라 다른 과학 분야에서도 사용되는 강력한 도구라고 할 수 있습니다. 시스템을 복잡하게 하지 않으면서 요구되는 기능을 얻고자 하는 개발자의 바램과 관련하여 생각해 볼 때 효과적인 방법입니다.

실제 시스템은 유익한 기능은 증가시키고 유해한 기능은 제거하여 이상적 시스템에 근접시켜 나가게 됩니다. 이상 시스템을 잘 정의하게 되면 새로운 문제에 당면하여 문제해결 방향을 잡기 어려울 때 나침반처럼 문제해결의 방향을 제시해 줄 있습니다. 문제해결에 있어서 목표가 분명하면 최상의 해를 얻을 가능성이 높다고 할 수 있습니다. 이상성에 기반하여 이상해를 미리 작성하고 이상해를 구현하는 것을 목표로 설정한다는 것은 이처럼 매우 중요합니다.

이상 시스템은 이상해와 새롭게 제안되는 해결안을 비교하여 제안된 해결안을 평가할 수 있는 척도로 사용될 수도 있습니다.

시스템의 이상성을 고려한다면, 개선된 기술 시스템은 다음과 같은 특성을 갖게 됩니다.

- 기존의 시스템의 기능에 유익한 새로운 기능을 추가하거나 유익한 기존의 기능을 증가시키거나 품질을 개선해야 할 필요가 있는 경우, 개선에 수반되는 비용이나 유해한 기능이 추가되지 않아야 합니다.
- 비용절감의 필요가 있는 경우 개선 시에 유익한 기능을 감소시키거나 유해한 기능이 추가되지 않아야 합니다.
- 유해한 기능을 제거해야 할 필요가 있는 경우 개선 시 유익한 기능이 감소하거나 소요 비용이 증가하지 않아야 합니다.

4.5.3 이상성 체크리스트

- 원 시스템의 결핍된 사항을 제거했습니까 ?
- 원 시스템의 유익한 사항들을 보존하고 있습니까?
- 시스템이 더욱 복잡해지지는 않았습니까?
- 새로운 유해 작용이 도입되지는 않았습니까?

4.5.3 '그 자체' 방법

이상해는 다음과 같이 표현될 수도 있습니다. 즉 '문제가 스스로 해결되도록 하는 것'입니다. 이상해의 예를 들면 다음과 같습니다.

- 부품이 생산을 지속할 수 있도록 스스로 주문 발주됩니다.
- 식스시그마 과제가 180일 안에 스스로 완료되게 됩니다.
- 워드 프로세서가 타이핑 오류를 스스로 정정합니다.

이상해를 조금 더 자세히 설명해보도록 하겠습니다. 우리가 매일 접하는 텔레비전의 경우 디스플레이 화면을 예로 들어보도록 하겠습니다. 과거의 브라운관 디스플레이는 무겁고 컸을 뿐 아니라 화면이 곡선으로 되어 있었습니다. LCD 디스플레이가 개발된 이후 브라운관 디스플레이는 거의 자취를 감추어 버렸습니다. 이상성을 고려할 때 다음 단계의 텔레비전 디스플레이는 어떻게 될까요? 이상성은 앞에서의 문제에 대해 길잡이가 될 수 있습니다. 실제로는 존재하지 않으면서 영상과 음향을 방송할 수 있는 기능을 가져야 한다. 이것이 어떻게 가능할까요? 현실적으로는 무게는 최소화되고 가능한 한 얇고 화면은 상대적으로 크고 화질이 좋은 디스플레이가 차세대 디스플레이가 될 것입니다. OLED 디스플레이 기술이 아마 이러한 요구에 적합한 차세대 디스플레이가 될 수 있을 것입니다. OLED 기술을 활용하면 종이처럼 얇은 고품질의 디스플레이 제작이 가능하다고 합니다. OLED 디스플레이는 백라이트 유닛(backlight unit)이 요구되지 않기 때문에 얇고 우수한 품질의 디스플레이 제작이 가능하게 되는 것입니다.

이와 유사한 예로는 이스라엘의 벤처회사에서 개발한 적외선 키보드가 있습니다. 무게가 나가지 않고 필요할 때만 빛으로 키보드 형태를 만들어 사용하게 하는 가상키보드인 것입니다.

제2부

실무자와 함께 배우는 알기 쉬운 TRIZ

Creative Design and Lab

05 실무용 TRIZ

Creative Design and Lab

TRIZ는 지식이 아니라 문제를 해결하는 창의적인 과학 기법입니다. 특히 실용 TRIZ는 문제를 짧은 시간에 창의적으로 해결할 수 있으며, 누구나 쉽게 자신의 업무에 접목할 수 있습니다. 'TRIZ'란 용어는 '창의적 문제해결 이론'이라는 의미를 갖는 러시아어에서 온 것입니다(Genrich Altshuller, 1984).

현재 시중 서점에 나와 있는 창의성 관련 서적에서는 창의적인 발명으로 부자가 되는 방법을 말하고 있습니다만, 정작 창의성의 본질이 무엇이며 창의적인 발명을 어떻게 하는지를 설명하지는 못하고 있는 실정입니다.

TRIZ를 사용한다면, 우리는 조금 더 좋은 아이디어를 더 쉽고 빠르게 찾아낼 수 있습니다. 트리즈를 잘 학습한다면 최고의 아이디어를 선택하기 위한 기반을 마련하게 될 것입니다. 이렇게 선정한 아이디어는 우리에게 주어진 문제를 효과적으로 해결할 수 있도록 하여 향후 개선 활동을 할 수 있는 초석을 마련하는데 도움을 주게 될 것입니다.

좋은 해결책은 몇 가지 공통된 특징을 갖고 있으며, 좋은 아이디어는 다음과 같습니다.

1. 모순을 해결합니다.
2. 시스템의 "이상성"을 증가시킵니다.
3. 쉽게 이용 가능한 유휴의 자원을 활용합니다.

TRIZ에서는 각각의 평범한 의미에 덧붙여진 이러한 말들이 특정한 기술적 의미를 가지고 있습니다. 우리는 TRIZ 개념을 사용함으로써 우리의 문제에 그것들을 적용하는 것, 좋은 해결책을 개발하는 것, 그리고 제시된 모든 것들로부터 최선의 해결책을 선택할 수 있을 것입니다.

최선의 해결책에 도달하기 위한 세 가지 기본 개념은 다음과 같습니다.

(1) 좋은 해결책은 문제의 핵심 원인을 해결할 수 있습니다. 여기서 핵심 원인은 모순에 해당하며, 모순에는 다음과 같은 두 가지 유형으로 분류될 수 있습니다.

① 절충 모순 : 만일 어떤 좋은 일이 발생되면 역시 어떤 나쁜 일도 발생되는 것을 의미합니다.

② 고유모순 : 두 가지 반대되는 성질을 갖는 한 가지 사물을 원한다는 것을 의미합니다.

(2) 어느 시스템의 '이상성'은 그것이 완전한 시스템에 얼마나 근접되어 있는가에 관한 척도입니다. 완전한 시스템을 TRIZ에서는 '이상해(IFR, Ideal Final Result)'라고 지칭하는데 비용이 들지 않고, 유해한 효과가 없이, 고객이 원하는 모든 장점을 갖는 시스템을 말하고 있습니다. 이에 따라서 시스템은 우리가 원하는 특성이 더해지거나 또는 원하지 않는 특성이 줄어들어 원가가 절감되기도 하고, 보통은 복잡도가 줄어드는 경우에 이상성이 증가하고 있습니다.

(3) 시스템의 눈에 보이지 않는 유휴 자원들은 겉으로 볼 때 양립되지 않는 목표를 얻기 위해 사용되고 있습니다. 이러한 자원들은 시스템 내부 또는 인접한 곳에 있는 자원들로부터 쉽게 이용할 수 있는 에너지, 물질, 대상물, 정보 또는 물건 등을 포함하고 있습니다.

TRIZ를 연구하는 사람들이 일찍이 간파한 것 중 하나는 문제를 해결하는 것이 모순을 제거한다는 의미가 있다는 것을 알게 되었습니다. 모순은 시스템 내에 있는 갈등을 말하며, 시스템은 도구와 대상 두 요소로 구성되어 있습니다.

때로는 모순의 명확한 정형화가 문제에 대한 가능한 답을 제시하기도 합니다. 그렇지만 대개는 부가적으로 추가 정보를 필요로 합니다. 자원분석은 우리가 모순을 해결하는 방법을 찾아내는 데 많은 도움이 되고 있습니다. 자원은 문제 환경의 내부 또는 주변에 이미 존재하고 있는 정보로 사물, 에너지 또는 물질의 특성들이 해당됩니다. 자원을 사용함으로써, 모순을 쉽게 제거할 수 있어 '이상해'를 얻을 수가 있습니다. '이상성'이란 시스템이 이상해에 얼마나 가까운지에 대한 척도로 사용됩니다. 만약 유용한 특성이 개선되거나 향상된다면, 이상성은 개선됩니다. 만약 해로운 특성이 감소되거나 소멸된다면, 이상성은 역시 개선이 됩니다. 그렇지만, 종종 문제의 이상해로부터 문제의 기술적 해결책을 이끌어 내기 위해서는 더 많은 것이 필요할 때도 있습니다. 모순을 해결하기 위해서는 자원을 사용하며, 시스템을 더 이상적으로 만들기 위해서는 실행할 방법들이 필요합니다. 이러한 이상성을 향상하기 위해서 사용하는 방법으로 시스템 진화유형이 사용되고 있습니다.

시스템의 서로 다른 부분들은 서로 다른 속도로 변화하고 서로 다른 유형을 따르게 될 것입니다. 이유는 시스템 내의 각 부품들 간의 진화 속도가 균등하지 못하기 때문입니다.

시스템의 각 부품들은 상호작용이 점점 더 증대되고 있습니다. 시스템은 확장되고 융합하는 형태로 변하기도 합니다. 시스템에는 점점 더 많은 특성들이 추가되면서 개선되다가, 복잡성이 전혀 없이 이 모든 이점을 갖는 전혀 새롭고 혁신적이며, 더 단순해진 시스템으로 통합됩니다.

진화의 유형을 모형에 추가할 수 있습니다. 이것은 문제에 대한 좋은 해결책들을 개발하고자 할 때 종종 이용할 수 있으며, 또한 미래 시스템진화를 예측하고자 할 때도 이용하기도 합니다. 그림 5.1은 진화유형에 대한 다양한 용도를 설명하고 있습니다. 모형을 단순하게 만들기 위해서 진화의 유형에서 이상적 최종 결과로만 화살표를 그렸습니다. 이 연결은 문제를 해결하는 데에 있어서 가장 중요한데, 이유는 좀 더 이상적인 시스템을 우리는 필요로 하기 때문입니다(Kalevi Rantanen and Ellen Domb, 2008).

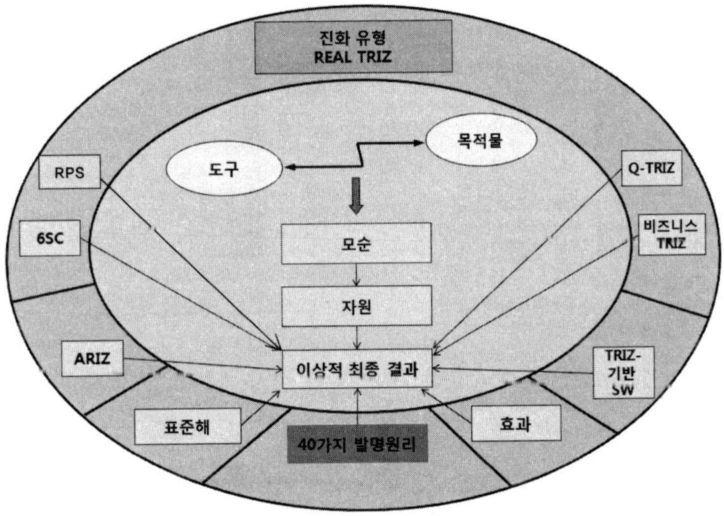

►► **그림 5.1** TRIZ의 많은 모델과 도구들

TRIZ는 알트슐러가 고안한 고전 TRIZ에서 끊임없이 새로운 기법이 추가되어 발전하고 있습니다. 다음의 그림 5.2는 고전 TRIZ에서 파생되어 최근 산업 현장에서 많이 사용되고 있는 실용적인 TRIZ의 기법과 고전 TRIZ와 비즈니스 TRIZ를 융복합하여 만들어진 TRIZ에 대한 것들입니다.

현장에서 쉽게 접근하여 활용하고 있는 TRIZ는 6SC 기법으로 최근에는 비즈니스 TRIZ를 개선한 Q-TRIZ도 많이 활용되고 있습니다. 또한 6SC 기법과 Q-TRIZ를 복합적으로 활용하여 제안한 RPS에 대한 문제해결순서를 그림 5.2와 같이 나타내었습니다. 이를 통하여 문제를 보다 쉽고 빠르게 해결하는 도구에 대한 상호 비교할 수 있도록 하였습니다.

실무에서 활용하기 편리한 6SC 기법, Q-TRIZ, RPS 기법에 대한 각각의 TRIZ에 대한 내용은 아래에 간단하게 설명하도록 하겠습니다. 또한 각각의 모델에 대한 이론과 현장 적용내용을 전문적인 내용의 예제와 생활의 예제를 가지고 각각의 TRIZ에 접목하여 설명하도록 하겠습니다. 이를 통하여 우리는 세 가지 실무용 TRIZ를 현장에 접목할 수 있을 것이며, 해결하고자 하는 문제에 따라 편리하거나 자신이 원하는 유형의 모델을 활용하기를 바랍니다.

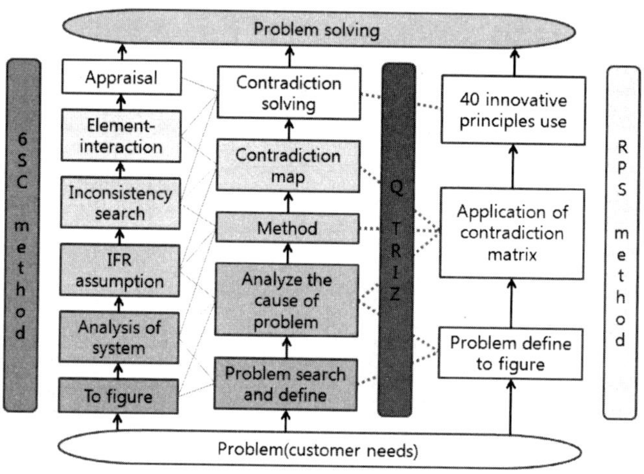

▶▶ 그림 5.2 문제해결 시스템

5.1 6SC(6 Step Creativity)란?

실무용 TRIZ의 대표적인 방법으로 기존의 6SC 기법은 고전 TRIZ를 현장에 빠르게 전파하는데 공헌하여 누구나 쉽고 빠르게 모순 문제를 해결하는데 활용하고 있습니다. 6SC 기법은 6단계를 거치면서 문제를 정의하여 정형화된 Tools 안에서 해결책을 찾도록 고안되었습니다. 따라서 기존의 브레인스토밍과 같은 문제정의와 해결책을 찾는데 중구난방으로 많은 시간과 정성을 기울이지 않고 빠르게 해결책을 찾을 수 있는 방법이라고 할 수 있습니다.

현재는 6SC 기법을 함축시킨 4SC와 3SC 기법까지 점진적으로 단계를 축소하여 빠르게 현장에서 활용할 수 있도록 개선한 형태로 발전하고 있습니다.

5.2 Q(Quick)-TRIZ란?

문제를 해결하는 기법에서 공학적인 문제뿐만 아니라 비공학적인 문제를 해결하는데 활용되었던 TRIZ로 Business TRIZ를 활용하였으며, Q-TRIZ는 비즈니스 TRIZ의 변형된 형태로서 공학적인 문제를 쉽게 Tools를 이용하여 해결하도록 고안되었습니다. 따라서 Q-TRIZ는 공학적인 문제와 비공학적인 문제를 해결하는데 효과적이며, 초보자도 주어진 모델을 활용하면 쉽고 빠르게 문제를 해결할 수 있도록 구성되어 있습니다.

5.3 RPS(Rapidly Problem Solving)란?

쾌속 문제해결 기법은 기존의 6SC와 Q-TRIZ의 장점만을 가져와 보다 쉽고 빠른 공정으로 문제를 정의하고 해결하도록 향상시킨 Tool로서, 기존의 40가지 방법을 활용하여 고전 TRIZ와 개선된 실용 TRIZ를 접목하여 고안한 모델입니다.

따라서 현장에서 문제를 해결하는데 효율적으로 사용할 수 있으며, 그림으로 문제를 정의하는 것만으로도 모순을 도출할 수 있도록 구성되어 있습니다.

06
6SC 기법 및 적용사례

Creative Design and Lab

6.1 6SC 기법

6단계 창의성은 현장에서 문제해결을 위한 새로운 방법론으로 창의력을 향상하는데 매우 유용한 모델이라 할 수 있습니다. 이러한 6단계 창의성은 문제의 도식화, 요소-상호작용 및 문제의 해결책과 평가, TRIZ의 시스템 기능분석, 이상 해결책(IFR) 및 모순을 새롭게 해석하여 고전 TRIZ 이론과 접목하여 만들어졌습니다. 6SC는 단계별 과정을 통하여 창의적으로 문제해결을 보여주고 있습니다. 우리는 창의적 사고를 단계별로 진행하면서 지금까지 경험해보지 않았던 전혀 새로운 방법을 배우게 될 것입니다. 각 단계를 진행하면서 문제들을 시행착오적으로 고심하지 않고 창의적으로 보다 짧은 시간에 문제에 대한 해결책을 찾을 수 있을 것입니다.

6SC 기법은 중고등학생에서부터 대학생 및 현장 설계업무에 종사하는 사람 누구나 쉽게 TRIZ 기법을 통하여 문제를 해결할 수 있도록 하였습니다. 다음의 그림 6.1은 6SC 기법에 대하여 단계별로 창의적 문제를 해결하는 방법을 그림으로 나타내었습니다. 창의적 문제해결 방법에 대한 순서는 아래와 같습니다.

① 그림으로 표현 ② 시스템 기능분석 ③ 이상해결책(IFR) 가정하기 ④ 모순과 분리원리 ⑤ 요소-상호작용 ⑥ 해결책 평가

그림 6.1은 6SC의 문제해결 방법으로 쉽고 빠르게 문제를 이해하고 해결할 수 있도록 구성되어 있습니다.

우리들은 어떤 문제를 해결하는데 있어서 여러 가지 방법을 통하여 시행착오적으로 문제를 해결하는 경우, 자신이 경험한 사실과 지식으로 특정한 방향으로 문제를 해결하고자 하는 경향이 많습니다. 6SC 기법은 지금까지 자신의 경험과 지식에 의한 사고관성을 제거하고 전혀 색다른 방법으로 창의적인 단계를 통하여 문제를 해결하도록 고안되어 있습니다.

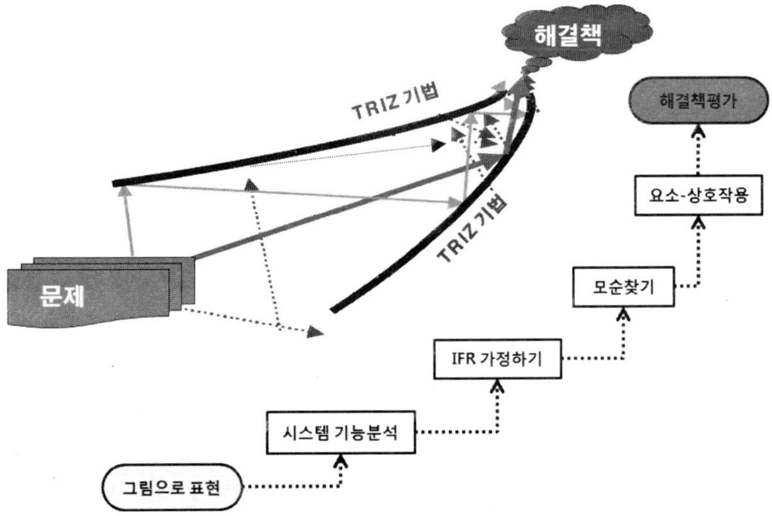

▸▸ 그림 6.1 6SC 문제해결방법

다음은 6SC 기법의 각 단계에 대한 설명으로 각 단계를 이해하고 정해진 도구에 의하여 진행하다보면 자신도 모르는 사이 문제에 대한 해결책으로 접근하고 있음을 알게 될 것입니다.

6.1.1 그림으로 표현하기

가장 보편적으로 사람의 이해력을 구체화시키는 방법은 그림이나 도형을 이용하는 방법이 있습니다. 특히 여러 가지 관련 요소들이 상호 밀접한 관계를 유지하는 경우, 서로의 상호 연관관계를 그림으로 표현하면 해결하고자 하는 문제를 쉽고 빠르게 표현할 수 있습니다. 인간의 사고능력은 자신의 경험과 지식의 범위를 쉽게 벗어나기 어렵습니다. 하지만 해결하고자 하는 문제는 자신의 경험과 지식의 범위를 벗어나 전혀 엉뚱한 곳에 있을 가능성이 많습니다. 따라서 우리는 문제를 해결하기 위하여 여러 방면의 전문가와 상담하거나 시행착오법과 같이 무작위로 많은 시행착오를 통하여 문제를 해결하는 경우가 많습니다. 이러한 방법은 오늘날과 같은 첨단 시대에는 경쟁력이 떨어지고 있습니다. 문제의 정확한 방향을 알지 못하고 문제를 해결하는 것은 서울에서 김서방 찾는 것처럼 시간과 노력이 아깝기 때문에 새로운 방법이 필요합니다.

6.1.2 시스템 기능분석

문제를 해결하기 위해서는 문제의 본질을 파악하는 것이 매우 중요합니다. 기능분석은 주어진 문제(기술 시스템이나 공정)를 기능의 관점에서 분석하여 간단하게 표현하는 기법입니다. 기술 시스템의 기능분석 및 모델링은 보편적으로 다음과 같이 수행하고 있습니다(김호종, 2007).

① 시스템의 동작 메커니즘을 구성요소들 간의 기능으로 분석합니다.
② 기능을 유용한 기능과 유해한 기능으로 구분하여 표시합니다.
③ 시스템이 수행하는 기능을 목표 대상(Target), 구성요소(Component) 및 환경(상위) 요소(Supersystem)의 관점에서 모델링합니다.
④ 구성요소 간의 기능으로부터 모순요소를 찾아내어 분석합니다.

기능분석의 유용성은 문제의 핵심을 얼마만큼 명확하게 파악하고 있는가에 따라 달라지고 있습니다. 따라서 기능 모델 작성에 개발 팀원의 전체적인 의견이 최대한 수렴되도록 하는 것이 문제해결에 중요한 요소로 작용됩니다.

기능분석을 통하여 시스템을 정확히 기술하면 기술 시스템을 구성하는 모든 요소들의 관계를 기능의 관계로 도식화할 수 있습니다. 뿐만 아니라 시스템 전체와 목표 대상의 관계를 기능으로 파악할 수 있고 이로 인해 발생되는 유용한 기능(장점)과 유해한 요소(단점)를 도식적으로 나타낼 수 있게 됩니다.

기술 시스템은 많은 시스템 요소들로 이루어져 있습니다. 이들 요소들은 상호 기능적인 관계를 형성하고 있는 경우가 대부분입니다. 이 경우 유익한 기능(장점)은 실선으로 나타내고 유해한 기능(단점)은 점선으로 나타내어 표현합니다. 모든 시스템 요소들은 기술 시스템의 일부이기 때문에 사각형으로 나타냅니다.

6.1.3 이상해결책 가정하기

문제의 해결 시간을 최소화하기 위해서는 문제의 명확한 핵심을 파악하여 해결 방향을 구체화할 필요가 있습니다. 이처럼 명확한 이상적해결책을 상상해 보면 자신의 경험과 지식에 의한 사고의 관성을 줄이거나 제거하는 것이 필요함을 깨닫게 됩니다. 이상해결책은 망망대해에서 선박의 길을 알려주는 북극성과 같습니다. 항해자는 망망대해에서 나아가는 방향을 명확히 알 수 있는 확고한 방법론으로서 북극성은 진리이기 때문입니다. 우리에게 새로운 문제의 이상적 해결책은 분명 명확하게 있지만 틀에 박힌 사고방식과 선입견이 새로운 생각을 방해하거나 배에 선장이 많아 산으로 가는 것처럼 브레인스토밍 기법에서 다수의 의견이 좋다고 하여 이상적인 해결책이라고 보기는 어렵습니다. TRIZ에서 이상해결책은 문제를 해결하는 가장 높은 수준의 결과물에 해당됩니다. 이상해결책의 개념은 문제를 해결한 결과에 대한 평가의 정도로도 매우 중요합니다. 하지만 이상해결책의 개념은 이상적으로 문제를 해결하는 목표치에 대한 의미보다는 문제의 해결 방향을 알려주는 안내자로서의 역할이 더욱 중요합니다.

예를 들어, 망망대해에서 물고기를 잡는 선박이라면 물고기가 많이 있는 곳을 명확히 알고 가야 많은 물고기를 빠르고 쉽게 잡을 수 있습니다. 물고기가 없거나 적게 있는 곳, 또는 원하는 물고기가 아닌 다른 종류의 물고기가 아무리 많이 있다고 하여도 우리가 원하는 물고기를 잡기 위해서는 많은 시간과 에너지가 소모되어야 합니다. 하지만 우리가 원하는 물고기가 있는 장소를 명확히 아는 안내자가 있거나 물고기의 위치를 알 수 있는 장치가 있다면 원하는 물고기를 쉽고 빠르게 원하는 양만큼 잡을 수 있습니다. 우리는 지금까지 문제를 해결하기 위해서 자신이 체득한 경험과 지식만을 수단으로 많은 시간을 활용하여 문제를 해결하였습니다. 하지만 이상적인 해결책이라고 보기는 어렵습니다. 마치 우리가 원하는 물고기의 위치를 모르고 망망대해를 누비고 다니면서 유사한 물고기를 잡았는지도 모르는 일입니다. 우리가 원하는 물고기의 위치를 모르고 항해를 지속한다면 과연 우리의 배는 목적을 달성하였다고 볼 수 있겠습니까? 우리가 원하는 목적을 이루었다고 보기 어렵습니다. 이와 비슷하게 많은 시간을 투자하여 일을 하였다고 회사에서 인정을 받을 수 있겠습니까? 우리는 열심히 일은 하였지만 우리가 원하는 좋은 결과를 얻었다고 볼 수 없습니다. 누구나 열심히 브레인스토밍을 하여 문제를 해결할 수는 있습니다. 그러나 좋은 결과는 많은 시간과 노력만으로 얻어지는 것이 결코 아닙니다.

이상해결책의 개념은 문제를 해결하기 위한 초기 단계에서 유용할 뿐만 아니라 문제를 해결하는 전 과정에서도 유용하게 사용될 수 있습니다. 이상해결책을 서술하고 공부하는 것은 다른 어떤 방법을 사용하는 것보다 빠르게 다양한 기술적인 문제해결 방향을 기술할 수 있을 것입니다.

이상해결책은 기존의 창의적인 여러 가지 방법보다 훨씬 획기적인 결과물을 도출할 수 있으며, 해결 시간을 단축해 줄 수 있습니다.

6.1.4 모순과 분리원리

우리에게 주어진 문제는 모순으로 정의되는 경우가 상당히 많이 있습니다. 따라서 모순을 해결하면 문제가 해결되는 경우가 대부분입니다. 알트슐러와 그의 동료들은 특허들을 조사하여 혁신적이고 창조적인 특허에서 모순의 개념을 정립하였습니다. 이들은

'모순의 해결'이라는 방법을 기술적으로 해결하였습니다. 기술적인 문제들이 하나 이상의 모순을 포함하고 있다는 사실의 발견은 TRIZ의 이론체계에 아주 중요한 의미를 가지고 있습니다. 모순은 TRIZ의 중요한 개념으로 해결하고자 하는 문제의 특성을 개선하고자 하면 그 문제에 또 다른 문제의 특성이 발생하여 문제를 악화시키는 상황을 말하고 있습니다.

알트슐러는 이러한 모순을 해결하는 것이 근본적으로 문제를 해결하는 가장 훌륭한 방법이란 사실을 특허를 분석하면서 인지하게 되었습니다. 이러한 모순에는 기술적 모순과 물리적 모순으로 구분할 수 있겠습니다. 본 교재에서는 우리가 현장 실무에서 쉽고 빠르게 접목할 수 있는 물리적 모순에 대하여 기술하였습니다.

기술적 모순은 서로 다른 변수(parameter)가 상호작용하여 충돌하는 것이라면, 물리적 모순은 하나의 기술적인 변수가 서로 다른 값을 동시에 만족하게 하는 경우를 의미합니다. 물리적 모순을 해결하는 방법으로 분리의 원리를 사용하고 있습니다. 일반적인 분리의 원리는 시간에 의한 분리, 공간에 의한 분리, 조건에 의한 분리 등이 해당됩니다.

- 시간적인 분리

시간의 차이에 의하여 필요할 경우에는 있어야 하고, 불필요할 경우에는 없어야 하는 경우 시간적 분리에 해당됩니다. 이와 같은 예로는 자동차 사이드 미러(side mirror)가 있습니다. 사이드 미러의 경우 운행 중 뒤편차량의 주행과정을 인지하기 위해서는 있어야 하고, 주차장에 정차할 때에는 주변의 사람들이 부딪칠 수 있으므로 없어야 하는 것입니다. 이처럼 그림 6.2와 같이 시간의 차에 의하여 있어야 하기도 하고 없어야 하기도 하는 경우에 적용하는 원리가 시간적 분리원리에 해당합니다.

주행하는 자동차의 사이드 미러 상태

주차된 자동차의 사이드 미러 상태

▸▸ **그림 6.2** 시간적인 분리의 예

- **공간의 분리**

하나의 공간에 의하여 필요한 경우에는 공간 밖에 도출되거나 나와서 필요한 기술적 효과를 발휘하고 불필요한 경우에는 공간 안쪽으로 숨겨 부피를 축소하여 공간적 효과를 향상시키는 경우 공간의 분리에 해당하는 것입니다. 이와 같은 경우는 자동차의 선루프가 해당된다고 볼 수 있습니다.

맑은 날 자동차의 선루프 열린 상태

흐린 날 자동차의 선루프 닫힌 상태

▸▸ 그림 6.3 공간 분리의 예

그림 6.3과 같은 선루프는 차량의 위쪽에 설치되어 맑은 날에는 신선한 바깥바람을 유입하기 위해서 도어가 열리고 추운 겨울이나 흐린 날에는 외부에서 유입하는 바람과 비를 차단하기 위해서 도어가 닫혀야 하는 경우로 선루프 도어가 열릴 때에는 도어가 공간 속으로 적재되고, 도어가 닫힐 때에는 공간 밖으로 나와서 필요한 기능을 수행하는 경우 적용하는 원리가 공간의 분리원리에 해당됩니다.

- **조건의 분리**

전체적인 내용과 부분적인 내용에 대한 조건에 따른 모순을 해결하기 위한 경우 조건의 분리를 활용할 수 있습니다. 조건의 분리에 해당하는 경우로는 우리 주변에서 흔히 볼 수 있는 자동차의 와이어 브러시를 예로 들 수 있겠습니다. 그림 6.4와 같은 와이어 브러시는 평상 시에는 움직이지 않고 고정되어 있다가 비가 내리거나 차 전방 유리창에 이물질이 묻어 있을 경우 차 전방 유리창을 깨끗하게 청소하는 도구로서 적은 빗방울에는 비교적 느린 속도로 빗방울을 제거하지만 다소 많은 빗방울에는 빠른 속도로 빗방울을 제거하도록 조건에 따라 조작이 달라질 수 있도록 제작되어 있습니다.

고정 상태의 자동차 와이어 브러시

작동 상태의 자동차 와이어 브러시

▶▶ **그림 6.4** 조건분리의 예

6.1.5 요소-상호작용분석

요소-상호작용분석은 교과서적인 이론적인 과학기술지식이 아니라 현실에서 실무에 적용하는 과학기술지식을 의미하고 있습니다. 복잡한 문제의 시스템과 관련된 문제를 모델링하기 위한 핵심적인 도구로서 요소-상호작용 분석이 요구되고 있습니다. 시스템에 의해 수행되는 기능은 최소한 세 개의 성분을 가지며, 두 개의 요소와 하나의 상호작용으로 구성되어 있습니다. 두 요소와 하나의 상호작용은 시스템을 구성하기 위한 기본적인 단위에 해당됩니다. 다음은 요소-상호작용을 적용한 해결 방법의 예를 나타낸 것입니다.

강에서 물고기를 잡을 때 강물을 다 없애고 물고기를 잡는 방법은 참으로 비과학적이고 무지한 방법에 해당되겠습니다. 물고기를 잡기 위해서는 여러 가지 방법이 있겠지만 창의력을 발휘하여 물과 물고기, 그리고 잡는 사람을 각각의 요소로서 상호작용에 대하여 생각하면 물을 다 없애지 않고도 물고기를 잡을 수 있습니다.

TRIZ의 방법론이 지금까지 알려진 여러 가지 발상법보다 월등하게 우수한 점은 바로 사고 관성을 제거시키는 구체적인 도구를 가지고 있기 때문이며, 6SC 기법에서 가장 수준 높은 문제해결 도구가 바로 요소-상호작용 분석에 해당됩니다.

강물에서 물고기를 잡는 방법을 살펴보도록 하겠습니다.

요소-상호작용으로 물고기를 잡기 위해서는 넓은 강의 물을 제거하거나 돌아다닐 필요가 없습니다. 단지 물고기가 중요할 뿐이기 때문입니다. 물고기를 잡기 위한 문제에서 핵심은 물고기와 잡는 사람이 해당됩니다. 두 요소 중에서 물고기에 대한 성분을 정리하면 물고기는 크기와 형상을 가지고 있으며 먹이를 먹는다는 것입니다. 때문에 물고기를 잡는 사람의 눈은 물고기가 어디 있는지 살펴볼 수 있습니다. 사람들은 이와 같은 물고기와 사람의 눈의 관계에서 사고관성을 가지고 물고기를 찾게 됩니다. 하지만 또 다른 성분으로 물고기는 먹이를 먹는다는 것으로 먹이를 통하여 물고기를 유인하는 방법이 있겠습니다. 물고기가 눈에 보이기 때문에 넓은 강을 헤매는 것보다 물고기가 좋아하는 먹이를 이용하면 훨씬 효과적으로 물고기를 잡을 수 있습니다. 요소-상호작용을 이용하면 사고 관성을 넘어 오직 요소들 각각의 성질에 해당하는 여러 가지를 생각하게 되어 물고기가 있는 강물이라는 환경에 무관하게 문제의 해결책을 찾을 수 있게 됩니다.

즉 고정관념이 많은 상태인 상황에서 요소-상호작용 분석을 하면, 도시하는 화살표를 제거하거나 변형하는 형태로 문제의 성격이 바뀌어 복잡하고 어려운 문제가 일반적인 문제로 바뀌어 쉽고 빠르게 해결할 수 있게 되는 것입니다.

기존의 문제해결을 위하여 중요한 방법론으로 요소-상호작용 분석을 활용하였다면, 앞으로는 복합 다양한 문제에 대하여 상호 복합적으로 엮여 있는 문제에 있어서 상호 장점과 단점을 서로 보완하며 요소 상호 간에 복합적으로 엮여 있는 요소들을 서로 상호 간을 복합적으로 파악하는 방법으로 시스템의 복합기능분석이 보다 뛰어난 방법론으로 대두될 수 있겠습니다.

6.1.6 해결책과 평가

해결책과 평가는 6SC 기법의 5단계를 통하여 도출된 문제에 대하여 최종적으로 선택하고 평가하는 것으로 아주 중요합니다. 특히 산업 현장에서는 도출된 여러 가지 해결책으로부터 어떤 해결책을 먼저 적용할 것인가에 대한 선택은 더욱 더 중요한 사항입니다. 해결책과 평가는 창조적으로 문제를 해결한 실무자의 권한 밖에서 이루어질 가능성이 높기 때문에 산업 현장에서는 제품의 개발기간, 개발비용, 판매가격, 지식 가치성 등을 종합적으로 검토하여 결정해야 하기 때문입니다.

해결책에 대하여는 관련 분야 전문가와 사용자에게 객관적인 평가를 받아서 최종적으로 결정하는 것이 타당합니다. 최종적인 선택에 있어서 종합적인 검토는 회사의 경제적 상황과 실현 가능성을 전문가의 의견을 반영하여 해결책을 선택하거나 새로운 해결책을 찾을 것인가를 평가해야 합니다.

6.2 6SC 적용 전문 문제(LPG 저장탱크)

다음은 6SC 적용사례로서 각 단계별로 문제를 분석하고 정리하여 해결책을 풀어나가는 과정을 정리한 예입니다.

6.2.1 그림으로 표현(문제의 핵심정의)

* 문제의 핵심 부분에 대하여 그림으로 부각시켜 표현합니다.
* 문제의 조건에서 핵심을 찾습니다.
* 문제의 조건에서 화염에 휩싸이는 저장탱크를 그림으로 나타냅니다.
* 문제의 조건에서 부식이 진행되는 저장탱크를 그림으로 나타냅니다.
* 그림에서 저장탱크가 폭발되는 원인을 과학적으로 분석합니다.
* 그림에서 저장탱크가 손상되는 원인을 과학적으로 분석합니다.

사람의 생각을 구체화하는 가장 좋은 방법은 그림이나 도표 등을 이용하는 것이며, 아래의 그림 6.5처럼 하나의 문제가 복합적으로 작용할 경우에는 그림을 각각의 상황에 맞도록 표현하면 문제의 상황을 쉽게 분석하고 문제의 원인을 정확히 파악할 수 있습니다.

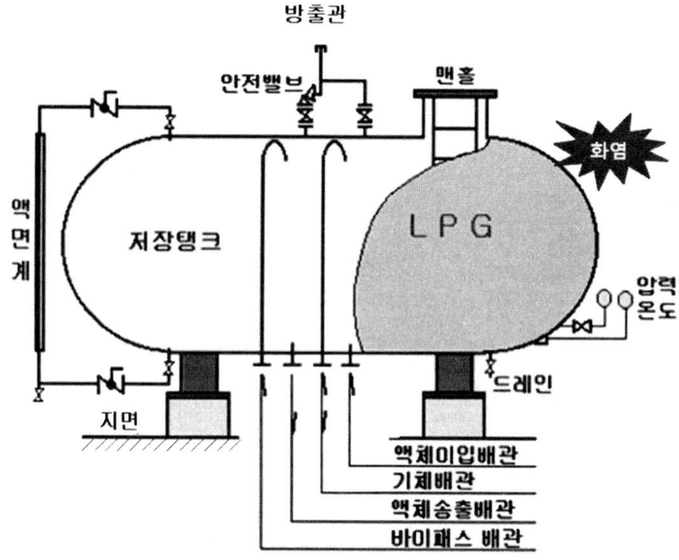

▸▸ **그림 6.5** 지상에 설치하는 저장탱크

기존의 LPG 저장탱크는 위의 그림 6.5와 같이 지상에 설치하는 저장탱크는 화염에 노출되면 폭발의 위험이 있으며, 그림 6.6의 지하에 매몰하여 설치하는 저장탱크는 폭발에 대한 안전성은 확보되었으나 안전점검을 통한 유지관리에는 매우 불리하며, 부식 및 방식으로 인한 위험성과 경제적 손실이 발생되고 있는 것이 현실입니다.

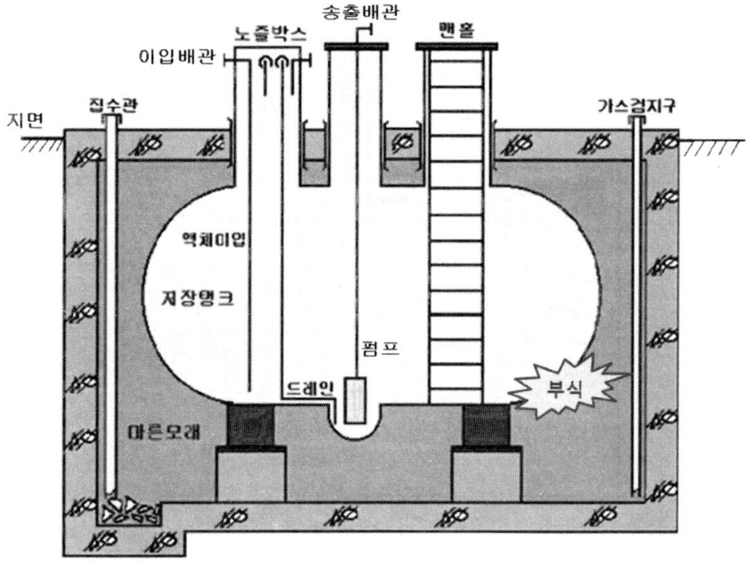

▸▸ **그림 6.6** 지하에 매몰하여 설치하는 저장탱크

현행 고압가스안전관리법과 액화석유가스안전관리 및 사업법에 지하에 매몰하여 설치하는 저장탱크는 방식조치를 의무화하고 있으며, 매몰 후 15년 후에 외피검사를 실시하도록 규정하고 있습니다.

이러한 문제에 대하여 그림을 통해서 상호 편리한 시스템과 불합리한 시스템에 대하여 각각의 특성을 편리한 시스템에 대한 그림과 그에 대한 문제점을 그림으로 표현하고 불합리한 시스템에 대한 그림과 그에 대한 해결책을 그림으로 나타내면 상호 보완되는 점과 상호 배제해야 하는 모순문제를 쉽고 빠르게 인지하여 문제의 핵심을 간단히 파악할 수 있습니다.

6.2.2 시스템의 복합기능분석

시스템의 기능분석은 해결해야 할 기술과제가 복잡하게 얽혀 있거나 문제가 명확하지 않은 경우 매우 중요하게 작용하고 있습니다. 특히 복잡한 시스템의 부품이나 모듈들의 모순 관계를 도식적으로 나타내는데 유용하게 작용합니다.

* 폭발 또는 부식의 기술 시스템을 구성하는 시스템 요소들과 대상 목표인 저장탱크에 대한 기능을 복합적으로 나타내고 분석합니다.
* 기술 시스템 : 폭발, 부식
* 대상 목표 : 저장탱크(지상형, 지하매몰형)
* 환경요소 : 화염, 물, 공기, 소음

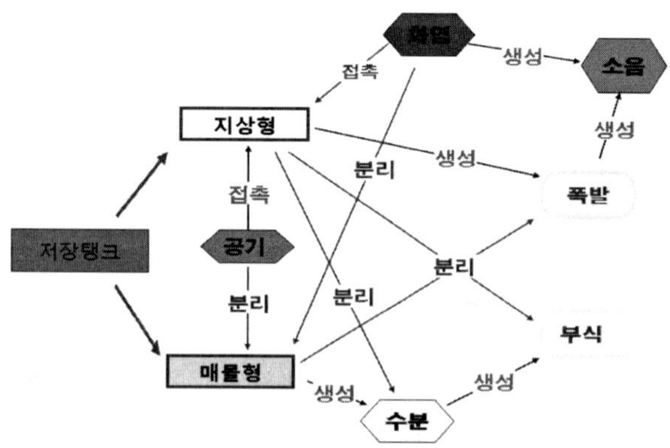

▸▸ **그림 6.7** 저장탱크의 복합 기능분석

그림 6.7은 지상에 설치하는 저장탱크와 지하에 매몰하여 설치하는 저장탱크에 대한 복합 기능분석을 나타낸 것으로 지상에 설치하는 저장탱크와 지하에 매몰하여 설치하는 저장탱크의 복합적인 문제점과 모순관계를 한 번에 인지할 수 있도록 도식화함으로써 상호 장점과 배제할 문제를 쉽게 파악할 수 있습니다.

저장탱크에 대하여 TRIZ 기법의 기능분석에서 지상에 설치하는 저장탱크는 화재의 위험성에 대한 기능분석과 지하에 매몰하여 설치하는 저장탱크는 부식의 위험성에 대한 기능분석을 합하여 한 번에 두 가지 문제를 해결하는 복합 기능분석을 실시하면 두 가지 문제를 한 번에 파악할 수 있습니다.

지상에 설치하는 저장탱크는 공기와 화염에 접촉하여 폭발이 발생 가능하며, 수분과는 접촉이 적어 부식성이 적습니다. 또한 지하에 매몰하여 설치하는 저장탱크는 공기와 화염에 차단되어 폭발이 일어나지 않으며, 수분에 접촉되어 부식을 촉진합니다. 따라서 지상에 설치하는 저장탱크는 공기와 화염에 접촉이 되지 않도록 하여 폭발이 일어나지 않도록 해야 하며, 지하에 매몰하여 설치하는 저장탱크는 수분의 접촉을 없애 부식 발생이 되지 않도록 해야 합니다.

6.2.3 이상해결책

* 가장 이상적으로 문제가 해결된 상태를 가정하고 연구가 진행되게 하기 위함으로 물고기 잡는 어군 탐지기와 같은 역할을 하고 있습니다.
* 화염에 노출되어도 폭발하지 않아야 합니다.
  - 그림의 분석으로부터 저장탱크를 지하에 매몰하는 방법을 생각할 수 있습니다.
* 물에 접촉하여도 부식되지 않아야 합니다.
  - 부식되지 않는 재질을 사용하거나 물이 고이지 않는 지상에 설치해야 합니다.

이상적 최종결과의 개념은 알트슐러가 처음으로 정립한 다음과 같은 법칙에 근거하고 있습니다. "모든 시스템의 발전은 그 이상성을 증가시키는 방향으로 진행한다." 이러한 정의는 다음과 같은 이상성방정식을 써서 시작할 수 있습니다(Genrich Altshuller, 1984).

$$Ideality = \frac{\sum Benefits}{\sum Costs + \sum Harm}$$

위 식은 기술, 발명 및 해결책의 수준을 묘사하기 위해 그 동안 제시되었던 수많은 수식들을 일반화한 것으로, 1950년대 초기에 출현한 가치분석 및 엔지니어링 기법에 나오는 가치방정식에서 유래하고 있습니다(Miles, L. D., 1961).

모든 시스템은 유용한 결과와 유해한 결과를 동시에 유발시키는 기능들을 수행하고 있습니다. 그리스 문자 Σ는 어떤 것들의 '합'을 뜻하므로, 이 수식은 '이상성이란, 비용의 총합과 해로운의 총합을 더하여 그 값으로 이득의 총합을 나눈 것'을 의미하고 있습니다.

LPG 저장탱크의 이상해결책은 지상에 설치되어 있으나 화재에 의해 저장탱크가 폭발되지 않는다는 것입니다. 또한, 지하에 매몰하여 설치하여도 부식이 되지 않아 영구히 존재하는 것입니다.

6.2.4 모순과 분리원리

* 문제를 일으키는 시스템의 핵심 요소들의 모순 관계를 찾고 분리원리를 적용합니다.
* 모순표현 : 저장탱크는 화염에 노출되지 않아야 하고 수분이 고이지 않아야 합니다. (지하에 설치하여야 화염에 노출되지 않습니다. 또한, 지상에 설치해야 수분이 고이지 않습니다.)
* 공간분리 : 저장탱크와 화염을 공간상에서 분리하여 폭발이 일어나지 않도록 합니다. 또한, 저장탱크와 수분의 접촉을 공간상에서 분리하여 부식이 일어나지 않도록 합니다.

시스템의 어느 한 특성을 개선하고자 한다면 그 시스템의 다른 특성이 악화되는 모순상황은 TRIZ의 중요한 개념 중의 하나로서, TRIZ의 모순에는 기술적 모순과 물리적 모순의 두 가지가 있습니다. 여기서는 실용성이 높은 '물리적 모순'을 해결함으로써 문제를 해결하도록 하겠습니다.

기술적 모순은 서로 다른 변수(parameter)들이 충돌하는 것인 반면 물리적 모순은 어떤 하나의 기술적인 변수가 서로 다른 값을 동시에 가져야 하는 경우에 해당됩니다. 물리적 모순을 해결하는 방법으로 분리의 원리가 있습니다. 대표적인 분리의 원리에는 시간에 의한 분리, 공간에 의한 분리, 전체와 부분에 의한 분리 및 조건에 의한 분리 등이 해당됩니다(Kalevi Rantanen and Ellen Domb, 2008).

본 교재에서는 LPG 저장탱크에 대하여 공간에 의한 분리를 적용하여 풀어나가도록 하겠습니다. 저장탱크는 가스를 저장하기 위하여 있어야 하고 안전성을 위해서는 저장탱크는 없어야 합니다. 보다 구체적으로는 지상에 설치되어 있는 저장탱크는 화재가 발생하여 화염에 휩싸여 폭발의 위험성이 있으므로 지상에는 없어야 하고, 지하에 매몰하여 설치하는 저장탱크는 부식 등으로 인한 경제적 손실이 발생하므로 매몰하여서는 안 됩니다. 따라서 저장탱크는 지상에는 없어야 하고, 매몰하여서도 안 되는 물리적 모순이 발생하게 됩니다.

6.2.5 요소상호작용

요소-상호작용은 문제를 일으키는 각 요소의 성질을 깊이 있게 분석할 수 있는 새로운 방법론이며, 잘 활용하면 기존의 기술과는 다른 별개의 새로운 신기술을 찾을 가능성이 높은 기법입니다.

* 문제의 핵심 요소들의 관계를 상호작용을 분석합니다.
* 이 문제의 핵심 요소는 저장탱크와 화염, 부식으로 핵심요소가 세 가지 있습니다.
* 각 요소의 특징과 성질을 파악하여 성분을 찾아서 나열하고 각각의 상호관계를 분석 합니다.
* 요소 간의 상호작용을 도시하여 화살표로 나타냅니다.
* 요소-상호작용 삼각형 모델을 그림으로 표현하고 있습니다.

그림 6.8은 지상에 설치하는 저장탱크와 지하에 매몰하여 설치하는 저장탱크의 요소-상호작용에 대한 요소를 나타낸 것으로 지금까지와는 다른 복합기능분석표로 상호 장점과 상호 배제할 내용을 한눈에 쉽게 알아볼 수 있습니다. 지상에 설치하는 저장탱크의 요소를 살펴보면 외부에 노출되어 있어 점검 용이성과 시공 편리성이 좋은 반면, 폭발의 위험이 있으며, 토지 이용률이 좋지 않습니다. 지하에 매몰하여 설치하는 저장탱크의 요소는 매몰되어 있어 화염에 노출되지 않아 안전성이 있으며, 토지 이용률이 우수한 반면, 부식의 위험이 있으며, 시공과 점검 용이성이 좋지 않습니다.

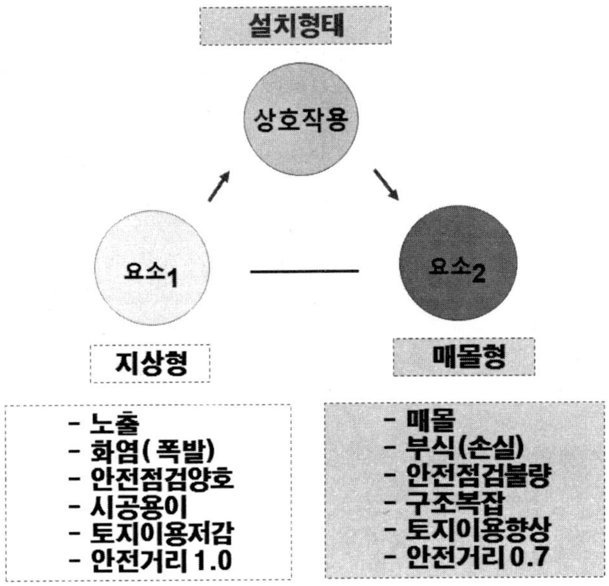

▸▸ **그림 6.8** 요소 상호작용

6.2.6 해결책과 평가

> * 마무리 단계로서 총괄적인 분석을 통하여 해결책의 적용 여부를 판단하고 해결 방법에 대하여 전반적인 평가를 실시합니다.
> * 전 단계 결과들을 종합적으로 분석, 평가하는 난제입니다.
> * 해결책이 미비하거나 부족한 경우, 각 단계를 새로운 시각으로 반복하여 분석하고 종합적으로 다시 평가를 실시합니다.

6SC의 6단계는 도출된 문제에 대해 여러 가지 해결책을 최종적으로 선택하고 평가하는 단계에 해당됩니다.

다음 그림 6.9는 위에서 나타내었던 그림의 문제점을 상충 보완한 최적화된 형태를 나타내고 있습니다. 지상에 설치하는 저장탱크의 문제점인 화기에 노출될 위험성을 지하에 설치하면서 배제하였습니다. 지하에 매몰하여 설치하는 저장탱크의 부식으로 인한 위험성은 지하에 설치하지만 땅과 접촉하지 않는 구조로 해결하였으며, 지하 매몰로 인한 점검 용이성에 대해서는 격납방식으로 수시로 안전점검을 실시할 수 있음을 보여 주고 있습니다(Sa-Hwan Leem and Yong-Jeong Huh, 2010).

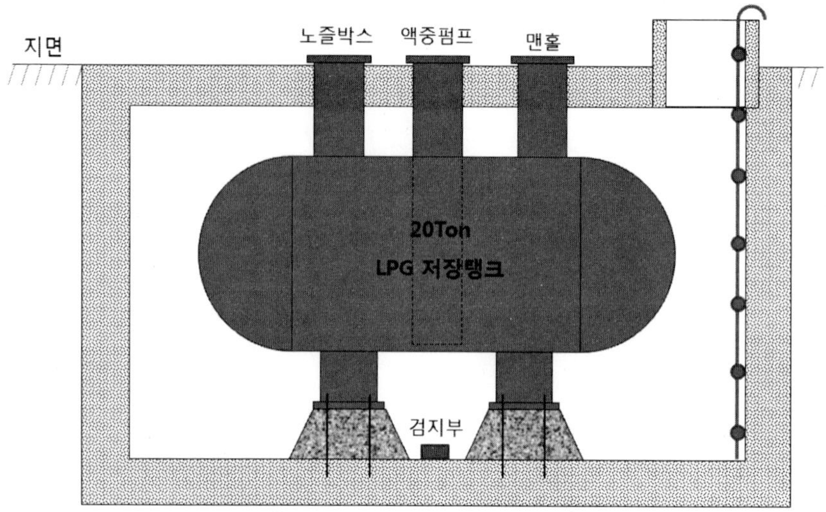

▸▸ **그림 6.9** 개선된 저장탱크의 형태

6.3 6SC 적용 생활 문제(주방용 식칼)

6.3.1 그림으로 표현(문제의 핵심정의)

주방용 식칼이 식재료를 절단할 경우 발생하는 문제점을 그림으로 표현하여 문제의 핵심을 정의합니다.

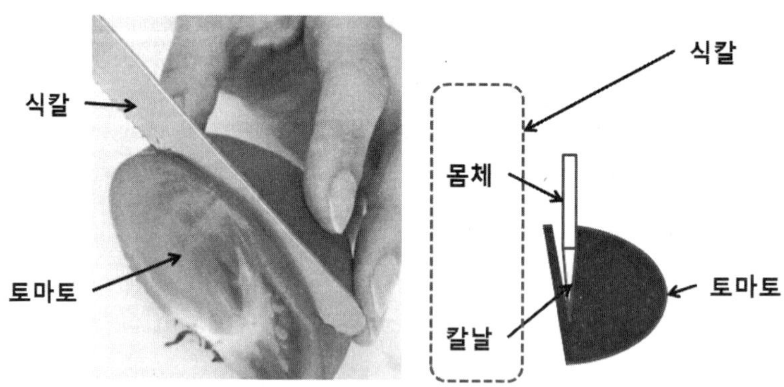

▸▸ **그림 6.10** 토마토를 절단하는 칼

그림 6-10은 일반 가정에서 주로 사용하는 주방용 식칼에 의하여 토마토를 절단하는 모양을 그림으로 나타내었습니다. 토마토를 여러 조각으로 절단할 경우 사용하는 식칼은

몸체와 칼날로 구성되어 있습니다. 그림 6.10에서 보듯이 칼날부분은 토마토를 절단하기에 편리하지만 몸체에 토마토가 부착되어 분리가 쉽게 되지 않습니다.

6.3.2 시스템 기능분석

6SC 1단계에서 주방용 식칼의 핵심문제를 그림으로 표현을 하면, 주방용 식칼과 토마토에서 발생하는 문제를 그림 6.11과 같이 시스템의 기능분석을 실시할 수 있습니다. 기능분석은 기술과제가 복잡하게 얽혀있거나 문제가 명확하지 않은 경우 각 시스템의 부품이나 모듈들의 모순 관계를 도식적으로 표현하는데 유용하게 활용되고 있습니다.

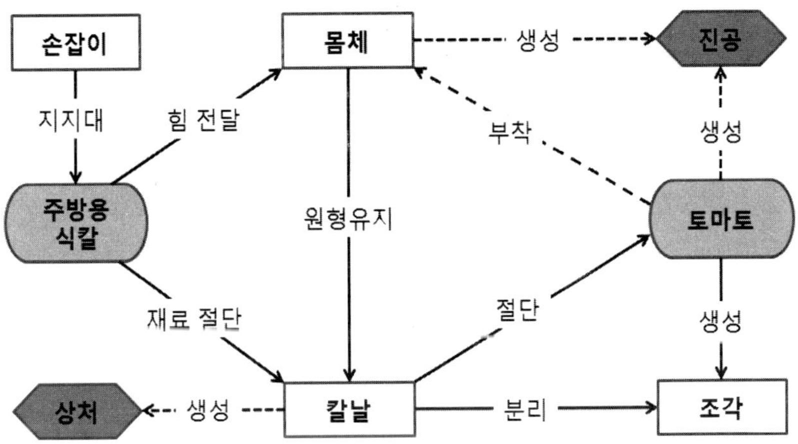

▶▶ 그림 6.11 시스템 기능분석

6.3.3 이상해결책

주방용 식칼과 토마토의 이상해결책은 위의 그림 6.11에서 보듯이 칼날과 토마토의 조각은 쉽게 분리되므로 쉽고 빠르게 절단하여야 하고, 칼날을 유지하는 몸체에는 부착되지 않아야 합니다.

6.3.4 모순과 분리원리

주방용 식칼과 토마토의 문제에 대하여 기능분석을 토대로 모순을 정의하면, 몸체는 칼날의 원형유지를 유지하고 힘을 전달하기 위해서는 존재하여야 하고, 토마토와 접촉하여 진공이 발생하여 부착되므로 존재하지 않아야 합니다. 따라서, 식칼 몸체는(칼날의 지지를 위해) 있어야 하고 식칼 몸체는(토마토가 부착되지 않기 위해) 없어야 하는 물리적 모순이 발생하고 있습니다.

6.3.5 요소 상호작용

주방용 식칼에 토마토가 부착되지 않기 위해서는 문제를 일으키는 각 요소의 성질을 깊이 있게 분석하면 해결책을 빠르게 찾을 수 있습니다. 이때 활용하는 방법이 요소-상호작용 분석 기법입니다.

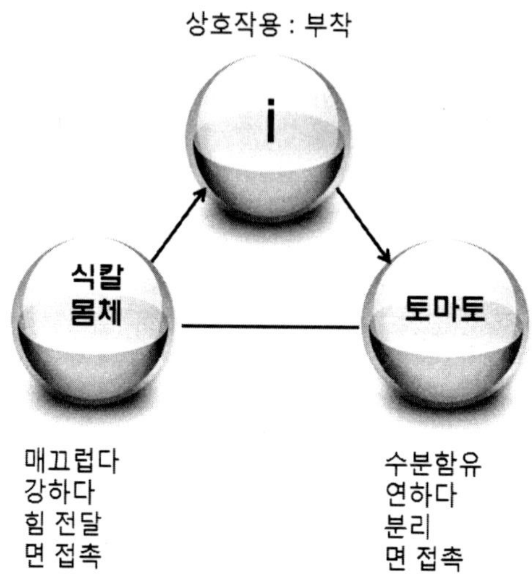

▸▸ **그림 6.12** 요소-상호작용

그림 6.12의 요소-상호작용을 통하여 주방용 식칼의 몸체와 토마토가 서로 넓은 면적에 의하여 부착이 된다는 사실을 알 수 있습니다.

6.3.6 해결책과 평가

6SC 기법을 통하여 주방용 식칼과 토마토의 문제에서 식칼의 몸체와 토마토가 접촉하여 넓은 면적에 의해 진공이 형성되어 부착되어 쉽게 분리되지 않음을 알 수 있었습니다. 따라서 해결책으로 다음과 같은 방법을 제시할 수 있습니다.

첫째, 식칼 몸체에 토마토가 접촉하는 면을 최소화하기 위하여 식칼 몸체에 구멍을 뚫어 부착력이 경감시키는 방법이 있습니다.

둘째, 식칼 몸체 부분에 돌기를 형성하여 토마토가 접촉하는 면을 줄여 식칼 몸체와 토마토가 접촉하여도 부착되지 않도록 하는 방법이 있습니다.

셋째, 식칼 몸체와 토마토가 접촉하는 시간을 최소화하여 접착력보다 큰 관성력을 이용하여 빠르게 절단하는 방법이 있습니다.

넷째, 식칼 몸체를 없애고 칼날부분만 존재하는 실톱과 같은 형상은 토마토가 접촉하는 면이 적어 식칼에 접촉되지 않도록 하는 방법이 있습니다.

다섯째, 식칼에 진동을 발생시키면 식칼 몸체와 토마토가 떨림현상으로 부착하지 않고 절단할 수 있습니다.

여섯째, 식칼의 칼날부분을 두껍고 몸체 부분은 얇게 구성하면 칼날부분을 지지하는 기능도 존재하면서 토마토와 접촉하는 면은 존재하지 않는 방법이 있습니다.

일곱째, 식칼의 칼날기능만 존재하여 토마토를 절단하는 기능만을 살리는 기술로서 레이저를 활용하는 방법이 있습니다.

그림 6.13은 식칼의 칼날부분은 두껍고 몸체는 얇게 구성하여 토마토를 절단하는 모양을 도시하였습니다.

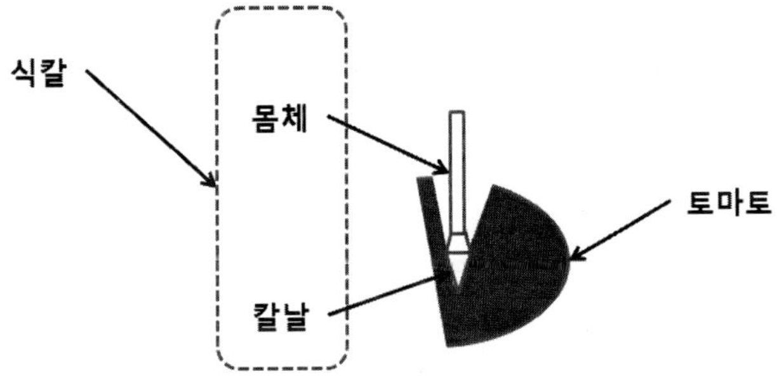

▸▸ **그림 6.13** 개선된 주방용 식칼

하지만 실제 주방용 식칼을 제조하는 현장에서는 위의 일곱가지 방법 외에도 더 많은 획기적인 발상의 전환에 의하여 경제성과 편리성을 고려한 발명품을 개발하기를 기대합니다.

07
Q-TRIZ 기법 및 적용사례

Creative Design and Lab

7.1 Q-TRIZ 기법

Q-TRIZ는 비즈니스 TRIZ와 비슷한 형태로 주어진 문제에 대하여 문제정의, 원인분석, 방법 도출, 모순도 작성, 모순해결의 5단계를 거치면서 해결책을 찾아가는 방법론으로 현장에서 쉽고 빠르게 문제를 해결할 수 있습니다.

Q-TRIZ를 적용하여 문제를 해결하기 위해서는 표 7.1과 같은 5단계의 공정을 실시하고 있습니다(한국트리즈협회, 2009).

▸▸ **표 7.1** Q-TRIZ의 공정과 도구

프로세스 단계	필요지식
발견, 문제정의	표준문제, 목적, 유형
원인분석	도구, 제품, 시간, 공간, 조건
수단(방법)도출	사람, 물질, 정보, 구조, 시간, 공간, 에너지
모순도 작성	목적, 수단, 방법
모순해결	발명원리 40, 물리적 모순분리

7.1.1 문제정의

Q-TRIZ의 첫 번째 단계는 문제에 대한 정확한 조사를 통하여 문제의 핵심을 정의하는 것입니다. 내포하고 있는 문제에 대하여 표준화된 문제와 그 문제가 이루고자 하는 목적과 형태에 대하여 정의하는 것이 매우 중요합니다. 단순히 아이디어를 도출하는 것이 아닌 문제해결에 목적이 있기 때문에 기존의 사고 방법으로는 혁신적으로 문제를 해결하기 어려웠습니다. 기존의 사고 방법들은 현재 조직의 내부에서 해결하지 못하는 현상을 그대로 연장하는 아이디어에 국한되는 한계를 가지고 있는 것이 대부분이었습니다. 그러나 TRIZ는 근본적인 문제를 해결하는 방법이므로 문제해결의 과제를 선정할 때 무엇보다 혁신적인 해결책을 찾을 수 있습니다.

7.1.2 문제 원인분석

문제 원인분석에서 가장 중요한 것은 가장 핵심적인 문제를 찾아내는 것입니다. 해결하고자 하는 문제에 대하여 기존의 브레인스토밍을 하다보면 문제가 꼬리를 물고 이어져 회의가 종결되지 못하고 설왕설래하는 경우가 많습니다. 이는 문제에 대한 핵심으로 접근하기 보다는 많은 아이디어를 전개하기만 하여 핵심 문제를 수렴하지 못하기 때문에 벌어지는 경우가 많이 있습니다. 물론 한 순간에 문제의 핵심을 도출하여 해결하는 경우도 있지만 대부분의 문제는 많은 토의를 벌이되 핵심이 무엇인지 그 핵심 문제가 발생하게 된 원인이 무엇이지를 파악해 근본 원인을 해결해야만 합니다.

문제 원인분석은 문제의 요인을 분석해 문제를 객관화하기 유용한 도구입니다. 문제 원인분석을 할 때 문제와 원인을 전개하지만 각 단계에서 핵심 문제와 핵심 원인을 한 번씩 수렴하는 단계를 거치면서 핵심 문제로 접근하는 방법입니다.

7.1.3 수단(방법) 도출

문제를 해결하기 위해서는 새로운 변화를 시도가 필요하며 그때는 기술, 자원, 시간 등의 기본적인 요소가 존재하며 모순 요소로 작용하기도 합니다. 모순은 복잡하고 어려운 개념만 있는 것은 아닙니다. 의외로 간단하게 해결이 되는 경우가 많습니다.

현장에서 발생하는 모순은 대부분 그 현장에서 해결책이 도출되는 경우가 많습니다. 이는 문제의 핵심을 명확히 인지하면 쉽게 해결책을 찾을 수 있다는 반증입니다. 하지만 모순을 해결하기 위해서는 기존의 상식을 벗어나 새로운 아이디어가 있어야 합니다. 남들이 생각할 수 있는 보편타당한 아이디어로는 문제를 해결하는데 많은 시간이 필요한 반면 획기적인 창의성 아이디어는 남들이 해결하지 못하는 모순을 쉽고 빠르게 해결할 수 있습니다. 따라서 우리는 모순을 명확히 파악한 다음 모순 요소를 주어진 파리미터로 전환하는 방법을 익혀야 합니다.

파라미터는 어떤 기술이나 제품의 기능을 이루고 있는 요소이거나 제품에 영향을 미치는 요소로 상황변수가 해당됩니다. 이러한 상황변수는 아이디어 매트릭스에서 해결원리를 도출해 내는 여러 가지 키워드가 이에 해당됩니다. 여러 가지 키워드를 x축의 키워드와 y축의 키워드로 정리하여 상호 교차되는 지점을 보면 해결원리를 쉽게 찾을 수 있습니다. TRIZ 매트릭스를 통하여 기능향상적인 요인과 기능저감적인 요인을 상호 보완할 때 시너지 효과로 새로운 아이디어를 만들어냅니다. 매트릭스에서 개선되는 파라미터(+)와 감소되는 파라미터(-)가 만나는 지점의 셀에 해결하고자 하는 문제에 대한 해결원리가 존재하고 있습니다.

TRIZ의 유용성은 기능의 향상과 저감에 대하여 매트릭스를 잘 이용하는데 있습니다.

우리가 해결하고자 하는 문제와 비슷한 유형의 문제에 대하여 이전의 해결책을 살펴볼 수 있기 때문입니다. TRIZ에서는 해결하고자 하는 문제의 상황을 파라미터만 잘 설정하면 해결방안을 제시해줍니다.

7.1.4 모순 도출

우리가 해결하고자 하는 문제의 모순을 도출하기 위해서는 비슷한 상황에서 해결원리를 추천받으면 그때부터 자신의 상상력과 창의력을 발휘하여 이상적인 해결책을 찾아내야 합니다. 간단한 문제는 그림으로 문제의 핵심을 표현하는 것만으로도 충분히 해결책을 도출할 수 있어서 매트릭스가 필요하지 않을 수도 있습니다. 그렇다고 매트릭스를 활용하지 않는다면 TRIZ의 모순해결이라는 장점은 살리지 못하는 경우가 발생하기도 합니다.

TRIZ는 문제를 해결하고자 하는 사람 스스로 문제를 발굴하고 해결해 나가는 방법과 원리를 몸에 익히도록 하여 응용력을 배가시키는 것이 매우 중요합니다. 또한 문제의 해결유형에 맞는 해결원리를 제시하는 창의적인 문제해결 방법이라고 판단하시면 됩니다.

TRIZ는 해결원리를 40가지로 정리해 놓았으며, 40가지 원리를 보면서 문제의 핵심을 정리하여 새로운 아이디어를 상상하여 해결책을 도출할 수 있도록 하였습니다.

다른 사람의 성공적인 해결 방법을 단순히 모방하기보다는 이상적인 해결책을 찾는 것이 무엇보다도 중요합니다. 창의력은 전술의 모방이 아니라 원리를 깨닫고 이해하여 자기 것으로 만들어 새롭게 응용하는 것입니다.

알트슐러 박사는 특허검색을 통하여 문제에 대한 해결책이 동일하게 반복적으로 사용된 점을 찾아내었습니다. 그리고 10여 년의 연구를 통하여 수만 개의 우수한 해결원리들을 모았고 이를 요약하여 40가지 발명원리를 창안하였습니다.

7.1.5 모순해결안

TRIZ를 사용하여 문제를 해결하는 것은 보통 수준의 아이디어를 도출하는 것이 아니라 이상성과 창의성이 혼합된 아이디어를 도출하기 위함입니다.

Q-TRIZ의 여러 단계를 거치면서 문제를 객관화하고 매트릭스를 이용한 것은 이상적인 아이디어 또는 외부의 최고 수준의 아이디어를 활용하여 문제를 해결하고자 하였습니다. 최고 수준의 아이디어를 단순히 모방하는 것이 아니라 원리 중심의 사고를 통하여 주어진 문제해결에 응용하고자 하였습니다. 기존의 고정된 사고에서는 창의적인 아이디어를 이끌어 내기 어렵기 때문이며 자신이 알고 있는 고정관념 속에 있는 정보와 지식이 문제해결에 1%의 정보와 지식만 존재할 수 있기 때문입니다. 최고 수준의 외부 아이디어를 활용한다면 99%의 지식과 정보를 더하여 창의적이고 혁신적인 새로운 아이디어를

얻는데 도움이 될 것은 자명한 일입니다.

여러 가지 새로운 아이디어를 얻었다고 모두 실행에 옮길 수는 없습니다. 새로운 아이디어를 실행하는데 많은 시간과 경제적 효과가 없다면 실행가기 어렵기 때문입니다. 따라서 실행하기 쉬우면서 효과가 입증된 것을 선정하는 것이 매우 중요합니다.

새로운 아이디어는 창의적으로 차별화도 중요하지만 신뢰성을 위해서는 검증될 수 있어야 합니다. 외부의 아이디어를 통하여 최고의 아이디어를 얻었다면 이미 절반의 검증은 인정받은 것과 다름없습니다. 기존의 성공적인 사례를 통하여 아이디어를 만들었기에 실행 방법도 쉽게 찾을 수 있고 여러 사람의 공감과 지지도 얻을 수 있습니다.

7.2 Q-TRIZ 적용 전문 문제(LPG 저장탱크)

7.2.1 문제정의

최근 지속 가능한 발전을 위하여 저 탄소 녹색성장 기본법이 제정되어 공포되어 자동차의 CO_2 규제가 엄격해지면서 LPG의 사용이 증가하고 있는 것이 현실입니다.

자동차 연료를 LPG로 대체하면서 도심지에 LPG 충전소 설치가 꾸준히 증가하면서 그림 7.1과 같은 문제가 발생하고 있습니다. LPG 충전소의 안전사고는 사회적으로 막대한 인명과 재산손실을 일으키기에 충분합니다. 따라서 저장탱크는 충전하기 위해서는 존재해야 하고 안전을 위해서는 없어야 하는 물리직 모순이 발생하고 있습니다

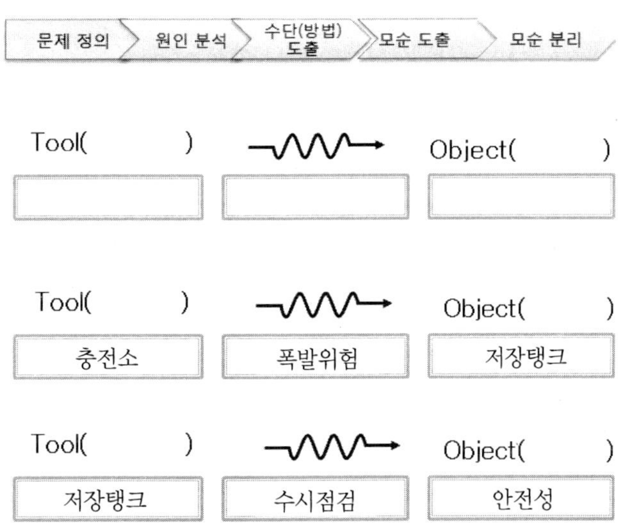

▶▶ 그림 7.1 문제정의

7.2.2 원인분석

문제정의에 이어 Q-TRIZ의 두 번째 단계에 해당하는 원인분석을 살펴보면 아래의 그림 7.2와 같습니다. 이번 단계에서는 문제에 대하여 원인분석을 세분화시켜서 살펴보는 것이 매우 중요합니다. LPG 저장탱크의 문제에 대한 문제분석은 아래와 같습니다.

문제 정의 > 원인 분석 > 수단(방법) 도출 > 모순 도출 > 모순 분리

번호	원인
1	자동차 연료로 가스 사용
2	연료 공급을 위한 도심지 충전소 설치
3	저장탱크 지상설치로 화염에 노출
4	저장탱크 매몰설치로 부식 및 점검 어려움

▸▸ **그림 7.2** 문제분석

7.2.3 수단(방법)도출

수단 및 방법도출은 Q-TRIZ 세 번째 단계로서 해결하고자 하는 문제에 대하여 원인과 방법을 상세하게 정리하는 것입니다. LPG 저장탱크의 문제에 대하여 원인과 방법은 아래의 그림 7.3과 같습니다.

문제 정의 > 원인 분석 > 수단(방법) 도출 > 모순 도출 > 모순 분리

번호	원인	수단(방법)
1	자동차 연료로 가스 사용	연료전지 사용
2	도심지 충전소 설치	시외설치
3	저장탱크 화염에 노출	매몰설치
4	저장탱크 점검 어려움	지상설치

▸▸ **그림 7.3** 문제해결방법

7.2.4 모순 도출

문제해결을 위한 모순 맵은 Q-TRIZ의 네 번째 단계에 해당하며 그림 7.4와 같습니다.

먼저 수단 및 방법에 대하여 물리적 모순 문제를 정리하고 이에 해당하는 목적을 기술적 모순으로 나타내면 우리가 해결하고자 하는 문제에 대한 명확한 목표가 설정되어 문제를 쉽고 빠르게 해결할 수 있습니다.

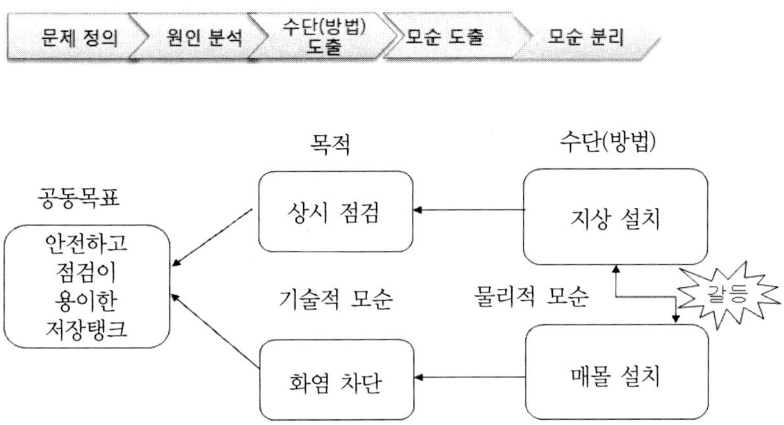

▸▸ **그림 7.4** 모순 도출

문제해결을 위한 모순 도출은 시간에 의한 모순, 공간에 의한 모순, 조건에 의한 모순으로 구분힐 수 있습니다.

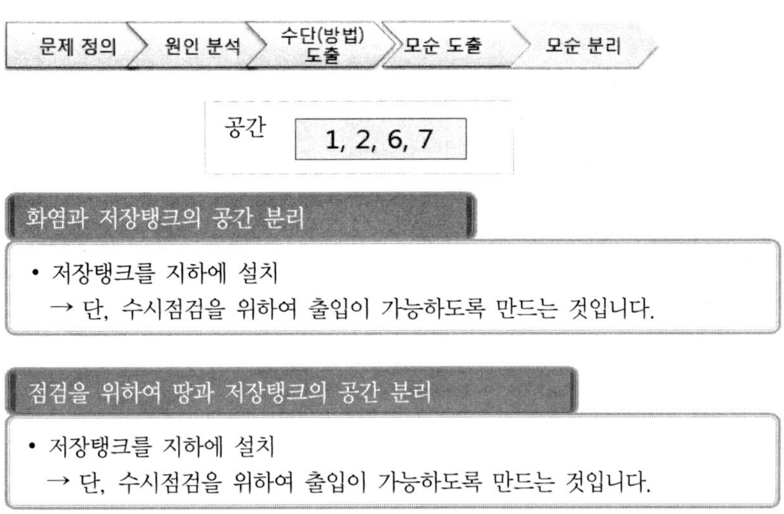

▸▸ **그림 7.5** 모순분리

먼저 시간은 어느 시간, 공간은 어느 공간에 해당되면 이에 해당하는 40가지 발명원리는 지상이 아닌 다른 공간에 설치하여 그림 7.5와 같이 가스공급(발명원리 1 분할/분리, 발명원리 7 포개진 인형)으로 해결할 수 있습니다.

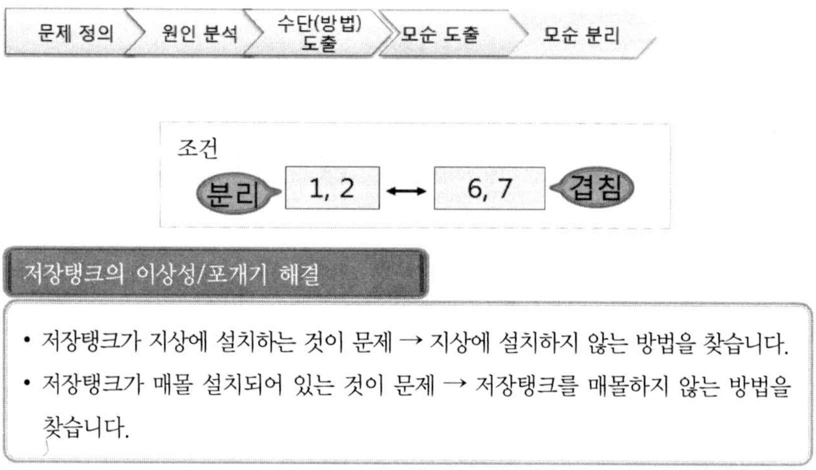

▸▸ 그림 7.6 모순분리

또한, 조건은 어느 조건에 해당되며 그림 7.6과 같이 수시점검이 가능하되 폭발이 되지 않는 저장탱크(발명원리 6 다기능성, 발명원리 7 포개진 인형)로 해결할 수 있겠습니다.

7.2.5 모순해결안

모순해결안은 Q-TRIZ의 마지막 단계로서 전 단계에서 기술되었던 내용에 해당하는 모순해결안을 시간, 공간, 조건으로 구분하여 방법론을 제시하는 것입니다.

먼저 시간은 어느 시간, 공간은 어느 공간에 해당되며 이에 해당하는 40가지 발명원리는 지상이 아닌 다른 공간에 설치하여 가스공급(발명원리 1 분할/분리, 발명원리 7 포개진 인형)으로 해결할 수 있습니다. 또한, 조건은 어느 조건에 해당되며 수시점검이 가능하되 폭발이 되지 않는 저장탱크(발명원리 6 다기능성, 발명원리 7 포개진 인형)로 해결할 수 있습니다.

LPG 충전시설에 설치되어 운용하는 지상에 설치하는 저장탱크의 문제해결에 대하여 발명원리를 적용하면 그림 7.7과 같이 해결 방법을 찾을 수 있습니다.

지상에 저장탱크가 설치되면 외부 화염에 의하여 폭발의 위험성이 있어 발명원리 1(분할)과 2(분리)를 적용하면 저장탱크를 지상에 설치하지 않아야 함을 알 수 있습니다. 하지만 이와 동시에 안전점검이 어렵다는 단점을 발생하고 있습니다. 이러한 문제를 해결하기 위하여 근본적인 핵심 내용은 화염차단으로 폭발에 대한 안전성 향상임을 알 수 있습니다.

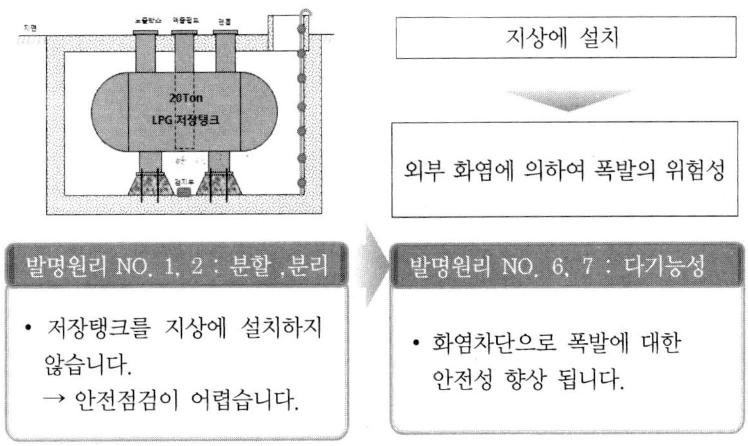

▸▸ **그림 7.7** 지상에 설치하는 저장탱크의 문제해결

또한, 지하에 매몰하여 설치하는 저장탱크의 문제해결에 대하여 발명원리를 적용하여 헤결 방범을 찾은 모습은 그림 7.8과 같습니다.

매몰 설치하는 경우에는 매몰로 인한 부식의 위험성과 점검이 어려워 경제적 손실이 발생합니다. 이를 해결하기 위하여 발명원리 1(분할)과 2(분리)를 적용하면, 저장탱크를 지상에 설치하는 것이 가장 좋습니다. 하지만 화염에 노출되어 위험성에 노출되는 모순이 발생합니다. 이러한 문제에 대한 해결책으로 수시점검으로 사전 위험성을 제거하는 것이 핵심적인 내용임을 찾을 수 있습니다.

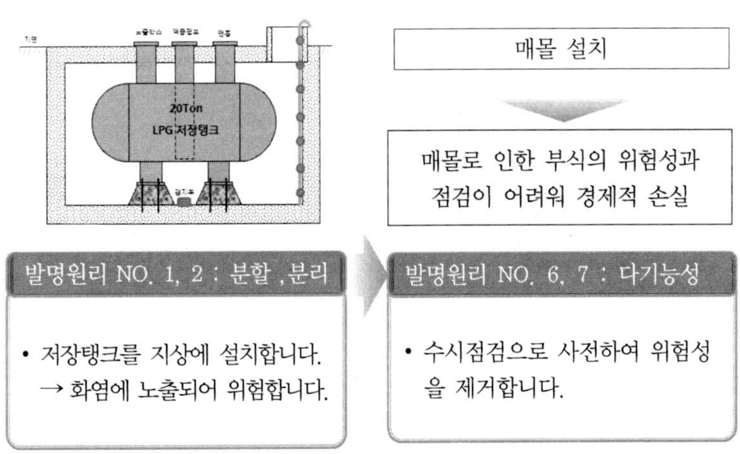

▸▸ **그림 7.8** 매몰하여 설치하는 저장탱크의 문제해결

지상에 설치하는 저장탱크와 지하에 매몰하여 설치하는 저장탱크의 문제에 대하여 해결 방법을 적용하여 상호 장점을 취하고 단점은 배제하는 방안으로 새로운 개선안을 도출하였습니다.

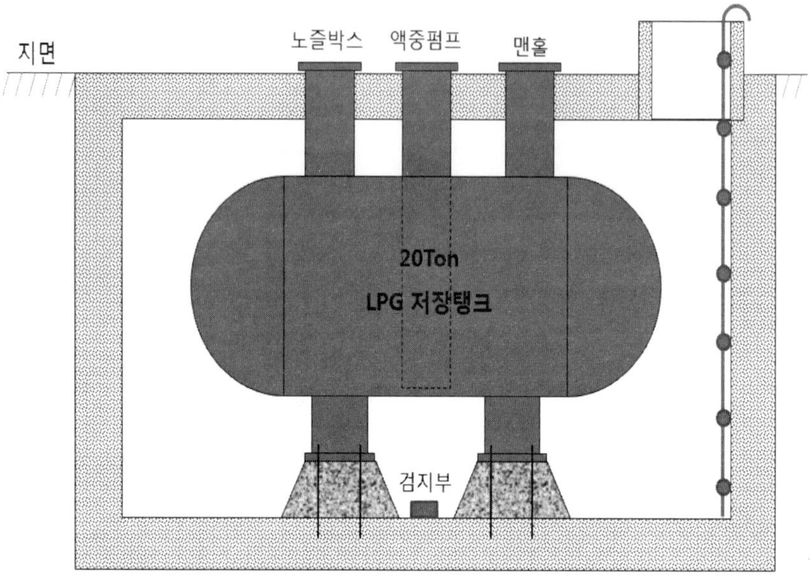

▸▸ **그림 7.9** 개선된 저장탱크의 형태

그림 7.9는 새로운 개선된 저장탱크로서 지하에 격납 형태로 설치되어 외부 화염에 노출되지 않아 저장탱크가 화염에 의해 폭발이 발생하지 않으며, 매몰하여 설치되어 있지 않아 수시로 안전점검이 가능하여 경제성과 안전성, 점검 용이성 등이 향상되었습니다.

7.3 Q-TRIZ 적용 생활 문제(주방용 식칼)

7.3.1 문제정의

주방용 식칼을 이용하여 토마토를 절단할 경우 그림 7.10과 같은 문제가 발생하고 있습니다.

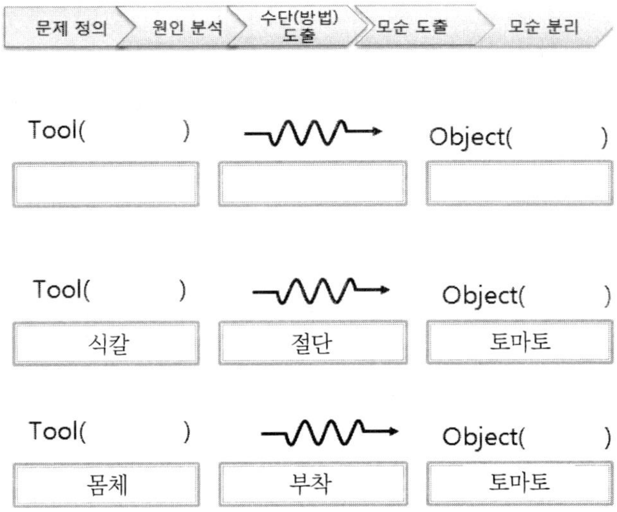

▸▸ **그림 7.10** 문제정의

7.3.2 원인분석

주방용 식칼과 토마토에 대하여 Q-TRIZ의 두 번째 단계에 해당하는 원인분석을 살펴보면 그림 7.11과 같습니다.

번호	원인
1	주방용 식칼을 이용하여 토마토를 절단합니다.
2	토마토 절단을 위해 칼날이 있어야 합니다.
3	칼날의 형태를 유지하기 위해 몸체는 있어야 합니다.
4	몸체와 토마토가 접촉하여 부착됩니다.

▸▸ **그림 7.11** 원인분석

7.3.3 수단(방법) 도출

Q-TRIZ 세 번째 단계는 수단 및 방법 도출로서 해결하고자 하는 문제에 대하여 원인과 방법을 상세하게 정리하는 단계입니다. 주방용 식칼에 대한 방법도출은 그림 7.12와 같습니다.

번호	원인	수단(방법)
1	식칼을 이용 토마토를 절단합니다.	다른 방법을 이용하여 절단합니다.
2	칼날이 있어야 합니다.	절단하는 기능만을 이용합니다.
3	몸체가 있어야 합니다.	몸체의 형태변경, 두께변경 합니다.
4	몸체에 토마토 부착됩니다.	진동, 굴곡형태, 재질변경 합니다.

▸▸ **그림 7.12** 수단(방법) 도출

7.3.4 모순 도출

주방용 식칼과 토마토에 대한 문제해결을 위한 모순 맵은 그림 7.13과 같습니다.

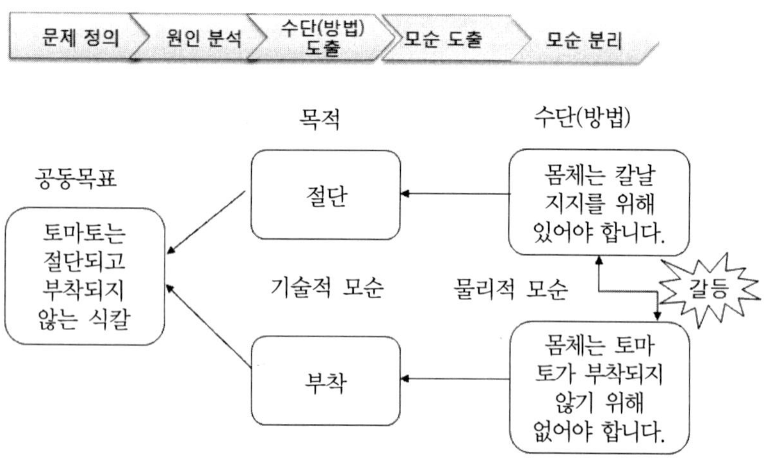

▸▸ **그림 7.13** 모순 도출

문제해결을 위한 모순 도출은 시간에 의한 모순, 공간에 의한 모순, 조건에 의한 모순으로 구분할 수 있습니다. 그림 7.13의 모순 도출을 살펴보면 칼날과 몸체는 물리적 모순이 발생하고 있습니다. 기술적 모순을 살펴보면 식칼 몸체는(칼날의 지지를 위해) 있어야 하고 식칼 몸체는(토마토가 부착되지 않기 위해) 없어야 하는 조건에 의한 모순이 발생하고 있습니다. 따라서 40가지 발명원리에서 기술적 모순을 해결할 수 있는 발명원리를 찾으면 그림 7.14와 같습니다.

문제 정의 → 원인 분석 → 수단(방법) 도출 → 모순 도출 → 모순 분리

조건 2, 3, 18, 21

칼날과 몸체에 대한 조건 분리

- 칼날의 형태유지를 위해 몸체 존재
  → 몸체를 얇게 구성하여 칼날과 두께 편차를 이용합니다.
  → 몸체에 구멍을 뚫어 접촉하는 힘을 줄입니다.
  → 칼날에 진동을 주어 접촉하는 힘을 분산합니다.
  → 접촉하는 힘보다 빠른 절단속도를 이용합니다.

▸▸ **그림 7.14** 모순분리

7.3.5 모순해결안

Q-TRIZ의 마지막 단계로서 모순분리에 의하여 찾아진 내용을 정리하면 그림 7.15와 같은 모순해결안을 얻을 수 있습니다.

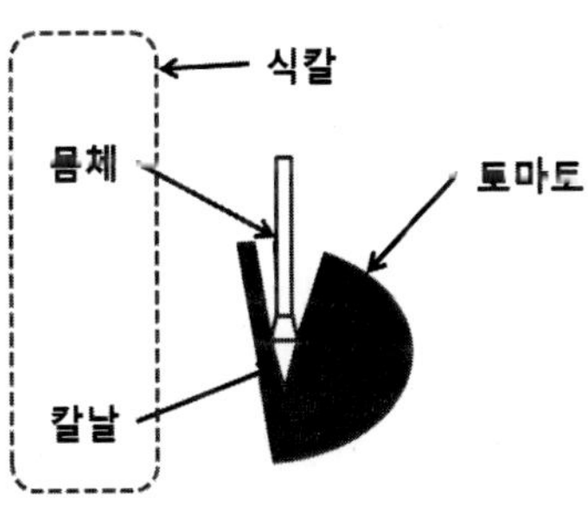

식길 사용

↓

식칼 몸체와 토마토가 접촉하여 부착

발명원리 NO. 18, 21 : 고속처리

- 부착력보다 빠르게 절단합니다.
  → 작업하기 힘듭니다.
- 몸체에 진동을 발생시킵니다.
  → 제작하기 어렵습니다.

발명원리 NO. 2,3 : 추출

- 몸체에 구멍을 뚫습니다.
  → 부착력을 경감시킵니다.
- 몸체에 두께를 얇게 합니다.
  → 부착되지 않습니다.

▸▸ **그림 7.15** 모순해결안

08
쾌속 문제해결(RPS : Rapidly Problem Solving) 이론

Creative Design and Lab

8.1 RPS 기법

쾌속 문제해결 기법은 기존의 실용 TRIZ로 많이 사용되었던 6SC 기법과 비즈니스 TRIZ와 유사한 Q-TRIZ 기법을 복합적으로 활용하여 가장 빠르고 쉽게 공학적인 문제뿐만 아니라 경영학적인 실무형 문제를 해결하기 위하여 창안된 문제해결 기법입니다.

8.1.1 그림으로 표현하기

해결하고자 하는 문제를 빠르고 쉽게 누구나 이해할 수 있는 간단한 방법은 그림으로 표현하는 방법이 가장 효과적임을 여러 가지 방법에서 알 수 있습니다. 따라서 기존의 TRIZ 기법보다 빠르게 문제를 해결하기 위해서는 문제의 핵심을 그림으로 표현하여 모순을 도출하는 것이 가장 중요한 절차에 해당됩니다.

8.1.2 조건 매트릭스 활용

그림으로 표현하여 문제의 핵심을 분석한 다음은 조건 매트릭스를 활용하는 단계입니다. 조건 매트릭스에 적용하는 방법은 가로축에는 원인요인(제거하고자 하는 파라미터)과 세로축에는 문제요인(개선하고자 하는 파라미터)에 해당하는 요인을 대상으로 교차하는 지점의 번호를 축축하여 40가지 발명원리에 적용하는 것입니다.

가로축에 해당하는 원인요인과 세로축에 해당하는 문제요인은 다음과 같이 39가지가 있습니다.

1. 움직이는 물체의 무게
2. 정지한 물체의 무게
3. 움직이는 물체의 길이
4. 정지한 물체의 길이
5. 움직이는 물체의 면적
6. 정지한 물체의 면적

7. 움직이는 물체의 부피
8. 정지한 물체의 부피
9. 속도
10. 힘
11. 압력
12. 모양
13. 안정성
14. 강도
15. 움직이는 물체의 지속성
16. 정지한 물체의 지속성
17. 온도
18. 밝기
19. 움직이는 물체의 소비 에너지
20. 정지한 물체의 소비 에너지
21. 동력
22. 에너지의 낭비
23. 물질의 낭비
24. 정보의 손실
25. 시간의 낭비
26. 물질의 양
27. 신뢰성
28. 측정의 정확성
29. 제조의 정확성
30. 물질에 작용하는 해로운 인자
31. 해로운 부작용
32. 제조의 용이성
33. 사용의 편리성
34. 수리의 용이성
35. 적응성
36. 장치의 복합성
37. 제어의 복합성
38. 자동화 수준
39. 생산성

해결하고자 하는 문제에 대한 기술적 사고를 단순화하여 39가지 기능적으로 나타내어 모순을 도출하는 것이 매우 중요한 단계에 해당됩니다.

8.1.3 40가지 발명원리에 적용

조건 매트릭스를 활용하여 문제의 모순을 명확히 도출하였다면 그림 8.1의 40가지 발명원리에 적용하여 아이디어를 얻는 것이 다음 단계입니다.

▸▸ **그림 8.1** 40가지 발명원리

40가지 발명원리는 1970년대 초반 알트슐러와 그의 동료들에 의해 특허검색을 통하여 동일한 해결책이 반복적으로 사용된 예를 수집하여 심혈을 기울인 연구 끝에 수만 개의 우수한 해결책들의 정보를 종합하여 요약하여 개발한 것입니다(E. Domb and Altshuller, G. S., 1997).

40가지 발명원리는 효과적이고, 사용하기 쉽고, 모든 사람이 쉽게 접근할 수 있는 문제해결 기법에 해당합니다. 지금까지는 '40가지 발명원리'가 표준이었지만, 미래에는 새로운 사례와 발명원리를 사용하여 확장하거나 추가되어 40가지 발명원리보다 많아지거나 적어질 수도 있습니다.

다음은 40가지 발명원리의 목록입니다. [ ]안에 있는 또 다른 이름들은 원래 러시아 연구 원문을 다양하게 번역한 데에서 유래된 것입니다.

(1) **분할**(Segmentation)[**분열**(fragmentation)]

가. 독립적인 하위 시스템으로 나눕니다.

나. 조립과 분해가 쉽게 만듭니다.

해결방안	해결사례
독립적인 하위 시스템으로 나눕니다.	- 팀 단위의 조직 개편 - 지역구분을 통한 독립적인 권한 이양 - 업무 단위별로 조직을 분할
조립과 분해가 쉽게 만듭니다.	- 유연 생산 시스템 - 모듈화 된 조립가구 및 컴퓨터 부품 - 창문을 문과 창틀로 분해

(2) **분리**(Separation)[**빼내기**, **추출**(taking out, extracting), **제거**]

가. 필요하지 않은 부분이나 특성을 축출합니다.

나. 필요한 부분이나 특성을 축출합니다.

해결방안	해결사례
필요하지 않은 부분이나 특성을 축출합니다.	- 줄 없는 줄넘기 - 모터 소음을 줄이기 위한 에어컨 실외기 실외 설치 - 배달전문 업체의 등장
필요한 부분이나 특성을 축출합니다.	- 할인상품의 별도 판매대 구성 - 고급 브랜드 이미지를 위한 저가품 배제 - 방사선 촬영(특정 부위만 투영)

(3) **국소적 성질**(Local quality)

가. 상황이나 환경을 균질 상태에서 비균질 상태로 변경합니다.

나. 제품의 여러 부분이 서로 다른 기능을 수행하게 합니다.

다. 각 부분이 최상의 작동조건이 되도록 배치합니다.

해결방안	해결사례
상황이나 환경을 균질 상태에서 비균질 상태로 변경합니다.	- 초저가의 상품 - 능력 위주의 급여체계 - 가변근무 시간제 운영
여러 부분이 서로 다른 기능을 수행하게 합니다.	- 여러 음식을 담을 수 있는 식판의 형태 - 소프트웨어의 맞춤형 상품 - 대구경-중구경-소구경으로 여과
각 부분이 최상의 작동조건이 되도록 배치합니다.	- 지역인재육성 및 채용 - 지방자치제도 및 기업의 사내 소사장 제도 - 절삭날은 강한 소재를 사용하고 나머지는 일반소재 사용

(4) 대칭 변환(Symmetry change)[비대칭(asymmetry)]

가. 대칭형을 비대칭형으로 바꾸거나 비대칭 정도를 증가시킵니다.

나. 기존의 것과 다른 차별화를 만들어 정도를 높입니다.

해결방안	해결사례
대칭형을 비대칭형으로 바꾸거나 비대칭 정도를 증가시킵니다.	- 성장 단계와 성숙 단계의 영업 전략 차이 - 운하 갑문의 수면차를 이용한 배의 이동 - 신세대와 구시대의 마케팅 전략 차이 - 진행차선과 반대차선의 차선수의 차이
기존의 것과 다른 차별화를 만들어 정도를 높입니다.	- 애플의 MP3의 디자인 개선에 의한 시장점유 - 고가 브랜드

(5) 통합(Merging)[합병(consolidation)]

가. 동일기능을 시간적으로 통합합니다.

나. 유사기능을 수행하도록 통합합니다.

다. 연관기능을 수행하도록 결합합니다.

해결방안	해결사례
동일기능을 시간적으로 통합합니다.	- One Stop 서비스 - One Call 시스템
유사기능을 수행하도록 통합합니다.	- 합동군 사령부 창설 - 쇼핑몰(유통+영화+전시장+음식+스포츠센터) - 쇼핑과 옥션을 같이 하는 오픈마켓
연관기능을 수행하도록 결합합니다.	- 종합병원 - 스팀청소기

(6) 다기능성(Multifunctionality)[범용성/다용도(universality)]

가. 여러 가지 용도의 기능이 발생합니다.

나. 복합적인 기능구현이 가능합니다.

해결방안	해결사례
여러 가지 용도의 기능이 발생합니다.	- 맥가이버 칼 - 다기능 핸드폰(전화+카메라+TV+인터넷)
복합적인 기능구현이 가능합니다.	- 복합기(팩스+복사+스캔) - 지우개 달린 연필

(7) **포개진 인형**(Nested doll)[**포개기**, "**마트로시카**"(nesting, "Matrushka")]

가. 하나의 객체를 다른 객체의 속으로 집어넣습니다.

나. 하나의 개체가 다른 개체의 속을 통과하게 합니다.

다. 하나 이상의 객체의 상호 겹칩니다.

해결방안	해결사례
하나의 객체를 다른 객체의 속으로 집어넣습니다.	- 맥가이버 칼 - 러시아 전통 인형 마트로시카(인형 속의 또 다른 인형) - 할인점 안의 병원
하나의 개체가 다른 개체의 속을 통과하게 합니다.	- 보험거래 고객에게 펀드상품 판매 - 공동 브랜드 병원
하나 이상의 객체의 상호 겹치기를 통한 기능을 향상합니다.	- 삼단 도시락 - 지갑

(8) **무게 보상**(Weight compensation)[**평형추**(counterweight)]

가. 다른 것에 결합하여 상승력을 활성화시킵니다.

나. 여러 가지 힘을 이용하여 침체경향을 활성화시킵니다.

해결방안	해결사례
다른 것에 결합하여 상승력을 활성화시킵니다.	- 날짜 마케팅(발렌타인데이/화이트데이) - 헬륨가스가 든 풍선에 광고문구 - 진공을 이용한 흡입력 향상
여러 가지 힘을 이용하여 침체경향을 활성화시킵니다.	- 영화나 드라마 속의 간접광고 - 유명인을 활용한 마켓 전략

(9) **선행 반대조치**(Preliminary counteraction)[**사전 반대조치**(prior counteraction)]

가. 유해한 기능을 제거하기 위한 사전조치를 취합니다.

나. 반대응력을 사전에 대비합니다.

해결방안	해결사례
유해한 기능을 제거하기 위한 사전조치를 취합니다.	- 임금 피크제 - 특허권 등 재산 권리보호 - 자동차 바퀴의 조임 볼트
반대응력을 사전에 대비합니다.	- 온도변화에 대비한 플렉시블 장치 - 자동차의 예열기능

(10) 선행조치(Preliminary)[사전조치, 미리 하기(prior action, do it in advance)]

가. 요구되는 작업을 미리 수행합니다.

나. 필요한 작업을 사전에 조치합니다.

해결방안	해결사례
요구되는 작업을 미리 수행합니다.	- 선불카드 - 낚시하기 전에 미리 뿌려놓은 떡밥 - 사전 좌석예약
필요한 작업을 사전에 조치합니다.	- 뜯기 쉬운 포장지 - 취업을 위한 스펙(자격증 취득)

(11) 사전 보상(Beforehand compensation)[사전 완충작용(beforehand cushioning)]

가. 사전에 안전조치를 취합니다.

나. 작업전 미리 예방조치를 취합니다.

해결방안	해결사례
사전에 안전조치를 취합니다.	- PC의 데이터 백업 - 퓨즈박스 - 독극물의 안전경고 표지
작업전 미리 예방조치를 취합니다.	- 자동차 에어백 - 도난방지 태그

(12) 높이 맞추기(Equipotentiality)
[같은 수준으로 물건을 가져가기(bring things to the same level)]

가. 자원을 활용하여 효과적으로 환경을 변화시킵니다.

나. 요구되는 작업에 맞는 자원을 활용합니다.

해결방안	해결사례
자원을 활용하여 효과적으로 환경을 변화시킵니다.	- 파이프를 굴려서 이동 - 재활용품을 활용한 제품
요구되는 작업에 맞는 자원을 활용합니다.	- 음식점의 초인종 - 고객과의 문맞춤 서비스

(13) '**다른 길로 돌아가기**'('The other way around'[**반대로 하기**(do it in reverse)}

가. 반대작용이 일어나도록 실행합니다.

나. 움직이는 부분을 고정시키고 고정된 부분을 움직입니다.

다. 뒤집거나 돌려서 상황을 반대로 설정합니다.

해결방안	해결사례
반대작용이 일어나도록 실행합니다.	- 슬로 시티 - 밀링의 작업대와 절삭날
움직이는 부분은 고정, 고정된 부분은 움직입니다.	- 워터 슬라이드 - 다이빙
뒤집거나 돌려서 상황을 반대로 설정합니다.	- 볼트와 너트 조립 - 모래시계

(14) **곡률 증가**(Curvature increase)[**구형화**(spheroidality)}

가. 직선을 곡선으로 평면을 곡면으로 입체를 구체로 바꿉니다.

나. 롤러, 나선형을 이용합니다.

다. 직선운동을 회전운동으로 바꿉니다.

해결방안	해결사례
직선을 곡선으로 평면을 곡면으로 입체를 구체로 바꿉니다.	- 둥근 활주로 - 직선톱날을 회전형으로 이용 - 도르래
롤러, 나선형을 이용합니다.	- 나선형 압축기 - 직경이 다른 롤러를 활용한 단조장비
직선운동을 회전운동으로 바꿉니다.	- 자동차 피스톤과 크랭크 - 페달의 직선운동을 이용한 회전체 탈곡기

(15) **동적 부품**(Dynamic parts)[**역동성**(dynamicity)}

가. 유연성을 이용한 최상의 성능으로 향상합니다.

나. 정지 물체를 동작시켜 상대적인 운동성을 증가시킵니다.

다. 상대적 위치를 상호 대치할 수 있는 요소로 분할합니다.

해결방안	해결사례
유연성을 이용한 최상의 성능으로 향상합니다.	- 파이프와 같은 원형 용접에 리본형 용접봉 사용 - 주름 잡힌 부채
정지 물체를 동작시켜 상대적인 운동성을 증가시킵니다.	- 턴테이블 - 오뚜기의 운동 - 진자의 운동
상대적 위치를 상호 대치할 수 있는 요소로 분할합니다.	- 무한괘도

(16) **과부족 조치**(Partial or excessive actions, do a little less)}

가. 원하는 양보다 적게 합니다.

나. 목적물보다 많게 합니다.

해결방안	해결사례
원하는 양보다 적게 합니다.	- 화장실의 수조에 벽돌사용 - 안전밸브 설정 값
목적하는 양보다 많게 합니다.	- 실제에 사용하는 안전계수 - 수압 및 고압 테스트 수치

(17) **자원 바꾸기**(Dimensionality)[**또 다른 차원**(another dimension)}

가. 일차원적 물체를 이동 및 배치하여 이차원적인 것으로 바꿉니다.

나. 공간을 다층으로 구성합니다.

다. 사물을 기울이거나 옆으로 눕힙니다.

해결방안	해결사례
일차원을 이동, 배치하여 이차원으로 바꿉니다.	- 하우스를 이용한 온실효과 - 잠망경(거울의 배치)
공간을 다층으로 구성합니다.	- 아파트 - 2층 버스
사물을 기울이거나 옆으로 눕힙니다.	- 유리를 눕히지 않고 세워서 저장 - 파이프를 세우지 않고 눕혀서 저장 - 반도체 웨이퍼는 세워서 이동

(18) 기계적 진동(Mechanical vibration)

가. 물체에 진동을 시킵니다.

나. 진동수 변화를 가감시킵니다.

다. 공명주파수를 활용합니다.

라. 초음파로 연계합니다.

해결방안	해결사례
물체에 진동을 시킵니다.	- 진동의자 - 안전성 확인을 위한 진동검사
진동수 변화를 가감시킵니다.	- 초음파 세척기 - 어군 탐지기
공명주파수를 활용합니다.	- 공명을 이용한 물체의 파괴 - 공명을 활용한 음악악기
초음파로 연계합니다.	- 전자레인지의 마이크로웨이브 - X-선 활용

(19) 주기적 작동(Periodic action)

가. 연속적 진동을 순간적(임펄스)으로 전환시킵니다.

나. 추가 작동을 위한 휴지 시간을 활용합니다.

해결방안	해결사례
연속적 진동을 순간적(임펄스)으로 전환시킵니다.	- 파일을 설치하기 위한 물 주입 - 교통 신호등을 주기적으로 깜박임
추가 작동을 위한 휴지 시간을 활용합니다.	- 빔 프로젝트의 휴지 시간을 통한 빔의 축척 - 레이저의 발생을 위한 휴지 시간

(20) 유익한 작용의 지속(Continuty of useful action)

가. 유익한 작업의 지속성을 유지합니다.

나. 불필요한 중간동작을 제거합니다.

다. 왕복운동을 회전운동으로 교체합니다.

해결방안	해결사례
유익한 작업의 지속성을 유지합니다.	- MIG 용접봉을 지속적으로 공급 - 고정형을 회전형으로 교체
불필요한 중간동작을 제거합니다.	- 휴게소에서 고속버스의 환승 - 고속버스의 유휴 시간에 출퇴근버스로 활용
왕복운동을 회전운동으로 회전운동을 왕복운동으로 교체합니다.	- 회전초밥 - 내연기관 실린더의 왕복운동을 회전운동으로 바꿈 - 회전 캠을 이용한 직선운동

(21) 서두르기(Hurrying)[고속처리(rushing through)]

가. 인체에 유해한 작업을 고속으로 처리합니다.

나. 상변이 전에 고속으로 작업을 처리합니다.

해결방안	해결사례
인체에 유해한 작업을 고속으로 처리합니다.	- 치아의 치석제거 - 워터 제트를 이용한 절단
상변이 전에 고속으로 작업을 처리합니다.	- 쉽게 녹는 재료는 열전도전에 빠르게 절단 작업 - 물리량이 변화하는 시간 동안 다른 일 처리

(22) 전화위복('Blessing in disguise')[해로움을 이로움으로(convert harm into benefit)]

가. 유익한 효과를 얻기 위한 해로운 인자를 활용합니다.

나. 해로운 인자를 다른 해로운 인자와 상생시켜 제거합니다.

다. 해로운 요소의 기능을 향상해 해로움을 제거합니다.

해결방안	해결사례
유익한 효과를 얻기 위한 해로운 인자를 활용합니다.	- 끈끈이를 이용한 해충잡기 - 거친 표면을 이용한 연삭 작업
해로운 인자를 다른 해로운 인자와 상생시켜 제거합니다.	- 산성이 강한 재료 운반할 때 염기성으로 피복 - 고유 주파수 위상변조를 통한 파괴방지
해로운 요소의 기능을 향상해 해로움을 제거합니다.	- 발효식품(김치) - 청국장

(23) 피드백(Feedback)

가. 현재의 상황을 뒤로 전달합니다.

나. 피드백을 도입하거나 그것을 변화시킵니다.

해결방안	해결사례
현재의 상황을 뒤로 전달합니다.	- 핸드폰의 자기 위치 송출 - 문서편집기능
피드백을 도입하거나 그것을 변화시킵니다.	- 마찰계수에 의한 압력조절 - 자동차 브레이크 페달

(24) 매개체(Intermediary){매개자(mediator)}

가. 제3의 물체를 도입하여 작업을 진행합니다.

나. 다른 물체를 원 물체에 임시로 연결합니다.

해결방안	해결사례
제3의 물체를 도입하여 작업을 진행합니다.	- 운동전달기능의 크랭크로드 - V 벨트, 체인
다른 물체를 현재의 물체에 임시로 연결합니다.	- 반도체의 기판 작업 - 용접 작업의 가접

(25) 셀프 서비스(Self service)

가. 자체적으로 임무를 수행합니다.

나. 폐자원을 활용합니다.

다. 유휴 에너지를 이용합니다.

해결방안	해결사례
자체적으로 임무를 수행합니다.	- 필터의 역방향 순환을 통한 불순물제거 - 공기의 압력을 이용한 자동차 승차감
폐자원을 활용합니다.	- 쓰레기 매립장의 메탄가스 - 이면지 활용
유휴 에너지를 이용합니다.	- 잉여 열을 이용한 지역난방 - 콘덴싱 보일러(거꾸로 타는 보일러)

(26) 복제(Copying)

가. 고가의 제품을 저렴한 제품으로 대체합니다.

나. 가시광선을 적외선, 자외선으로 대체합니다.

다. 실제 물건을 화상으로 대체합니다.

해결방안	해결사례
고가의 제품을 저렴한 제품으로 대체합니다.	- 문화제 전시(복제품 전시) - 모형을 제작하여 실험
가시광선을 적외선, 자외선으로 대체합니다.	- 적외선 망원경 - 선명도 증가를 위한 파장의 변화
실제 물건을 화상으로 대체합니다.	- 위험 설비의 교육에 시뮬레이터 이용 - 파워포인트 활용

(27) 값싼 일회용품(Cheap disposables)

가. 일회용품을 사용합니다.

나. 고가의 재질을 저가의 재질로 변경합니다.

해결방안	해결사례
일회용품을 사용합니다.	- 주사기 바늘 - 일회용 기저귀
고가의 재질을 저가의 재질로 변경합니다.	- 일회용 컵 - 일회용 장갑

(28) 기계적 상호작용의 대체(Mechanical interaction substitution, use of fields)

가. 기계 시스템을 광학 시스템으로 대체합니다.

나. 물체를 전자기장과 상호작용하게 합니다.

다. 새로운 장을 사용합니다.

라. 장을 강자성 입자와 연계하여 사용합니다.

해결방안	해결사례
기계 시스템을 광학 시스템으로 대체합니다.	- 자동차 브레이크 패드 - 바이메탈 장치
물체를 전자기장과 상호작용하게 합니다.	- 전자기를 활용한 센서 - 프레임로드(전자 이용)

새로운 장을 사용합니다.	- 고정된 장을 움직이는 장으로 교체(발전기의 자석) - 직류를 교류로 사용
장을 강자성 입자와 연계하여 사용합니다.	- 비휘발성 반도체 메모리 - 강탄성체를 사용

(29) **공기압과 수압**(Pneumatics and hydraulics)

가. 사물의 고체부분을 기체로 대체합니다.
나. 사물의 고체부분을 액체로 대체합니다.
다. 사물의 액체부분을 기체로 대체합니다.
라. 사물의 기체부분을 액체로 대체합니다.

해결방안	해결사례
사물의 고체부분을 기체로 대체합니다.	- 자동차 에어백 - 자동차 타이어 - 에어커튼
사물의 고체부분을 액체로 대체합니다.	- 유압잭 - 에어쿠션
사물의 액체부분을 기체로 대체합니다.	- 유압피스톤은 압축 공기로 대체 - 에어건
사물의 기체부분을 액체로 대체합니다.	- 물침대 - 물풍선

(30) **유연한 막과 얇은 필름**(Flexible shells and thin films)

가. 일반적인 물건을 유연한 막으로 대체합니다.
나. 얇은 필름을 이용하여 유해한 환경과 차단합니다.

해결방안	해결사례
일반적인 물건을 유연한 막으로 대체합니다.	- 음식 보관용 랩 - 팽창탱크(유연막을 이용한 공간분리)
얇은 필름을 이용하여 유해한 환경과 차단합니다.	- 산소 차단을 위한 얇은 필름을 입힌 판재 - 양면테이프(끈끈이를 보호하기 위한 얇은 필름)

(31) 다공질 재료(Porous materials)

가. 사물을 다공질 재료로 만듭니다.

나. 다공질 물질에 보충재를 채웁니다.

해결방안	해결사례
사물을 다공질 재료로 만듭니다.	- 벽돌(다공성으로 무게 감소) - 단열성 향상을 위한 다공질 재료
다공질 물질에 보충재를 채웁니다.	- 벽돌의 구멍에 채움재를 통한 강도보강 - 아세틸렌의 충전

(32) 광학 특성 변경(Optical property changes)[색상 변경(Changing the color)]

가. 물체의 외부 환경의 색을 변화시킵니다.

나. 물체의 투명도를 변화시킵니다.

다. 유색 첨가제를 이용한 관찰력을 증가시킵니다.

라. 물질의 특성을 변화시킵니다.

해결방안	해결사례
물체의 외부 환경의 색을 변화시킵니다.	- 보색대비 교통표지판 - SOS(구조신호)
물체의 투명도를 변화시킵니다.	- 투명 반창고 - 선팅
유색 첨가제를 이용한 관찰력을 증가시킵니다.	- 무색의 위험물에 색깔 혼합 - 가스 흐름(유동장) 실험
물질의 특성을 변화시킵니다.	- 가스에 부취제 첨가 - 방향제

(33) 동질성(Homogeneity)

가. 목적물과 동일한 재료를 사용합니다.

나. 주변 물체와 유사한 재료를 사용합니다.

해결방안	해결사례
목적물과 동일한 재료를 사용합니다.	- 목조건물의 나무못 - 저장할 때는 액체 상태의 산소 사용할 때는 기체산소
주변 물체와 유사한 재료를 사용합니다.	- 인체수술에 사용하는 봉합용 실 - 의약품용 커버(마이신:streptomycin)

(34) **폐기와 재생**(Discarding and recovering)

가. 물체가 효용성이 없으면 폐기합니다.

나. 기능성이 떨어지면 재생합니다.

해결방안	해결사례
물체가 효용성이 없으면 폐기합니다.	- 매립용 쓰레기 봉투 - 커터 칼
기능성이 떨어지면 재생합니다.	- 주물용 주사 - 연삭기 숫돌

(35) **파라미터 변경**(Parameter changes)[**속성 변환**(Transformation of properties)]

가. 물체의 상태를 변화시킵니다.

나. 밀도나 농도를 변화시킵니다.

다. 온도나 부피를 변화시킵니다.

라. 강도와 인성을 변화시킵니다.

해결방안	해결사례
물체의 상태를 변화시킵니다.	- 물의 상변이 현상(고체-액체-기체) - 인터넷 대출(Off line-On line)
밀도나 농도를 변화시킵니다.	- 부피팽창을 이용한 가공 - 프레임로드(불꽃이 전극 역할)
온도나 부피를 변화시킵니다.	- 기체상태의 가스를 액상으로 저장 - 온도에 따른 부피 변화(열기구)
강도와 인성, 유연성을 변화시킵니다.	- 오링 - 등급별 게임기(닌텐도)

(36) **상전이**(Phase transitions)

가. 물체의 부피 변화를 이용합니다.

나. 열의 흡수나 방출을 이용합니다.

해결방안	해결사례
상전이 현상을 이용합니다.	- 내비게이션 - 튜브리스 타이어
열의 흡수나 방출을 이용합니다.	- 형상기억합금 - 전자석

(37) **열팽창**(Thermal expansion){**관계 변화**(Relative Change)}

가. 열팽창에 의한 물질을 변화시킵니다.

나. 요소간의 관계변화를 통하여 유용성을 증진합니다.

해결방안	해결사례
열팽창에 의한 물질을 변화시킵니다.	- 바이메탈 안전장치 - 베어링의 제작
요소 간의 관계 변화를 통하여 유용성을 증진합니다.	- 개인 블로그의 네트워크화 - 기업의 사회봉사 활동

(38) **강 산화제**(Strong oxidants){**가속산화**(Accelerated oxidation), **활성화**(Enrich)}

가. 활성화 요소를 이용하여 환경을 변화시킵니다.

나. 더 좋은 수준을 위한 산화 가속을 합니다.

해결방안	해결사례
활성화요소를 이용하여 환경을 변화시깁니다.	- 새로운 인재영입을 통한 팀 활성화 - 직급파괴를 통한 조직활성화
더 좋은 수준을 위한 산화 가속을 합니다.	- 급격한 산화를 위한 산소혼입 - 폐수 정화를 위한 오존사용

(39) **불활성 환경**(Inert atmosphere){**비활성화**(Calm)}

가. 정상적인 환경을 비정상 환경으로 변경합니다.

나. 물질에 첨가제를 이용 안정된 분위기를 만듭니다.

해결방안	해결사례
정상적인 환경을 비정상 환경으로 변경합니다.	- 화재 진압용 포말 - 산화방지용 불활성가스 사용(MIG)
물질에 첨가제를 이용 안정된 분위기를 만듭니다.	- 아세틸렌 용해용 아세톤 - 산화방지를 위한 진공 작업

(40) **복합재료**(Composite materials)

가. 재료를 복합재료로 대체합니다.

나. 재료를 합하여 새로운 재료로 합니다.

해결방안	해결사례
재료를 복합재료로 대체합니다.	- 용융온도를 높이기 위한 합금 - 유리섬유
재료를 합하여 새로운 재료를 만듭니다.	- 인터넷 TV - 김치 냉장고

8.1.4 문제해결

RPS 기법의 마지막 단계로서 주어진 문제에 대하여 40가지 발명원리에 접목하여 해결책을 도출하여 문제를 해결할 수 있습니다.

8.2 RPS 적용 전문 문제(LPG 저장탱크)

8.2.1 그림으로 표현하기

RPS 기법의 첫 번째 단계를 6SC 기법의 첫 번째 단계와 같이 해결하고자 하는 문제를 빠르고 쉽게 누구나 이해할 수 있는 간단한 방법으로 그림을 통하여 표현하는 방법을 사용하고 있습니다. 빠르게 변하는 시대에 문제의 핵심을 명확하게 정의하는 것이 매우 중요하기 때문에 RPS 기법에서도 문제를 정의하는 단계로서 그림으로 표현하기 방법을 사용하여 모순을 도출하고 있습니다.

먼저 지상에 설치되어 있는 저장탱크에 대한 문제점을 파악하기 위하여 그림 8.2와 같이 나타내면 문제점을 쉽게 도출할 수 있습니다.

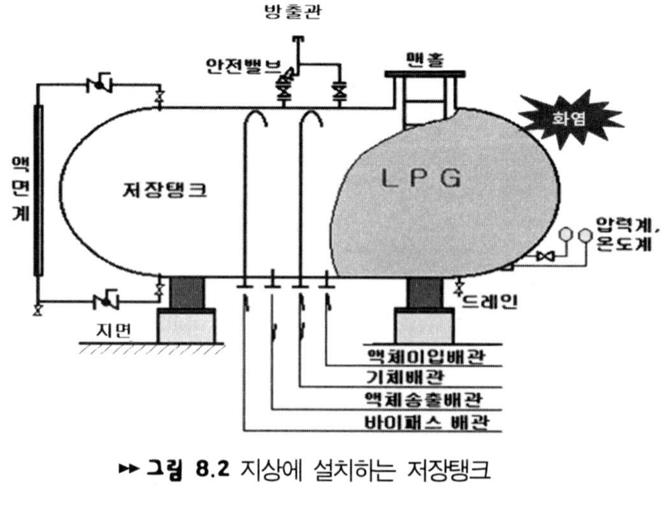

▸▸ 그림 8.2 지상에 설치하는 저장탱크

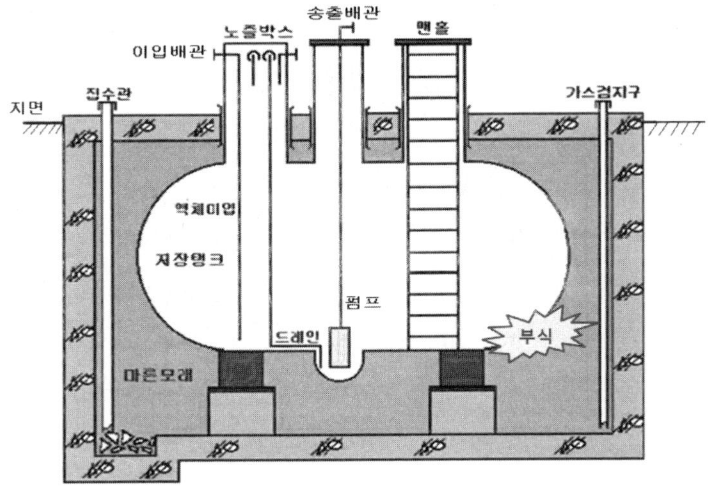

▸▸ **그림 8.3** 지하에 매몰하여 설치하는 저장탱크

또한, 지하에 매몰하여 설치하는 저장탱크의 문제점을 파악하기 위하여 그림 8.3과 같이 나타내면 문제점을 도출하기 쉽습니다.

8.2.2 조건 매트릭스 활용

첫 번째 단계에서 문제를 명확하게 규명하여 나타내면 다음 단계로서 조건 매트릭스를 활용하여 모순 문제를 해결하는 원리에 접근하는 것이 매우 중요합니다.

모순 매트릭스는 가로와 세로로 구성되어 있어 해결하고자 하는 문제에 대한 문제요인은 세로축으로 원인요인은 가로축으로 하여 가로와 세로를 찾아서 대입하면 가로축과 세로축에 일치하는 발명원리의 번호를 파악할 수 있습니다.

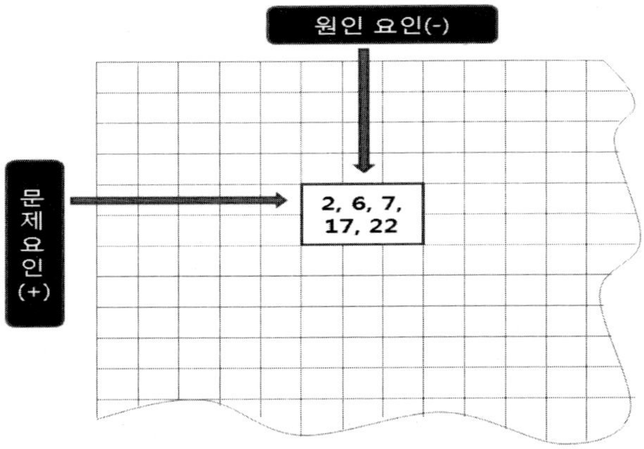

▸▸ **그림 8.4** 조건 매트릭스 활용

그림 8.4와 같이 가로축과 세로축의 교차점에서 지정한 번호에 해당하는 원리를 다음 단계인 40가지 발명원리 적용에서 각 번호에 해당하는 원리와 지금까지 해결하였던 사례를 토대로 문제를 해결할 수 있습니다.

8.2.3 40가지 발명원리에 적용

조건 매트릭스에 의하여 찾은 번호를 40가지 발명원리에 적용하여 LPG 저장탱크에 대한 안전성 향상 문제를 정리하면 다음과 같습니다.

원리 1(분할), 원리 2(분리), 원리 3(국소적 성질), 원리 6(다기능성), 원리 7(포개진 인형), 원리 13(다른 길로 돌아가기), 원리 17(차원 바꾸기), 원리 22(전화위복)의 원리들이 해당됩니다.

- 원리 1. 분할. 분열, 미시 수준으로 전이. 시스템이나 대상물을 독립적인 부분으로 나눕니다. 대상물을 분해하기 쉽게 만듭니다. 분할이나 분열 정도를 높입니다.
- 원리 2. 분리. 대상물 또는 시스템에서 필요한 부분만 분리하거나 방해되는 부분이나 성질을 제거합니다. 우리는 대개 시스템의 일부분이나 어떤 성질이나 특성만을 필요로 합니다.
- 원리 3. 국소적 성질. 장소 또는 상황이 달라지면 대상물이 특성이나 영향을 다르게 갖도록 대상물의 구조 또는 외부 환경을 바꿉니다. 대상물의 각 부분 또는 사용하는 시스템의 기능을 그 작동에 가장 적합한 조건으로 만듭니다.
- 원리 6. 다기능성 또는 다용도. 대상물 또는 시스템의 부분이 여러 가지 기능을 할 수 있도록 만듭니다. 다른 부분의 필요성을 제거한다. 부품과 작업 횟수가 줄고 유용한 특성과 기능은 유지됩니다.
- 원리 7. 포개진 인형. 한 개의 대상물을 다른 것 안에 넣습니다. 각 대상물을 차례로 다른 것 안에 넣습니다. 한 부품이 다른 부품 안에 있는 빈 공간을 통과하게 만듭니다.
- 원리 13. 다른 길로 돌아가기. 문제해결에 사용되는 작용을 반대로 합니다. 움직일 수 있는 부분은 고정시키고, 고정된 부분은 움직이게 합니다. 대상물 또는 공정을 뒤집습니다.
- 원리 17. 차원 바꾸기. 2차원 또는 3차원 공간으로 대상물 또는 시스템을 이동시킵니다. 대상물을 단층으로 배열하는 대신에 다층으로 배열시킵니다. 대상물을 기울이거나 또는 새로운 방향으로 해서 대상물을 가로 눕히고서 다른 쪽을 사용합니다.
- 원리 22. 전화위복. 긍정적인 효과를 얻기 위해서 해로운 인자를 사용합니다. 주 해로운 작용에 다른 해로운 작용을 부가함으로써 주 해로운 작용을 제거하여 문제를 해결합니다. 더 이상 해롭지 않을 정도까지 해로운 인지를 확대합니다.

유용한 원리를 찾기 위한 가장 쉬운 방법은 편안한 방식으로 원리들의 목록을 훑어보는 것입니다. 시스템 관련 지식과 문제의 제약들이 어떤 원리가 적합한지 결정하게 해줄 수 있기 때문입니다.

8.2.4 문제해결

40가지 발명원리에 의해 저장탱크의 문제를 살펴보면, 지상에는 존재하지 않아야 하고, 저장탱크가 있어야 하는 물리적 모순 문제를 해결하였습니다.

- 원리 1. 분할. 분열, 미시 수준으로 전이에 의한 문제해결 : 가스공급을 위해서 저장탱크는 있어야 하지만 안전을 위해서는 지상에 없어야 합니다.
- 원리 2. 분리에 의한 문제해결 : 우리는 가스가 필요한 것이지 가스 저장탱크가 필요한 것은 아닙니다.
- 원리 3. 국소적 성질에 의한 문제해결 : 지상의 화염에 노출되는 저장탱크를 지하에 설치하며, 지하 매몰로 인한 손실을 위해 매몰하지 않아야 합니다.
- 원리 6. 다기능성 또는 다용도에 의한 문제해결 : 격납하여 설치하는 저장탱크는 폭발 위험성이 없으며, 시공이 쉬운 장점이 있습니다. 또한, 점검이 편리하며, 안전성이 향상됩니다.
- 원리 7. 포개진 인형에 의한 문제해결 : 땅과 접촉하지 않게, 지상의 저장탱크를 땅 속에 넣어야 합니다.

아래의 그림 8.5와 같은 저장탱크는 땅과 접촉하지 않고 땅 속에 넣는 형태로서 한 개의 대상물이 다른 것 안에 들어가 포개진 형태를 나타내고 있습니다.

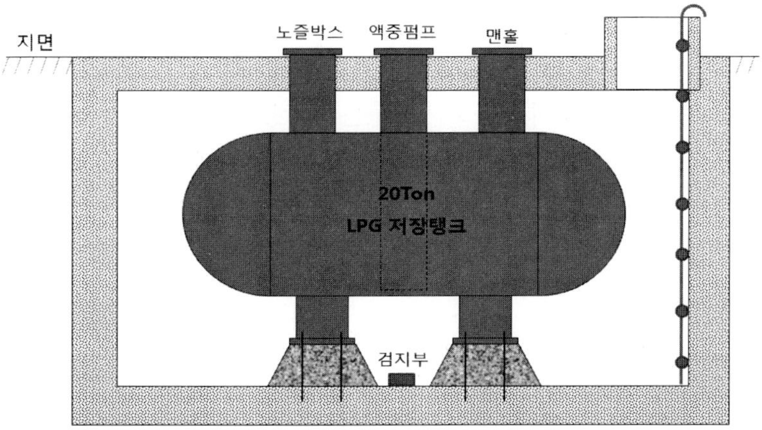

▸▸ **그림 8.5** 개선된 저장탱크의 형태

- 원리 13. 다른 길로 돌아가기에 의한 문제해결 : 저장탱크를 지상에 설치하지 않고 지하에 설치하여야 합니다.
- 원리 17. 차원 바꾸기에 의한 문제해결 : 지상에 저장탱크가 존재하지 않으나 가스는 공급되어야 합니다.
- 원리 22. 전화위복에 의한 문제해결 : 지하에 격납하여 저장탱크를 설치하면 지상저장 탱크에 비하여 온도 변화가 적으며, 습도가 높아 폭발억제력이 증대하게 됩니다.

8.3 RPS 적용 생활 문제(주방용 식칼)

8.3.1 그림으로 표현하기

해결하고자 하는 문제의 핵심을 정의하기 위하여 가장 간편한 방법으로 그림으로 표현하는 방법을 사용하여 주방용 식칼이 식재료를 절단할 경우 발생하는 문제점을 그림으로 표현하면 그림 8.6과 같습니다.

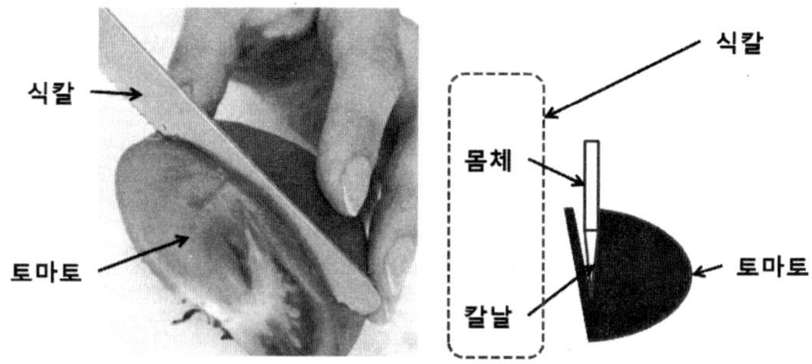

▸▸ **그림 8.6** 토마토를 절단하는 칼

그림 8.6은 일반 가정에서 주로 사용하는 주방용 식칼에 의하여 토마토를 절단하는 모양을 그림으로 나타내었습니다. 토마토를 여러 조각으로 절단할 경우 사용하는 식칼은 몸체와 칼날로 구성되어 있으며, 식칼 몸체는(칼날의 지지를 위해) 있어야 하고 식칼 몸체는(토마토가 부착되지 않기 위해) 없어야 하는 모순이 발생하고 있습니다.

8.3.2 조건 매트릭스 활용

모순 매트릭스에서 해결하고자 하는 문제에 대한 문제요인은 세로축으로 원인요인은 가로축으로 하여 가로와 세로를 찾아서 대입하면 가로축과 세로축에 일치하는 발명원리의 번호를 파악할 수 있습니다.

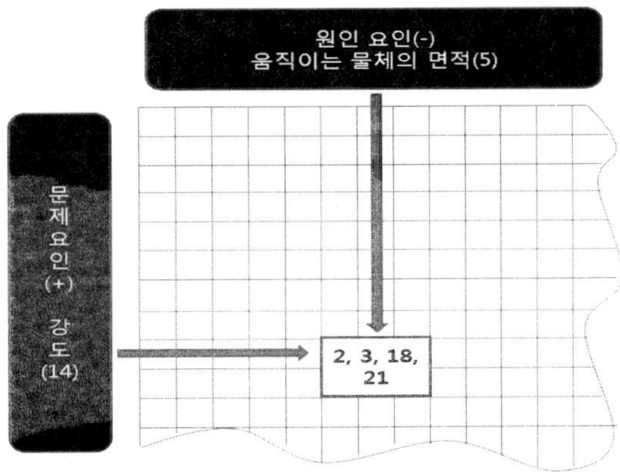

▶▶ **그림 8.7** 조건 매트릭스

8.3.3 40가지 발명원리에 적용

조건 매트릭스에 의하여 찾은 번호를 40가지 발명원리에 적용하여 주방용 식칼의 음식물 부착에 대한 문제를 정리하면 다음과 같습니다.

- 원리 2. 분리. 대상물 또는 시스템에서 필요한 부분만 분리하거나 방해되는 부분이나 성질을 제거해야 합니다. 우리는 대개 시스템의 일부분이나 어떤 성질이나 특성만을 필요로 하는 경우기 있습니다.
- 원리 3. 국소적 성질. 장소 또는 상황이 달라지면 대상물이 특성이나 영향을 다르게 갖도록 대상물의 구조 또는 외부 환경을 바꾸어 줍니다. 대상물의 각 부분 또는 사용하는 시스템의 기능을 그 작동에 가장 적합한 조건으로 만들어야 합니다.
- 원리 18. 기계적 진동을 이용하여 작용하는 힘을 분산시키거나 제거하여 필요한 특성만을 얻습니다. 원하는 부분은 실제 일부분을 제거하거나 분리시켜 사라지게 하는 것입니다.
- 원리 21. 인체에 유해한 작업을 고속으로 처리거나, 상변이 전에 고속으로 작업을 처리합니다. 작용하는 힘보다 더 큰 힘을 이용하여 작용하는 힘을 상쇄시키거나 제거할 수 있습니다.

8.3.4 문제해결

40가지 발명원리에 의해 주방용 식칼의 문제를 살펴보면, 칼날은 절단을 위하여 존재하여야 하고, 몸체는 접촉하는 힘을 없애기 위하여 존재하지 않아야 하는 물리적 모순 문제를 해결하였습니다.

해결원리 2에 의하면 식칼의 몸체에 구멍을 뚫어 토마토의 접착하는 면을 줄여 부착력을 경감시켜는 방법이 있습니다.

해결원리 3은 국소적 성질을 이용하는 것으로 몸체의 두께를 얇게 하여 칼날부분과 성질과 분리하여 접촉하는 면적을 없애 토마토가 부착되지 않고 칼날의 원형유지는 할 수 있습니다.

해결원리 18의 기계적 진동을 적용하면 주방용 식칼의 몸체와 토마토가 진동에 의하여 쉽게 분리되어 부착되지 않습니다.

해결원리 21의 고속처리는 토마토가 몸체에 접착하는 힘보다 더 빠른 관성의 힘을 이용하여 절단하면 토마토가 부착되지 않게 됩니다.

그림 8.8은 주방용 식칼의 문제점을 개선한 것으로 칼날부분은 두껍고 몸체는 얇게 구성하여 토마토를 절단하여도 부착되지 않는 모양을 보여주고 있습니다.

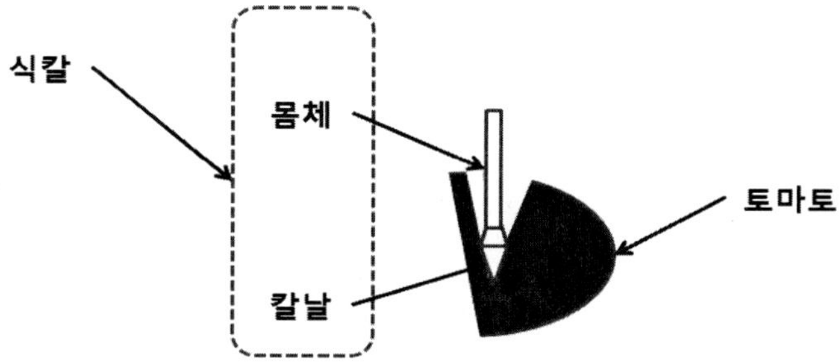

▸▸ **그림 8.8** 개선된 주방용 식칼

추후 RPS-TRIZ는 사용자에 따라서 1단계 그림으로 문제를 정의하고, 2단계 조건 매트릭스를 활용, 3단계 40가지 발명원리에 적용과 함께 문제해결을 할 수 있어 보다 간편하게 문제를 해결하는 도구로 사용이 가능합니다.

09

REAL(Rapidly Easily Applicatively Laconically) TRIZ 소개

현장에서 바로 적용하여 사용하는 TRIZ는 고전 TRIZ와 비즈니스 TRIZ, 실무형으로 구분되며, 6SC 기법과 Q-TRIZ는 실무에서 빠르고 쉽게 활용되고 있습니다. 이러한 TRIZ 기법에 의하여 문제를 해결하는 아이디어를 얻더라도 실행까지는 많은 시간을 필요로 합니다. 따라서 현장에 적용할 때에는 실행 용이성이 우수하는지 효용성이 우수한지를 실행력 평가 매트릭스를 통하여 필히 검증하여야 합니다. 따라서 앞으로는 보다 간결하고 빠르게 문제를 해결할 수 있는 개선된 TRIZ가 나타나고 있습니다.

REAL TRIZ 기법은 문제해결 진행과정에서 SWOT 기법으로 장점을 부각시키고 단점을 배제시켜 평가를 검증하고 있어 다른 TRIZ 기법과 차별되어 실행력 평가까지 보완된 형태의 새로운 TRIZ입니다.

9.1 실행력 평가 매트릭스

TRIZ를 이용하여 여러 가지 문제해결 방법을 도출하였습니다 하여도 현장에서 효용성이 있는 해결책과 경제성, 접근 용이성 등 다방면에서 실행력을 평가하여야 합니다. 이때 활용하는 매트릭스를 일명 페이오프 매트릭스(pay off matrix)라고 하며, 이는 실행 용이성을 x축으로 효과성을 y축으로 구분하여 4 사분면으로 구성하며, 그림 9.1과 같습니다.

실행력 평가 매트릭스는 아이디어를 4가지 유형으로 분류하여 1 사분면은 실행 용이성도 쉽고 효과성도 우수한 경우이고, 2 사분면은 실행 용이성은 조금 떨어지지만 효과성은 우수한 경우입니다. 3 사분면은 실행 용이성도 떨어지고 효과성도 좋지 않은 경우이며, 마지막 4 사분면은 실행 용이성은 쉬워 좋지만 효과성이 좋지 않은 경우입니다.

TRIZ 기법으로 도출한 여러 가지 아이디어에 번호를 붙여서 각 분야의 현장전문가와 기술전문가가 실행력 평가 매트닉스의 사분면에 투표를 해보면 가장 좋은 실행 용이성과 효과성도 좋은 아이디어가 어느 것인지 쉽게 판단할 수 있게 됩니다.

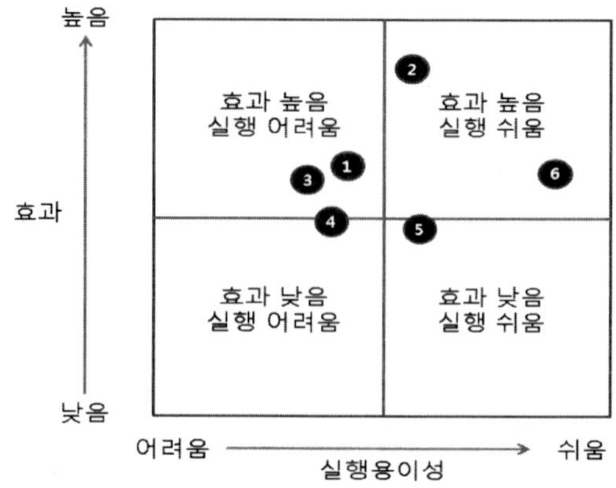

▶▶ **그림 9.1** 실행력 평가 매트릭스

9.2 REAL TRIZ(Rapidly Easily Applicatively Laconically) TRIZ 소개

REAL TRIZ는 기존의 공학적 문제의 해결의 TRIZ와 비공학적 문제 해결책의 TRIZ에 대한 복합형이며, 문제분석에 사용되었던 SWOT 분석 기법을 접목한 형태입니다. 따라서 SWOT의 분석 기법에서 강점과 약점을 분석하고 강점은 보다 효율적으로 강점을 부각시키고 약점은 배제하거나 개선하여 문제를 해결하는 방법에 해당됩니다. REAL TRIZ의 문제해결 프로세스를 간략히 도시하면 그림 9.2와 같이 나타낼 수 있습니다.

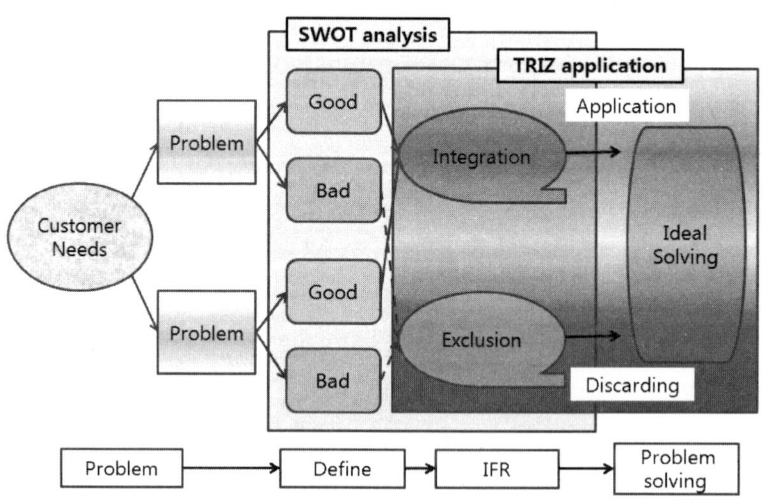

▶▶ **그림 9.2** REAL TRIZ

그림 9.2를 살펴보면 해결하고자 하는 문제 또는 고객의 요구사항에 대하여 명확하게 인지하고 SWOT 분석을 통하여 문제의 장점과 단점을 구분하여 정의하고 있습니다. 따라서 고객의 요구사항을 반영할 수 있어, 장점은 기능을 향상하고 단점은 배제하거나 제거하여 이상성을 추구하여 문제를 해결하도록 구성되어 있습니다. 따라서 REAL TRIZ를 활용하면 빠르고 쉽게 공학적인 문제뿐만 아니라 비공학적인 문제의 실무적인 문제를 해결할 수 있을 있습니다. 또한 장점만을 취하고 단점을 배제하였기에 TRIZ 기법 이후에 실시해야 하는 실행력 평가 단계를 생략할 수 있는 새로운 TRIZ 기법입니다.

제3부

컴퓨터 지원 창의적 문제해결 실습

Creative Design and Lab

10
창의적 문제해결 텀(term)프로젝트 실습 가이드

Creative Design and Lab

10.1 창의적설계 및 실습

10.1.1 실습 개요

실험실습 명칭	실험실습 세부 내용	팀 활동 내용
창의적설계 이해 (1~2주차)	• 과목소개 • 지능 모델, 트리즈 소개	–
창의적 문제해결과정 이해 (3~5주차)	• 팀워크 • 의사소통, 심적장애 • 창의적 뮤제해결과정, 문제정의(트리즈 활용)	–
트리즈(S/W) 익히기 (6~9주차)	• 문제정의 하기(트리즈 활용) • Innosolver 또는 Creax(S/W)의 사용법을 익힘	–
기말과제 선정하기 (10~11주차)	기말 팀 프로젝트의 과제선정 • 창의적인 과제선정 • 아이디어 창출	팀 활동
기말 과제 수행하기 (12~15주차)	각 팀별로 텀 프로젝트의 선정된 과제를 Innosolver 나 Creax의 트리즈(S/W)를 활용하여 과제를 수행 • 창의적 문제해결 전략 찾기(트리즈 활용)	창의성, 팀 활동, 의사소통(텀 발표)
기말 과제 최종 발표 (16주차)	각 팀별로 텀 프로젝트의 선정된 과제를 수행한 후 발표하고 포트폴리오를 만들어 제출	창의성, 팀 활동, 의사소통(텀 발표)
종 합	• 설계 절차 및 내용 – 기본사항을 숙지 후 과제부여를 통해 구체적 지식을 습득 – 텀 프로젝트를 팀워크를 통하여 문제선정, 정의, 전개, 보고서 작성 순으로 진행 • 설계 과제 및 결과물 – 문제선정부터 해결까지 팀별로 진행하며, 1인이 조장이 되어 진행 – 포트폴리오 작성제출 • 설계학점 반영방식 –전체 학점 중 30%를 반영	

10.1.2 창의적 문제해결과정 이해(3~5주차)

창의적 문제해결과정은 다음과 같은 단계를 거칩니다.

> 문제정의 → 아이디어 창출 → 창의적 평가 → 아이디어 판단 → 의사결정 실행

(1) 문제정의

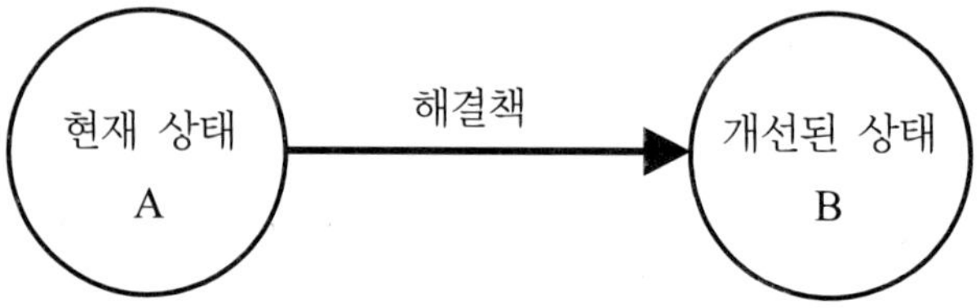

문제 예	상태 A	상태 B
기계소음 저감 문제	소음을 내는 기계	소음이 없는 기계
학업성적 향상 문제	나쁜 학업 성적	좋은 학업 성적
출산율 저하 문제	낮은 출산율	높은 출산율

- 문제는 현재 상태 A에서 개선된 상태 B로 변환 가능한 상황을 말합니다.
- 문제의 두 가지 측면 = 어려움(위험)과 기회(도전)
- 문제정의를 어떻게 하느냐에 따라 결과(개선된 사항)가 달라집니다.

◉ 문제를 정의하는 데 있어 핵심 문제 즉 '진짜 문제'를 정의하는 방법

① 문제의 현재 상태 A와 개선된 상태 B를 정의합니다.

② "문제 정의문 작성 요령"에 맞게 최초의 문제 정의문을 작성합니다.

③ 최초 작성된 문제정의문을 다시 작성해 봅니다.

- 바꾸어 말하기
- 정반대로 정의하기
- 초점 넓히기 : 좀 더 넓은 문맥에서 문제를 재정의하기
- 초점의 방향 전환하기 : 대담하게 의식적으로 초점을 변경하기
- "왜?" 라고 질문하기

◉ 문제정의 방법 중 '문제정의문 작성 요령'

① 문법에 맞는 문장을 작성하시오.

- 문장이 문법에 맞지 않으면 문장의 의미가 정확히 전달되지 않습니다.

② 문장을 간결하게 작성하시오.

- 너무 긴 문장은 도리어 문제의 핵심을 정확히 전달하는데 방해가 됩니다.
- 문제정의문은 간결하고 명확하게 작성하고, 부차적인 제한조건이나 설명들은 따로 문장으로 작성하는 것이 바람직합니다.

③ 부정문보다는 긍정문으로 작성하시오.

④ 수동형보다는 능동형 문장이 더 좋습니다.

◉ 문제정의문 작성 시 초기 오류 가능성의 사례

① 초점이 없는 경우

- 정의가 너무 모호하거나 넓습니다.
  예) "작업장의 컴퓨터에 대해 우리가 무엇을 해야 합니까?"
- 이런 문장은 문제를 정의해 주지 않습니다.

② 초점의 방향을 잘못 설정한 경우

- 정의가 너무 좁습니다.
  예) 방향이 잘못 설정된 복통 문제 → 문제 원인 잘못 가정함.

③ 정의문이 가정에 근거한 경우

예) "철수의 성적이 떨어지고 있다. 어떻게 더 열심히 공부하도록 만들 수 있을까?"

④ 정의문이 해결책에 근거한 경우

예1) "무중력 상태에서 우주인들이 볼펜을 사용할 수가 없다."

- 필기방식으로 볼펜을 사용한다는 해결책이 문제정의문에 들어 있습니다.
- 연필과 같은 다른 해결책이 문제정의문에 의해서 제외되었습니다.

예2) "달에서 백열전구의 유리가 잘 깨어집니다."

- 달에서 백열전구의 유리가 꼭 필요합니까?

◉ 문제정의문 재작성 사례

① 초점의 방향전환

- 어떻게 판매를 촉진할 수 있습니까?
- 어떻게 비용을 줄일 수 있습니까?

② 창의성을 많이 요구

- '왜'라고 질문하기 : '왜'라고 질문하고 그 대답에 기초하여 문제정의문을 새롭게 만드시오.
- 바꾸어 말하기 : "무중력 상태에서 우주인들이 볼펜을 사용할 수 없습니다."
  ⇒ "무중력 상태에서 우주인들이 사용할 수 있는 필기도구를 개발합니다."
- 정반대로 정의하기 : 종업원들이 야유회에 많이 참석하도록 하는 방법이 무엇입니까?
  ⇒ 종업원들이 야유회에 참석을 많이 하지 못하도록 하는 방법이 무엇입니까?
- 초점을 넓히기 : 직업을 바꾸어야 합니까?
  ⇒ 어떻게 직업의 안정성(job stability)을 얻을 수 있습니까?

◉ 프로젝트 수행을 위한 문제정의과정

① 팀을 정하시오.
② 문제 주제를 선택하시오.
③ 문제의 주제에 초점을 맞추시오.
- 좋은 주제, 문제 넓힘 → 발산적 연쇄 질문
- 해결방안 위해 문제를 작은 단위로 나눔 → 수렴적 연쇄 질문

④ 정보와 소비자 데이터를 수집하시오.
⑤ 정보를 분석하라. 파레토 도를 만드시오. 브리핑을 준비하시오.
⑥ 문제정의문 작성 : 긍정적인 문장으로 쓰도록 합니다.

◉ 창의적 의사결정의 4가지 단계

① 목표 : 우리가 원하는 것
- 목표는 확고히 고정된 것이라기보다는 안내자의 역할을 합니다.
- 변화하는 환경에 대해 열린 마음을 가져야 합니다.
- 목표에 대해 집중(좌뇌)하고 유연하게(우뇌) 대처해야 합니다.

② 지식 : 우리가 알고 있는 것
- 지식을 탐구하고(좌뇌), 변화 가능성에 대해 항상 주의(우뇌)를 기울입니다.

③ 믿음 : 우리가 믿고 있는 것
- 믿음에 대해 객관적(좌뇌)이고, 낙관적(우뇌)인 마음가짐을 가집니다.

④ 행동 : 우리가 하는 일
- 행동에 대해 실제적(좌뇌)이고 상상력(우뇌)을 활용합니다.

(2) 회의록 예시

창의적설계 및 실습 회의록 #1

<table>
<tr><td>회의 일시</td><td>년 월 일 요일 시 분</td><td>회의 장소</td><td></td></tr>
<tr><td>회의목적(안건)</td><td colspan="3">우리의 주제는 무엇이며, 방향은 어떠한가?</td></tr>
<tr><td>회의내용</td><td colspan="3">▷ 주제선정과정

1. 구체화 하지 않고 너무 광범위한 영역에서 선정하는 것이라, 당황함.

2. 주제를 선정하지 못하더라도 모인 이상 무엇이라도 하여야 함.

3. 임무를 나누기로 함.

4. - 포트폴리오
- 자료조사와 모델링
- PPT
- 발표 및 포트폴리오

5. 앞으로 시간적 여유가 조금 있으니, 좋은 주제를 각자 생각하여 보고, 다음 회의 때 각자 한 가지 이상 주제를 생각해 와서, 그 중 좋은 주제를 선정하자.

▷ 이 과목에 대한 마음가짐

한 학기 동안 열심히 해서 좋은 추억, 좋은 지식, 좋은 제품에 대한 사고를 키우자!</td></tr>
<tr><td>결정사항</td><td colspan="3">임무분담, 각오를 다짐.</td></tr>
<tr><td>참석자</td><td colspan="3">A B C D</td></tr>
</table>

창의적 설계 및 실습 회의록 #2

회의 일시	년 월 일 요일 시 분	회의 장소	
회의 목적(안건)	다른 아이디어가 창안되어 그 아이디어의 트리즈 적용 및 모색!		
회의내용	A : 인체공학적 밴드형 듀얼 레이저 포인터를 구상한다. 정복범위가 넓은 바이오 산업과 Imagine이 융합된 컨버전스기에 훨씬 수요나 진출 방향이 크다. B : 주변 생활 속에서 쉽게 찾아볼 수 있고 좀 더 현실성 있는 아이디어 및 실제 구현 가능한 아이디어를 제시하는 것이 중요하다. C : 듀얼 레이저 포인터의 모델링화 및 시장조사의 필요성을 제시. D : 듀얼 레이저 포인터의 시장성 조사가 성공적으로 마쳐진다면 그에 대해 창의적설계에 필요한 여러 프로그램을 적용시켜 가상구현에 들어가는 것도 좋다! *** 주제선정과 토의의 반복적인 진행으로 시장조사와 프로그램 제어면에서 훨씬 부드러운 진행을 돋보이는 시너지 효과 발휘. 자연적으로 아이디어 출제자와 그 외 여러 준비 작업의 착수에 대해서 원활한 분담화가 이루어지고 있음.**		
결정사항	인체공학적 듀얼 레이저 포인터의 시장조사와 구현 가능성 제시!		
참석자	A B C D		

10.1.3 기말과제 선정하기(10~11주차)

- 프로젝트의 수행을 위한 각 단계를 학습하고 적용해 볼 수 있습니다.
- 학생들에게 아이디어 창출(brainstorming), 평가, 판단, 결정의 과정을 이해시킵니다.

(1) 아이디어 창출

가. 브레인스토밍(Brainstorming)

① 정의

- Brainstorming = Brain + Storming
- 창의적 아이디어 창출을 위한 팀 활동

② 목적

- 팀 활동을 통하여 창의적인 방안을 최대한 많이 얻게 합니다.

③ 고전적 브레인스토밍의 역사

- 1938년 광고업을 하는 오스본(Alex Osborn)에 의해서 개발
- 적합한 사람의 수는 3~10명
- 정해진 법칙과 과정을 따라야 합니다.

나. 브레인스토밍의 4가지 규칙

① 가능한 한 많은 아이디어를 만드시오.

- 아이디어의 수가 중요합니다.

② 엉뚱한 아이디어를 환영하시오.

- 최대한 창의적이 되시오.

③ 편승(hitchhike)을 장려하시오.

- 다른 사람의 아이디어를 발전시켜 아이디어를 만드시오.

④ 비판은 불허합니다.

- 판단은 나중으로 미룹니다.

다. 대화식 브레인스토밍 회의의 절차

① 브리핑

- 사교 시간(ice Breaking) → 편안한 자세, 자유로운 분위기
- 아이디어나 식견들을 서로 나누도록 장려
- 지난번 회의에서 만든 문제정의문을 게시 및 수정

② 브레인스토밍의 4가지 규칙 복습

- 4가지 브레인스토밍 규칙 확인
- 부정적인 사고를 예방하기 위한 삼진 아웃제

③ 브레인스토밍의 과정 설명
- 아이디어 창출 → 아이디어 쓰기 → 아이디어 편승하기
- 모든 아이디어에 번호 매김(편승 아이디어도 새 아이디어)
- 시간제한, 할당량 부여(예: 15분 동안 40개의 아이디어 제안)

④ 창의적 사고 워밍업 실행
- 간단하고 익숙한 물건(벽돌, 연필, 머그잔, 동전)을 이용하여 창의적 사고의 5분 워밍업 실행

⑤ 브레인스토밍 수행
- 짐 버리기(Load Dumping) : 잘 알려진 아이디어를 먼저 제안하여 마음 속에서 지워버려야 합니다.
- 흐름이 너무 느리면 → 진행자가 황당한 아이디어를 던져서 촉진. "만약 ~한다면"이라는 질문 던지기
- 여전히 느리면 → 잠시 휴식, 억지 끼워 맞춤 방법

⑥ 회의 마침
- 3분 후에 마친다고 예고
- 가장 좋은 아이디어 중 몇 개는 종종 마지막 몇 분 동안에 창출 가능

⑦ 참가자들에게 다음 회의 예고, 종료

라. 오스본의 스캠퍼(SCAMPER)법

약자	의 미	설 명	예
S	Substitute (대체)	다른 재료, 요소, 원동력, 프로세스 등	통나무로 만든 집, 종이컵, 죽통밥
C	Combine (결합)	혼합, 조립, 그리고 작동, 단위, 방법, 아이디어 등의 결합	사색 볼펜, 시계 겸용 라디오, 보온 겸용 밥솥
A	Adapt (적용)	다른 용도, 과거의 적용, 다른 아이디어의 도용	벌집 → 건축구조물
M	Modify, Magnify (변형 및 확대)	뜻, 색깔, 동작, 모양 등을 변형, 더할 수 있는 요소는?, 더 크게, 높게, 강하게, 두껍게, 과장되게 등	공기주입, 더 큰 비누→아이보리 비누(물에 뜨는 비누), 실패한 접착제 → 포스트잇
P	Put to other Use (다른 용도)	원래의 용도를 바꾸기 등	톱밥 → 장작 쓰레기 → 블록, 건설재료 폐타이어 → 놀이터의 고무블록

E	Eliminate, Minify (최소화)	취소, 분리, 가볍게, 짧게, 여러 개로 나누기 등	트랜지스터, 노트북
R	Reverse, Rearrange (역방향)	방향을 바꾸기, 거꾸로, 용도의 교환 등	벙어리 장갑 → 다섯 발가락 양말

※ 오스본의 스캠퍼(SCAMPER)법을 연필에 적용할 수 있습니다.

연필

S 대체하기
연필 대신 무엇을 사용할 수 있을까?

A 적용하기
연필과 비슷한 것에는 무엇이 있을까?

M 확대하기
연필을 크게 만들면 어떨까?

E 제거하기
연필 중 나무를 제거하면 어떻게 될까?

C 결합하기
연필에 무엇을 더하면 좋을까?

M 수정하기
색, 모양, 형태를 어떻게 바꾸면 좋을까?

P 다른 용도
연필을 다른 용도로 사용한다면?

R 반대로 하기
연필을 어떻게 하면 원 위치와 반대로 되게 할까?

(2) 아이디어 평가

아이디어를 도출하였으면 평가의 과정을 거쳐야 합니다.

- 브레인스토밍의 두 번째 단계
- 첫 번째 단계의 '엉뚱하고 무모한' 아이디어를 주어진 문제를 풀어나가는데 있어 좀 더 나은, 그리고 실용적인 개념으로 변환하는 단계

가. 엔지니어의 역할

① 창의적 아이디어의 평가는 '예술가'의 발산적 사고보다는 더 수렴적

② 엔지니어가 하는 일 = 아이디어를 실용적으로 활용할 수 있도록 설계, 구축, 유지, 분류, 조합, 개선, 그리고 종합화

③ '공학적' 아이디어를 실용적인 개념, 해결방안, 또는 제품 디자인으로 만드는 과정은 팀 활동이 적합

나. 4가지 법칙

① 질이 '좀 더 나은' 아이디어를 찾으시오.

② '엉뚱한' 아이디어를 좀 더 실용적으로 만드시오.

③ 좀 더 완벽한 해결방안을 얻기 위해 아이디어를 종합하시오.

④ 비판적인 판단을 계속 유보하시오.

다. 창의적 아이디어 평가과정

① 관련된 아이디어를 여러 개의 범주로 분류합니다.

② 각 범주 내에서 양질의 아이디어를 도출해 냅니다.

③ 범주 간에 관련이 없는 아이디어를 억지 끼워 맞춥니다.

(3) 아이디어 판단

아이디어 판단의 과정

가. 판사 - 최상의 해결방안을 찾을 수 있습니다.

① '판사'의 마음가짐 : 비판과 공평

② '판사'로서의 임무 : 최상의 아이디어 찾기 → 완벽하지는 않지만, 객관적인 증거와 원칙에 의해 현명한 결정을 내리는 것이 요구됩니다.

- 시간 감각 → 빨리 내려야 하는 결정과 오랜 시간에 걸쳐 주의깊게 내려야 하는 결정을 파악합니다.
- 시기의 적절성 → 새로운 아이디어에 대한 시기의 적절성을 결정합니다.

③ '판사'로서의 책임 : '생산자'에게 가치 있는 해결방안을 넘겨줍니다. 제안된 해결방안에 대해 내포된 위험을 검토합니다.

나. 좋은 판단이란 무엇입니까?

① 좋은 판단에 영향을 미치는 요소

- 비판적 사고
- 실패 경험
- 결과 예측능력
- 문화적 가치관, 편견
- 원칙이나 도덕적 기준에 대한 개인의 신념체계

② 좋은 판단을 위한 조건

- 비판적 사고방식
- 실패 경험(간접경험)
- 도덕적 기준에 대한 성숙한 신념체계

- 결과 예측능력
- 전뇌를 사용하는 팀 - 편견, 편협한 사고, 선입관 및 잘못된 가설을 피할 수 있습니다.

다. 비판적 사고의 활용은 어떻게 합니까?

① 창의적 문제 해결과정에서 비판적 사고의 이용

- 통합적인 비판적 사고
  - 논쟁과 증거에 근거하여 상황이나 입장을 논리적으로 표현
  - 대안 제시 없이 관련 질문들과 비판적 논점을 제시
- 창의적 문제해결과정에서의 비판적 사고
  - 아이디어들에 비판이 가해지나, 반드시 그 과정에서 개선을 위한 아이디어들이 제안되고 검토되는 단계가 추가

② 비판적 사고의 특징

- 과정이며, 결과가 아닙니다.
  - 문제의 내용, 저변에 깔린 가정을 이해합니다.
- 생산적이며, 긍정적인 활동입니다.
- 이성적이며, 감성적입니다.
  - 전뇌적 사고이며, 느낌 및 직관과 함께 이성을 활용할 수 있습니다.
- 비판적 사고자들은 융통성이 있고 정직함. -이성적 판단과 편견을 구별할 수 있고, 사실과 의견을 구별할 수 있습니다.

라. 아이디어를 판단할 기준을 설정할 필요가 있습니다.

① 판단 기준 설정

② 아이디어 조사 및 우선 순위화 - 시간 제약, 위험도 및 편파적으로 치우침의 정도에 대한 평가

③ 부족한 점 조사 및 결점 알아내기 - 부정적인 면을 극복할 수 있는 방안 찾기

마. 판단 기준을 작성할 때 고려 사항을 참고 할 수 있습니다.

① 동기 부여 : 사용자의 사용동기, 구매동기 유발, 고객요구 충족

② 사람 : 고객, 해결방안의 영향력, 시장성

③ 비용 : 생산비용, 필요한 기술의 종류, 수리 또는 유지의 용이성, 재활용성

④ 지원 : 재료, 장비, 정보, 인력

⑤ 가치관 : 사회적 가치관, 환경, 안전

⑥ 시간 : 실행하는데 걸리는 시간

⑦ 효과 : 결과, 사용자 또는 사회에 미치는 영향

바. 아이디어 판단할 때 여러 기법을 활용할 수 있습니다.

① 신속법 :
- 투표에 의한 결정
- 명확한 판단 기준이 없음
- 전체 그룹의 생각에 동요될 가능성
- 단점에 대해 논의하기 어려움

② 장/단점 기법 :
- 장점과 단점의 목록을 따로 만듦
- 가장 장점이 많고, 단점이 적은 아이디어가 선정
- 어떤 하나의 단점이 여러 개의 장점들에 필적할 정도로 중요할 수 있기 때문에 맹점이 있음

③ 장단점 매트릭스 :
- 기준 항목의 수와 해결을 위한 대안의 수가 상대적으로 적을 때 적합

④ 퓨(Pugh) 방법 : - 장단점 매트릭스의 개선
- 새로운 아이디어들은 표준(기존의 제품이나 벤치마킹(benchmarking)제품)과 비교되고 판단 결과에 따라 더 나음(+), 본질적으로 같은(S), 상당히 더 나쁨(-) 등으로 구분

⑤ 지지법(Advocacy method) : - 아이디어 수가 적을 때 적합
- 각 그룹 구성원들은 한 두 개의 아이디어를 부여받은 후, 그 아이디어를 그룹 전체에 대해 옹호하는 임무를 가짐
- 번갈아가며 자기가 맡은 아이디어의 장점을 강조
- 단점이 간과될 수 있다는 약점

⑥ 역 브레인스토밍(reverse brainstorming) :
- 그룹 구성원들이 각 아이디어의 약점 및 단점을 비판

(4) 아이디어 실행

의사결정을 완료하였으면 실행에 옮겨야 합니다.

① 의사결정 : 원하는 목적을 달성하기 위한 일련의 행동을 선택하는 것

② 중요하지 않은 의사결정은 신속하게, 중요한 결정은 좀 더 시간을 두고 결정

③ 창의적 의사결정 접근법
- 기존의 방법 : 좌뇌를 사용한 분석적 방법
- 미래 예측이 불가능한 변화의 시대 : 전뇌 사용
- 미래에 대한 불확실성에 대처하여 의사 결정하는 방법 → 창의적 의사결정

10.1.4 기말 과제 수행하기(12~15주차)

각 팀별로 텀 프로젝트(Term Project)의 선정된 과제를 이론 학습을 통해 익힌 과정을 적용하고 Creax 또는 Innosolver 트리즈 S/W 활용하여 과제를 수행합니다.

(1) CREAX S/W를 이용한 기말 과제수행 사례 예시

〈기말과제 수행 Time Table〉

주차 / 진행내용	1주	2주	3주	4주	5주	6주	7주	8주	9주	10주	11주	12주	13주	14주	15주	16주
아이디어 회의	—	—	—	—												
아이디어 결정 및 검수				—	—	—										
아이디어 구체화						—	—	—								
주제 세부사항 결정								—	—	—	—					
주제 완성											—	—				
발표준비 및 포트폴리오												—	—	—	—	
발표															—	—
포트폴리오 제출															—	—

가. 주제 선정

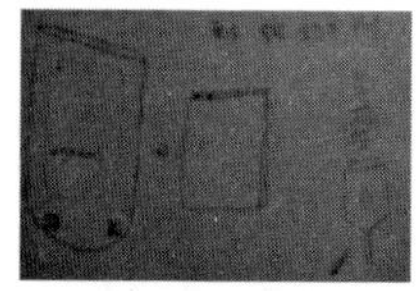

휴대폰 충전 개선 시스템

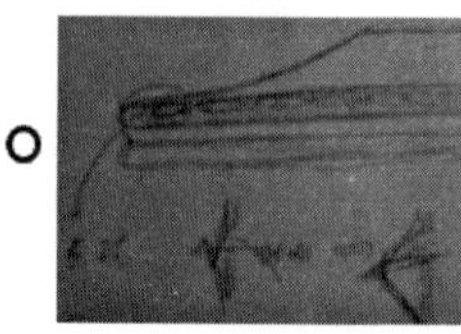

발냄새 안나는 깔창

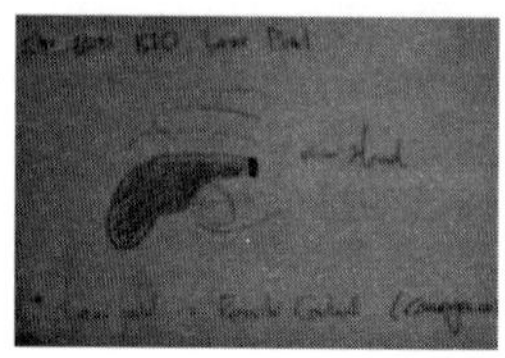

나. 프리젠터/레이저 포인터 장단점 분석

두 가지를 한번에 휴대
하나 가격으로 두 기능
인체공학적 설계
프리젠테이션의 필수품

다. 임계결정법을 이용한 평가 및 해 선정

가중치	프리젠터	비교	포인터	가중치
4	유지보수	⇨	유지보수	5
3	가격	⇨	가격	6
7	휴대성	⇨	휴대성	8
9	자유로움	=	원거리	9
10	편리함	=	집중	10

프리젠터와 레이저 포인터의 기본기능을 충실히하며 레이저 포인터 만큼의 가격 경쟁력과 휴대성, 유지보수가 가능한 그러한 복합기를 만드시오~!

라. Brainstorming - SCAMPER

스캠퍼 \ 아이디어 제안	What?	How to?
Substitute	대체할 수 없는가?	다른것과 합할 수는 없는가?
Combire	결합할 수 없는가?	더 많은 기능을 결합할 수는?
Adapt	적합화할 수 있는가?	하나로 잘 합쳐질 수 있는가?
Magnif	변경, 확대할 수 있는가?	어떤 식으로 변경할 것인가?
Put to other uses	다른 용도로 사용할 수 없는가?	레이저로 다른 것을 할 수 있는가?
Eliminate	제거할 수 있는가?	필요없는 기능은 제거가 가능한가?
Rearrange	반전, 재정렬할 수 있는가?	감도에 따라 재조정이 가능한가?

마. CREAX 프로그램을 이용한 창의적 문제해결과정

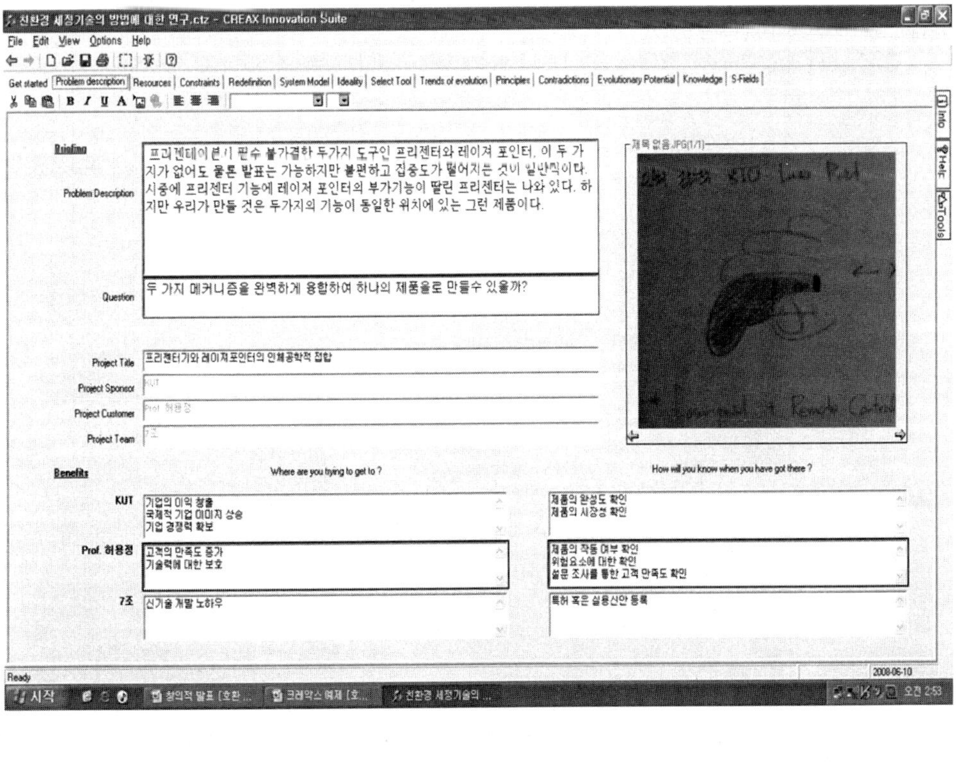

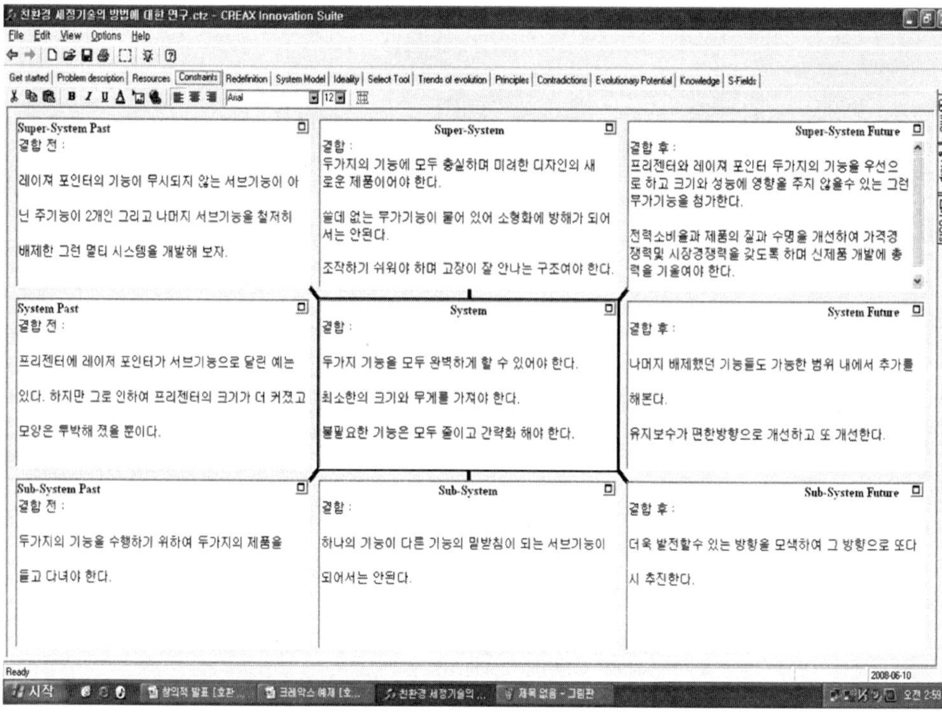
친환경 세정기술의 방법에 대한 연구.ctz - CREAX Innovation Suite
Super-System Past
결합 전 :
레이저 포인터의 기능이 무시되지 않는 서브기능이 아닌 주기능이 2개인 그리고 나머지 서브기능을 철저히 배제한 그런 멀티 시스템을 개발해 보자.
Super-System
결합 :
두가지의 기능에 모두 충실하며 미려한 디자인의 새로운 제품이어야 한다.
쓸데 없는 부가기능이 붙어 있어 소형화에 방해가 되어서는 안된다.
조작하기 쉬워야 하며 고장이 잘 안나는 구조여야 한다.
Super-System Future
결합 후 :
프리젠터와 레이저 포인터 두가지의 기능을 우선으로 하고 크기와 성능에 영향을 주지 않을수 있는 그런 부가기능을 첨가한다.
전력소비율과 제품의 질과 수명을 개선하여 가격경쟁력및 시장경쟁력을 갖도록 하며 신제품 개발에 총력을 기울여야 한다.
System Past
결합 전 :
프리젠터에 레이저 포인터가 서브기능으로 달린 예는 있다. 하지만 그로 인하여 프리젠터의 크기가 더 커졌고 모양은 투박해 졌을 뿐이다.
System
결합 :
두가지 기능을 모두 완벽하게 할 수 있어야 한다.
최소한의 크기와 무게를 가져야 한다.
불필요한 기능은 모두 줄이고 간략화 해야 한다.
System Future
결합 후 :
나머지 배제했던 기능들도 가능한 범위 내에서 추가를 해본다.
유지보수가 편한방향으로 개선하고 또 개선한다.
Sub-System Past
결합 전 :
두가지의 기능을 수행하기 위하여 두가지의 제품을 들고 다녀야 한다.
Sub-System
결합 :
하나의 기능이 다른 기능의 밑받침이 되는 서브기능이 되어서는 안된다.
Sub-System Future
결합 후 :
더욱 발전할수 있는 방향을 모색하여 그 방향으로 또다시 추진한다.

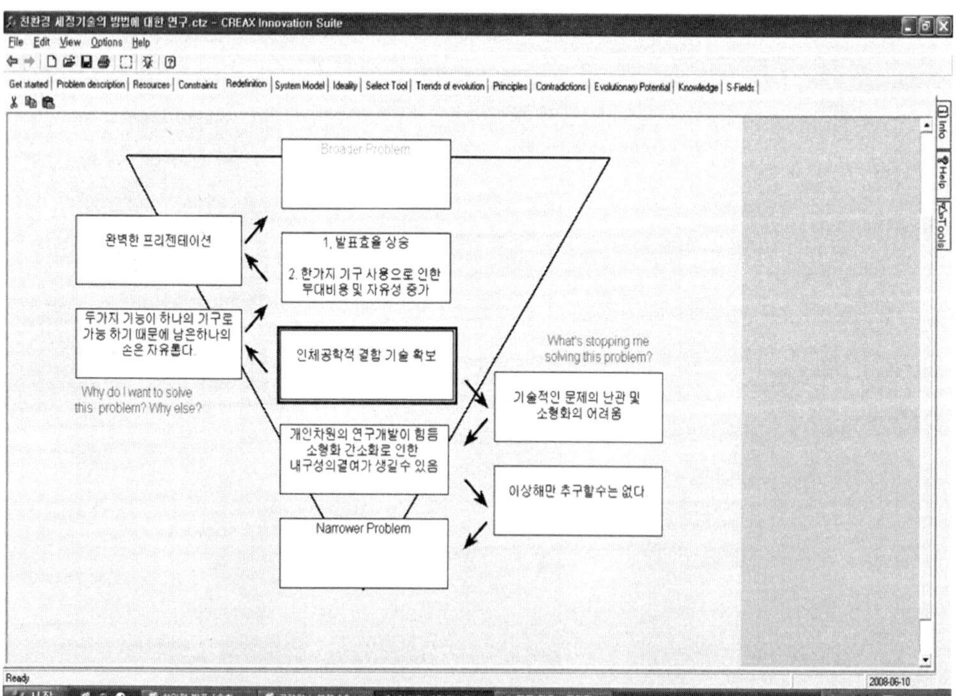
친환경 세정기술의 방법에 대한 연구.ctz - CREAX Innovation Suite
Broader Problem
완벽한 프리젠테이션
1. 발표효율 상승
2. 한가지 기구 사용으로 인한 부대비용 및 자유성 증가
두가지 기능이 하나의 기구로 가능 하기 때문에 남은하나의 손은 자유롭다.
인체공학적 결합 기술 확보
What's stopping me solving this problem?
Why do I want to solve this problem? Why else?
기술적인 문제의 난관 및 소형화의 어려움
개인차원의 연구개발이 힘듦 소형화 간소화로 인한 내구성의결여가 생길수 있음
이상해만 추구할수는 없다
Narrower Problem

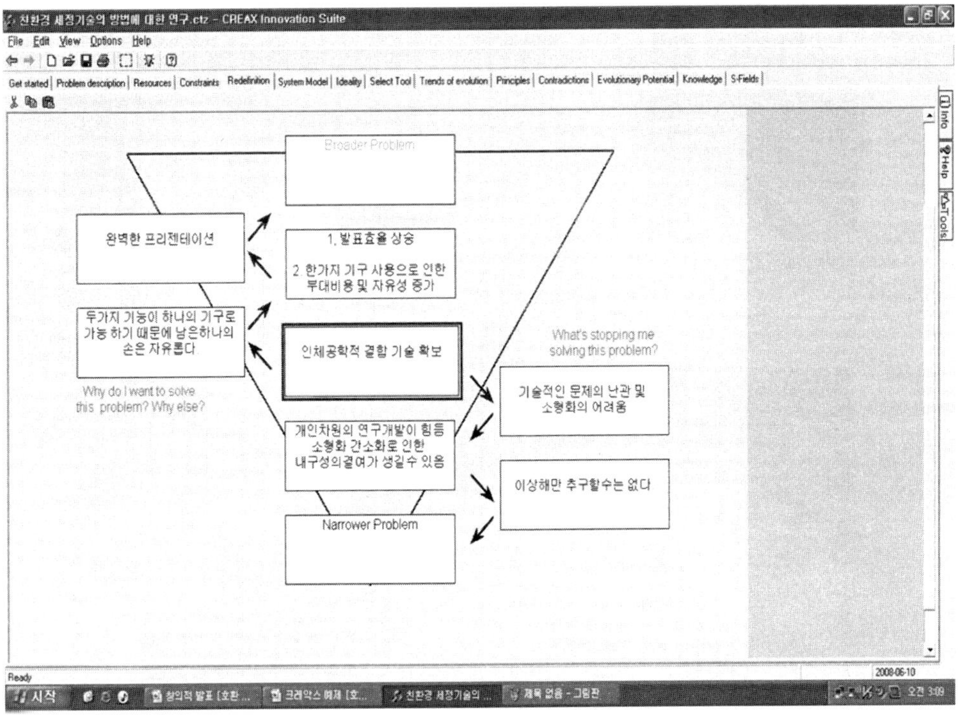
친환경 세정기술의 방법에 대한 연구.ctz - CREAX Innovation Suite
File Edit View Options Help
Get started | Problem description | Resources | Constraints | Redefinition | System Model | Ideality | Select Tool | Trends of evolution | Principles | Contradictions | Evolutionary Potential | Knowledge | S-Fields
Broader Problem
완벽한 프리젠테이션
1. 발표효율 상승
2. 한가지 기구 사용으로 인한 부대비용 및 자유성 증가
두가지 기능이 하나의 기구로 가능 하기 때문에 남은하나의 손은 자유롭다
인체공학적 결합 기술 확보
What's stopping me solving this problem?
Why do I want to solve this problem? Why else?
기술적인 문제의 난관 및 소형화의 어려움
개인차원의 연구개발이 힘듬 소형화 간소화로 인한 내구성의결여가 생길수 있음
이상해만 추구할수는 없다
Narrower Problem
Ready
2008-06-10

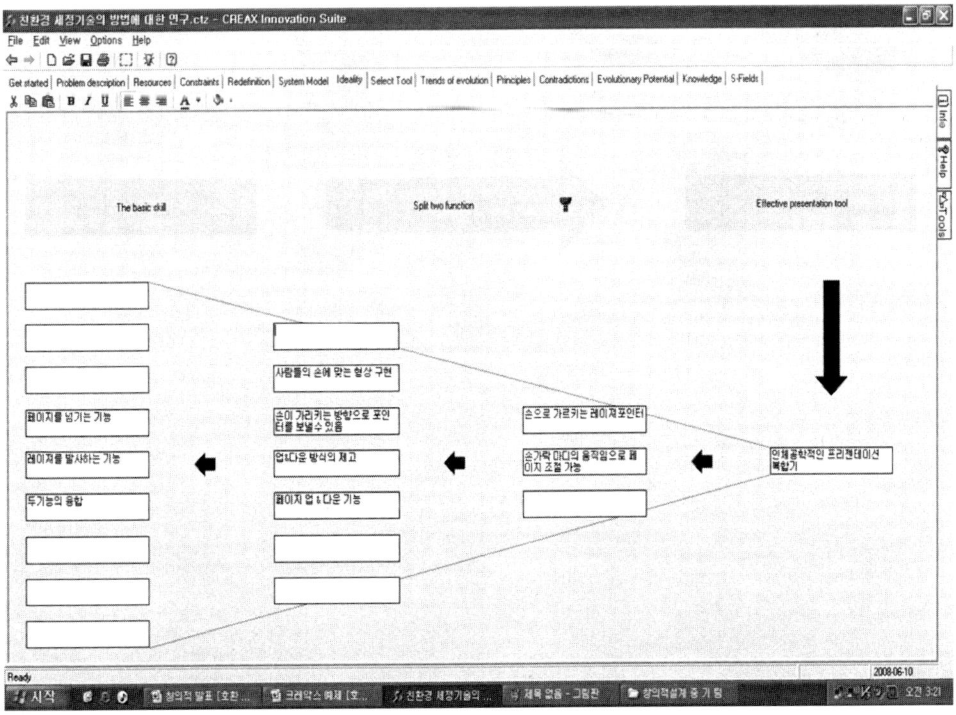
친환경 세정기술의 방법에 대한 연구.ctz - CREAX Innovation Suite
File Edit View Options Help
Get started | Problem description | Resources | Constraints | Redefinition | System Model | Ideality | Select Tool | Trends of evolution | Principles | Contradictions | Evolutionary Potential | Knowledge | S-Fields
The basic skill
Split two function
Effective presentation tool
페이지를 넘기는 기능
레이저를 발사하는 기능
두기능의 융합
사람들의 손에 맞는 형상 구현
손이 가리키는 방향으로 포인터를 보낼수 있음
업&다운 방식의 제고
페이지 업 & 다운 기능
손으로 가르키는 레이저포인터
손가락 마디의 움직임으로 페이지 조절 가능
인체공학적인 프리젠테이션 복합기
Ready
2008-06-10

바. 시장조사

일반형

카드형

그린 레이저 포인터

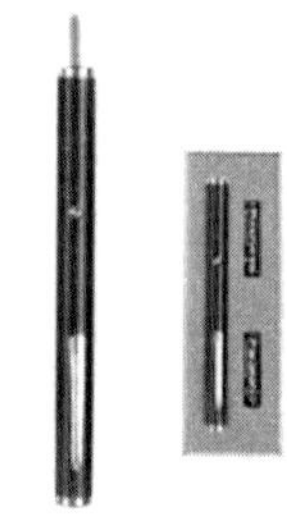

녹색형

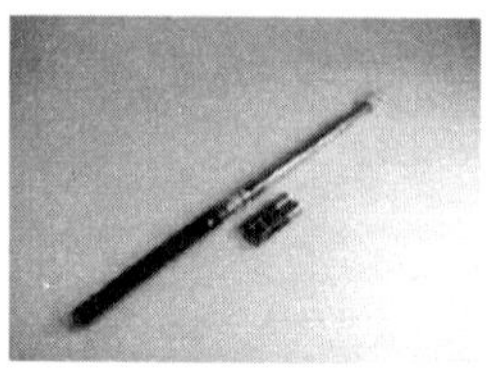

지시봉형

볼펜형

ETC...

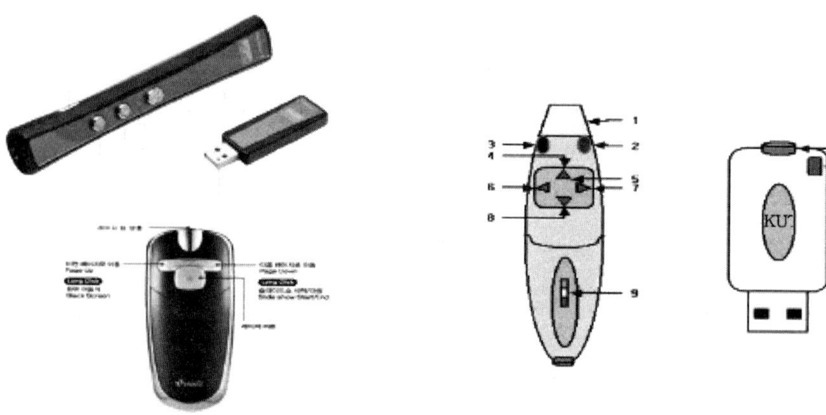

다기능 복합 장치

사. 관련 특허조사

○ 더 상세한 상담을 원하신다면 [검색의뢰] [등록가능성 검토] [비공개상담하기]

번호	IPC	출원번호	등록번호	발명 명칭(국문/영문)	출원인
1	G03B 21/132	1019970080422		국부적 확대 기능 및 가변 레이저 포인터 기능이 있는 프로젝터/	주식회사 엘지이아이
2	H04B 1/40	1019990026478		레이저 포인터가 부착된 휴대폰/Cellular phone with laser pointer	아파린 페트르 젠나디에비치
3	H04Q 9/00	1019990026722		레이저 포인터가 부착된 리모콘/Remote controller with laser pointer	아파린 페트르 젠나디에비치
4	G11B 31/00	1020000011305	1003542990000	레이저포인터를 내장한 보이스레코더의 전원연결장치/A apparatus of power connection for voice recorderwithin laser pointer	김정유
5	H04B 1/40	1020000014829		레이저 포인터 기능이 내장된 휴대용 무선기기/Portable wireless communication device with a laserpointer function	바텔리 메모리얼 인스티튜트
6	G06T 13/00	1020000016712		레이저 포인터 마우스를 이용한 프리젠테이션 시스템/Presentation system using a Laser-pointer mouse	
7	G02B 27/20	1020000076963	1004276010000	레이저 포인터/Laser pointer	
8	G06F 3/033	1020010005352		마우스 기능을 갖는 레이저 포인터/Laser pointer able to function as a computer mouse	공태웅

프로젝터+레이저포인터

휴대폰+레이저포인터

리모콘+레이저포인터

보이스레코더+레이저포인터

프리젠터+레이저포인터

마우스+레이저포인터

아. 결론

비록 우리가 설계한 프리젠터기와 레이저 포인터 복합기가 이미 시장에 존재하긴 했지만 인체공학적 설계를 통한 실용신안등록을 목표로 한 복합기를 구현하기로 하겠습니다.

11
한글 트리즈 소프트웨어 InnoSolver를 활용한 실습

Creative Design and Lab

11.1 InnoSolver 개요

InnoSolver는 최초의 한글로 된 상용 트리즈 소프트웨어입니다.

InnoSolver는 도전적이고 혁신적인 프로젝트를 관리하기 위한 소프트웨어 기반의 창의적 문제해결 이론(TRIZ)을 활용한 실제 과제 수행을 지원합니다. InnoSolver 소프트웨어에는 품질관리(QC, quality control)사상, 가치공학(VE, value engineering) 및 브레인스토밍(Brainstorming)을 포함하는 여러 가지 발명 방법에 기반을 두고 아이디어를 생성하는 구조화된 접근법들이 도입되어 있습니다.

InnoSolver는 프로젝트팀이 직면하고 있는 기술적인 도전을 탐색하고 정의하고, 프로젝트 목표를 달성하기 위한 기회를 밝혀내고, 효과적으로 협동적인 아이디어를 생성하기 위한 방법들을 구비한 일련의 도구들을 제공합니다. 이들 도구들은 이전의 발명자들의 성공적인 결과들에 의해 입증되었으며, 아이디어를 생성하는 권고사항들(발명원리)은 세계의 특허, 기술적 지식과 발명자의 성공으로부터 도출되었습니다. InnoSolver는 고정관념에 얽매이지 않고, '바깥으로부터의 사고'에 집중할 수 있게 지원하는 소프트웨어입니다.

InnoSolver는 어떠한 문제점을 명확히 해결할 때 쓰이는 도구입니다. 이 프로그램은 통상적인 프로그램들과는 달리 해답을 제시하지는 않고 방향에 대한 지침을 줍니다. 사용자에 따라 얼마든지 유동적으로 바뀔 수가 있고, 그 순서 또한 바뀔 수 있습니다. 이는 '해답'이 아닌 '방향제시'일 뿐입니다. 따라서 InnoSolver를 활용하여 문제해결을 원할 경우, TRIZ의 전체적인 이론을 이해하는 것이 선행되어야 할 것입니다.

11.2 문제해결 프로세스 ABC 소개

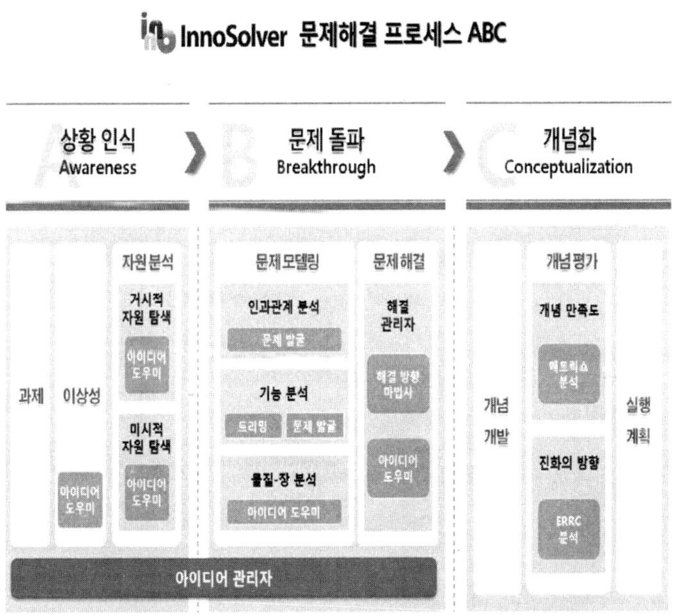

InnoSolver의 문제해결 프로세스 ABC는 3파트, 7단계로 구성되어 있으며, 컴퓨터의 지원 없이 전개하는 고전적 트리즈(TRIZ)의 문제해결 알고리즘(ARIZ)을 컴퓨터의 지원하에 전개할 수 있도록 체계화시킨 것입니다. 전통적으로 9단계 40파트로 구성되어 있는 ARIZ 85C가 주어진 문제를 정확하게 해결하는 것을 지원하는 반면, InnoSolver의 문제해결 프로세스 ABC는 올바른 문제를 정확하게 해결하는 것을 지원합니다. InnoSolver에서는 올바른 문제를 해결하기 위해 인과관계분석, 기능분석 및 상호작용분석 등을 통해 복잡한 문제를 보다 단순한 문제들의 집합으로 세분화하는 작업을 지원해 줍니다. InnoSolver의 문제해결은 유용한 기능의 향상, 유해한 기능 제거, 그리고 모순해결의 3가지를 다룹니다.

InnoSolver의 문제해결 프로세스 ABC는 다음과 같은 단계를 거쳐서 수행됩니다.

11.2.1 Phase A 상황인식(Awareness)

(1) **1단계 이상성 분석** :

- 시스템의 이상성을 정의하고, 이상적인 방법을 모색합니다.

(2) **2단계 자원분석** :

- 이상성을 달성하기 위한 자원과 제약조건을 파악합니다.
- 자원분석은 2가지 관점에서 실시합니다.
  첫 번째는 시스템체계 전체 관점에서 자원을 탐색하는 거시적 자원탐색
  두 번째는 문제영역 관점에서 시스템 내 외부의 물리적 자원을 탐색하는 미시적 자원탐색

11.2.2 Phase B 문제돌파(Breakthrough)

(1) **3단계 문제 모델링** :

- 다음 3가지 방법을 사용하여 문제를 가시적으로 모델링합니다.
  방법 1: 인과관계분석→기술 시스템을 원인(Cause)-결과(Effect)관계로 도식화합니다.
  방법 2: 기능분석→기술 시스템을 기능(주어-동사-목적어)관계로 도식화합니다.
  방법 3: 물질-장분석→기술 시스템의 공학적 구조를 물질-장의 관계로 도식화합니다.

(3) **4단계 문제해결** :

- 원리, 효과, 진화법칙, 표준해결책, 분리원리 등 TRIZ 지식베이스를 활용하여 아이디어를 도출합니다.

11.2.3 Phase C 개념화(Conceptualization)

(1) **5단계 개념 개발** :

- 아이디어를 평가하고 기능적으로 유사한 아이디어를 결합하여 개념을 만듭니다.

(2) **6단계 개념평가**

- 회사 및 문제 모델링 관점에서 개념을 평가하고 선택합니다.
  ① 개념들에 대한 평가기준을 설정하여 각각의 개념들을 비교 평가합니다.
  ② 경쟁 시스템의 진화의 방향을 비교탐색하고, 진화 단계를 분석해서 개념을 더욱 더 발전시킵니다.

(3) **7단계 실행계획**

- 선택된 개념을 누가(Who), 언제(When), 어떻게(How) 실행할 것인지 결정합니다.

11.3 InnoSolver를 활용한 실제 과제 수행사례 (반도체 장비 : 초크랄스키 단결정 생성 장치)

다음은 InnoSolver를 활용하여 실제로 실습을 수행한 사례입니다. 학생들이 InnoSolver를 활용하여 스스로 과제를 해결해 나가는 과정을 자세히 설명하여 이해를 돕고자 하였습니다.

11.3.1 과제의 이론적 배경조사

(1) '**초크랄스키법**'**이란**? Czochralski method(**초크랄스키법**)

초크랄스키법은 Jan Czochralski에 의해 1918년 결정성장법으로 Verneuil법의 핵생성과 결정성장 속도 그리고 직경을 조절하는 원리를 응용하여 금속 도가니에 원료를 용융하여 seed 결정을 위에서 남가 서서히 인상하면서 결정을 성장하는 방법입니다. 1950년 초 BELL연구소의 TEAL과 LITTLE이 Ge와 Si의 순수한 결정과 불순물이 첨가된 결정 그리고 PN-접합형 결정을 이 방법으로 키우기 시작하였으며, 실질적으로 III-V족 반도체 생산에 사용하기 시작하였다. 이 후 다양한 결정성장에 적용하였으며, 현재 보편적으로 사용하는 성장법입니다.

초크랄스키법은 1979년에 기존에 Verneuil법으로 성장하던 루비, 사파이어를 보석용, 시계용, 볼펜 볼 등으로 사용되었으나 레이저용은 고품질의 사파이어를 요구합니다. 따라서 초크랄스키법으로 사파이어 성장을 시작하였습니다.

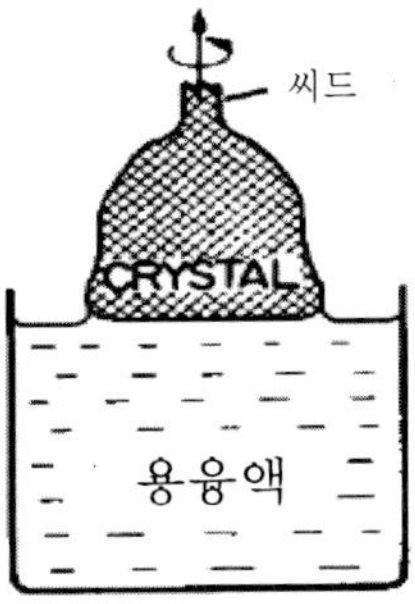

초크랄스키 사파이어 성장과정

① 고순도의 Al2O3를 iridium 도가니에 넣고, 2,050℃ 이상으로 용융합니다.
② 사파이어 seed 결정을 용융액에 담급니다.
③ Seed를 30rpm 이상으로 회전하면서 6~25mm/h의 속도로 용융액으로부터 인상합니다.
④ 98% N2와 2% O2 분위기를 조성합니다.
⑤ 일정한 직경의 boule을 얻기 위해 세밀한 인상 속도 조절을 요구합니다.
⑥ 11cm 직경의 결정을 얻기 위해서는 15cm 도가니에서 인상할 수 있습니다.

(2) Czochralski법의 특성

초크랄스키법은 대표적인 인상법에 의한 결정성장법으로 iridium 도가니에 Al2O3을 유도 가열하여 용융한 후, seed 결정을 상부에서 용융액에 접촉시켜 회전하면서 서서히 인상하여 실린더 형태의 단결정을 성장하는 방법으로 주로 반도체용 실리콘 결정 성장에 이용합니다. sapphire 이외의 다른 다양한 결정을 주로 성장하는데 Kyocera, Namiki 등에서 이용하고 있습니다(U. Kawabe, 2001). 그러나 초대형 단결정을 생산하는 데는 어려움이 있고 결정의 이동에 의한 내부결함 생성이 되는 단점이 있습니다(J.D. Plummer et al., 2000).

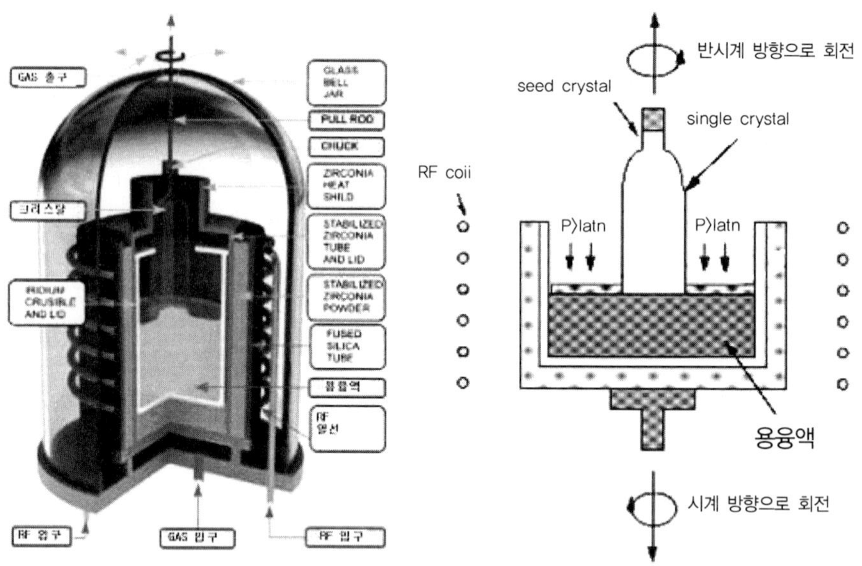

초크랄스키법의 모형도

제조 방법	장점	단점
초크랄스키법	- 다양한 재료의 결정성장 - 전자소재용 품질생산 가능 - 결정성장 속도 빠름 - 대형 단결정 성장 가능 - 다양한 형태의 결정성장 가능 - 결정의 성장과정 관찰 가능	- 표면결함에 의한 가공 손실이 커서 생산 효율이 낮음 - 결정 이동에 의한 내부결함 - 대량 생산에 비효율적임 - 끊어짐으로 인한 작업 중단현상

우리는 여기서 초크랄스키법의 가장 큰 문제점인 '끊어짐으로 인한 작업 중지'에 대해 살펴보기로 하였습니다. 실제로, 단결정을 생성 중인 잉곳이 끊어져 ~~용융~~화된 실리콘 내부로 빠져버린다면, 이는 기업에 엄청난 손실일 것입니다. ~~용융~~화된 실리콘을 폐기해야 하며, 작업을 중지시키는 것은 반도체 가공 공정에서 엄청난 재산적인 손실일 것입니다. 우리는 이 문제를 심도 있게 고찰하여 해결해 보고자 합니다.

11.3.2 문제 풀이과정 및 해결방안 - InnoSolver

(1) 문제정의

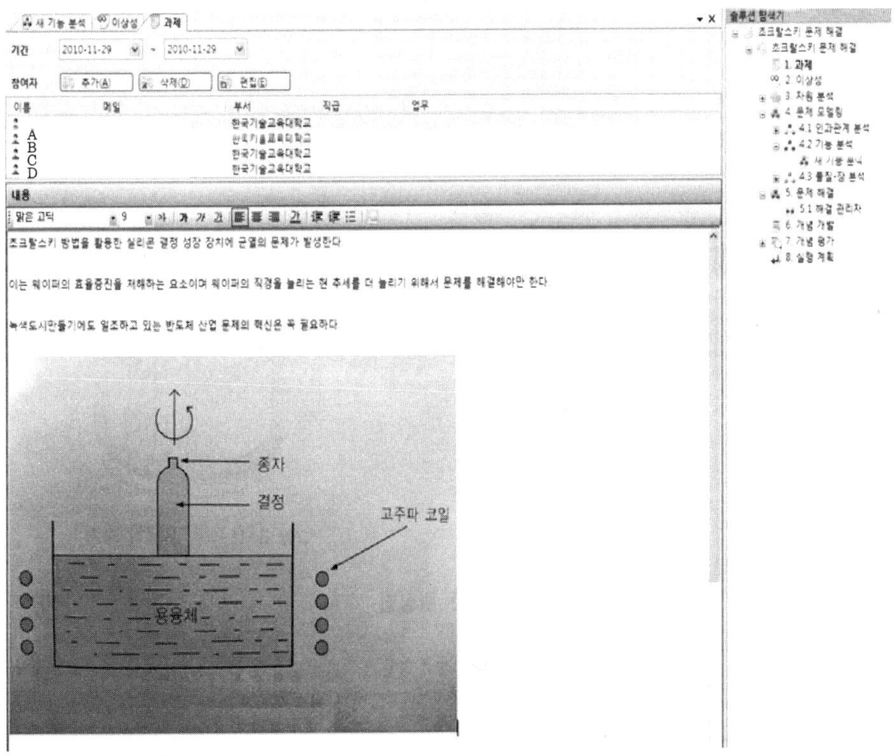

초크랄스키법에 있어서 실리콘 결정 성장 장치의 균열에 의한 절단의 문제가 발생합니다. 이는 웨이퍼의 효율증진을 저해하는 요소이며 웨이퍼의 직경을 늘리는 현 추세에 어긋납니다.

(2) 이상성

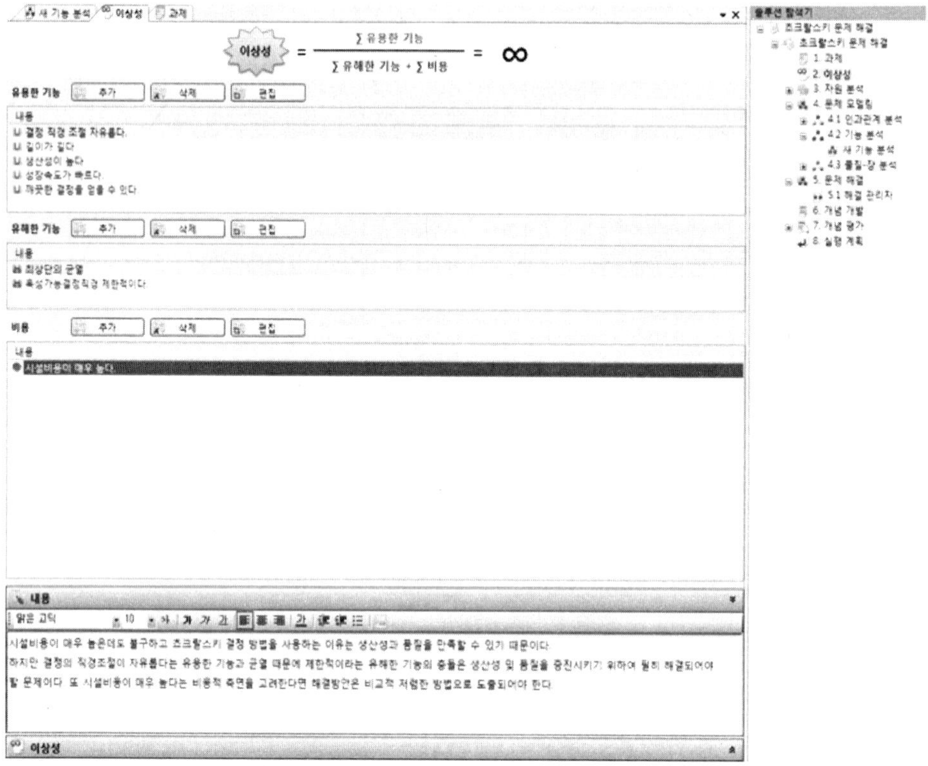

이상성을 수식으로 나타내었을 시, 다음과 같이 나타낼 수 있습니다.

$$\text{이상성} = \frac{\sum \text{유용한 기능}}{\sum \text{유해한 기능} + \sum \text{비용}} = \infty$$

따라서, 이상성을 증가시키기 위해서는 유용한 기능을 증가시키고, 유해한 기능과 비용을 줄여야 합니다.

먼저, 이상성을 증가시키는 요소인 **'유용한 기능'**을 찾았습니다.

① 결정 직경 조절이 자유롭습니다.

② 길이가 깁니다.
③ 생산성이 높습니다.
④ 성장 속도가 빠릅니다.
⑤ 깨끗한 결정을 얻을 수 있습니다.

유해한 요소는 다음과 같이 찾을 수 있습니다.

① 최상단의 균열이 발생합니다.
② 육성가능한 결정 직경이 제한적입니다.

시설 비용은 매우 높게 잡는다. 이상의 내용은 다음과 같습니다.

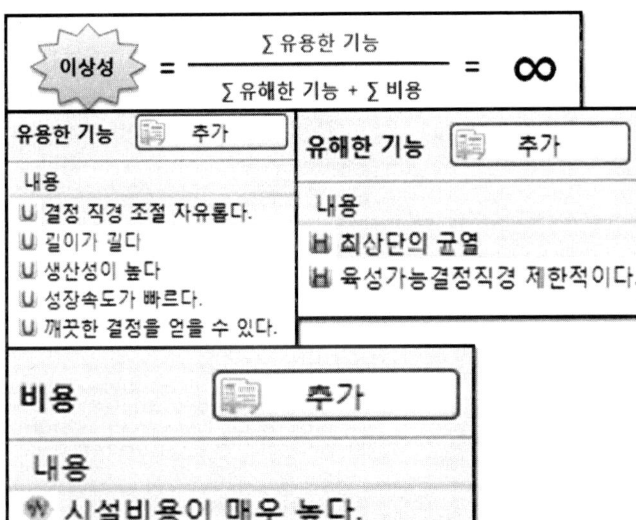

시설 비용이 매우 높은데도 불구하고 초크랄스키 결정방법을 사용하는 이유는 생산성과 품질을 만족할 수 있기 때문입니다.

하지만 결정의 직경 조절이 자유롭다는 유용한 기능과 균열 때문에 제한적이라는 유해한 기능의 충돌은 생산성 및 품질을 증진시키기 위하여 필히 해결되어야 할 문제입니다. 또 시설 비용이 매우 높다는 비용적 측면을 고려한다면 해결방안은 비교적 저렴한 방법으로 도출되어야 합니다.

즉, 결정의 직경을 자유롭게 할 수 있으면서도 최상단의 균열은 없게 만들어야 합니다. 또한, 비용적 측면도 고려해야 합니다.

(3) 자원분석 - 거시적 자원탐색

	과거	현재	미래
상위	원시적 응용 시스템 불규칙화 대량생산 어려움, 긴 공정 시간	단 결정 사용 반도체 시스템 규칙화된 결정 대량생산 어려움 긴공정시간	초고속 고효율 반도체 시스템 대량생산 가능 공정시간의 단축
시스템	균일한 결정질을 갖지 않는 공정 낮은 품질의 결정 틀에 녹은 실리콘을 부은 후 굳힌 다음 일정 크기만큼 잘라내는 방법이다.	초크랄스키법을 활용한 단결정 생성법 초크랄스키:용융체의 표면에 금속봉을 달게 하면 접촉부가 과냉각되어 결정화된다. 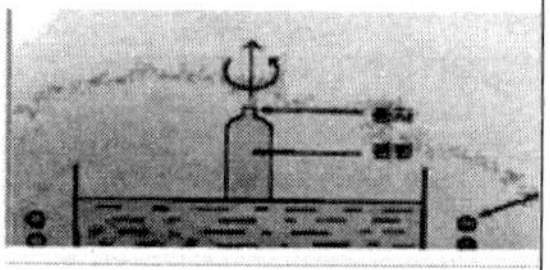	seed 무 고속운동 고속결정화 단결정생성법 회부에서 금속봉을 돌리는 방식이 아닌 요소가 고속으로 회전하며 결정을 생성하는 방식
하위	용광로 틀 사람	고주파코일 용융틀 씨드	레이저 코일 규칙적인 결정화를 돕는 틀 부피와 하중을 갖지 않는 seed

우리가 추구하는 시스템을 현재라고 보았을 때, 과거 현재 미래로 나누어 볼 수 있으며, 현 시스템에서의 상위 시스템과 하위 시스템으로 나눌 수 있습니다.

현재 시스템에서 사용되는 '상위'의 단결정 사용, 반도체 시스템, 규칙화된 결정, 대량생산의 어려움, 긴 공정과 '하위'의 고주파 코일, 용융 틀, seed라는 요소들을 통해 미래의 시스템을 유추해 낸 것입니다.

(4) 자원분석 - 미시적 자원 탐색

드러난 자원	감춰진 자원	유도된 자원
코일 용융틀 모터 실리콘 척(바이스) 케이블	열 압력 틀 내부공간 회전력 응력 상승운동	굳어 올라가는 실리콘 부피 규칙적인 단결정 내부공간의 여유

드러난 자원은 현재 우리가 알고 있고 식별이 가능한 자원들입니다. 감춰진 자원은 우리가 인지하지 못하고 그냥 지나쳐 버리는, 숨어 있는 자원을 말합니다. 유도된 자원은 시스템의 가동하는 가동자의 의도에 의해 발견되는 자원들을 말합니다. 드러난 자원에서는 코일, 용융 틀, 모터, 실리콘, 척(바이스), 케이블을 발견할 수 있습니다. 감춰진 자원에는 열, 압력, 틀의 내부공간, 회전력, 응력, 상승운동을 들 수 있으며, 우리가 유도한 자원은 굳어 올라가는 실리콘의 부피, 규칙적인 단결정, 내부공간의 여유를 들 수 있습니다. 이를 입력한 내용은 위와 같습니다.

(5) 문제 모델링 - 인과관계분석

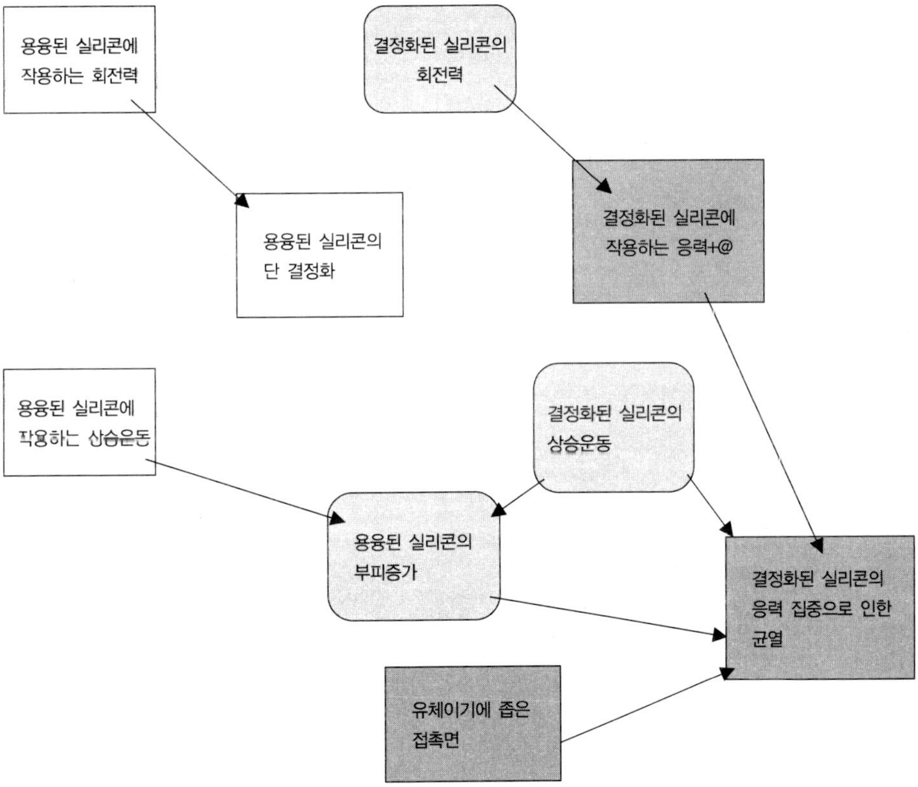

전체적으로 실리콘의 결정화와 부피 및 하중의 증가에 초점을 맞추어 분석을 실시하였습니다. 유해한 자원, 유용한 자원, 환경, 각 요소들과 우리가 위의 1~4단계까지 도출해 낸 모든 요소들에 대한 상관관계를 보여주고 있습니다.

(6) 문제 모델링 - 기능분석

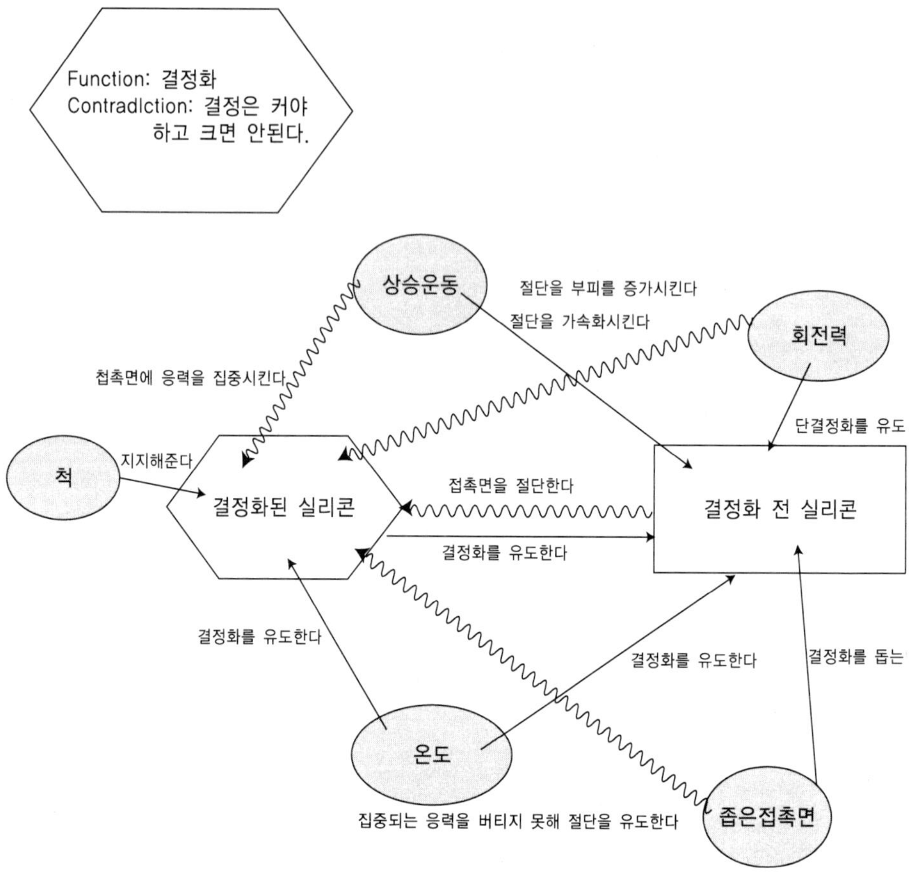

가장 초점을 맞춰야 할 요소는 단연 '결정화된 실리콘'과 '결정화 전 실리콘'입니다. 액화 상태의 실리콘이 결정화를 이루며 일어나는 일련의 사건들이기 때문에 각각의 시스템 구성의 초점을 두 요소에 맞추었으며, 이에 따른 환경적 요소로는 좁은 접촉면, 온도, 척, 상승운동, 회전력을 들 수 있습니다. 유해한 영향을 주는 것은 물결선, 유용한 영향은 실선으로 표시하였으며, 그 결과는 위와 같습니다.

(7) 물질-장분석

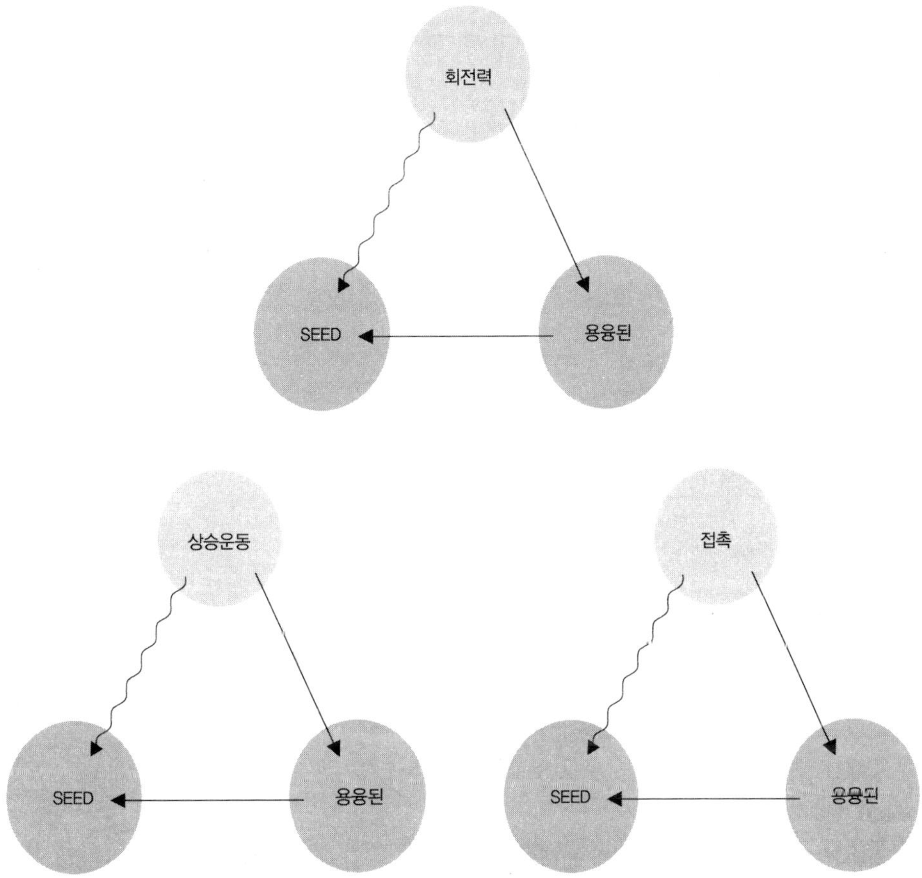

물질-장에서는 기술 시스템을 구성하는 구성요소를 '물질'로 모델링하며, 기술 시스템을 구성하는 구성요소 간의 작용을 '장(에너지 원)'으로 모델링합니다. 이들을 연결하는 화살표는 '연관성'을 표시하며, 물결선은 유해한 기능, 실선은 유용한 기능을 말합니다. 그 분석결과는 다음과 같습니다.

(8) 문제해결 - 해결관리자

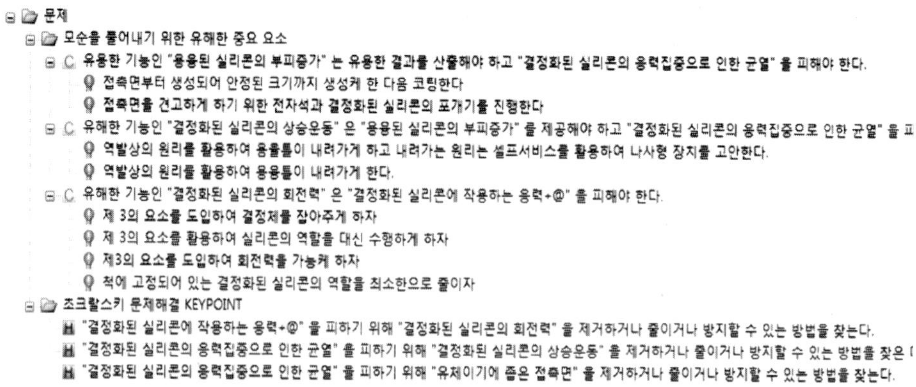

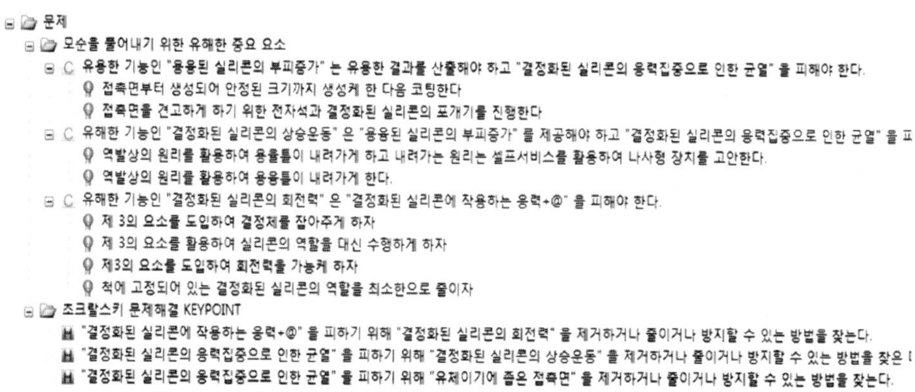

우리는 지금까지 분석해 낸 유해한 중요 요소들에 대해 이를 해결할 수 있는 핵심 방향을 도출해 내었습니다. 각각의 유해요소들을 해결할 수 있는 해결책들을 찾아내고, 이를 다시 집합시켜 더 나은 해결점을 찾아내는 것입니다.

(9) **개념 개발**

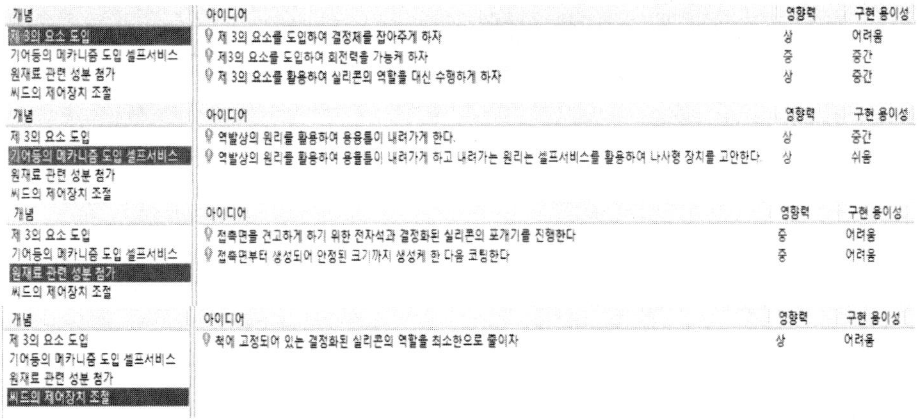

개념	아이디어	영향력	구현 용이성
제 3의 요소 도입	제 3의 요소를 도입하여 결정체를 잡아주게 하자	상	어려움
기어등의 메카니즘 도입 셀프서비스	제3의 요소를 도입하여 회전력을 가능케 하자	중	중간
원재료 관련 성분 첨가	제 3의 요소를 활용하여 실리콘의 역할을 대신 수행하게 하자	상	중간
씨드의 제어장치 조절			

개념	아이디어	영향력	구현 용이성
제 3의 요소 도입	역발상의 원리를 활용하여 용융틀이 내려가게 한다.	상	중간
기어등의 메카니즘 도입 셀프서비스	역발상의 원리를 활용하여 용융틀이 내려가게 하고 내려가는 원리는 셀프서비스를 활용하여 나사형 장치를 고안한다.	상	쉬움
원재료 관련 성분 첨가			
씨드의 제어장치 조절			

개념	아이디어	영향력	구현 용이성
제 3의 요소 도입	접촉면을 견고하게 하기 위한 전자석과 결정화된 실리콘의 포개기를 진행한다	중	어려움
기어등의 메카니즘 도입 셀프서비스	접촉면부터 생성되어 안정된 크기까지 생성케 한 다음 코팅한다	중	어려움
원재료 관련 성분 첨가			
씨드의 제어장치 조절			

개념	아이디어	영향력	구현 용이성
제 3의 요소 도입	척에 고정되어 있는 결정화된 실리콘의 역할을 최소한으로 줄이자	상	어려움
기어등의 메카니즘 도입 셀프서비스			
원재료 관련 성분 첨가			
씨드의 제어장치 조절			

개념 개발에서는 우리가 위의 과정에서 도출해 낸 문제해결 개념들에 애한 세부적인 아이디어를 기입하였고, 그에 대한 영향력과 구현의 용이성을 검토해 보았습니다. 해결 개념은

- 제3의 요소 도입
- 기어 등의 메커니즘 도입 셀프 서비스
- 원재료 관련 성분 첨가
- seed의 제어 장치 조절

다음과 같으며, 이에 대한 세부적인 아이디어는 위와 같습니다.

(10) **개념 만족도**

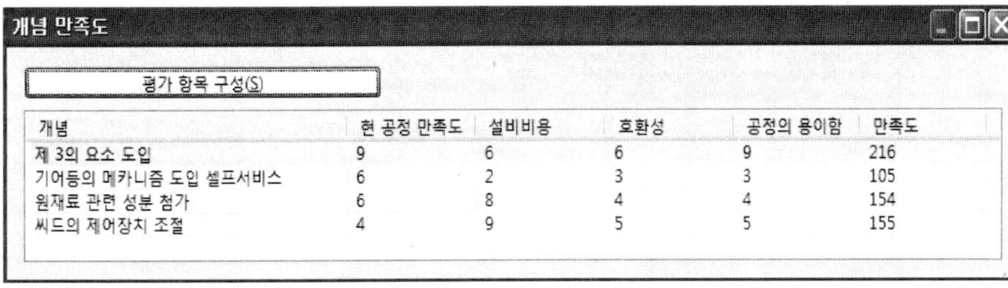

개념 만족도

평가 항목 구성(S)

개념	현 공정 만족도	설비비용	호환성	공정의 용이함	만족도
제 3의 요소 도입	9	6	6	9	216
기어등의 메카니즘 도입 셀프서비스	6	2	3	3	105
원재료 관련 성분 첨가	6	8	4	4	154
씨드의 제어장치 조절	4	9	5	5	155

개념 개발에서 우리가 도출해 낸 각 개념들에 대한 최종적인 만족도를 평가하여 최종적인 문제해결방법을 찾아내는 것입니다. 이는 문제 해결의 사실상 최종 관문입니다.

(11) 진화의 방향

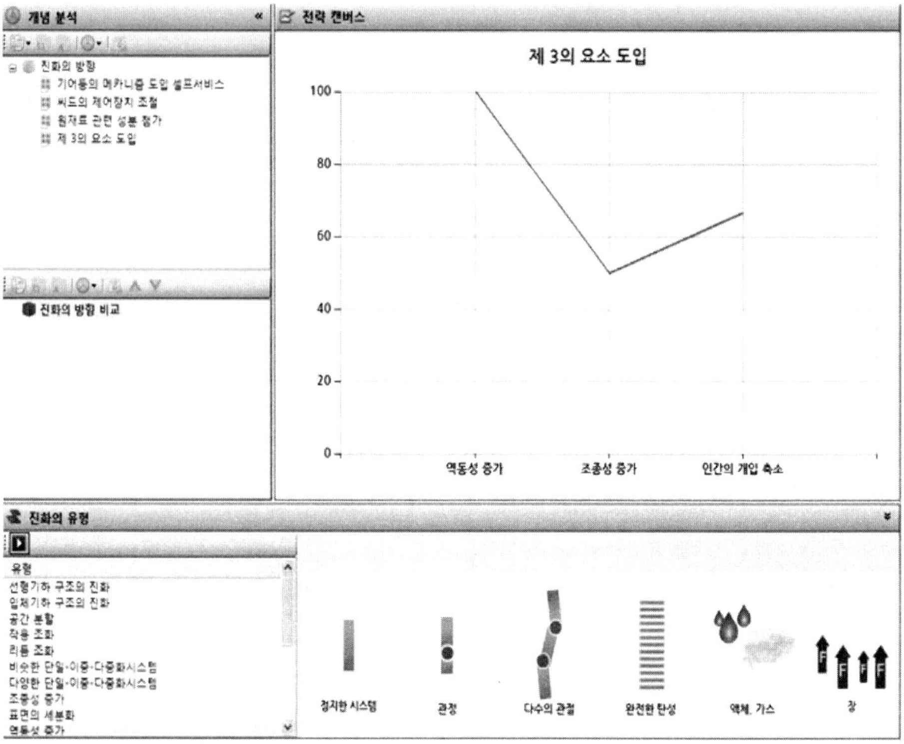

우리가 최종적으로 도출해 낸 최종 답안인 '제3의 요소 도입'에 대한 진화의 방향을 그래프화하며 이 답안이 얼마나 효과적인 것인지 나타내 주고 있습니다.

여기서 언급된 제3의 요소에 대해 논의를 하였고, 제3의 요소에 '롤러'와 '모터'를 장착한 부가적인 시스템을 만들어 낼 수 있었습니다. 우리는 이를 다시 물질-장으로 돌아가 추가적인 분석을 하였습니다.

seed와 용융된 실리콘에 대해 '접촉'이 작용 시 제3의 요소라는 추가는 더욱 세분화하여 나타낼 수 있습니다. 상승운동 시 제3의 요소에 장착된 모터의 힘을 상승운동에 추가시키며, 회전력이 작용 시 롤러를 이용하여 회전력을 추가시키는 것입니다.

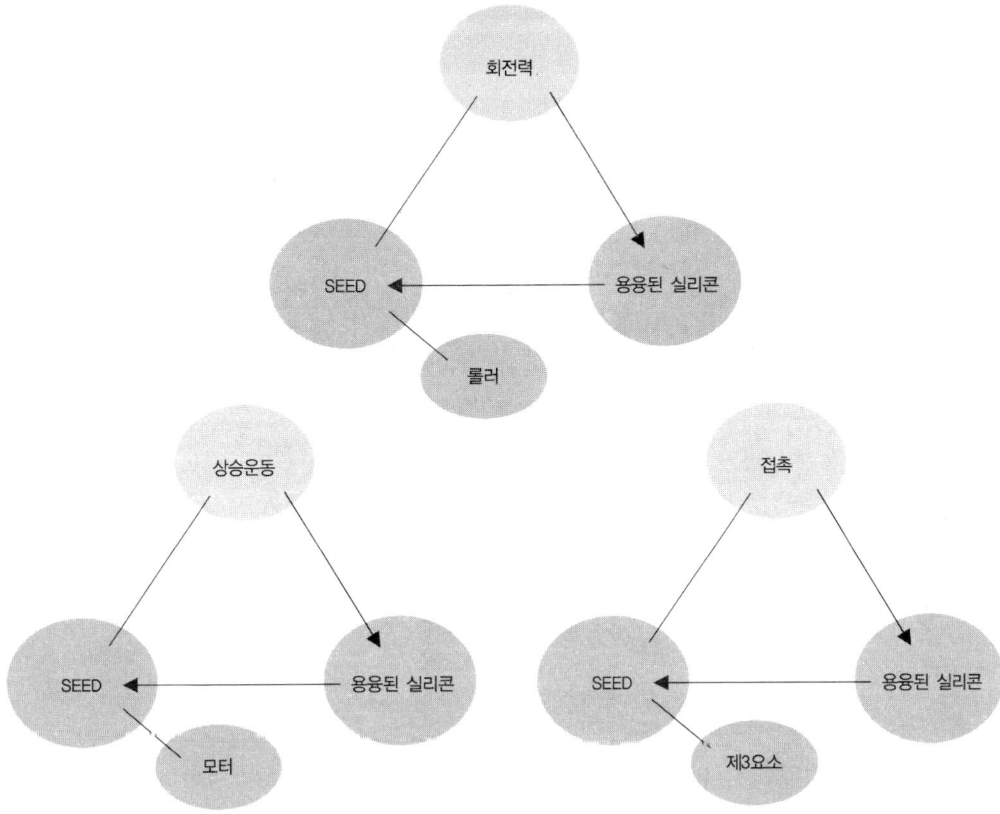

요소 상호작용 분석

(12) 실행계획

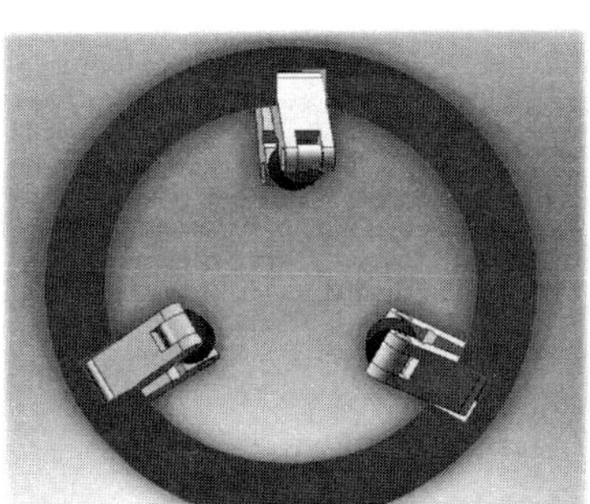

우리는 InnoSolver에서 도출된 최종적인 답변, '제3의 요소 개입'을 토대로 Solid Works를 통해 시스템을 구현해 보았습니다. seed에 일정 부피와 무게가 받게 될 시, 이를 효과적으로 보조할 수 있는 시스템입니다.

연습문제

01 냉장고 이슬 맺힘 현상 문제를 해결하시오.

요즘 시대에 한국 전자회사의 기술력은 세계정상급입니다. 기술력을 인정받은 국산 제품은 아시아, 유럽, 및 북중미 지역까지 널리 수출되고 있습니다. 그 중 북중미지역같이 고온 다습한 환경을 가지고 있는 나라에서는 에어컨, 냉장고 등의 냉동 사이클을 바탕으로 하는 제품의 수요가 증가하는 추세입니다. 이로 인해 국내에서는 잘 작동이 되는 제품도 기후 환경 변화에 따라 미처 예상치 못한 고장이 발생하기도 합니다. 그 중 냉장고 표면에 고온다습한 환경으로 인한 이슬이 맺히는 현상을 TRIZ 이론을 바탕으로 이슬 맺힘을 해결하는 혁신적인 해결책을 찾아보기로 하겠습니다.

냉장고와 고온다습

이에 앞서 정확한 문제 인식과 해결방안을 도출하기 위하여, 이슬이 맺히는 원리 냉장고의 작동원리에 대해 알아보도록 하겠습니다.

가. 냉장고의 작동원리

사용자가 설정한 냉장/냉동 조절에 따라 온도 조절 장치는 냉장실 및 냉동실 내부의 냉장/냉동 정도를 감지하여 압축기(compressor)를 on으로 할지 off로 할지를 결정합니다. 압축기(compressor), 응축기(condenser), 증발기(evaporator), 모세관, 열 교환기(heat exchanger) 및 그 연결 튜브가 냉장고 및 냉동고의 내부를 차갑게 유지하는 데 필요한 심장부로 밀폐 시스템이라고 합니다. 압축기에서 냉각 가스가 배출관을 통해 빠져나와 응축기로 들어갑니다. 가스가 응축기로 들어가면 응축기 반대쪽 끝에 있는 억제기(restricter)에 의해 냉각 가스의 온도와 압력이 대단히 증가하게 됩니다. 응축기는 뜨거운 냉각 가스를 차갑게 식혀 줍니다. 응축기의 표면으로부터 열이 실내로 퍼져 나옵니다. 냉각 가스가 냉장실 또는 냉동실 안으로부터 열을 공급받지 못하게 되면 액화되어 액체가 됩니다. 이 액체는 응축기에서 나와 모세관으로 들어갑니다. 모세관은 밀폐 시스템 내의 액체 유동량을 정확하게 측정하기 위해 그 길이와 내부 직경이 정확하게 계산되어 제작되어 있습니다. 액체 냉각제는 다시 모세관에서 빠져나와 커다란 증발기의 관으로 들어가게 됩니다. 급격히 증가된 관의 크기로 인해 압력이 떨어짐에 따라 기화 현상이 일어나 액체가 액체와 기체의 혼합물로 변화됩니다. 액체와 기체 혼합물이 증발기를 통과하면서 냉각제는 냉장실 또는 냉동실에 보관된 따뜻한 식품으로부터 열을 흡수하면서 서서히 기체 상태로 환원됩니다. 기체로 된 냉각 가스는 증발기에서 나와 흡입관을 통해 압축기로 되돌아갑니다. 이러한 순환을 사이클이라 합니다.

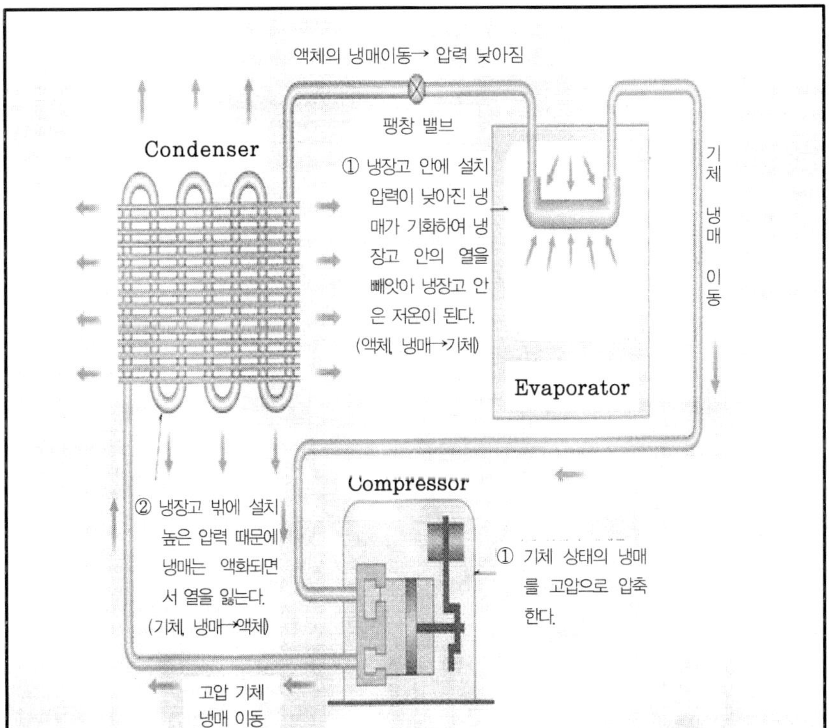

작동원리도

- 냉장고 뒤쪽이 뜨거운 이유 : 기체 냉매가 액체로 액화 하면서 열을 방출하는 응축기가 냉장고 뒤편에 설치되어 있기 때문입니다.
- 냉동실에 성에가 끼는 이유 : 냉동실 안의 공기 중에 포함된 수증기가 차가운 벽면에 닿아 승화 되어 만들어진 것입니다.

나. 이슬이 맺히는 원리

① 결로현상

여름철 냉장고에서 차가워진 맥주병을 꺼내면 표면에 물이 흐르는 현상을 경험하는데, 이것은 맥주병 주위의 습공기가 노점 온도 이하로 급냉각 되면서 상대습도 100%를 넘는 상태로 급변하여 더 이상 함유할 수 없어진 공기 중의 수증기가 결로되기 때문입니다.

공기가 가장 눅눅한 때는 상대습도 100%인 포화공기로 이 상태가 되면 공기 중의 수분을 더 이상 함유할 수 없게 됩니다. 그래서 공기 중의 기체인 수증기(수분)이 응축되어 액체인 물방울 상태로 변화되어 눈에 보이게 됩니다. 이 현상을 결로 또는 응축이라 합니다. 냉장고의 경우 냉각과정 중 냉각코일의 표면 온도가 냉각코일을 통과하는 공기의 노점온도보다 낮을 경우에는 공기 온도가 낮아질 뿐 아니라 공기에 함유되어 있던 수분(수증기)의 일부가 물방울로 변하면서 코일 표면에 맺혀 결과적으로 감습이 이루어진다고 하였는데, 이렇게 공기 속에 함유되어 있어 우리 눈에 보이지 않던 수증기가 물방울로 맺히면서 우리 눈에 보이게 되는 현상을 말합니다.

벽체에 생기는 결로현상은 얼룩이 생기고, 변색, 곰팡이 발생 등의 폐해는 물론 구조체에 강도에 악영향을 미칠 수도 있습니다.

결로는 그 발생장소에 따라 표면결로와 내부결로로 구분되며, 어떤 물체의 표면에 발생하는 것을 표면결로, 구조체 내부에 발생하는 것을 내부결로라 합니다. 표면결로든 내부결로든 발생조건은 그 위치에서의 물체 온도가 그 부분의 공기의 노점 온도보다 낮게 되는 것입니다. 따라서 단열이 취약해서 겨울철 차가운 외기의 영향을 받아 실내 측 표면 온도가 상당히 낮아지는 외벽이라든가, 공기의 유동이 거의 없는 곳에서 상대적으로 결로가 쉽게 발생됩니다.

② 결로의 발생조건

결로가 발생하는 것을 파악하기 위한 과학적인 근거는 신실 내외의 온도 차, 상대습도, 공기의 대류, 냉장고문의 열전도율 등이며 이러한 요소의 복합적인 관계로 발생하는, 공기 중 습기의 표면에 대한 응축현상이 결로입니다. 20°C, 1m³의 공기는 최대한 17.3g의 수분을 가질 수 있습니다. 이 수분은 HYGROMETER에 의해 측정될 수 있으며 '상대습도' 라고 표현합니다. 공기는 따뜻해질수록 가질 수 있는 수분의 양이 많아지며, 그 공기가 더 이상 수분을 포화하지 못하는 상태를 포화점이라고 하며 이 포화점을 상대습도 100%라고 합니다. 즉 20°C, 1m³의 공기는 17.3g의 수분을 가지고 있을 수 있으며, 0°C 일 때는 4.8g의 수분을 가질 수 있습니다. 상대습도 100%란 표현은 공기가 더 이상 수분을 가질 수 없는 포화 상태인 것이며 상대습도 50%라 하면 50%의 수분과 다른 물질을 포함합니다. 결국 상대습도가 낮을수록 공기는 건조한 상태입니다. 온도가 높고 상대 습도가 높은 공기는 온도가 내려가면 포화점 이상의 수분은 더 이상 공기 중에 포화시키고 있을 능력이 지속되지 않게 되고 온도가 낮은 면에서 응축된 수분의 형태로 나타나게 됩니다. 예를 들면 20°C의 포화 공기가 0°C 온도가 낮아지면 1m³당 12.5g의 수분이 발생하는 것입니다. 이는 반대로 0°C의 포화 공기가 20°C로 온도가 올라가면 12.5g의 수분을 추가로 포화시킬 수 있게 되는 것입니다. 사람이 주거하는 환경은 음식물의 조리, 세탁, 호흡, 목욕 등으로 인해 자연 상태에 비하여 상대적으로 습도가 높은 공기를 가지고 있게 되고 환기가 원활히 되지 못하는 상태여서 결로 현상이 쉽게 발생하는데, 이는 세균의 서식과 증가에 좋은 조건이 되어 사람의 건강을 해치고, 가구나 건축물 등에도 좋지 않은 영향을 끼칩니다.

노점 온도란 불포화 상태(해당 공기 온도에서 함유할 수 있는 최대 수증기량보다 적게 수증기를 함유한 상태, 즉 상대습도 100% 미만)의 공기를 냉각시켜 포화 상태(최대 수증기량을 함유한 상태, 즉 상대습도 100%)로 될 때의 온도를 의미합니다. 공기가 함유할 수 있는 최대 수증기량은 온도가 낮아질수록 줄어들게 되므로, 공기 중의 수증기 절대량에 변화가 없어도 온도가 낮아지면 포화 상태에 도달하게 되고 이 이상 온도가 낮아지면 결로가 발생하게 되는 것입니다. 노점 온도는 공기 중의 수증기 함유량, 즉 절대습도 혹은 수증기압에 의해 결정되며, 수증기 함유량이 많을수록 높아져 결로가 발생할 가능성이 높아집니다(아래 표 참조).

용어	단위	정의
절대습도 (Absolute Humidity)	kg/kg (Dry Air)	습공기 중 건조 공기(Dry Air) 1kg에 대한 수증기의 질량비
수증기압 (Vapor Pressure)	kPa, mmHg	습공기 중의 수증기 압력
상대습도 (Relative Humidity)	%	현재의 수증기압(P)과 동일 온도의 포화수증기압(Ps)간 백분율 = (P/Ps)×100
노점 온도 (Dew Point Temperature)	℃	불포화 습공기를 냉각시켜 포화 상태로 될 때의 온도

결로 발생조건	
구분	결로 발생 여부
Td(노점 온도) 〈 Ts(구조체 온도)	결로 발생 안 함
Td(노점 온도) 〉 Ts(구조체 온도)	결로 발생 함

02 A 회사의 경우 SMT라인의 정전기로 인하여 생기는 불량이 문제가 되어 왔습니다. SMT라인에서 발생하는 정전기를 줄이거나 없앨 수 있는 방안에 대해서 TRIZ 기법을 활용하여 해결하여 보시오.

가. SMT의 정의

- SMT 란 Surface Mounting Technology의 약자로 표면실장 기술을 뜻하는 것으로 전자기기 조립을 자동으로 실행하는 장치를 총칭합니다. 인쇄회로 기판(PCB) 위에 반도체나 다이오드, 칩 등을 다수의 장비로 실장하고 이를 경화시키는 기능을 수행하는 기술입니다.
- Gantry Type 마운터:Gantry Type의 마운터는 PCB는 고정이 되어 있으며, Head Assy가 X, Y Gantry를 따라서 PCB 위에 부품을 장착하는 방식입니다.
- Nozzle은 Head의 끝단에 장착하여 부품을 Pickup하는 것입니다. 노즐은 부품의 크기와 모양에 따라서 다른 형태의 노즐을 사용해야 합니다.

노즐의 역할은 작업 시에 부품을 Pickup하기 위해서는 공기압을 사용하여 노즐 끝단에 진공을 형성하도록 합니다. 노즐은 부품의 크기나 형태에 따라서 다른 모양의 노즐을 사용합니다.

노즐은 마운터의 Maker에 따라서 모양이나 크기는 다르지만, 부품의 크기에 따라서 노즐의 끝(Tip)은 같은 크기를 사용합니다.

나. 정전기의 정의

- 정전기(靜電氣, Static electricity)는 정지해 있는 전하입니다. 대전체에 고착하여 그 곳에 정지하여 있는 전기로서 수지로 담요에 마찰하여 생긴 전기 등이 이에 속합니다.
- SMT라인의 공정과정 중 반도체소자를 실장하는 mounter에서 정전기가 발생하게 되면, 인쇄회로 기판(PCB)에 실장되는 반도체칩이(매우 가벼워) 뒤집어 지거나 제 위치에 실장되지 않게 되어 불량이 발생하게 됩니다.
- 한 Time, 5,000개 중 평균 6개의 불량이 발생합니다. 이것의 불량률은 0.12%에 속하게 되고, 이는 4시그마 수준으로 높은 불량률로 판단됩니다.

12
전기오토바이 설계사례

Creative Design and Lab

12.1 문제선정 단계

창의적 공학설계 시간에 배운 내용을 바탕으로 작품을 만들기로 하였습니다. 새로운 물건을 만드는 것만이 창의적인 문제해결이 아닙니다. 실제 배운 내용을 실생활에 적용하는 것도 중요합니다. **창의적 공학설계**와 **창의적설계 및 실습** 과목에서 배운 여러 가지 공학 도구들을 활용하여 우리가 설계하고 제작한 작품의 질적 향상과 보다 나은 결과를 얻기 위함입니다.

팀원들 간의 브레인스토밍을 통하여 여러 가지 주제에 대한 의견이 도출되었습니다. 첫 번째로 뱀 로봇이 있었고, 서보모터를 이용한 로봇 팔, 전기오토바이, 하이브리드 자동차, 배틀 로봇, CNC를 이용한 RC카의 프레임 설계 등이 바로 그것이다. 상기 나열한 주제들은 현재까지 학교생활을 통하여 배우고 습득한 지식으로 모두 제작이 가능하다고 판단됩니다.

뱀 로봇은 실제 로봇처럼 머리를 들 수 있게 동작을 구현하고 로봇 팔은 사과를 깎는 역할을 할 수 있게 만들어 보며 전기오토바이는 4초 이내에 80Km/h의 속력을 낼 수 있게 설계하자는 의견 등이 나왔습니다.

뱀 로봇, 로봇 팔, 전기오토바이를 가지고 실제적으로 구현 가능성을 평가하여 보았습니다. 뱀 로봇은 마이크로프로세서에 대하여 많은 지식이 필요하고 단기간에 습득이 어렵습니다. 로봇 팔은 위에서 언급한 행동을 넣기엔 너무 힘이 들며 사람의 인체와 비슷한 크기의 로봇 팔을 만들려면 비용이 우리가 사용할 수 있는 범위를 넘게 됩니다. 세 번째 오토바이는 팀원 중에 오토바이를 보유한 사람이 있고 우리 팀이 오토바이 구조 및 기능에 대한 상당한 지식을 가지고 있으며 전기 계통을 명확히 설계할 수 있는 능력이 있다고 판단하였습니다.

이상과 같은 논의를 거쳐 우리의 작품 주제는 전기오토바이로 최종 결정되었습니다.

▸▸ 그림 12.1 전기오토바이의 외관

12.2 설계

TRIZ 40가지 발명원리를 이용하여 기본설계의 구상을 정립하였다.

12.2.1 차체설계

(1) 프레임

문제 1 프레임은 사람의 안전과 직결되기 때문에 강성이 충분하게 설계해야 합니다. 특히 전륜이 직접 조향이 되기 때문에 프레임과 전륜을 이어주는 허브는 강성이 매우 높아야 합니다. 오토바이의 프레임은 주조나 단조가 불가능하기 때문에 용접을 해야만 합니다. 하지만 학교에 있는 용접기로는 만족할 만한 강성을 얻기가 힘듭니다.

해결방안 02. 추출
시중에 시판 중인 오토바이에서 필요한 프레임 부분만 추출합니다. 프레임 추출에 사용되는 오토바이는 신제품을 구하기에는 금전적인 부담이 되므로 집에서 고장으로 잠자고 있던 오토바이를 사용하기로 합니다.

12.2.2 구동부설계

(1) 기어비설계

문제 2 기어비를 높이면 초반 가속이 좋아지고 등판능력이 좋아지지만 최고 속도가 낮아진다. 기어비를 낮추면 초반 가속이 나빠지고 등판능력이 저하되지만 최고 속도가 높아집니다. 하지만 초반 가속, 등판능력, 최고 속도를 모두 얻고 싶습니다.

해결방안 13. 역발상
보통의 전기오토바이는 변속기를 사용하지 않지만 위에서 말한 3가지를 모두 충족하게 하기 위하여 스쿠터용 무단변속기를 사용합니다. 무단변속기를 사용하면 무게가 약간 무거워지는 단점이 있지만 위에서 제시한 3가지를 모두 만족시킬 수 있습니다.

(2) 클러치

문제 3 일반적인 오토바이에는 클러치가 달려 있습니다. 하지만 이것은 전동오토바이에는 필요가 없습니다.

해결방안 28. 기계 시스템의 대체
클러치가 달려 있을 자리에 스쿠터처럼 브레이크 레버를 장착하는 것으로 구조 변경합니다. 이것은 일반 매뉴얼 바이크에 익숙하지 않은 탑승자에게도 조작에 도움을 줍니다.

(3) 브레이킹 시 모터의 전류 차단

문제 4 브레이크를 잡으면 모터에 가는 전류를 차단하여야 합니다. 그렇지 않으면 모터와 드라이버, 차체에 모두 무리가 가며 안전성과 직결됩니다. 하지만 브레이크는 2개가 있어서 모터와 직렬로 연결할 수 없습니다. 게다가 브레이크센서선은 모터의 허용전류를 버티기엔 무리입니다.

해결방안 24. 중간 매개체 이용
릴레이를 이용하여 드라이버에서 모터로 연결되는 부분을 B 접점으로 사용하고 브레이크센서 선을 릴레이의 A 접점에 위치시켜 브레이크를 잡을 때 모터로 연결되는 전류를 차단하며 브레이크를 놓으면 다시 모터로 전류를 흐르게 합니다.

12.2.3 외관설계

(1) 외관의 도색

문제 5 외장을 새롭게 하기 위하여 도색을 해야 합니다. 하지만 시간이 지나면 페인트가 벗겨지는 등의 문제가 발생합니다. 그래서 카본을 덮어씌우고 싶지만 가격이 비싸고 다루기가 힘듭니다.

해결방안 26. 복제, 40. 복합재료의 이용
카본시트지를 이용합니다. 이는 카본의 질감을 살려주면서도 접착이 쉽고 다루기가 편리하며 나중에 떼어내기도 쉽고 값이 쌉니다.

(2) 기름 탱크의 이용

문제 6 전동오토바이에는 기름통이 필요가 없지만 기름통이 없으면 외관상 보기가 좋지 않으며 오토바이의 느낌이 살아나지 않습니다.

해결방안 17. 차원 변화
기름통에는 기름이 들어가야 하지만 전기오토바이는 기름이 들어가지 않기 때문에 기름 대신에 그 속에 배터리를 넣습니다. 이것으로 배터리의 수납 문제와 배터리의 방수 문제를 단번에 해결할 수 있습니다.

12.3 재료선정

전기오토바이의 핵심인 배터리를 선정하기 위하여 다음과 같은 문제해결방법을 사용합니다.

12.3.1 퓨방법(Pugh Method)을 이용한 배터리선정

배터리는 전동오토바이에서 기름과 같은 역할을 하는 없어서는 안 되는 주요부품입니다. 이를 선정하기 위하여 퓨방법을 이용하여 다음의 6가지(니켈-카드뮴, 니켈-메탈수소, 리튬-폴리머, 리튬-인산철, 리튬-이온, 납축전지) 배터리를 각 항목별로 대하여 비교를 해보았습니다. 비교항목은 단일 셀 용량, 안전성, 밸런싱, 방전율, 무게, 크기 이 6가지의 항목으로 비교를 하였고 모터와 더불어 가장 중요한 부품이기 때문에 가격은 평가항목에서 제외하였습니다.

▶▶ 표 12.1 퓨방법에 의한 배터리선정

Criteria	Selection of Battery					
	Ni-Cd	Ni-Mh	Li-Poly	Li-Fe	Li-ion	Pb
단일 셀 용량	−	s	+	−	s	+
안전성	−	−	s	+	s	+
밸런싱 문제(유무)	+	+	−	−	s	+
방전율	−	−	+	+	s	s
무게	−	−	+	+	+	−
크기	s	s	+	s	+	−
Sum	−3	−2	3	1	2	1
Rank	6	5	1	3	2	3
Selection	No	No	Yes	No	No	No

결과적으로 선정된 배터리는 리튬-폴리머 배터리였습니다. 비교된 여섯 개의 배터리 중 가장 방전율이 높고 무게가 가장 가벼웠으며 크기가 작았습니다. 리튬-폴리머 배터리는 안전성 측면에서 문제가 제기되었지만 안전성이 가장 높은 대한민국 굴지의 배터리 회사인 K사의 리튬-폴리머 배터리를 사용하기로 결정하였습니다.

제4부

CAE에 의한 설계해석 및 평가 기술

Creative Design and Lab

13
CAE에 의한 반도체 장비설계 기술

13.1 개요

산업계의 경쟁은 점차 글로벌(global)화 되고 무한경쟁으로 치닫고 있습니다. 세계시장에서의 경쟁으로부터 살아남기 위해서는 독자적인 기술력의 확보가 필수적입니다. 우리나라도 선진국의 대열로 진입하기 위해서는 기술 분야의 입장에서도 배전의 노력을 기울여야 할 것입니다. 더 좋은 품질(quality), 더 저렴한 가격(cost), 보다 빠른 공급(delivery) 등 산업계에서 종래부터 추구해 오던 사항들 뿐만 아니라 우리만의 고유한 차별화된 제품, 브랜드 등의 조건도 충족시켜야 하는 시대가 되었습니다.

앞에서의 장들에서 다룬 내용들은 현장에서 발생하는 모순을 포함하는 어려운 문제들을 체계적으로 해결하고 창의적인 제품들을 설계하기 위한 방법론들에 관한 것이었습니다. 이 장에서는 제안된 개념설계를 해석하고 평가하여 신속하고 정확하게 좋은 설계를 얻기 위한 CAE(Computer Aided Engineering) 기술에 대하여 설명하려고 합니다.

CAE 프로그램은 내용이 이해하기 쉽지 않을 뿐만 아니라 대단히 많은 종류의 프로그램들이 존재하고 있어서 웬만한 전문가도 자기가 전공한 분야를 제외하고는 다른 모든 분야의 CAE를 다 알고 사용하는 사람은 별로 없다고 생각됩니다. 그러나 현장에서 설계를 하다 보면 다양한 프로그램을 사용할 경우도 있을 것 같아 많이 사용되는 상용 프로그램을 선정하여 예제를 통하여 자세히 사용방법을 설명함으로써 사용 초기에 도움을 받을 수 있도록 기술하였습니다.

CAE는 1978년 미국의 S/W 전문인 SDRC사에 의해 제창되었습니다.

현재의 CAD(Computer Aided Design)/CAM(Computer Aided Manufacturing)는 도면의 자동화에 의한 도형처리나 NC(Numerical Control) 데이터 등의 생산 데이터 작성의 자동화를 대상으로 하는 것에 반해, CAE는 초기의 기본설계에서 생산에 이르는 세부설계까지를 포함한 설계 작업 전체를 그 대상으로 합니다. 따라서 CAE는 CAD/CAM보다도 기술적으로 상위레벨의 것으로 받아들여지고 있습니다.

종래 신제품을 만드는 경우, 기본설계를 기초로 하여, 시작 모델(prototype)을 만들어 그 제품이 설계자가 의도한 기능을 만족시킬지 어떨지를 체크하는 과정이 필요하였습니다. 그러나 최근에는 이 작업을 컴퓨터를 통해 일관성 있게 검증하는 것이 바로 CAE라는 것입니다.

즉, 신제품의 개발에 있어 시작 모델을 만드는 대신 설계자가 컴퓨터상으로 설계하고자 하는 모델을 만들어서 여러 가지 설계조건을 체크하여 합당한지를 판단하는 것입니다. 예를 들어, 설계자가 3가지의 아이디어로 설계할 때는, 현재의 CAD/CAM 설계로는 결국 3가지의 시작 모델을 만들어야 합니다. 그러므로 이 방법은 시간이나 비용면에서 부적합하며 실제로 모두 모델화하는 것은 어렵습니다.

CAE에서는 컴퓨터 내부에 소프트웨어를 활용하여 모델을 작성해 두고, 각 모델에 대한 성능평가를 컴퓨터 내에서 실시하여 세 모델 중 최적의 것을 선택하면 됩니다. 따라서 시작 모델에 의한 실험 시간이 대폭 줄어, 개발 비용 및 납기 절감에 크게 기여할 수 있습니다.

CAE용 컴퓨터 내에서의 모델화에는 시뮬레이션 기법이 필요하므로 유한요소법, 경계요소법 등이 사용 가능한 범용 소프트웨어가 중요합니다.

현재의 CAE는 컴퓨터 시뮬레이션 결과를 설계자가 판단하여 제품의 사양, 형상이나 구조를 최적 형태로 근접시키고 있습니다. 그러나 앞으로는 최적설계의 평가기능을 소프트웨어를 통해 자동적으로 처리하여 컴퓨터가 최적 형태를 출력할 수 있도록 하는 기술이 개발될 것입니다. 즉 사전에 형상과 재료를 소프트웨어를 활용하여 데이터로 입력하면, 유한요소 해석을 거쳐 주어진 설계조건에서는 어떠한 형상이 최적이 될 것인가를 컴퓨터가 스스로 계산, 평가하여 결정하는 것입니다.

또, 이것과는 별개로 인공지능(AI, Artificial Intelligence)을 응용하는 방법도 생각해 볼 수 있습니다. 이것은 과거의 경험에 따라 지식을 통합, 정리하여 지식 베이스로 축적해 두어, 설계자의 요구에 따라 지식 베이스를 활용하여 최적의 형상이나 구조를 출력하고자 하는 프로그램입니다.

또한 CAE와는 별도로, CAT(Computer Aided Testing)라는 것도 있습니다. 이것은 검사공정상에서 검사기능을 컴퓨터 관리하에 자동화한 것입니다. 즉 CAD/CAM/CAT에서는 각각, 설계·생산·검사 공정을 합리화하고 여기에 기술 정보를 도입한 것으로 광의의 CAE로 해석될 수도 있겠습니다. 해석 프로그램의 종류를 들어보면, 간섭 유무 등의 간섭체크용, 체적, 중심, 관성 모멘트, 단면 2차 모멘트, 단면계수 등의 질량 성질용, 응력, 변형 등의 탄성·소성용, 온도분포, 열응력, 열팽창, 열량 등의 열 특성용, 유선, 압력분포, 유속분포, 유량 등의 유체 특성용, 동작 시뮬레이션, 간섭 체크 등의 로봇의 움직임 검증, 공정설계(process planning), NC 테이프 작성과 체크 등의 FMS(Flexible Manufacturing

System)용 등이 있습니다.

그리고, 현재의 CAE에서는 주로, 삼차원의 정지 모델을 시뮬레이션하는 기술이 연구·개발되어 있지만, 여기에 시간적 요소(즉, 사차원 모델)를 넣어 시간경과를 시뮬레이션하는 기술도 연구개발되고 있습니다. 이것으로 엔진의 연소과정을 시뮬레이션 하든지, 로봇의 동작 진행과정을 시뮬레이션하는데 응용될 수 있을 것입니다.

해석 단계에서는 설계된 제품을 근사적으로 모델링한 모델에 대해 해석이 수행되게 됩니다. 컴퓨터의 성능이 급격히 증가하고 있기는 하지만 해석 모델을 자동으로 생성하는 것은 아직까지 이루어지지 못하였습니다.

해석의 정확도도 문제가 될 수 있겠는데 아직 충분한 수학적 모델이 개발되지 않은 경우도 있고, 개발되어 있다고 하더라도 계산 시간 및 비용 등의 문제로 불필요한 상세 부분은 무시하고 대칭성을 고려하여 실제보다 단순한 모델로 해석 모델을 만드는 경우가 많습니다.

예를 들면, 얇은 판을 해석한다고 가정해 보겠습니다. 이 경우 3차원 물체로도 해석이 가능하기는 하지만 계산 시간과 비용을 감안하여 대개 두께 속성을 갖는 이차원 모델로 단순화하는 경우가 많습니다. 해석의 정밀도를 약간 희생하는 대신 빠른 피드백(feedback)을 가능하도록 하는 것입니다. 설계의 특성상 해석은 단번에 이루어지는 경우는 별로 없고 반복적으로 조건을 바꾸어 가면서 수행하게 됩니다.

해석 단계에서는 주로 설계 강도 검증을 위한 응력 및 변형률 해석, 부품의 결합 시 충돌 및 간섭 체크 작업, 기구학적 해석 작업, 열유체 해석 등이 수행됩니다.

CAE는 설계자가 제품의 기하학적 형상정보, 경계조건 또는 초기조건, 하중조건, 물성정보 등을 입력하고 수학적 모델을 이용하여 근사적으로 제품이 어떻게 작동할 것인지를 시뮬레이션하는 것을 의미합니다.

해석을 위한 기하학적 형상정보를 생성하고 입력 데이터를 준비하는 부분을 전처리기(pre-processor)라고 하고 해석결과를 그래픽으로 처리하여 결과 데이터를 쉽게 평가할 수 있도록 해 주는 부분을 후처리기(post-processor)라고 합니다. 이상으로 간단히 개요설명을 마치고 각각의 상용 CAE 소프트웨어를 설명하도록 하겠습니다.

13.2 상용 3D 모델러

13.2.1 CATIA

(1) CATIA 개요

CATIA(Computer-graphics Aided Three - Dimensional Interactive Application)는 CAD/CAM/CAE 소프트웨어의 대표적인 응용 프로그램으로서 사용자와 컴퓨터 간에 대화식 작업이 가능한 대화식 소프트웨어입니다. 즉, CATIA 화면의 대화창에서 사용자가 컴퓨터에게 내린 명령을 스크린으로 컴퓨터가 응답을 나타내주는 대화식 소프트웨어입니다.

CATIA-CADAM 모듈은 2D의 설계뿐 아니라 기계요소들에서 목형제작, 조립 모델 등 3D에 이르기까지 아주 섬세하고 세밀한 부분까지 표현이 가능합니다. CATIA에서 3D로 모델링을 한 설계자들은 추후에 생길 수 있는 추가 수정 문제라든지, 잘못된 설계에 대해서 문제점을 체크해 간단히 해결할 수 있는 이점이 있습니다. CATIA는 모델링한 부분의 데이터에 대해서 분석, 관리, 정의를 내릴 수 있게 하는 부분까지 포함하고 있습니다. 이러한 이점을 이용해 설계자들은 모델링을 하면 그 제품에 대한 경계, 두께, 면적, 체적, 표면적 등 기술적인 정보를 알아내어 기하학적인 설계를 하는 데 좀 더 정확성, 신속성을 기할 수 있습니다.

CATIA는 설계자들이 설계부품에 대한 구조해석을 요할 시 유한요소해석의 결과로 이 문제점을 해결할 수 있습니다.

CATIA 박판성형 제품은 솔리드에 근거를 둔 박판성형 부품을 분석, 관리, 정의를 내려 그러한 재질의 속성과 하부 응용에 필요한 정보를 제공하여 설계자들과의 인터페이스(interface)를 가능하게 합니다.

도면 솔루션(draft solution)에서는 2D 도면, 3D 도면의 도면작성 작업 영역의 통합방법을 사용하고 있어 기존의 어떠한 설계 프로그램보다 편리한 기능이 있습니다. 그래서 설계자들은 좀 더 빠르게, 쉽게 도면 요소, 치수 표기, 문자 입력에 이르기 까지 회사에서 요하는 요구사항들을 총망라할 수 있습니다. 이 솔루션(solution)은 3D 모델에서 2D 도면을 자동적으로 추출할 수 있게 합니다. 그래서 3차원 형상 모델을 설계하면, 설계자가 요하는 단면의 절단면 이라든지, 또한 어떠한 방향에서 보고 싶은 도면의 요소들을 정확하게 설계자가 얻을 수 있도록 하고 있습니다. 그리고 도면요소가 언제라도 변경되면, 그에 따른 치수가 자동적으로 변경됩니다. 이와 반대로, 치수를 변경하면 역시, 그에 따른 도면요소들이 치수에 맞추어 변형됩니다.

자유 곡면설계(advanced surface design) 기능은 CATIA에서 설계하는데 있어 복잡하고,

어려운 삼차원 비선형 곡면, 즉, 설계자들이 정의하기 어려운 그러한 모델에 대해서 사용자들이 손쉽게 설계할 수 있게 해줍니다. 그리고 강력한 자동 필렛팅(filleting) 기능으로 모서리의 라운딩(rounding) 처리를 완벽하게 할 수 있습니다.

자동차 제조회사와 항공기 제조회사, 기계제작 관련업체, 전기 전자, 금형, 사출업계 등에서 CATIA를 사용하고 있습니다.

(2) CATIA 예제 및 실습

1. Part 1

1.1 Part Design 들어가기

① Pull Down Menu에서 Start → Mechanical Design → Part Design을 선택합니다.

② Pull Down Menu에서 File → New를 선택하거나 화면의 아래에서 New 아이콘을 클릭하고 Part를 선택합니다.

위와 같은 방법으로 하면 아래와 같은 화면으로 들어갈 수 있습니다.

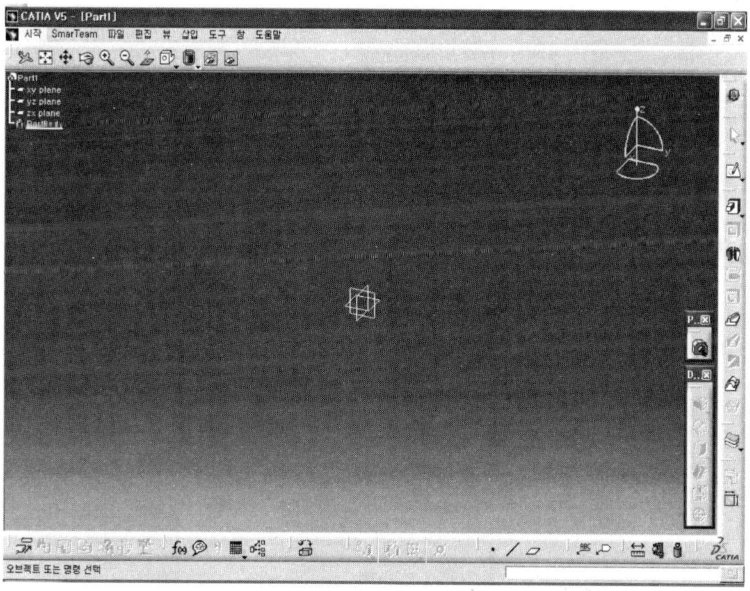

1.2 Sketcher Workbench로 들어가기

xy plane을 선택하고 스케치 아이콘 ()을 클릭합니다.

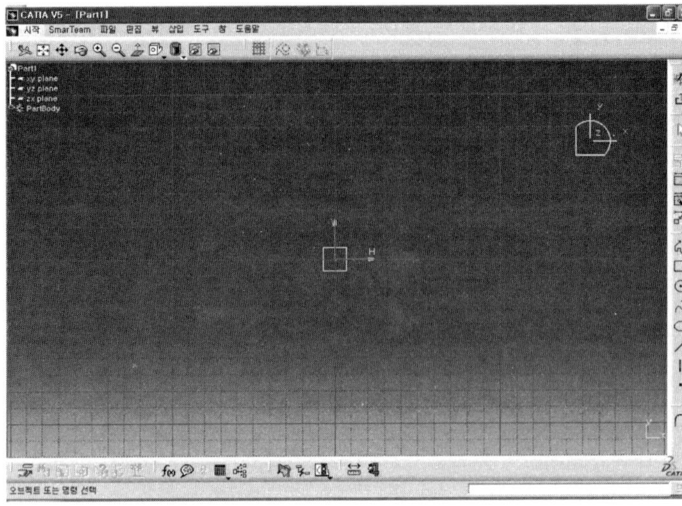

스케치를 위한 평면 배정

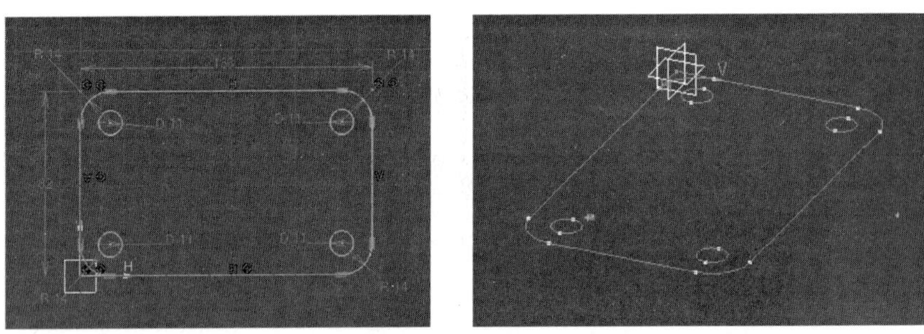

스케치하기

직선 ( ), 라운드 코너 ( ), 원 ( )을 이용하여 위의 왼쪽 그림과 같이 스케치합니다.

스케치를 완료한 후 워크벤치 종료 아이콘 ( )을 클릭하면 오른쪽 그림과 같이 됩니다.

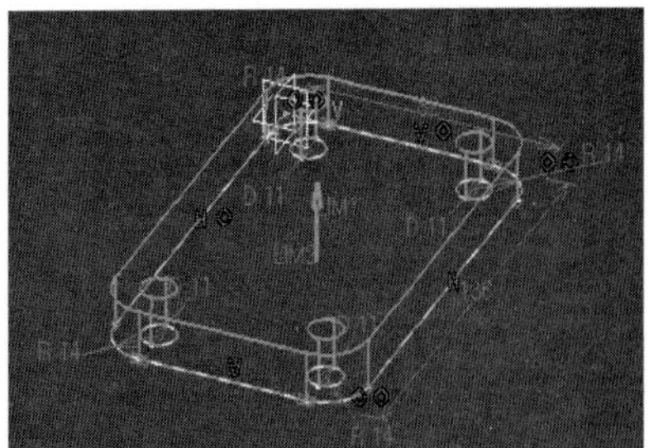

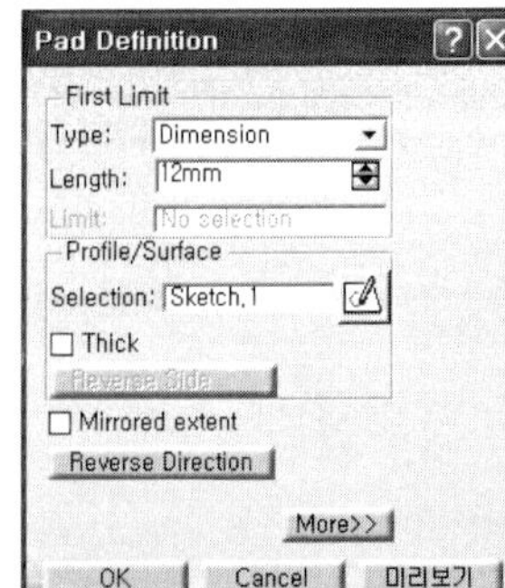

패드 아이콘 ( ) 을 클릭하면 앞장 하단 그림 화면이 나옵니다. 이때 오른쪽 그림과 같이 조건을 주어줍니다. OK를 클릭합니다.

다음 그림과 같이 패드가 완성됩니다.

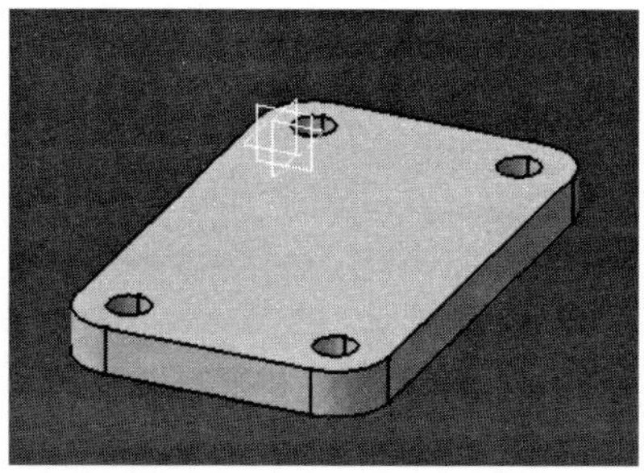

이후 완성된 패드의 윗면을 선택하고 스케치 아이콘 ( )을 클릭하여 스케치 화면으로 들어갑니다.

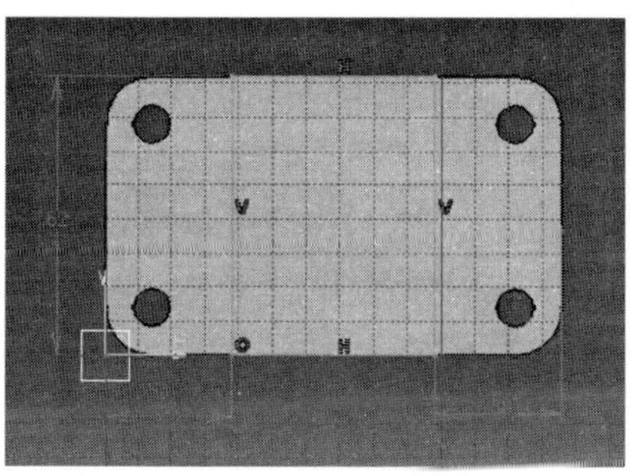

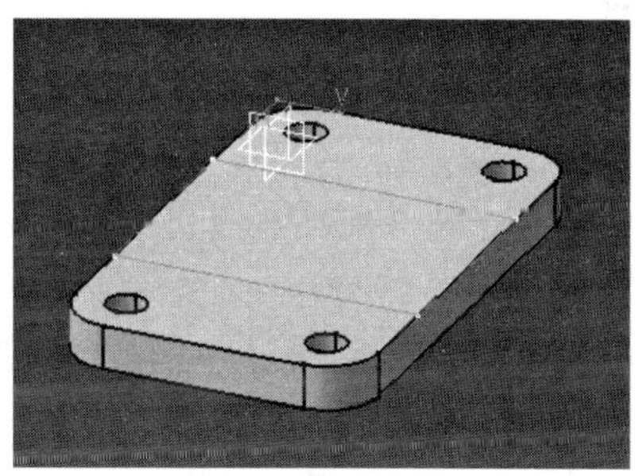

직사각형 ( ) 을 이용하여 위의 왼쪽 그림과 같이 스케치합니다. 워크벤치 종료 아이콘 ( )을 클릭하면 오른쪽 그림과 같이 됩니다.

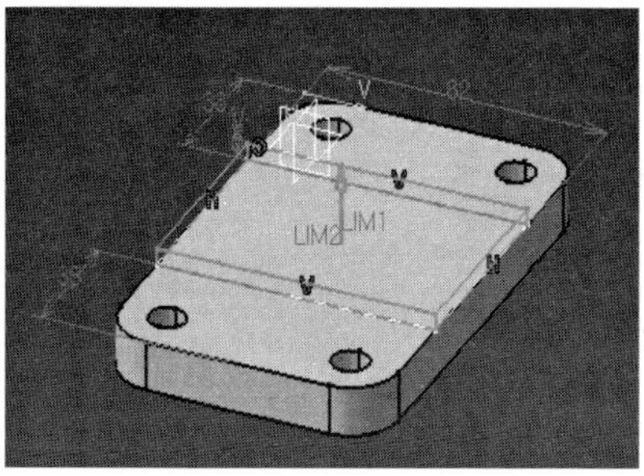

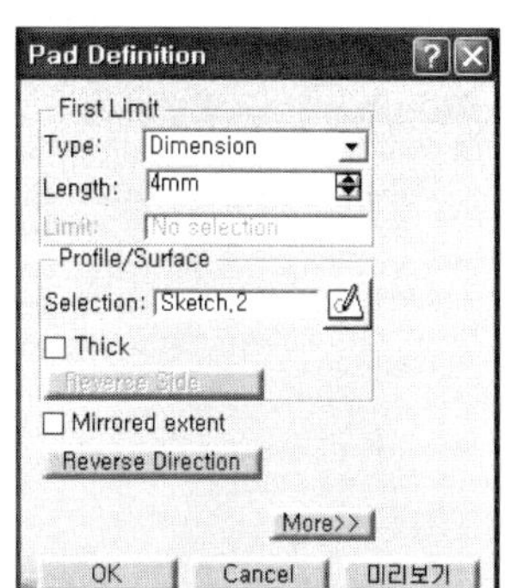

패드 아이콘 () 을 클릭하면 위와 같은 화면이 나옵니다. 이때 오른쪽 그림과 같이 조건을 주어준다. OK를 클릭합니다.

다음 그림과 같이 패드가 완성됩니다.

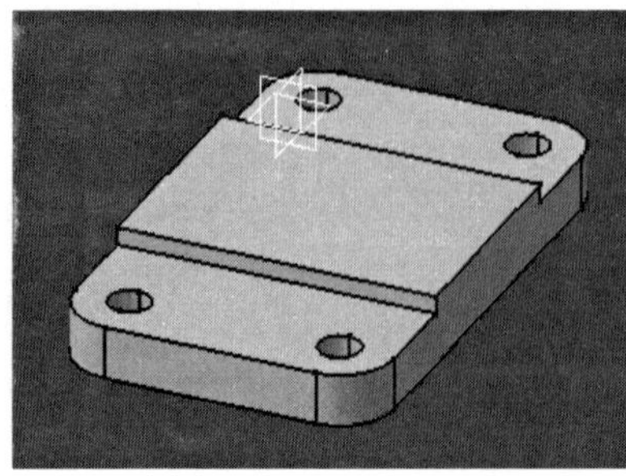

1.3 Drawing 화면으로 들어가기

① File → New command를 선택합니다.

② Drawing을 선택하고 OK를 클릭합니다.

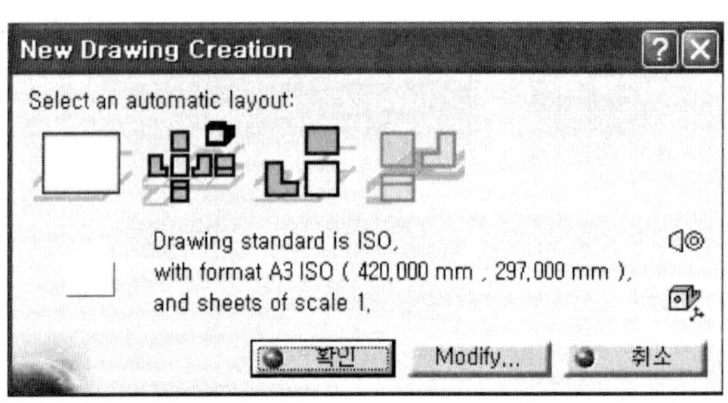

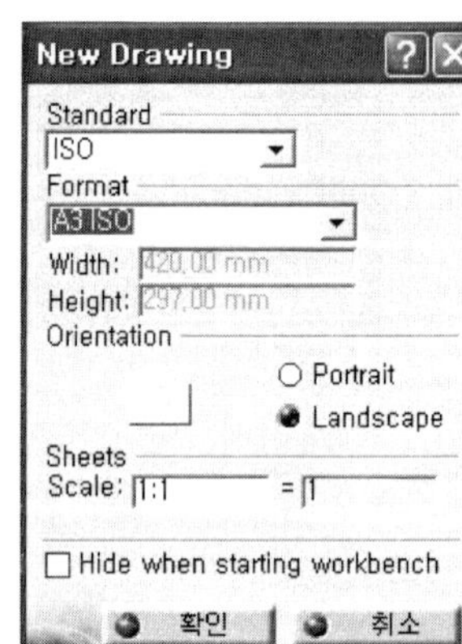

위의 왼쪽 그림과 같은 화면에서 Modify를 클릭하면 왼쪽 그림과 같은 대화 상자가 나옵니다. 이때 Standard는 ISO로 Format는 A3ISO로 선택하고 확인을 클릭합니다.

다음과 같은 Drafting workbench가 Load되고 Drawing sheet가 열립니다.

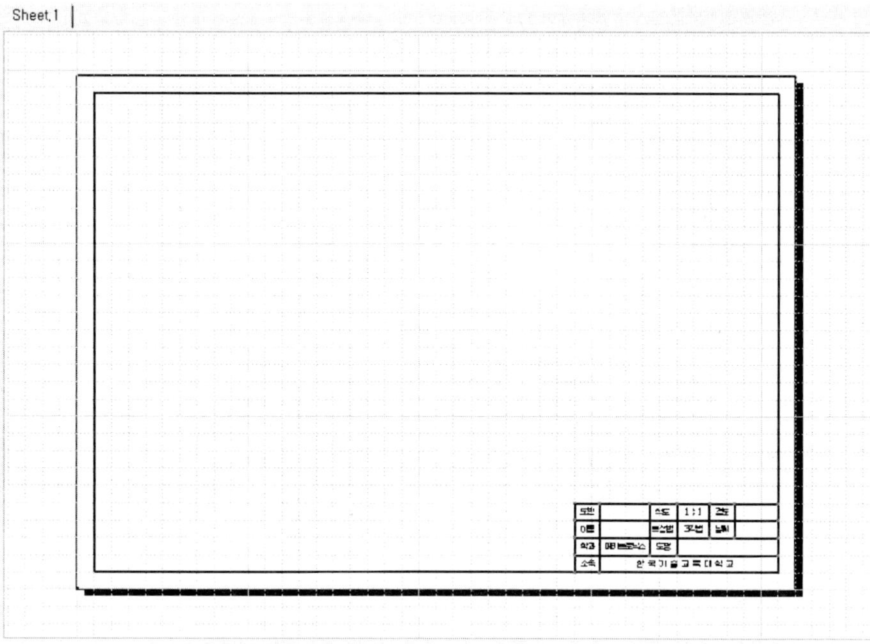

Pull Down Menu에서 Window → Tile Horizontally을 클릭하면 아래 화면과 같이 됩니다.

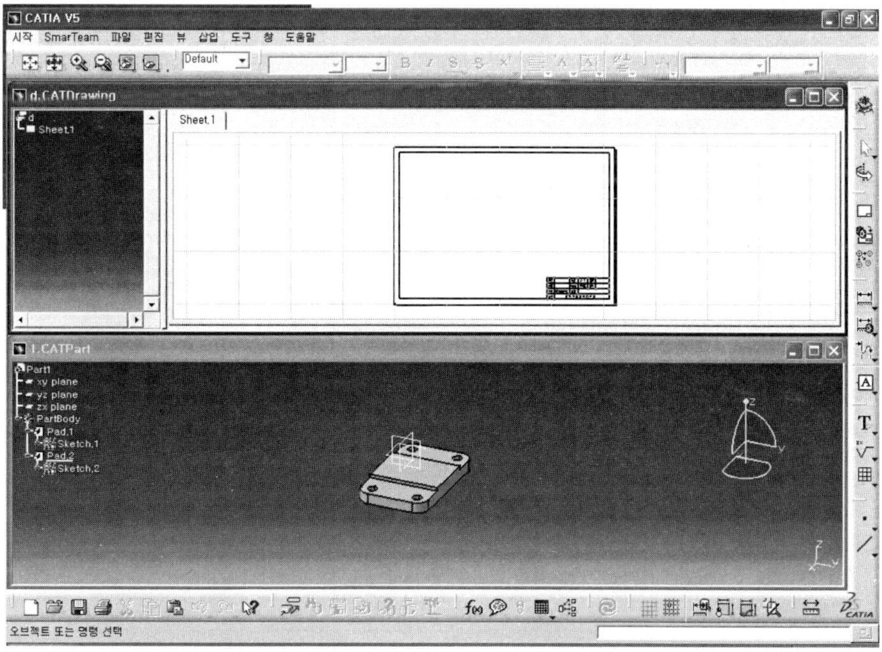

정면도 아이콘 ( )을 클릭하고, 기준이 되는 면(xy plane)을 클릭해 줍니다.

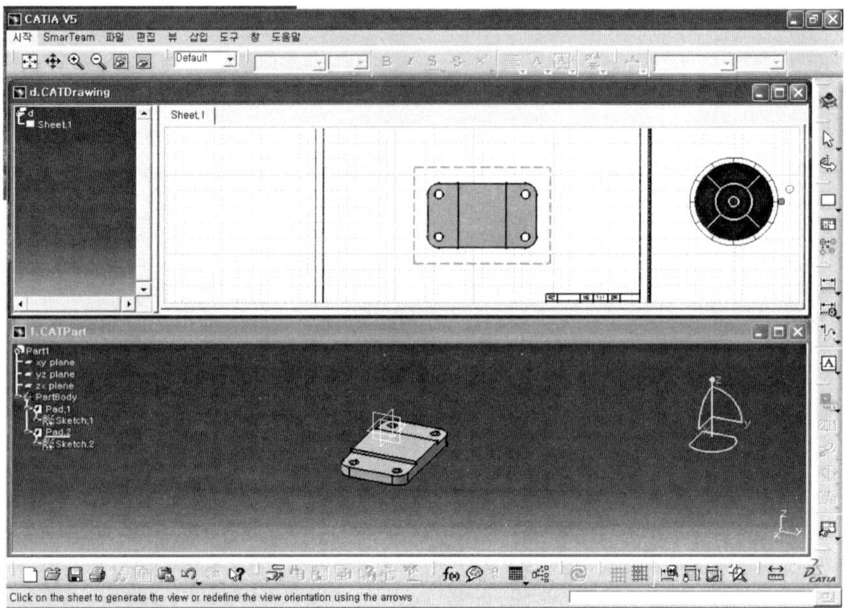

이렇게 sheet에 생성된 view는 화면 우측 상단의 화살표를 이용해 원하는 방향으로 조절해 줄 수 있습니다. 원하는 view가 됐다면, 화살표 정 중앙에 있는 작은 원을 클릭해 줍니다.

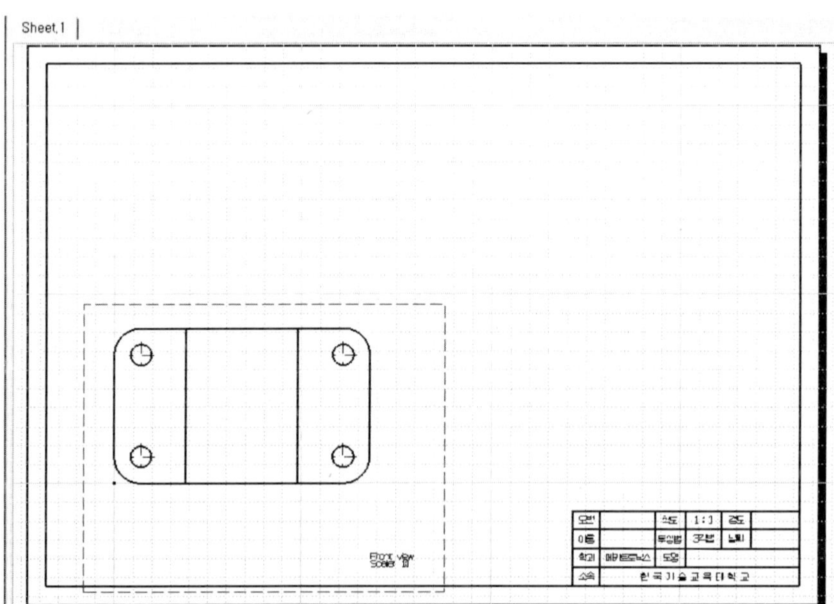

앞의 그림과 같이 정면도가 그려졌다면, Projection view 아이콘 ( )을 클릭한 후 생성된 정면도의 좌우, 상하에 Projection view를 생성합니다.

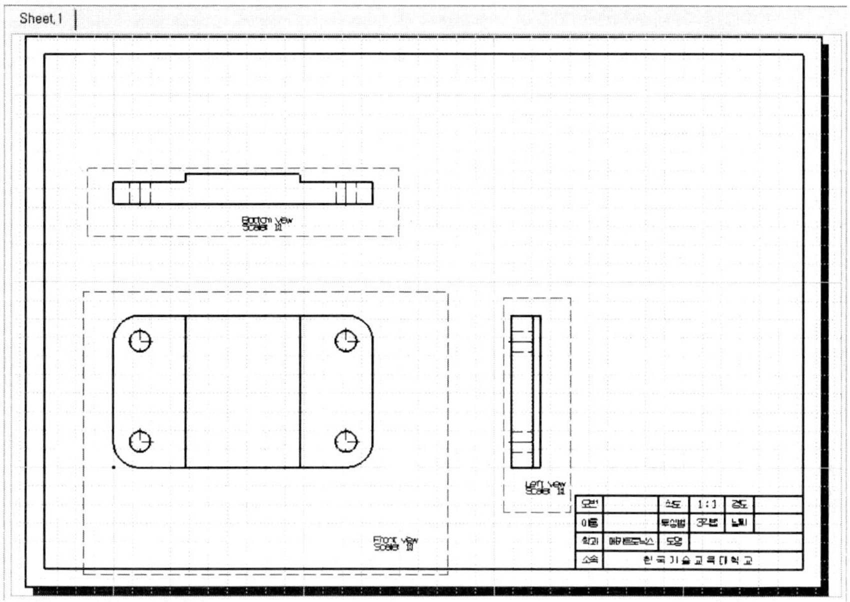

이와 같은 치수 아이콘들을 이용하여 원하는 위치에 원하는 치수를 나타내 줍니다.

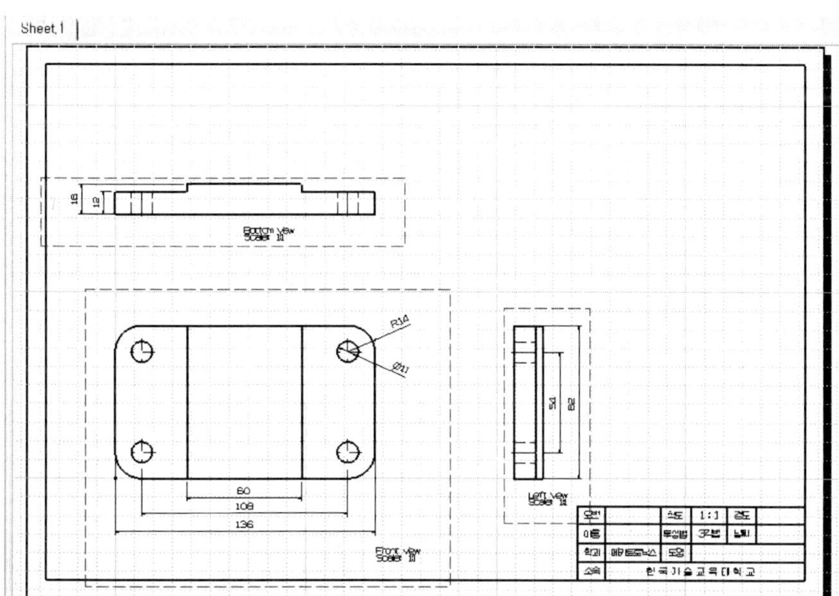

Isometric view 아이콘 ( )을 클릭하고 기준이 되는 면(xy plane)을 선택하여 Isometric view를 생성해 줍니다.

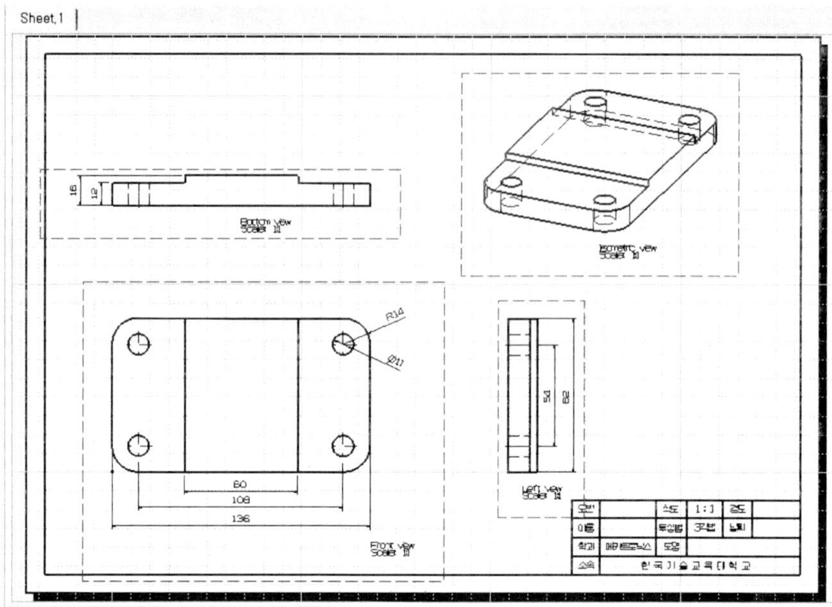

이와 같은 과정으로 Part Design과 Drawing을 마친 후, Pull Down Menu에 File → Save as를 클릭하여 Part Design과 Drawing을 저장해 줍니다.

2. Part 2

2.1 Part Design

Sketcher Workbench를 실행시키고 아래와 같은 스케치를 합니다.

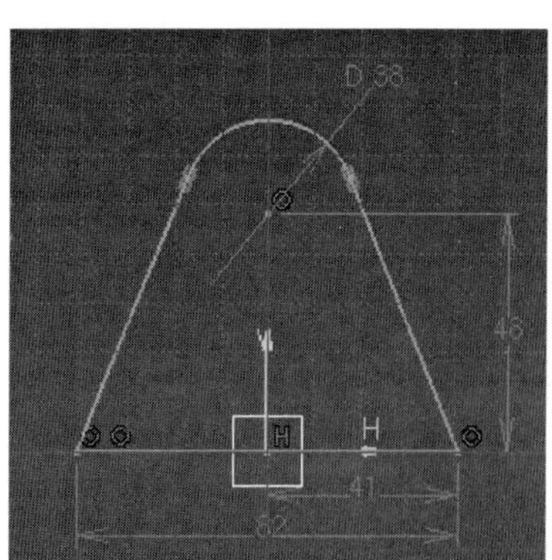

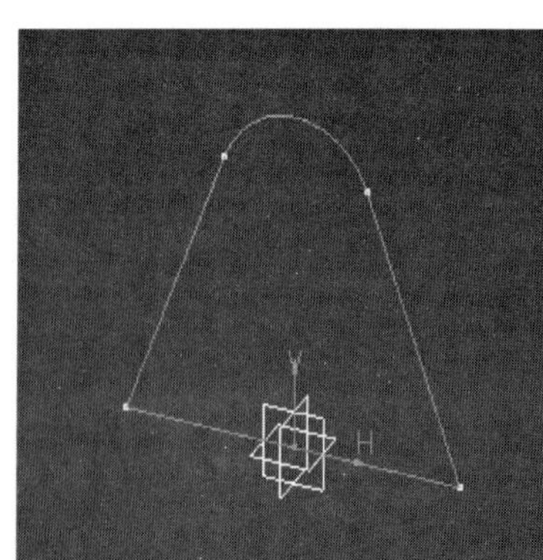

패드 아이콘 ( ) 을 클릭하여 두께를 주고 원하는 패드를 생성합니다.

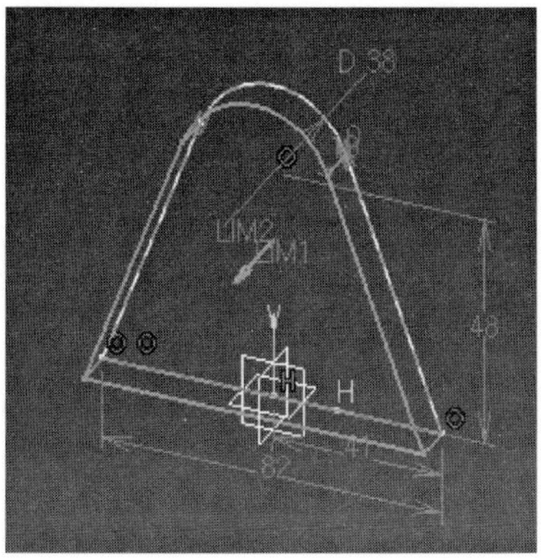

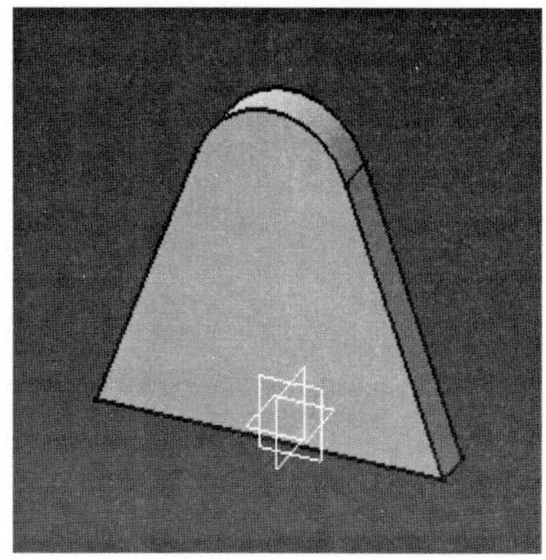

이렇게 생성된 피처의 정면을 선택하고 스케치 화면으로 들어가 아래와 같은 원 모양의 스케치를 합니다.

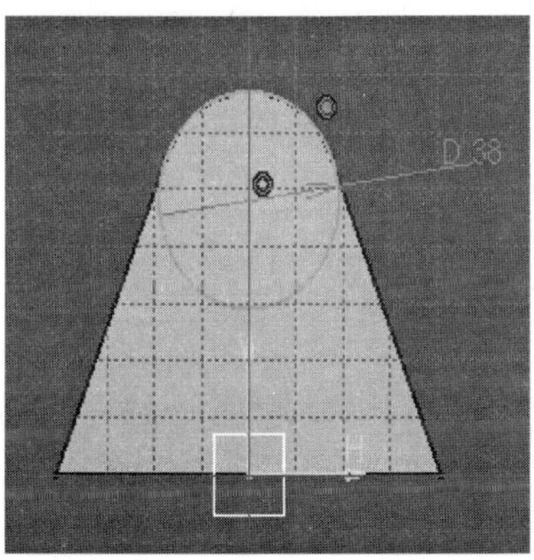

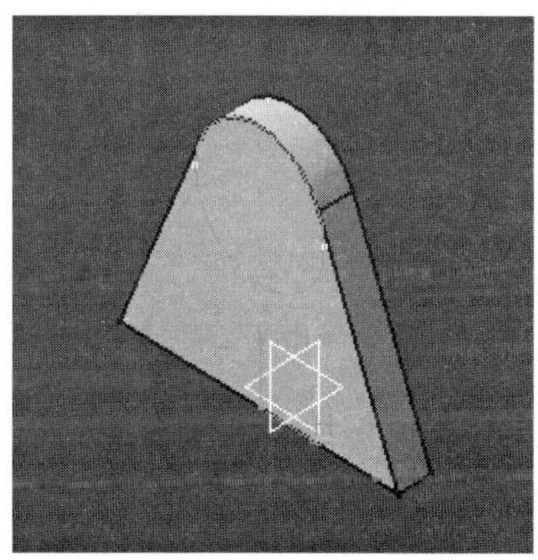

패드 아이콘 ( ) 을 클릭하여 두께를 주고 원하는 패드를 생성합니다.

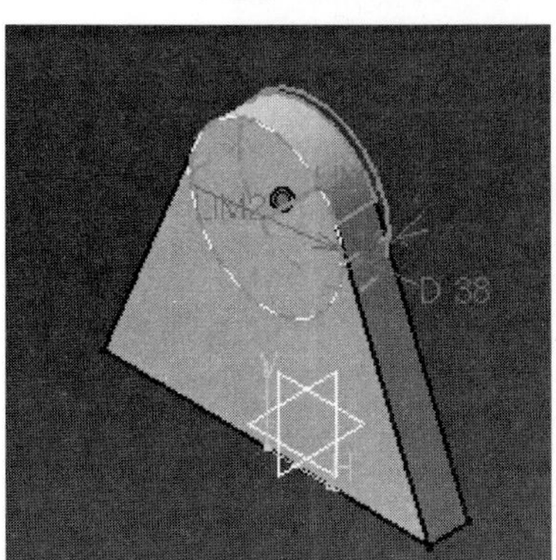

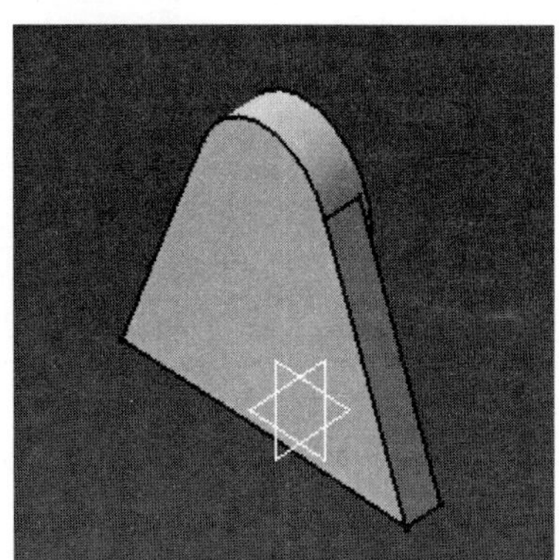

이렇게 생성된 피처의 정면을 선택하고 스케치 화면으로 들어가 포켓을 하기 위한 원 모양의 스케치를 합니다.

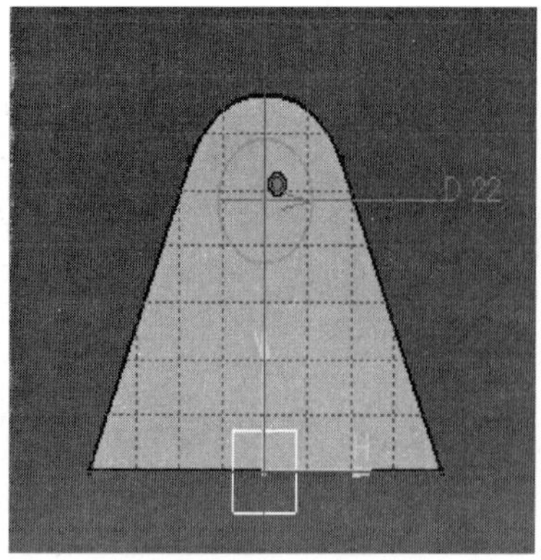

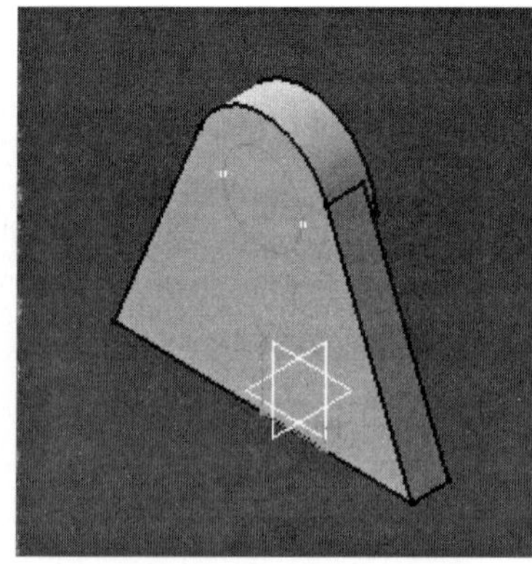

포켓 아이콘 ( ) 을 클릭하면 아래와 같은 화면이 나옵니다. 이때 오른쪽 그림과 같이 조건을 주어줍니다. OK를 클릭하면 그 다음 그림과 같이 홀 모양의 포켓이 완성됩니다.

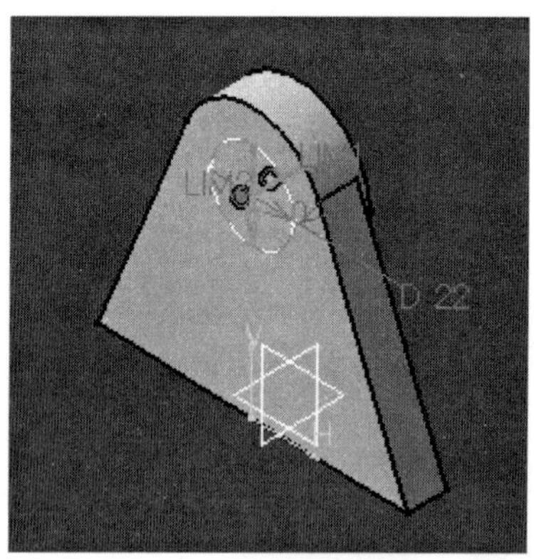

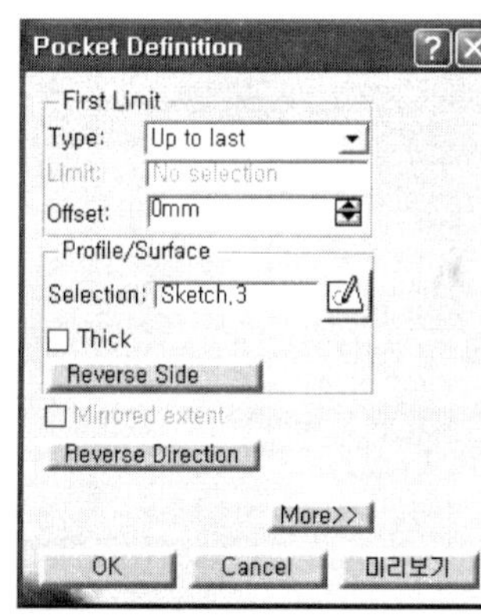

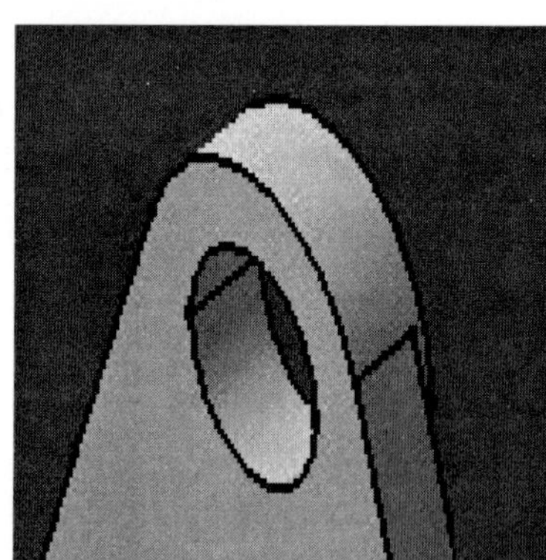

이렇게 생성된 피처의 아래면을 선택하고 스케치 화면으로 들어가 다음과 같은 모양의 스케치를 합니다.

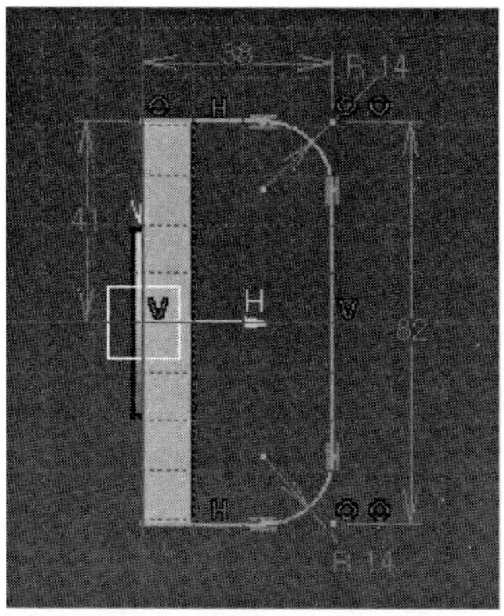

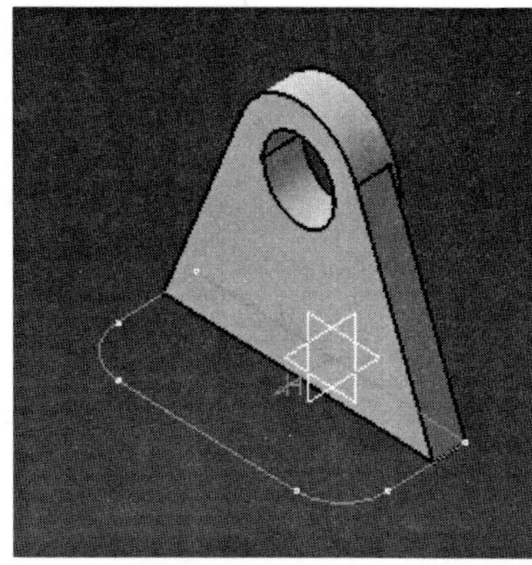

패드 아이콘 ( ) 을 클릭하여 두께를 주고 원하는 패드를 생성합니다.

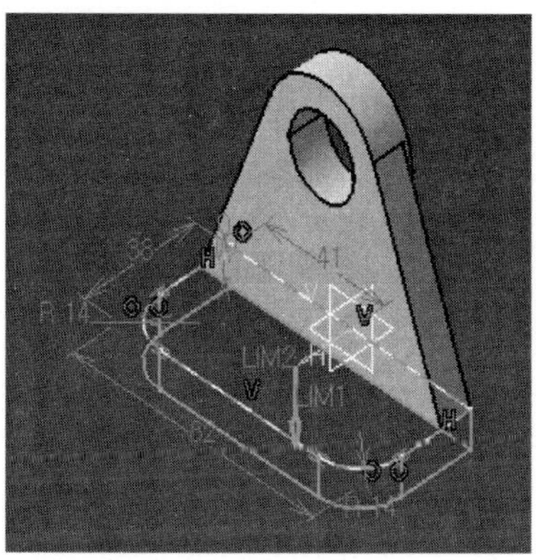

바닥 부분의 윗면을 선택하고 홀 아이콘( )을 클릭하면 아래와 같은 화면이 나옵니다. 홀은 포켓과 달리 그 모양을 정해 줄 수 있습니다. 또한 홀 대화상자에서 홀 원점의 위치도 스케치해 줄 수 있습니다.

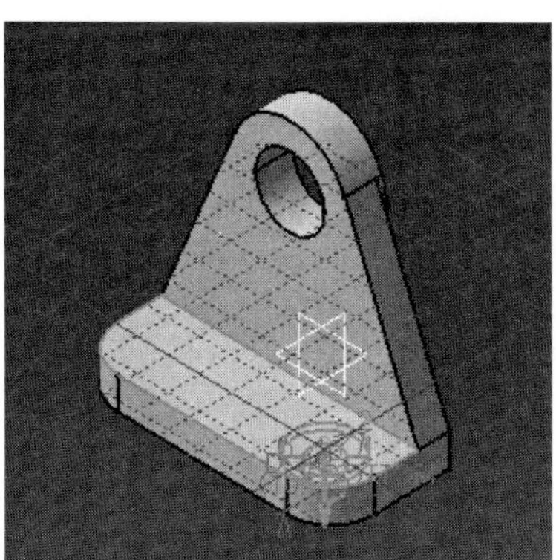

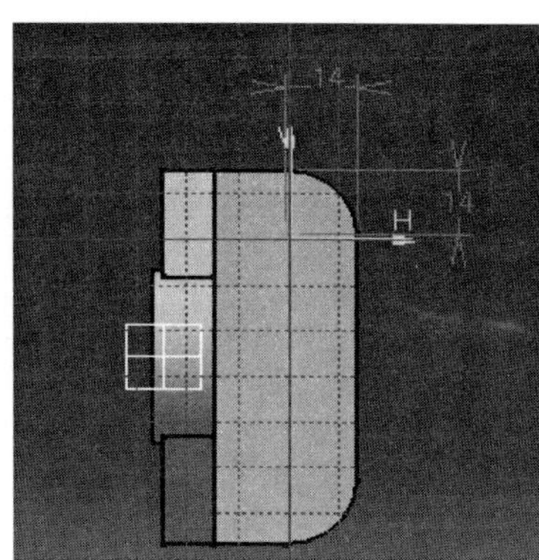

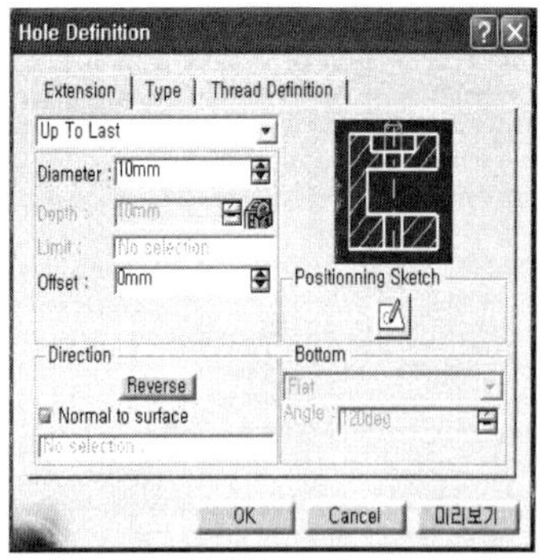

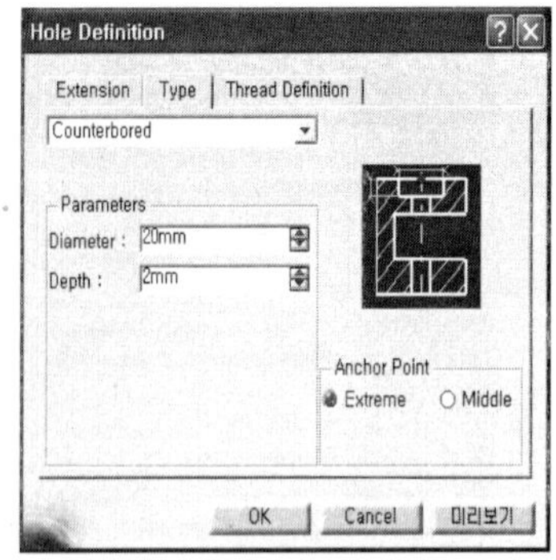

앞의 왼쪽 그림은 홀 자체의 직경과 깊이를 줄 수 있는 대화상자이고, 오른쪽 그림은 Counter Bored Hole 직경과 깊이를 줄 수 있는 대화상자입니다.

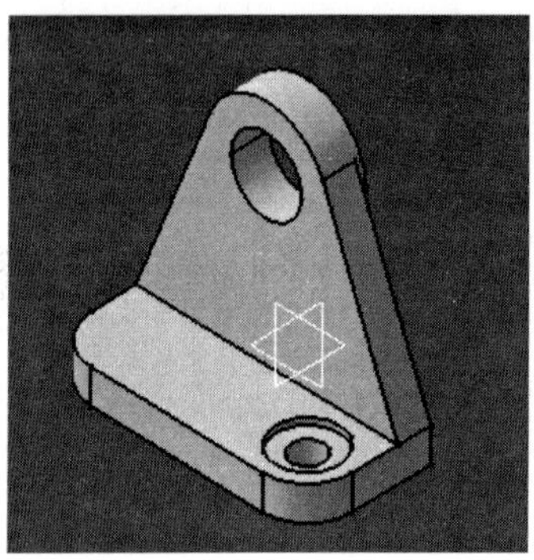

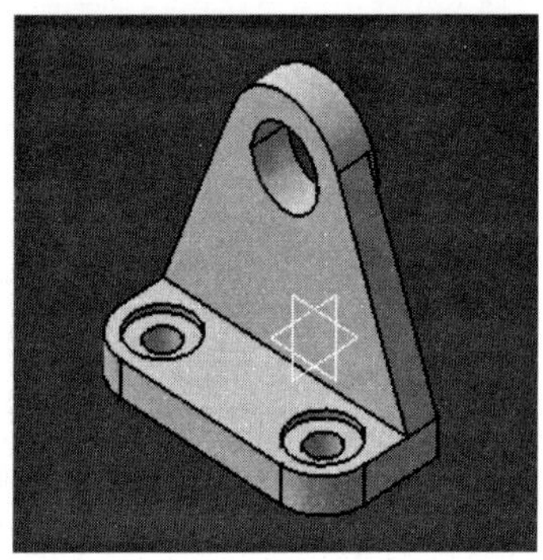

위에서와 같은 홀 생성방식으로 하나의 홀을 더 만들어 Part 2에 대한 Part Design을 완성합니다.

Drawing 또한 Part 1에서 했던 방식을 따라 생성한 후에 File → Save as를 통해 저장해줍니다.

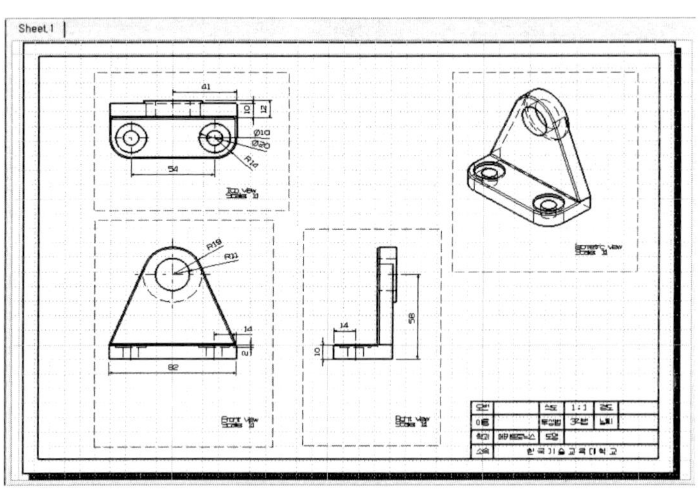

3. Part 3

3.1 Part Design

Sketcher Workbench를 실행시키고 아래와 같은 스케치를 합니다.

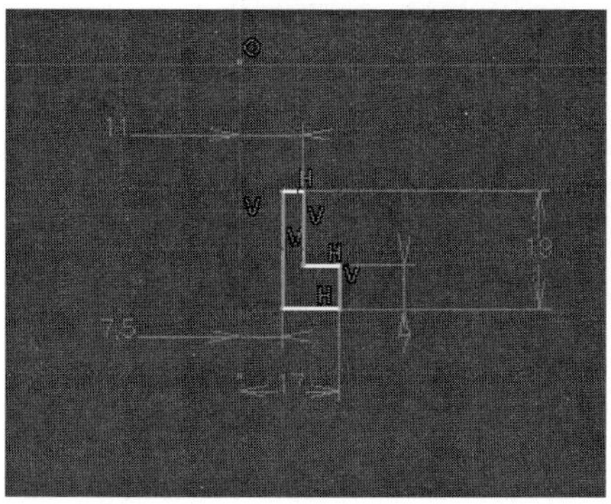

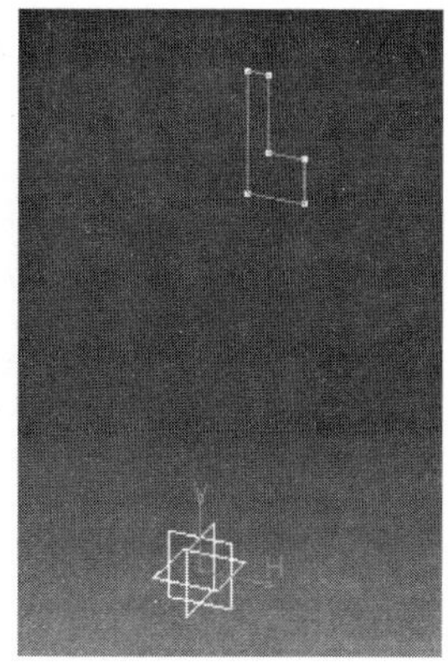

이번 Part는 스케치에서 중심선을 그려주고 그 중심선을 기준으로 360° 회전시켜 주는 기능을 사용했습니다. 위의 그림과 같이 스케치가 완료된 후 Shaft 아이콘 ()을 클릭하면 아래의 화면과 같이 나옵니다.

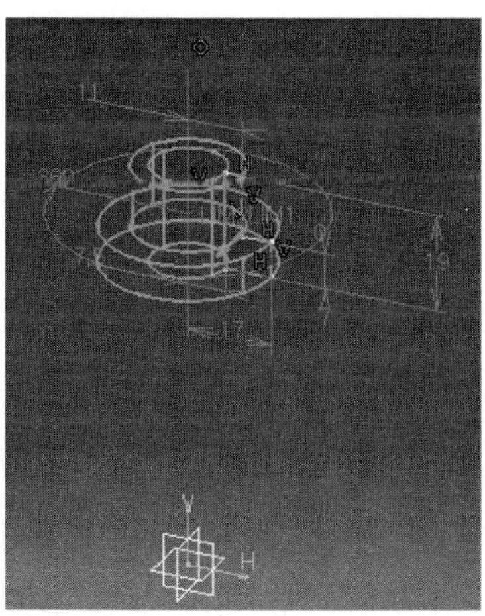

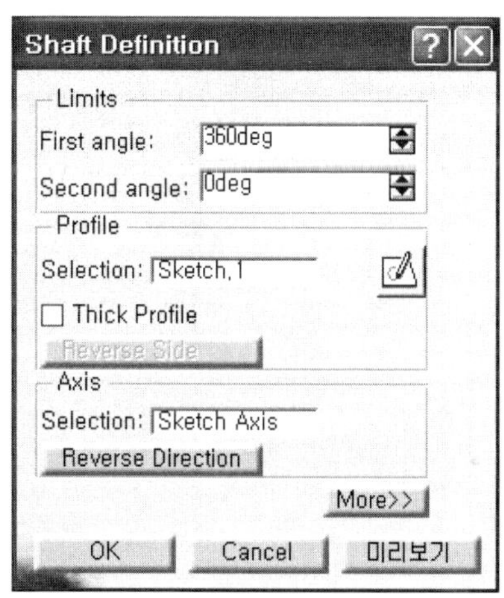

위의 오른쪽 그림은 Shaft의 조건을 줄 수 있는 대화상자입니다. 대화상자에서 회전의 각도 및 중심이 되는 중심선, 회전을 하게 될 스케치를 선택해 준 후 OK를 클릭하면 다음과 같이 회전 피처가 완성이 됩니다.

3.2 Drawing

Drawing 또한 Part 1에서 했던 방식을 따라 생성한 후에 File → Save as를 통해 저장해 줍니다.

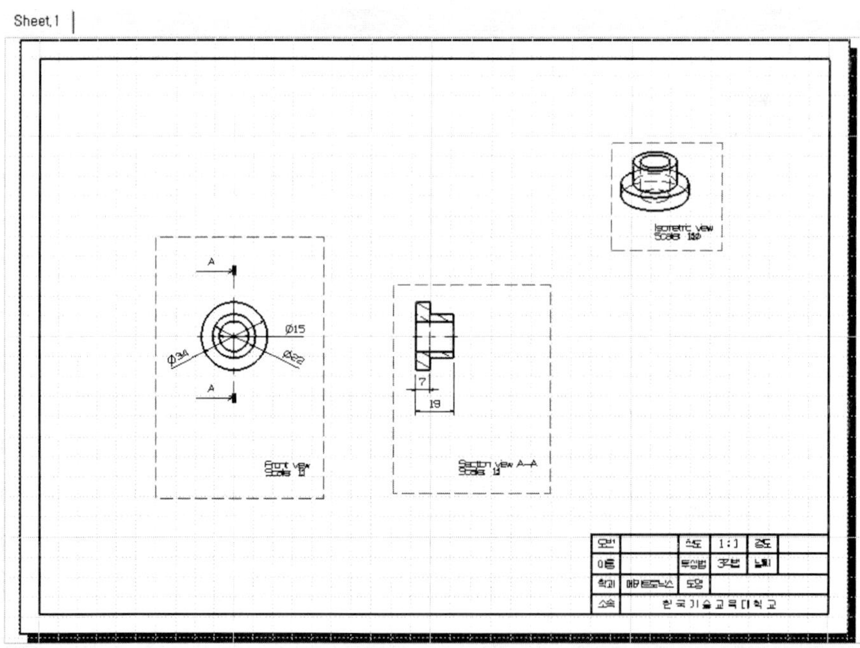

4. Part 4

4.1 Part Design

Sketcher Workbench를 실행시키고 아래와 같은 스케치를 합니다.

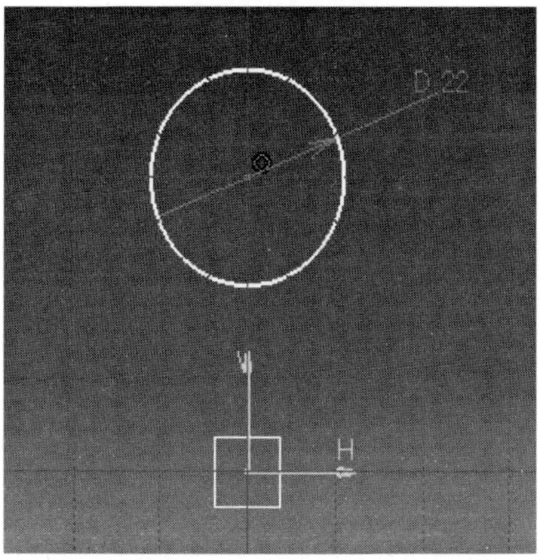

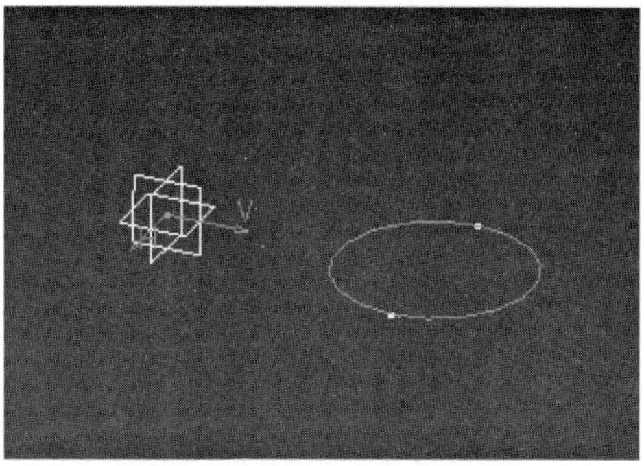

패드 아이콘 ( ) 을 클릭하여 두께를 주고 원하는 패드를 생성합니다.

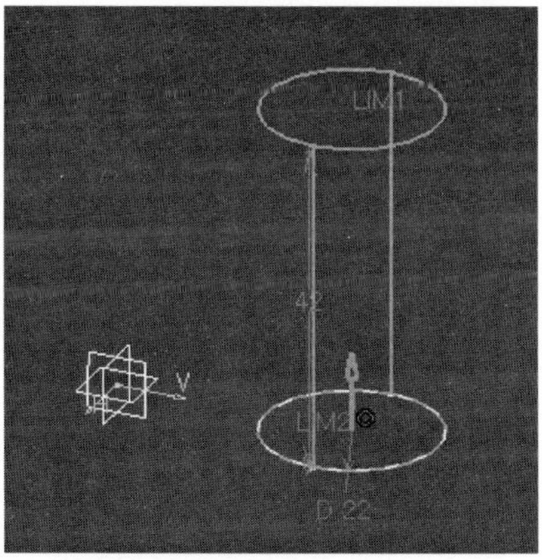

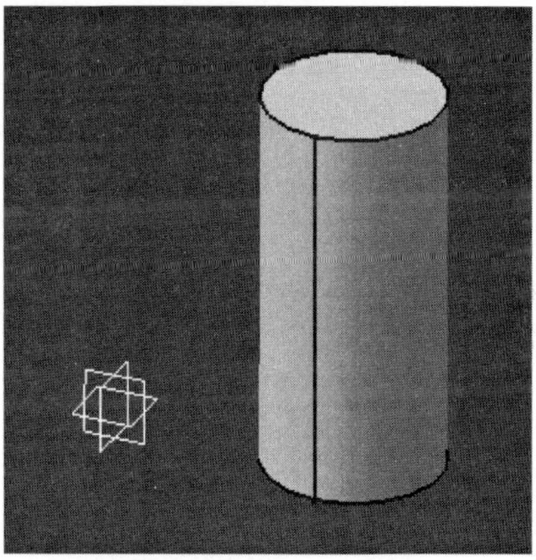

위의 스케치의 기준 면을 옵셋시켜 새로운 기준 면을 생성합니다. 현재 기준 면을 클릭한 후 plane 아이콘 ( )을 클릭하면 다음과 같은 대화상자가 나옵니다. offset from plane을 선택한 후 기준이 되는 면을 선택하여 주고 offset시킬 거리를 입력하여 주면 새로운 plane이 생성됩니다.

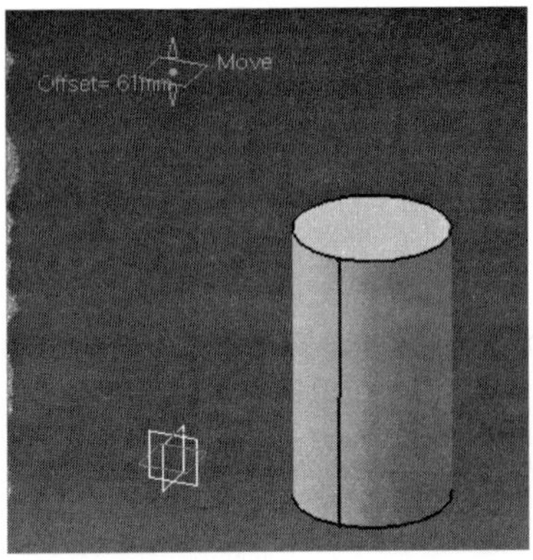

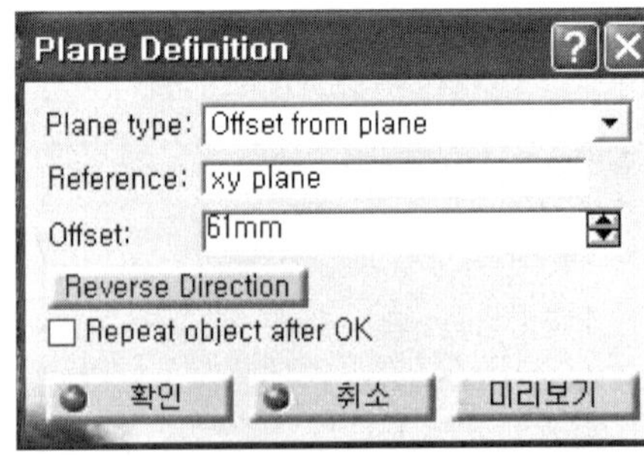

새롭게 생성된 면을 기준 면으로 하고 Sketcher Workbench를 실행시키고 아래와 같은 스케치를 합니다.

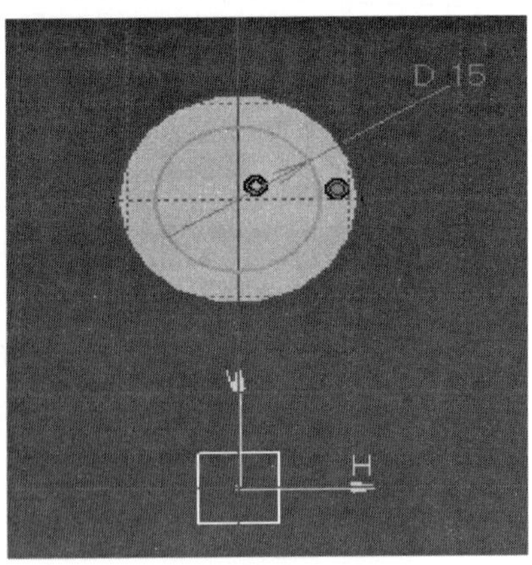

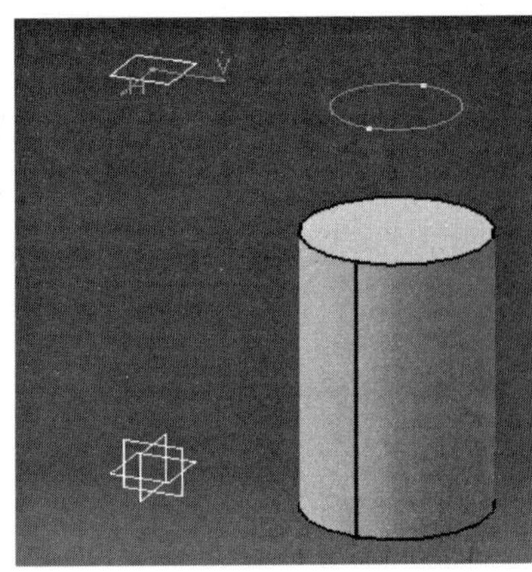

패드 아이콘 ( )을 클릭하여 두께를 주고 원하는 패드를 생성합니다.

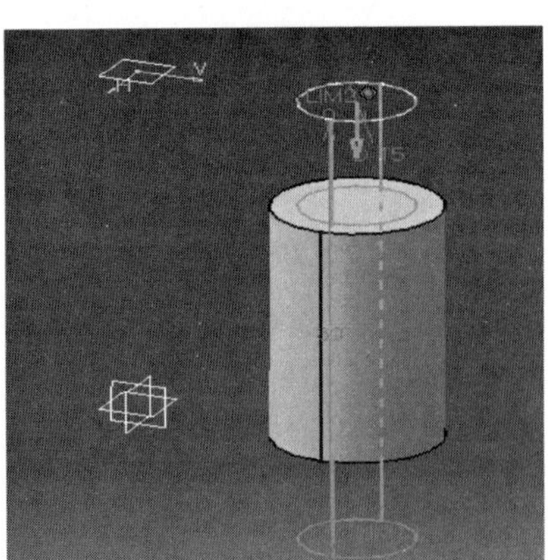

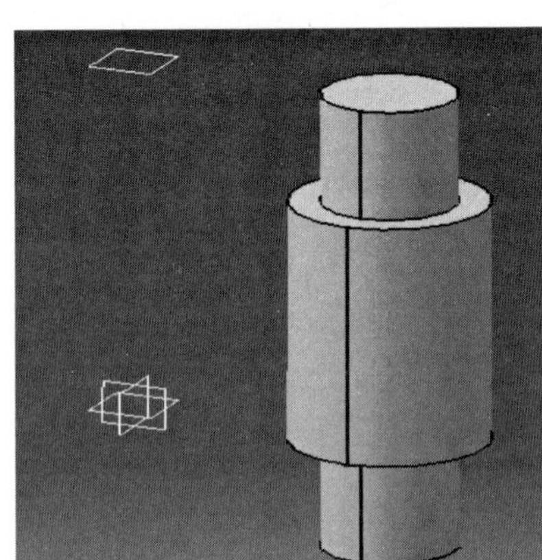

생성된 패드의 위아래 모서리를 클릭한 후 chamfer 아이콘 ( )을 클릭하여 모서리에 chamfer를 주고 Part Design을 완성합니다.

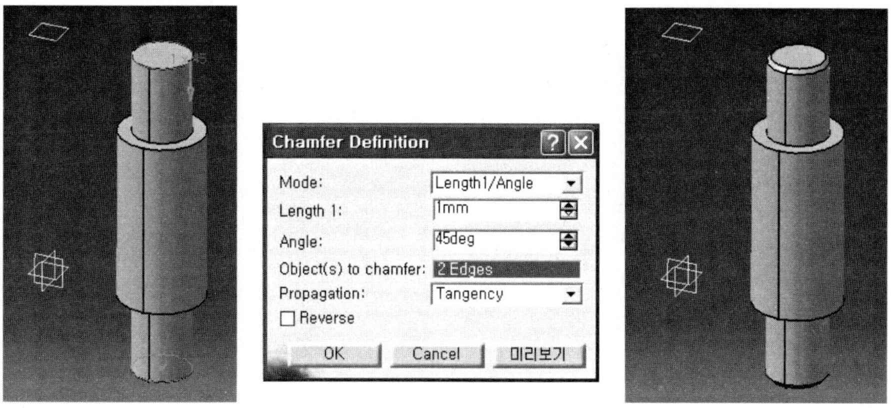

4.2 Drawing

Drawing 또한 Part 1에서 했던 방식을 따라 생성한 후에 File → Save as를 통해 저장해 줍니다.

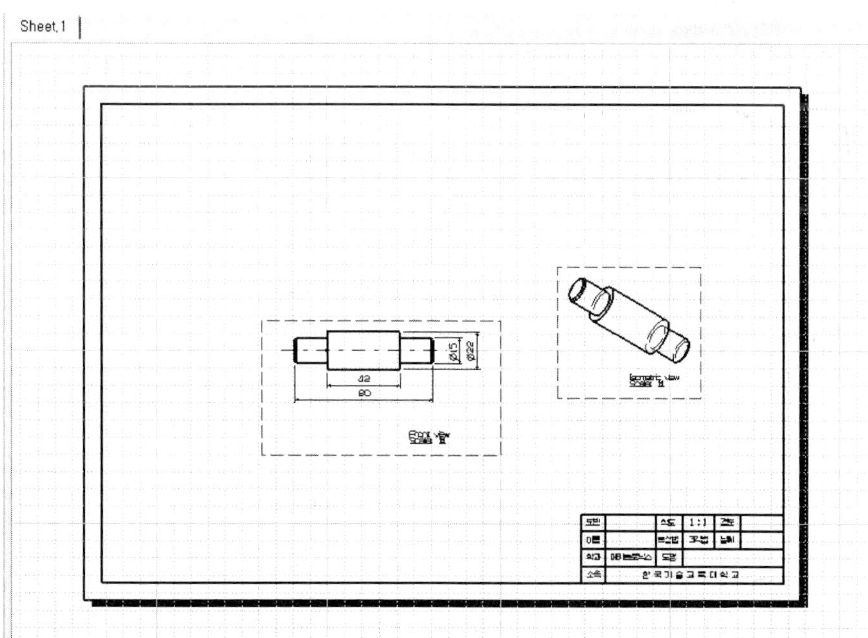

5. Part 5

5.1 Part Design

Sketcher Workbench를 실행시키고 아래와 같은 스케치를 합니다.

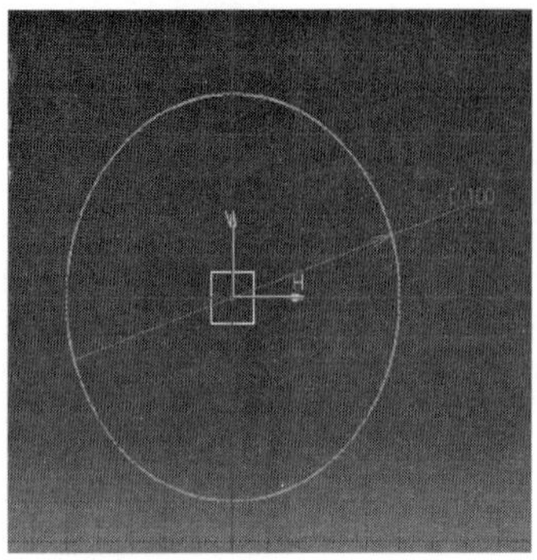

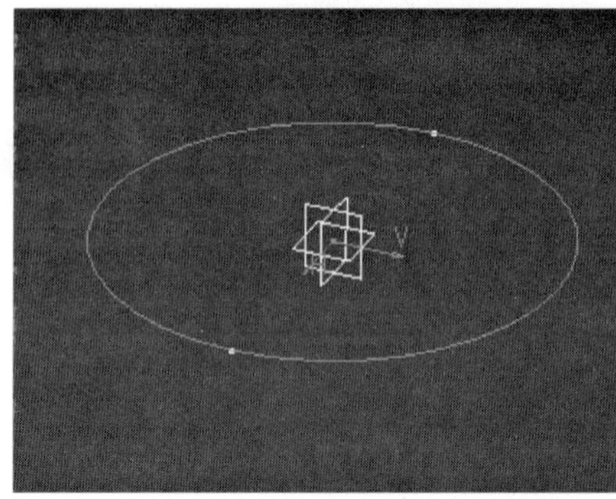

패드 아이콘 ( ) 을 클릭하여 두께를 주고 원하는 패드를 생성합니다.

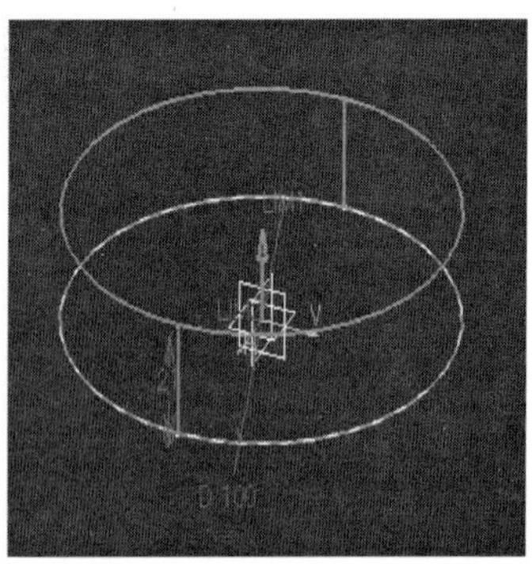

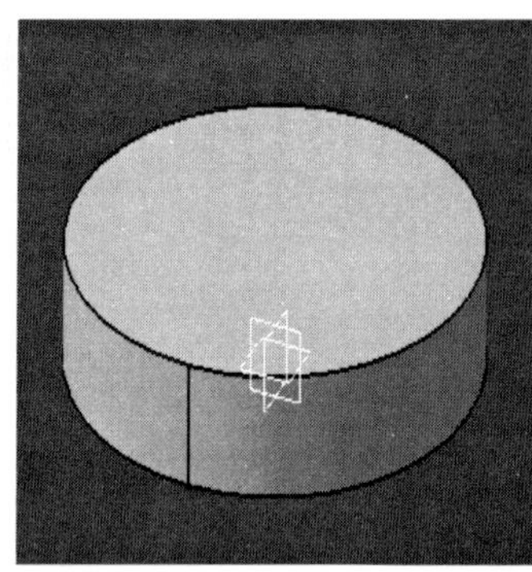

생성된 패드의 윗면을 클릭한 후 Sketcher Workbench를 실행시키고 아래와 같은 스케치를 합니다.

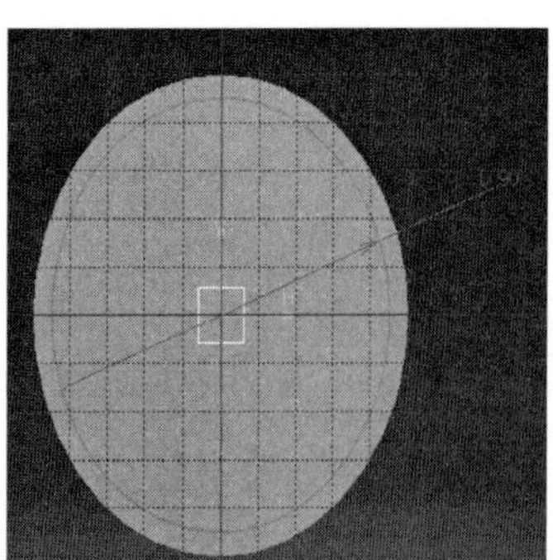

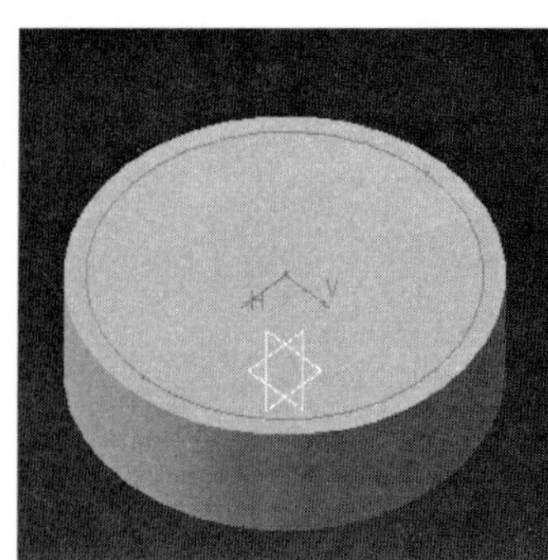

새롭게 생성된 스케치를 이용해 패드의 안쪽을 파내는 피처를 생성할 것입니다. Drafted Filleted Pocket 아이콘 ( )을 클릭하면 아래와 같이 그림과 함께 대화 상자가 나타납니다.

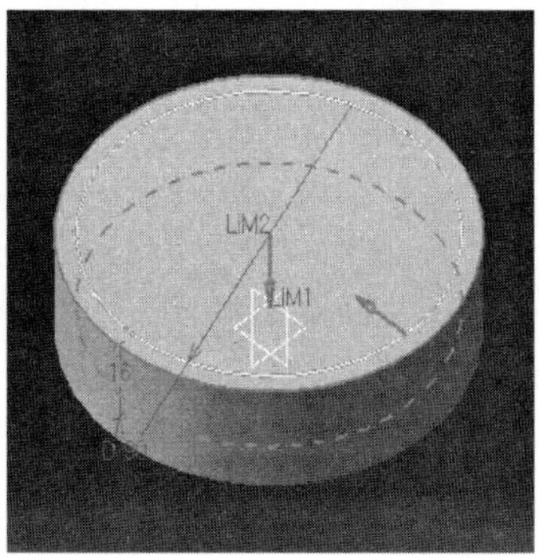

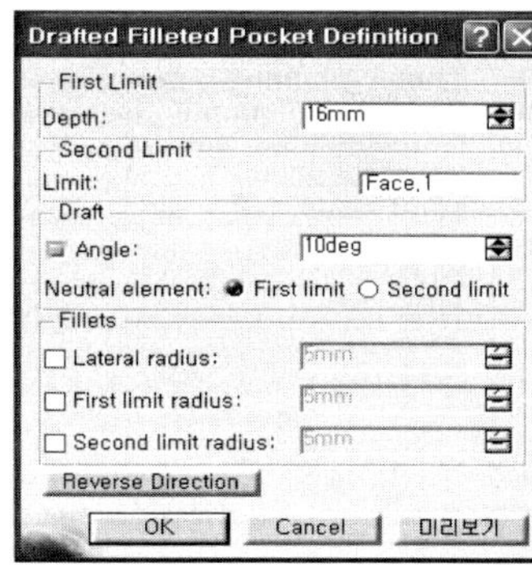

깊이와 draft의 각도를 주어준 후 OK를 클릭합니다.

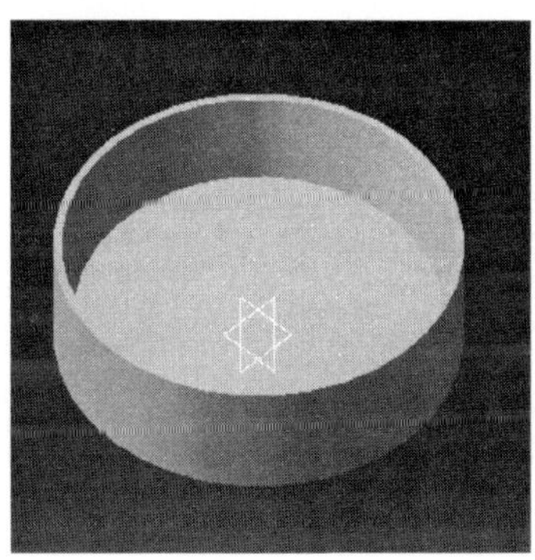

Drafted Filleted Porket가 완성된 후 바닥 면을 클릭한 후 Sketcher Workbench를 실행시키고 아래와 같은 스케치를 합니다.

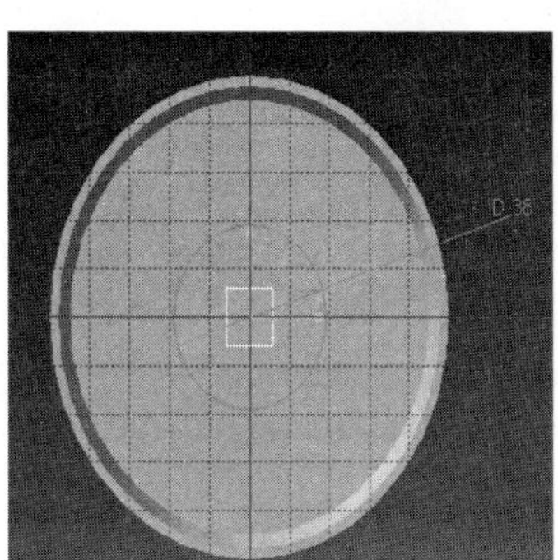

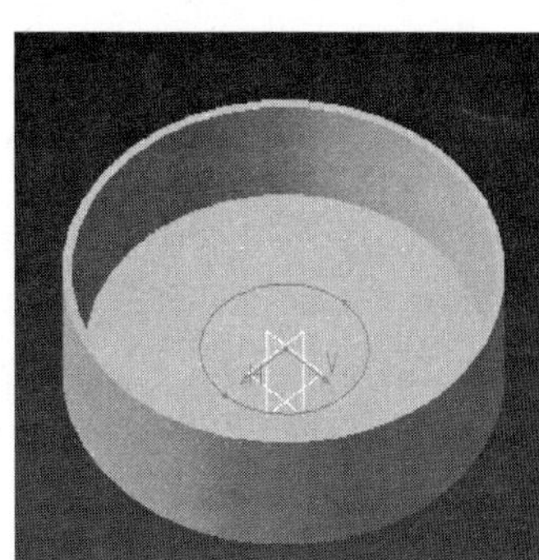

패드 아이콘 ( ) 을 클릭하여 두께를 주고 원하는 패드를 생성합니다.

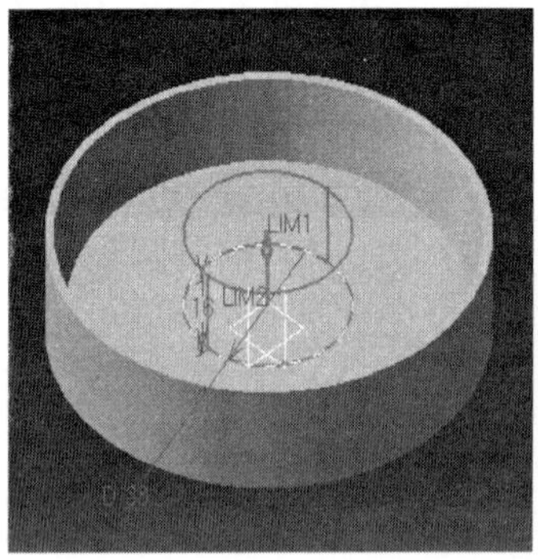

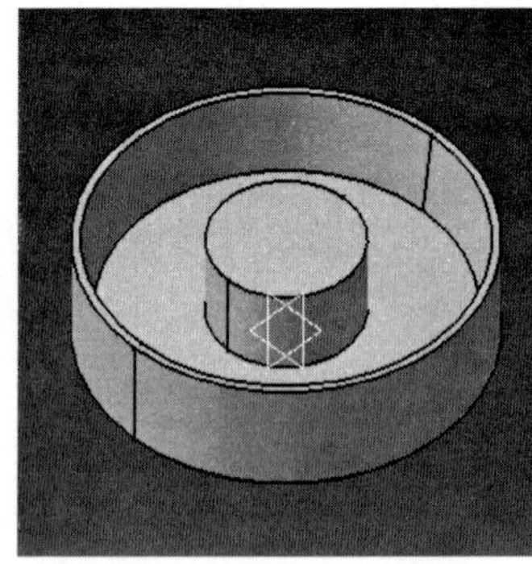

새롭게 생성된 패드의 윗면을 선택하고 Sketcher Workbench를 실행시키고 아래와 같은 스케치를 합니다.

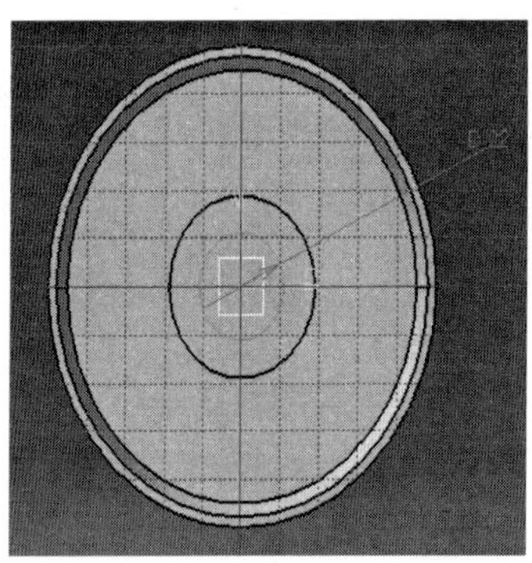

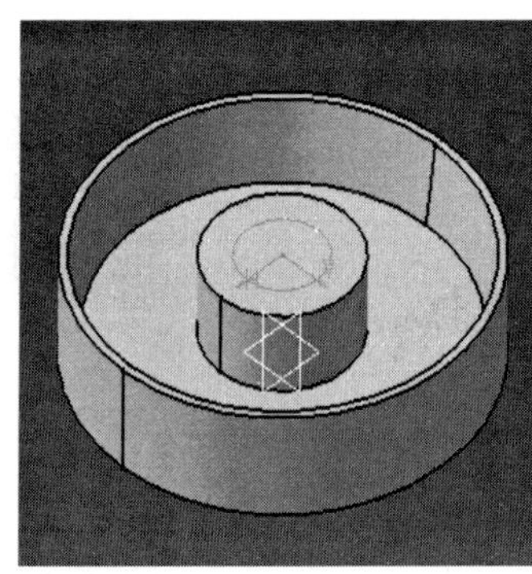

Pocket 아이콘 ( ) 을 클릭하여 두께를 주고 원하는 패드를 생성합니다.

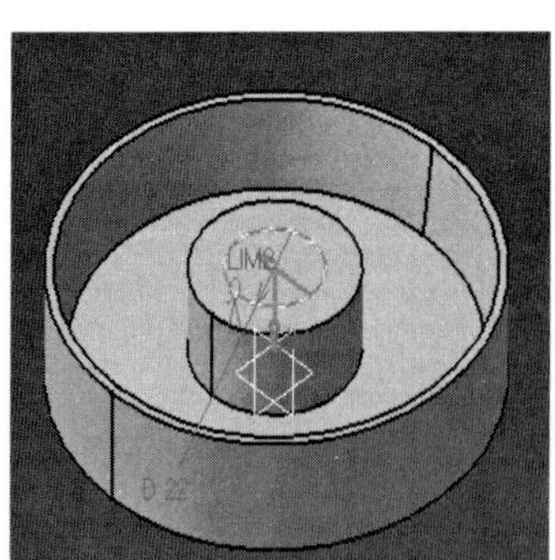

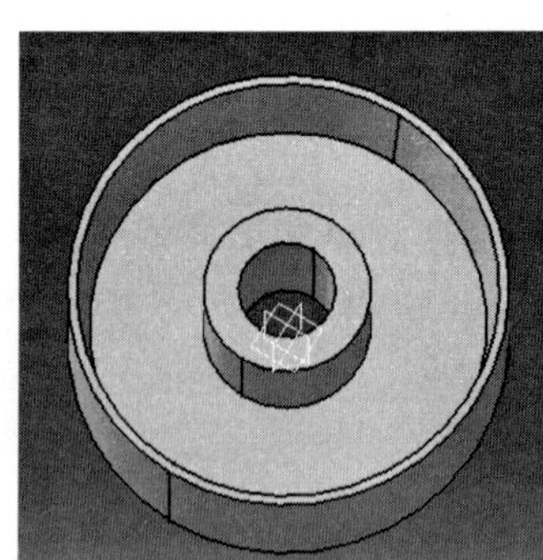

제일 처음 스케치를 할 때 기준이 되었던 면(xy plane)을 기준으로 지금까지 완성된

피처를 Mirror시켜 기준 면 대칭 복사를 해 줍니다. Mirror 아이콘 ( )을 클릭하면 아래와 같이 그림과 함께 대화상자가 나타납니다.

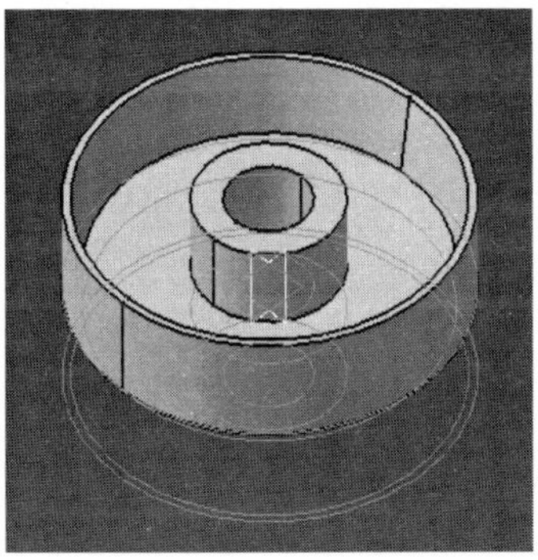

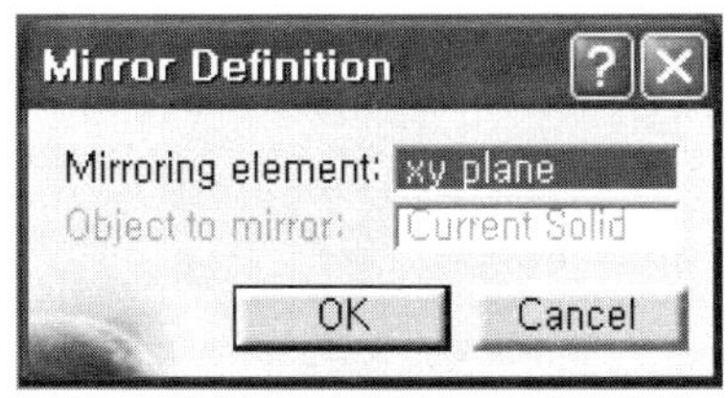

기준이 되는 xy plane을 선택한 후 OK를 클릭하면 아래와 같이 피처가 완성이 됩니다.

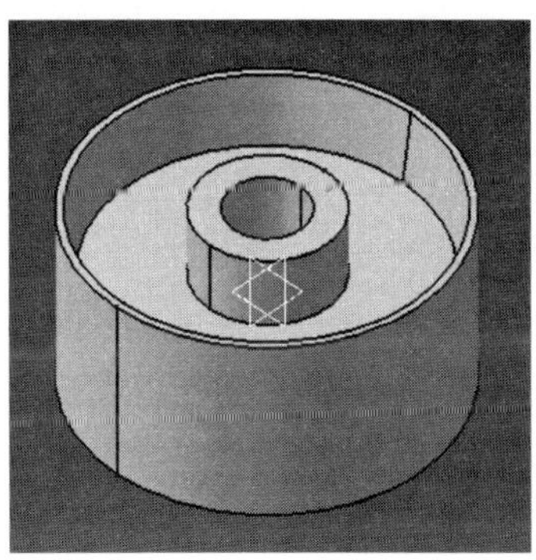

바닥면 안쪽 모서리에 필렛을 준 후 Part Design을 마무리합니다.

5.2 Drawing

Part 5의 Drawing에서는 완성된 Part의 단면을 보여주는 기능을 사용합니다. 새롭게 불려진 Sheet에 xy plane을 기준으로 정면도를 생성합니다.

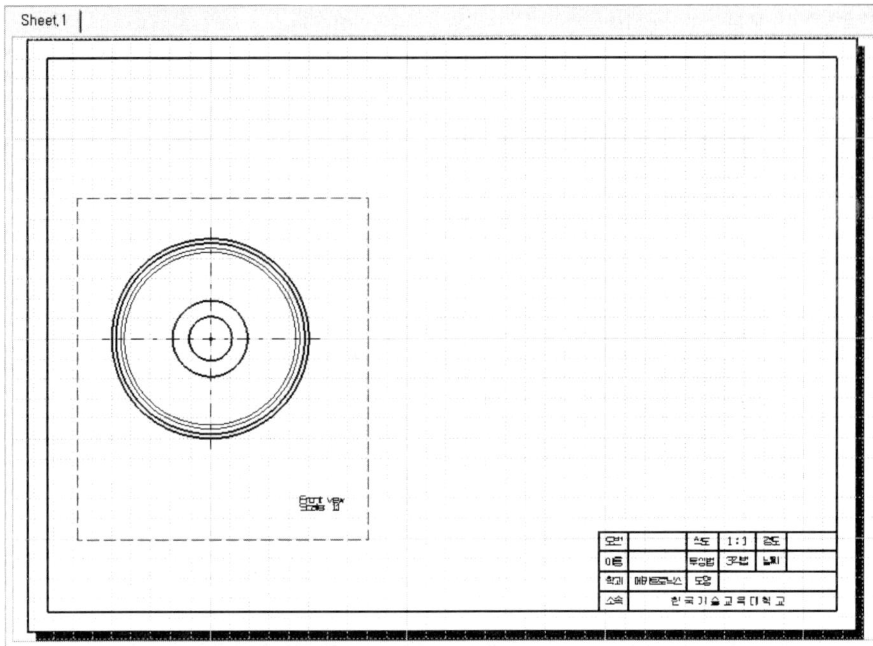

Offset Section view 아이콘 ( )을 클릭하고 정면도의 위아래로 A-A 단면선을 그려주면 정면도의 우측으로 단면도가 생성이 됩니다.

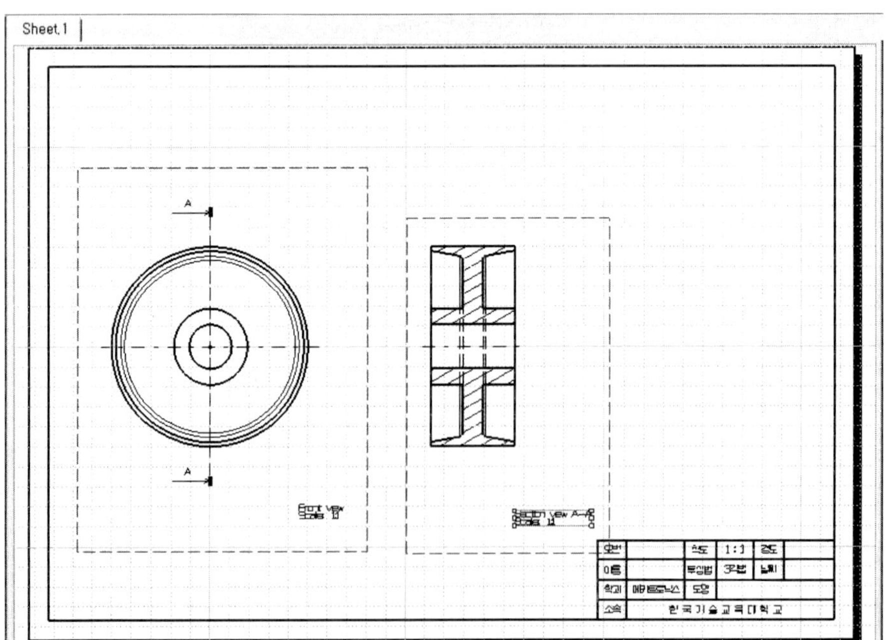

생성된 단면도와 정면도에 치수를 기입하여 주고, Isometric view를 생성한 후 Drawing를 마무리합니다.

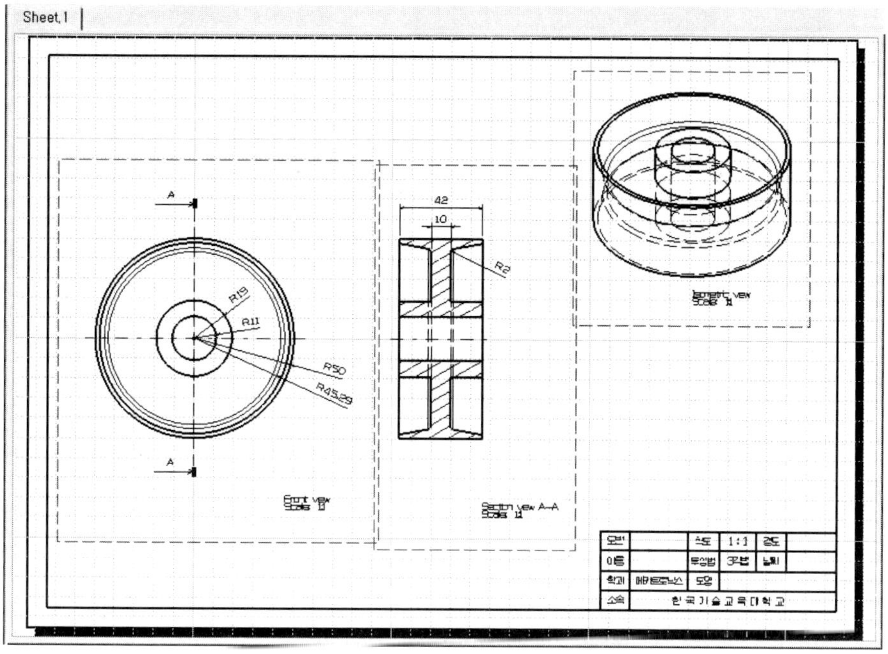

이와 같은 과정으로 Part Design과 Drawing을 마친 후, Pull Down Menu에 File → Save as를 클릭하여 Part Design과 Drawing을 저장해 줍니다.

6. Assembly Design

6.1 Assembly Design 들어가기

① Pull Down Menu에서 Start → Mechanical → Assembly Design을 선택합니다.

② Pull Down Menu에서 File → New를 선택하거나 화면의 아래에서 New 아이콘을 클릭하고 Product를 선택하면 Assembly Design workbench로 들어갑니다.

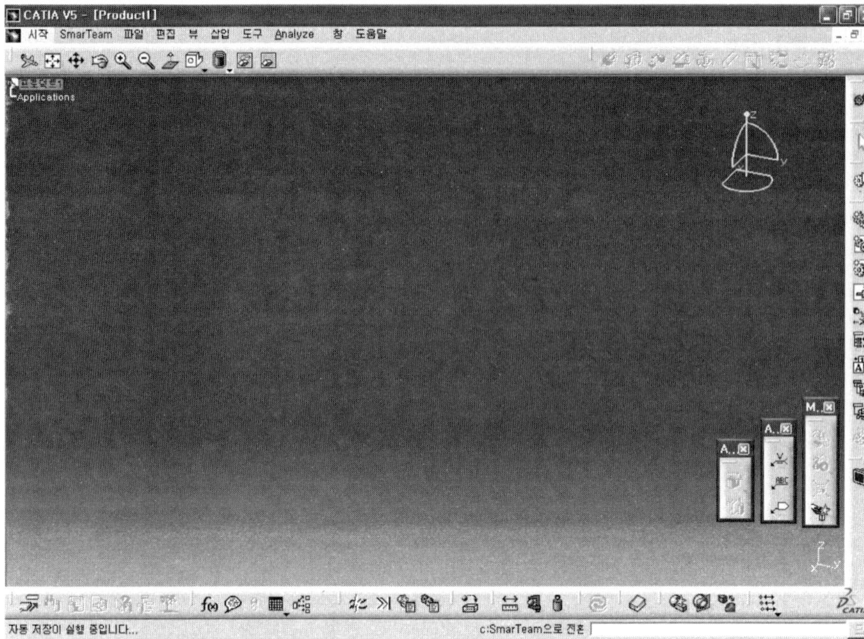

왼쪽 상단의 Product1을 클릭한 후 Existing Component 아이콘 ( )을 클릭하면 아래의 대화상자가 나옵니다.

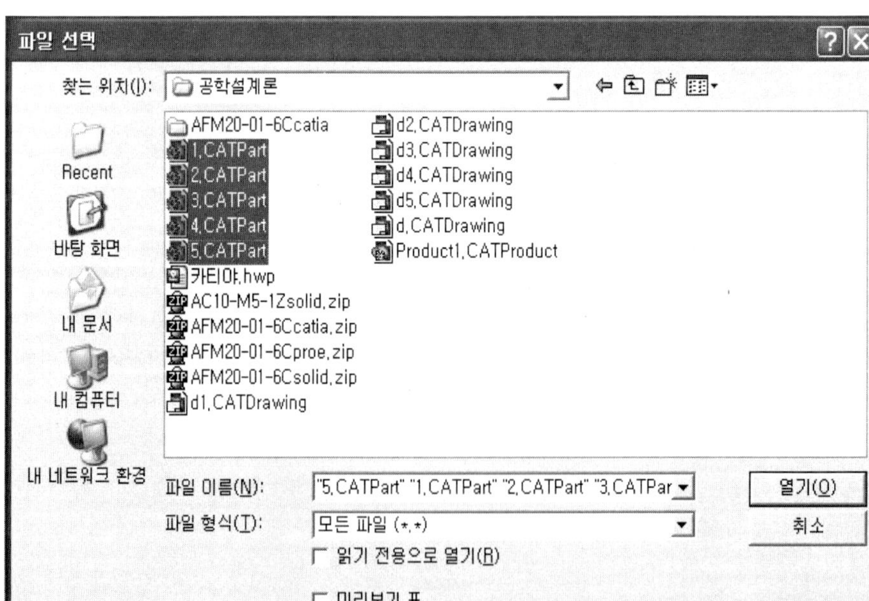

앞에서 저장해 주었던 기존의 Part(Part 1~5)를 클릭한 후 열기를 클릭하면 아래 그림과 같이 Assembly 창으로 Part가 불러들여 집니다.

불러들여 진 모든 파트는 원점을 기준으로 모두 보여 있습니다. 함께 모여 있는 Part를 쉽게 Assembly하기 위해 Manipulation 아이콘 ( )을 클릭하여 주면 아래와 같은 대화상자가 나옵니다.

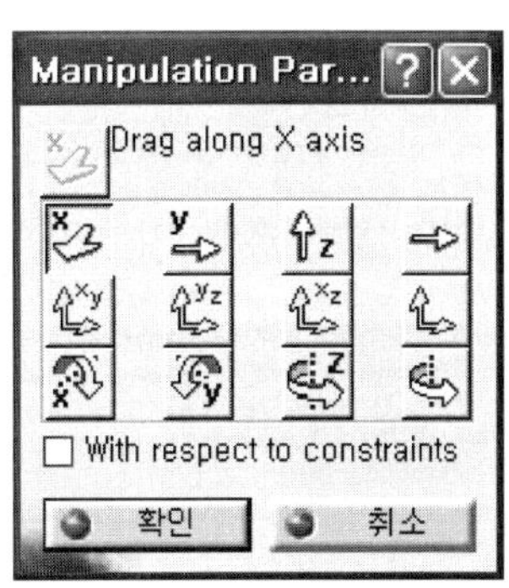

이 대화상자에서는 각각의 축 방향으로 이동을 위한 선택을 할 수 있습니다. 예를 들어 x축으로 이동을 하고 싶다면 위의 대화상자에서 x축을 선택하고 이동하고자 하는 Part를 클릭한 상태에서 Drag해 주면 그 파트가 x축을 따라 이동하는 걸 볼 수 있습니다. 이렇게 모든 Part를 이동하고자 하는 곳으로 이동을 시켜주면 아래와 같은 화면이 나옵니다.

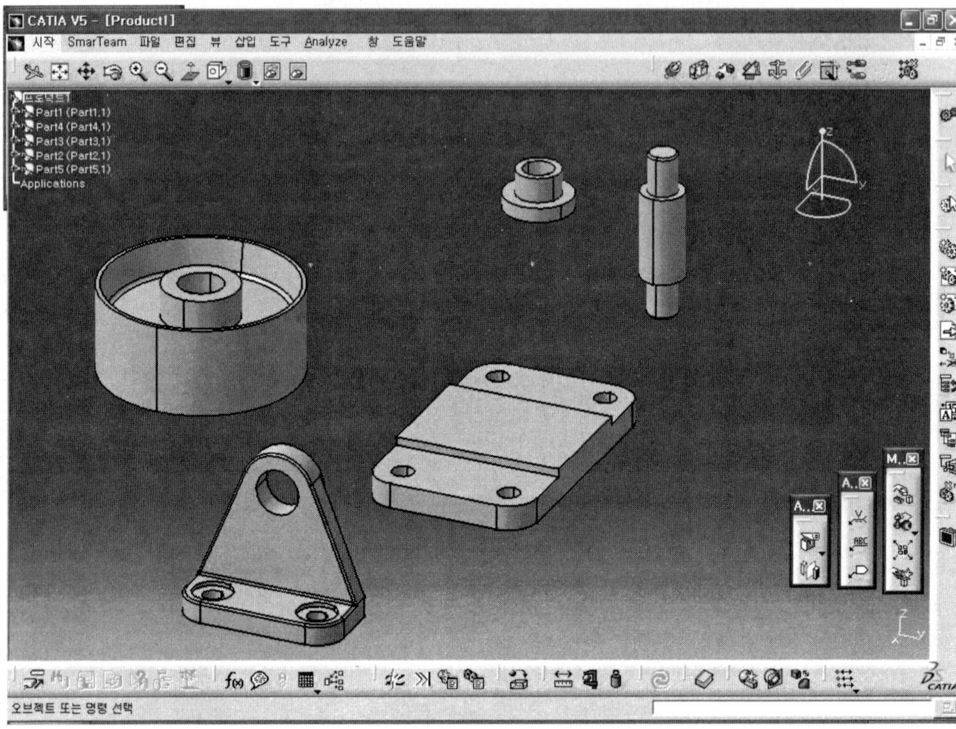

6.2 Assembly

우선 Part 1과 Part 2를 Assembly하기 위해선 각각의 Part가 서로 면 일치가 되는 부분을 알아야 합니다. Part 1과 Part 2를 보면 Part 1의 두 개의 홀이 있는 윗면 부분과 Part 2의 두 개의 홀이 있는 아래 면이 서로 면 일치를 해야 합니다.

Ctrl 키를 이용하여 두 면을 클릭하고, Constraints에 있는 Quick Constraint 아이콘 ( )을 클릭하여 두 면의 면 일치를 시켜줍니다.

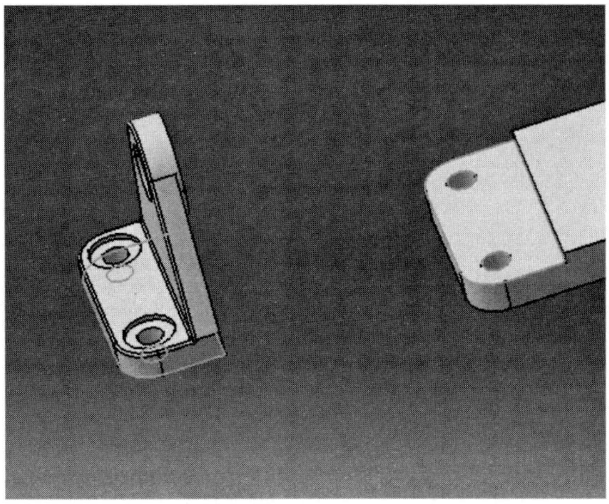

이때 모든 조건이 주어지지 않았기에 서로의 면이 일치하지 않을 수도 있습니다. 다음 과정에서는 그 부족한 조건을 찾아 서로 면 일치를 하는 과정을 보여줍니다.

아래 그림과 같이 Part 2의 뒷면과 Part 1의 패드된 옆면을 선택하고 Quick Constraint 아이콘 ( )을 클릭하여 두 면의 면 일치를 시켜줍니다.

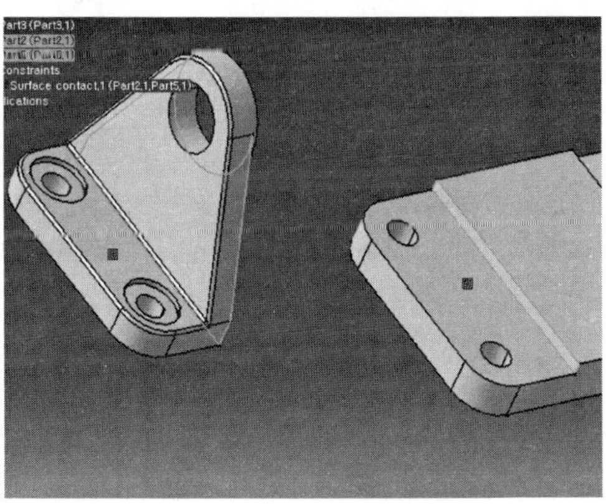

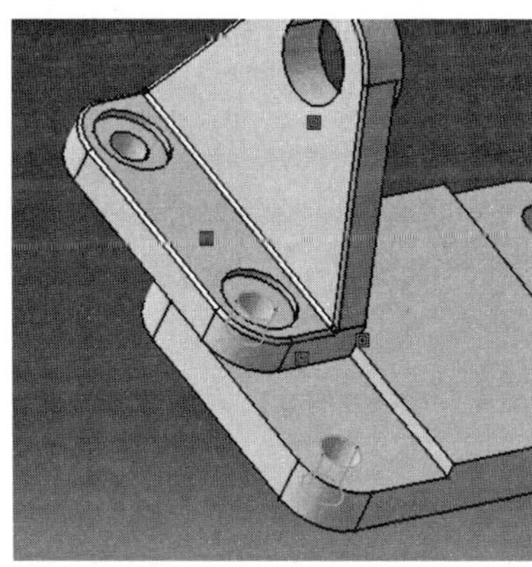

위의 그림처럼 각각의 Part가 두면의 일치로 서로 붙게 되었습니다. 그러나 아직 부족한 일치조건으로 인해 정확한 위치에 Assembly하지 못했습니다.

두 개의 Part가 일치해야 할 부분은 두 파트의 홀 부분입니다. 위의 오른쪽 그림처럼 두 홀의 안쪽 면을 선택하고, Constraints에 있는 Coincidence Constraint 아이콘 ( )을 클릭하여 두 홀의 축 일치를 시켜줍니다.

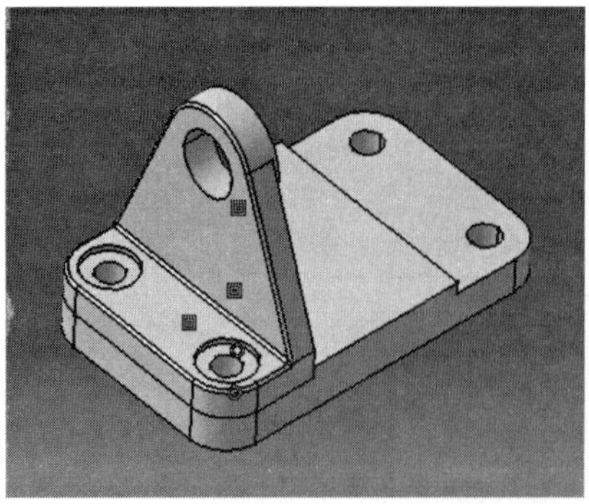

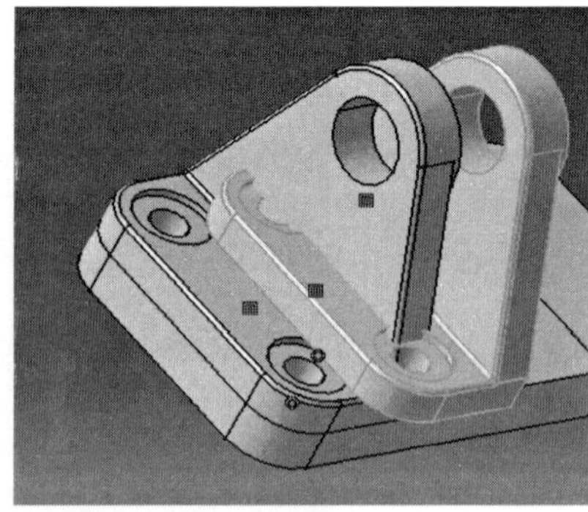

위의 왼쪽 그림에서 Part 1과 Part 2가 원하는 위치에 Assembly된 모습을 볼 수 있습니다. Part 2는 Part 1의 반대쪽에도 대칭되게 Assembly되어야 합니다. 위의 오른쪽 그림에서 Part 2를 복사한 것을 볼 수 있습니다. 이 작업은 Fast Multi Instantiation 아이콘( )을 클릭한 후 복사하고자 하는 Part를 클릭해 주면 됩니다.

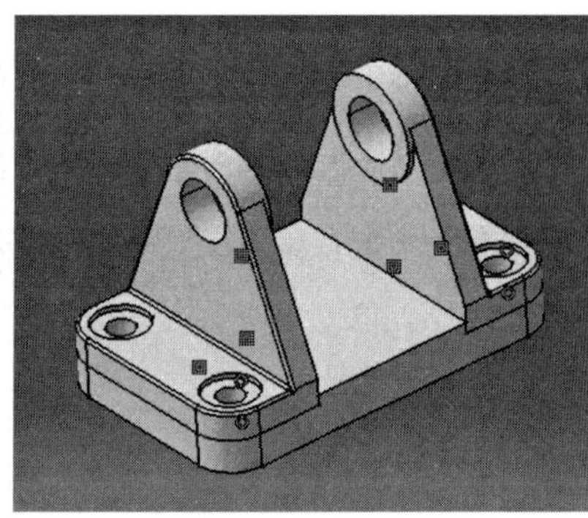

Fast Multi Instantiation 작업 후 새롭게 생성된 Part 2를 Part 1과 위의 그림과 같이 Assembly하여 주면 됩니다.

다음으로 Part 3의 Assembly를 해보겠습니다.

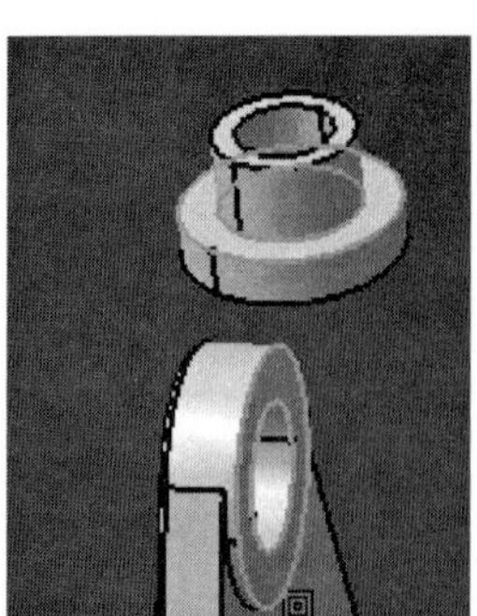

앞의 Part 1과 Part 2를 Assembly하였듯이 면과 축 일치를 시켜주면 다음 그림과 같이 원하는 부분에 Assembly됩니다. Part 3 또한 Part 2와 같이 두 개가 필요하기에 Fast Multi Instantiation를 이용해 두 개 모두 Assembly하여 줍니다.

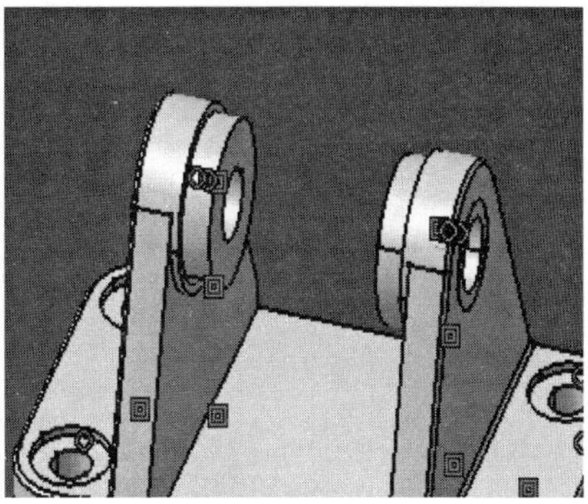

다음으로 Part 4의 Assembly를 해보겠습니다.

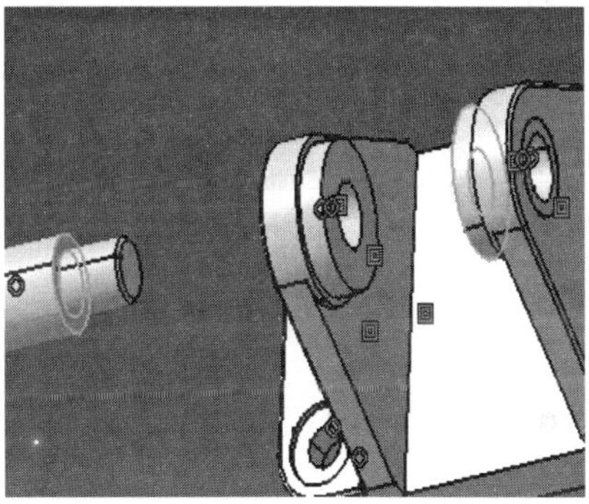

Part 4의 Assembly 또한 위에서 Part 1과 Part 2를 Assembly하였듯이 면과 축 일치를 시켜주면 아래 그림과 같이 원하는 부분에 Assembly됩니다.

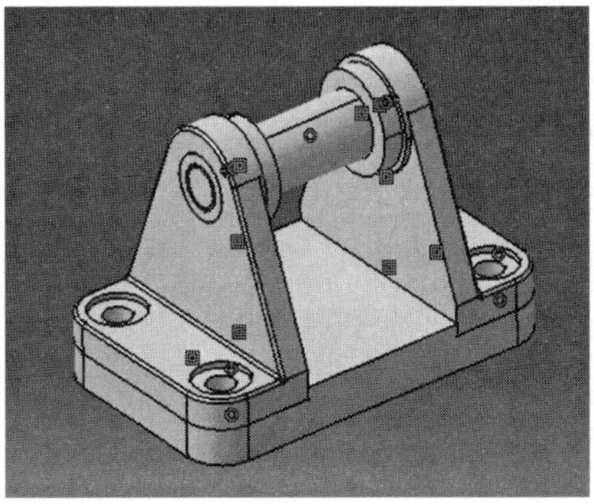

마지막으로 Part 5의 Assembly를 해보겠습니다.

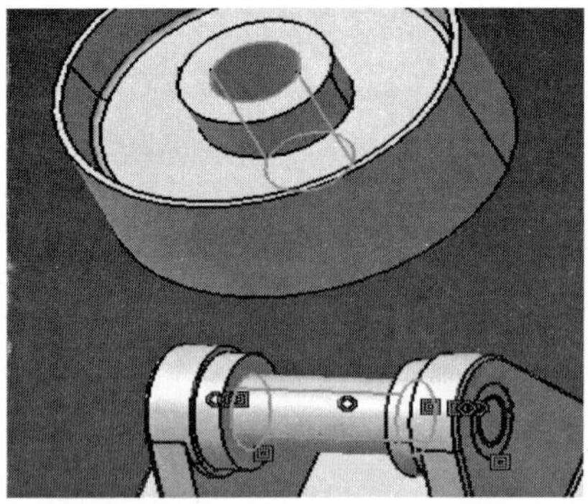

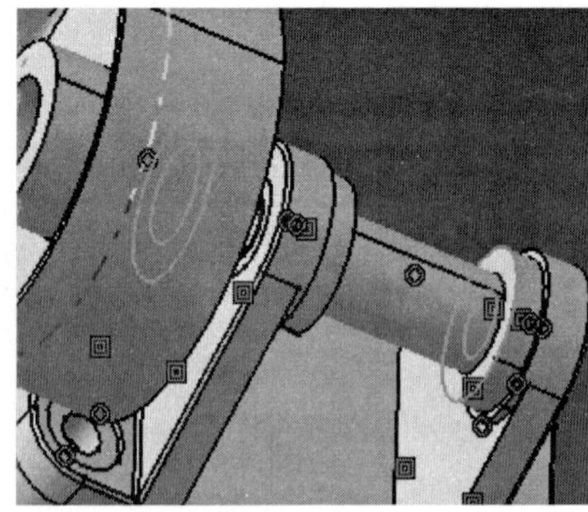

Part 5의 Assembly 또한 위에서 Part 1과 Part 2를 Assembly하였듯이 면과 축 일치를 시켜주면 아래 그림과 같이 원하는 부분에 Assembly됩니다.

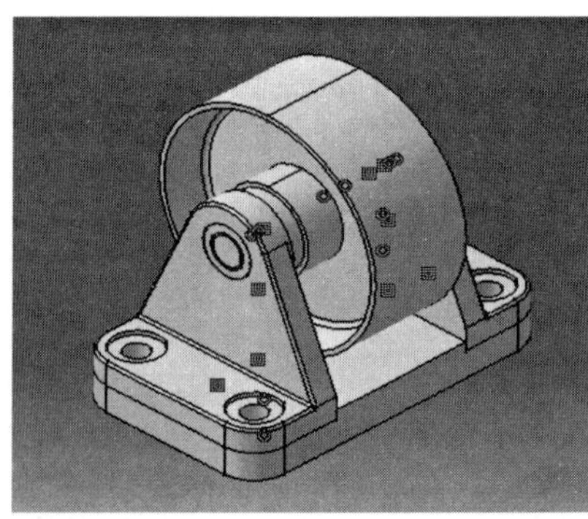

Assembly를 하면서 위의 순서에 따라 면 일치 및 축 일치를 해 주었음에도 불구하고, 아래 그림과 같이 원하는 위치로 이동을 안 하는 경우가 있습니다. 이때는 Update 아이콘( )을 클릭하여 주면 원하는 위치로 이동합니다.

모든 Assembly를 마친 후 각각의 구속조건(면 일치, 축 일치)에 해당하는 표시들과 xy plane, yz plane, zx plane을 모두 숨기면 아래와 같은 화면이 나오게 됩니다.

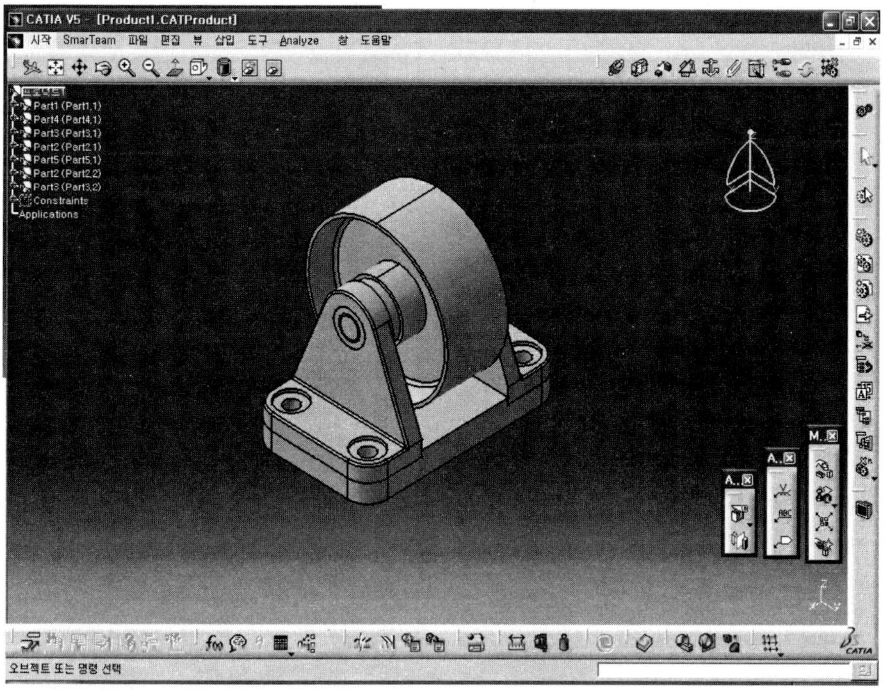

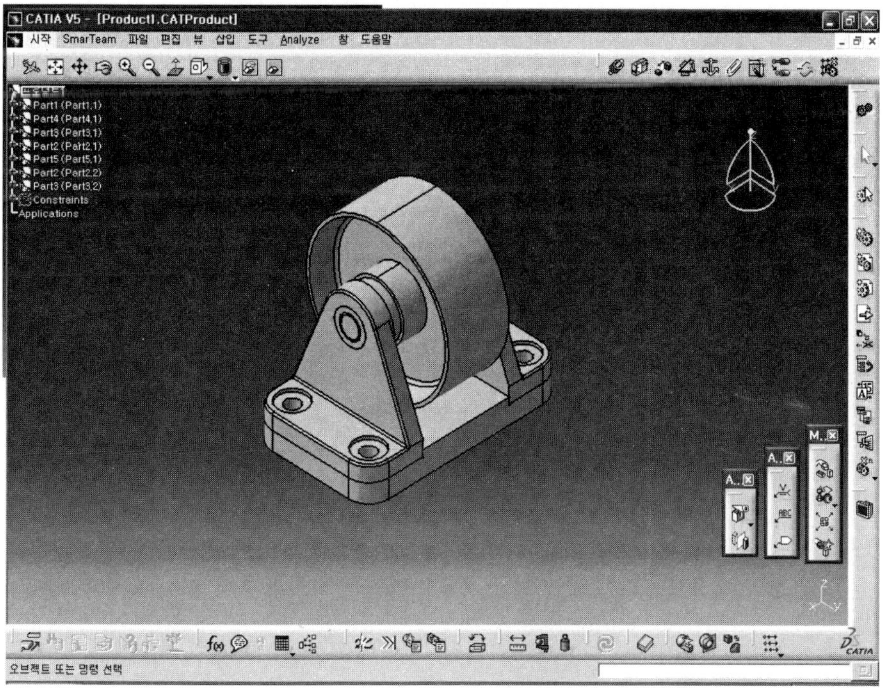

Assembly 또한 Part Design과 같이 Drawing을 할 수 있습니다.

이렇게 완성된 Assembly를 Pull Down Menu에 File → Save as를 클릭하여 저장해 줍니다.

※ 위의 모든 작업은 CATIA V5 - R11 버전으로 완성한 파일임.

13.2.2 Solidworks

(1) Solidworks 개요

SolidWorks는 기존 방식의 틀을 과감하게 배제하고 보다 쉽게 사용하고, 쉽게 배울 수 있는 사용자 환경을 만들기 위해 지능적인 명령처리구조와 단순한 작업과정에 초점을 두고 개발되었습니다. 또한 Drag & Drop방식의 편리한 사용자 환경을 제공합니다. 뿐만 아니라 SolidWorks Explorer 기능 제공으로 Solid-Works 파일관리가 쉬우며 타 모델러에 비해 현저하게 빠른 처리 속도를 보입니다. 그 밖에 타 모델링 시스템과의 호환을 위한 다양한 포맷지원(IGES, STEP, DWG, DXF, STL...), Part, Assembly, Drawing 및 Sheet Metal 기능 기본 제공, Windows의 탐색기에서도 파일의 내용을 확인할 수 있는 미리보기 기능 등을 제공합니다.

여기서 SolidWorks의 간단한 특징을 살펴보면 최적의 조립조건을 구현할 수 있도록 조립품 내에서 단품을 설계하거나 변경할 수 있습니다. 또한, 수만 개의 부품으로 이루어진 복잡한 조립품을 생성할 경우, 타 프로그램에서는 상상도 하지 못할 정도의 빠른 실행 속도를 제공합니다. 마우스의 'drag-and-drop'으로 부품과 피처를 자유롭게 배치할 수 있으며, 쉬운 사용법과 편리한 조작으로 조립작업을 한층 빠르게 수행할 수 있습니다.

윈도의 'point-and-click'과 'cut-and-paste'등의 기능을 사용함으로써 신속하게 설계 작업을 수행할 수 있다. 만약, 윈도를 알고 있다면 이미 SolidWoks 3D 설계 프로그램을 사용할 준비가 된 것 이라고 할 수 있습니다.

고급의 형상생성 기능과 복잡한 곡면생성 기능을 이용함으로써 설계제품을 향상하고 보다 향상된 형상생성 기능과 복잡한 곡면생성 기능, 그리고 다양한 패턴생성 기능 등을 이용하여 제품의 미적요소와 기능성을 한층 더 향상시킵니다. 새로운 형상을 생성하거나 외부에서 가져온 곡면을 취급할 때, 내장된 다양한 툴, 예를 들어 곡면의 조작을 쉽고 직관적으로 할 수 있도록 하는 'drag handle'기능 등, 을 이용하여 작업 시간을 단축할 수 있습니다.

설계의 모든 과정을 보다 효율적으로 처리하여 조립품을 구성하는 단품의 설계나 사양변경을 오류 없이 그리고 적절히 수행할 수 있도록 이러한 작업들을 조립품 안에서 직접 수행합니다. 이렇게 생성된 새로운 단품의 경우 외부 단품으로의 직접적인 참조와 그 관계는 자동으로 처리 및 유지됩니다. 또한 얇은 sheet metal 제품을 설계할 경우 내장된 sheet metal생성 기능의 이용으로 설계 작업을 단순화할 수 있습니다.

그리고 Assembly 내에서 직접 부품의 설계 및 사양변경이 가능하므로 최적의 맞춤설계 가능합니다. drag & drop에 의해서 부품 및 피처를 적절한 위치에 삽입이 가능하고 비교할 수 없이 쉽고 빠른 성능으로 Assembly 설계가 한층 빨라집니다.

설계도면 작성에서는 이미 설계된 삼차원 모델로부터 여러 방향의 치수 등을 손쉽게 작성할 수 있어 빠른 도면 편집이 가능합니다. 또한 삼차원 모델 및 도면이 완벽한 상호 연계성을 유지하므로 어느 쪽에서든 설계 데이터를 편집할 수 있고 그 내용은 언제나 설계 전체에 반영됩니다. 따라서 현재의 도면은 항상 최신의 설계 상태로 정확하게 갱신됩니다.

판금 모델링에서는 보다 진보된 판금 모델링 기능을 사용하면 손쉽게 전개장을 구할 수 있음은 물론 전개장 및 최종 가공 상태의 도면도 삼차원 모델과 연계된 상태로 바로 작성할 수 있습니다. Solidworks를 사용하면 판금 제품을 정확하고 빠르게 가공할 수 있습니다. 대규모 부품으로 구성된 조립품 생성 시 빠른 속도와 작업의 유연성을 제공합니다.

(2) Solidworks 예제 및 실습

1. Part 1

1.1 Solid Works 프로그램을 실행하면 아래와 같은 초기화면을 볼 수 있습니다.

파일을 클릭한 다음 새 문서를 실행합니다.

Part 아이콘을 선택한 다음 확인을 누르면 다음과 같은 Part 창이 뜹니다.

⇦ 파트 화면

스케치를 하기 위해서는 화면 왼쪽에 보이는 정면, 윗면, 우측면 중에서 원하는 면을 선택한 뒤 스케치 아이콘( )을 클릭합니다.

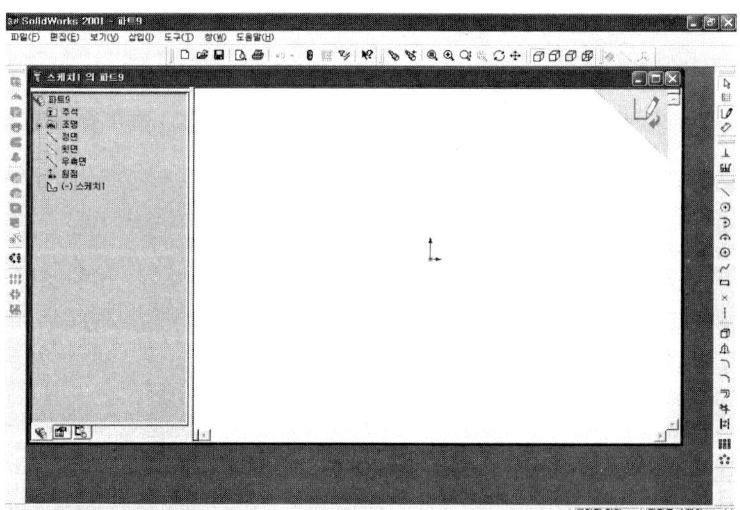

⇦ 스케치 화면

2. Part 2

먼저 부품 1을 그려보겠습니다.

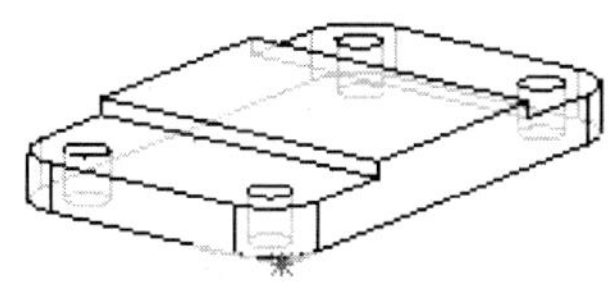

먼저 사각형 그리기 아이콘( )을 이용하여 직사각형을 그린 후 치수 아이콘( )을 이용하여 치수를 정의하고 네 모서리에 스케치 필렛 아이콘( )을 이용 라운드를 주었습니다.

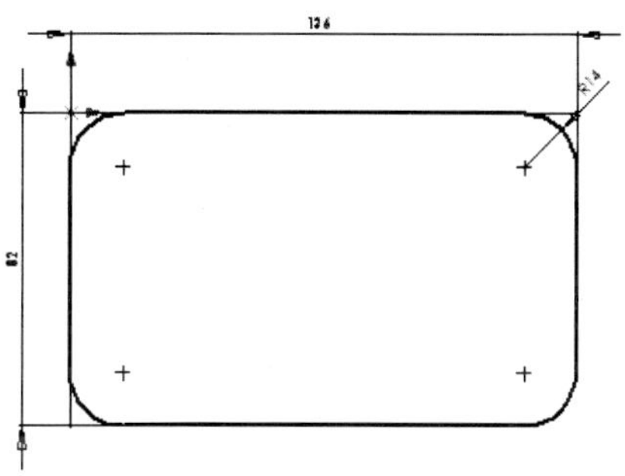

높이를 주기 위해서 돌출 아이콘( )을 사용합니다.

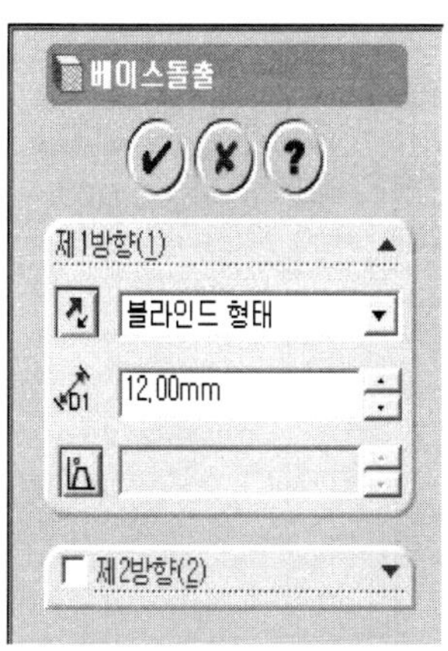

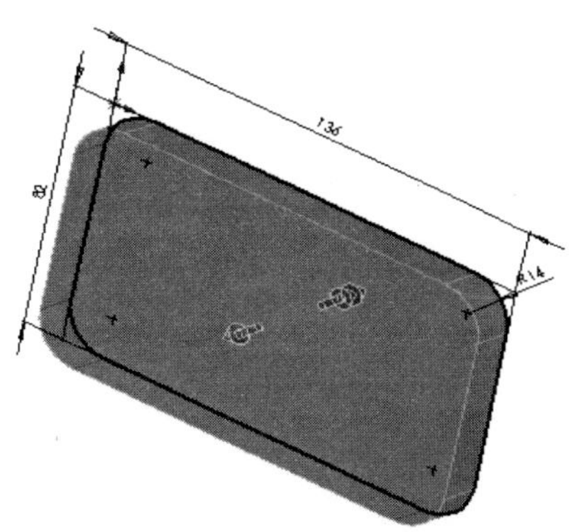

원하는 치수를 기입하고 방향을 바꾸고 싶다면 제2 방향을 선택해 주면 됩니다.

한 면을 선택하고 원 그리기 아이콘(⊕)을 사용 원을 그립니다.

치수 아이콘 ◇을 이용하여 사용 치수를 정의합니다.

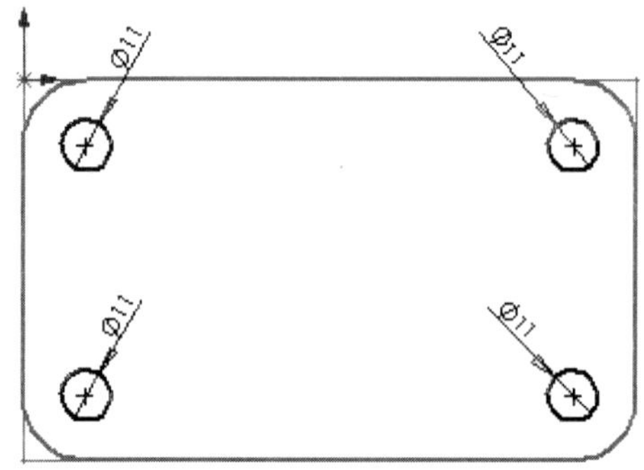

다음 구멍을 뚫기 위해서 돌출 컷 아이콘( )을 이용하여 뚫습니다.

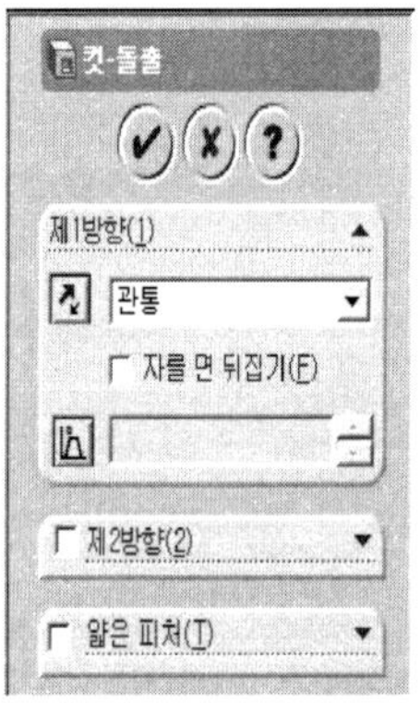

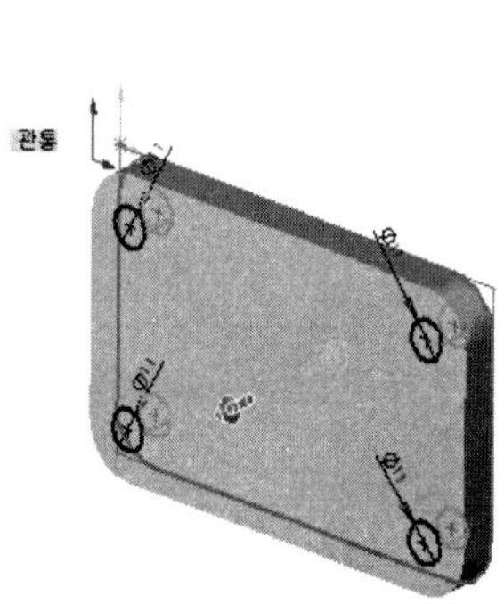

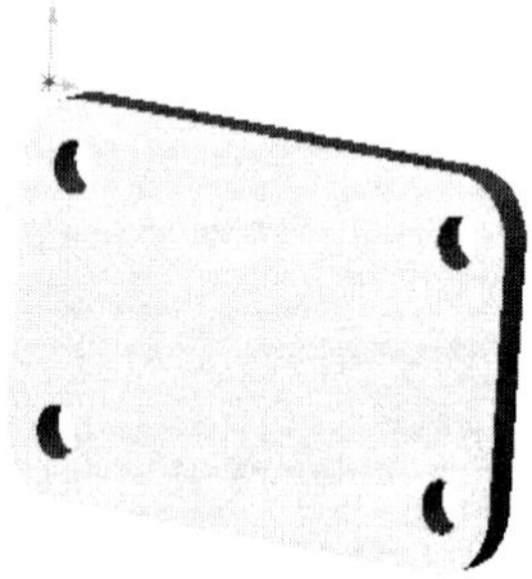

면을 선택하고 직사각형을 그린 후 돌출 아이콘 을 이용하면 다음과 같은 결과를 얻을 수 있습니다.

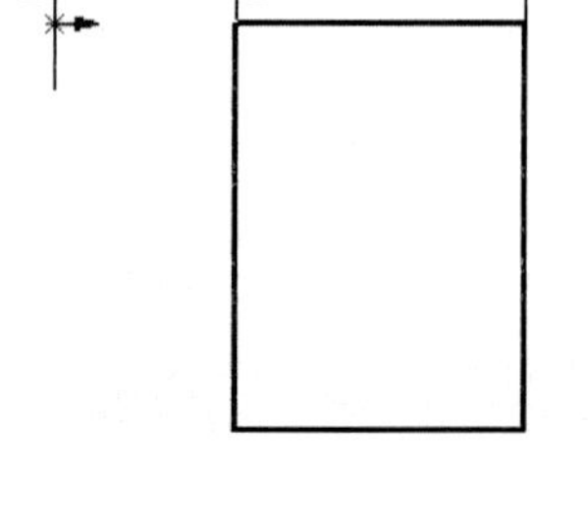

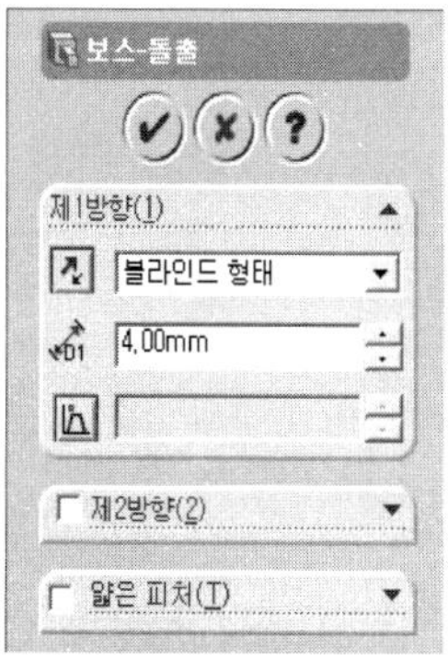

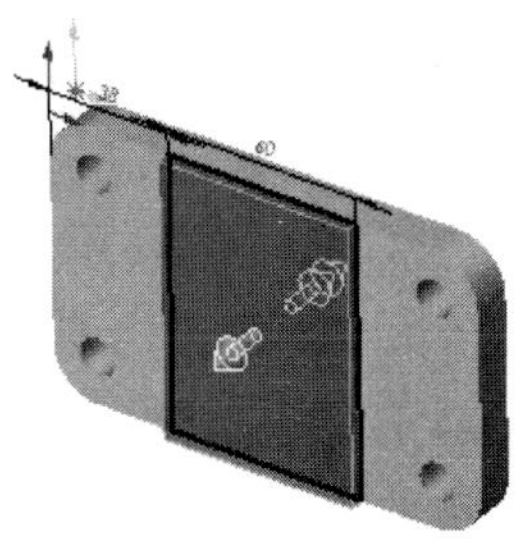

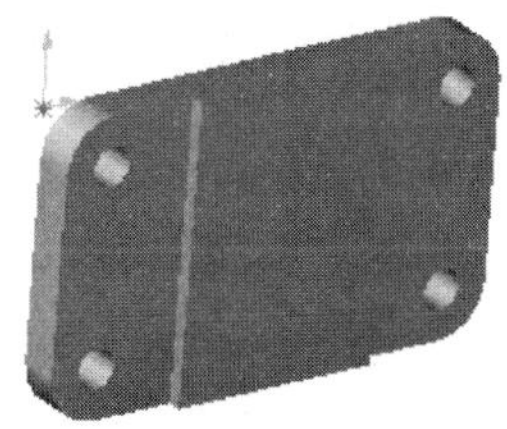

3. Part 3

부품 2 그리기

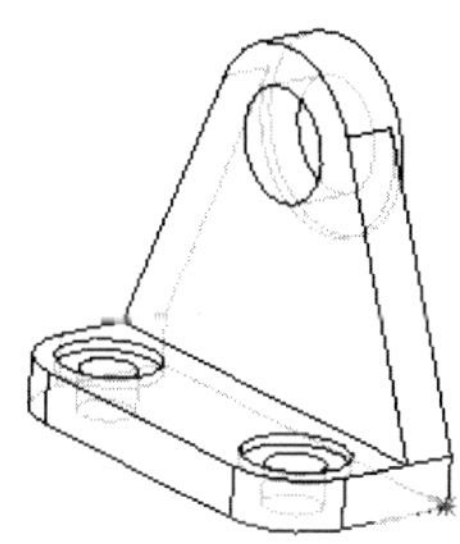

선 그리기(＼)로 삼각형을 그리고 한 꼭지점 부분에 스케치 필렛 아이콘 ⌝을 이용 라운드를 주었습니다.

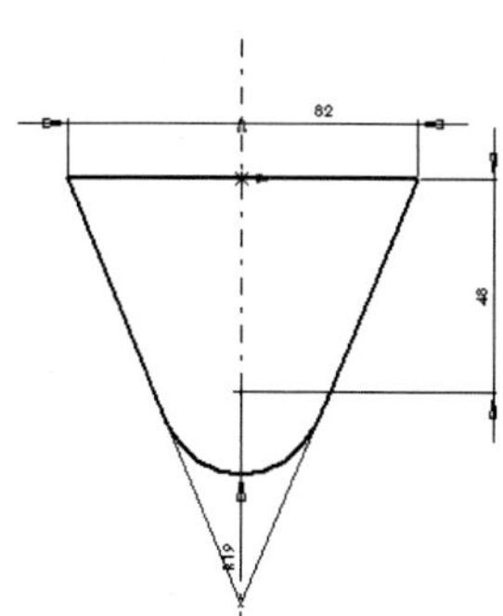

돌출 아이콘 을 이용하여 두께를 주었습니다.

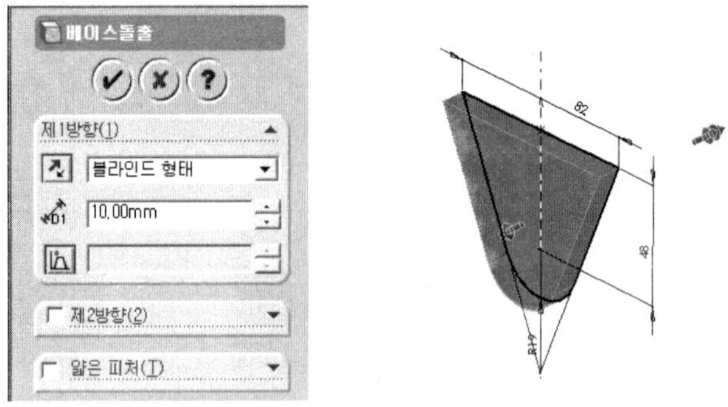

원 그리기 아이콘 을 이용하여 그리고 돌출 아이콘 을 이용하여 두께를 주었습니다.

원 그리기 아이콘 으로 원을 그리고 돌출 컷 아이콘 을 이용하여 뚫었습니다.

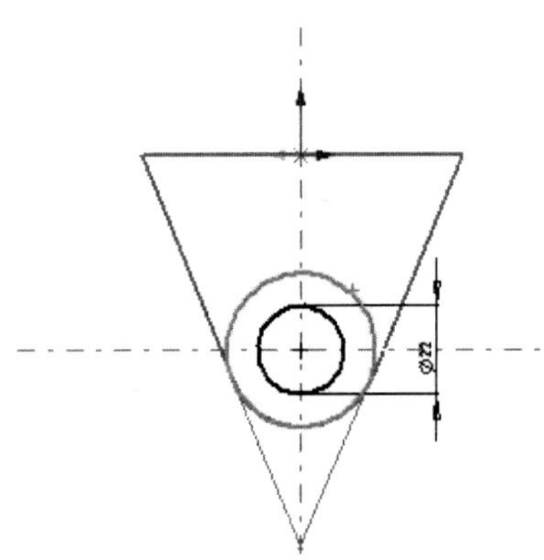

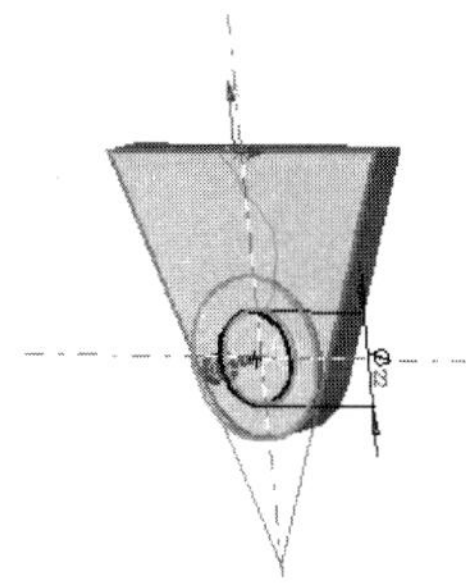

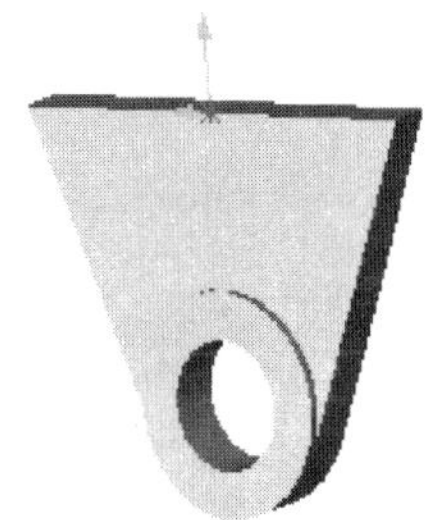

밑면을 스케치 면으로 잡고 사각형을 그리고 스케치 필렛 아이콘 으로 양모서리에 라운드를 주고 돌출 아이콘 을 이용하여 두께를 주었습니다.

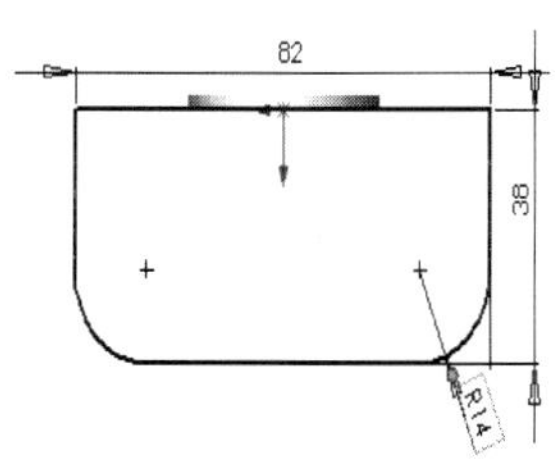

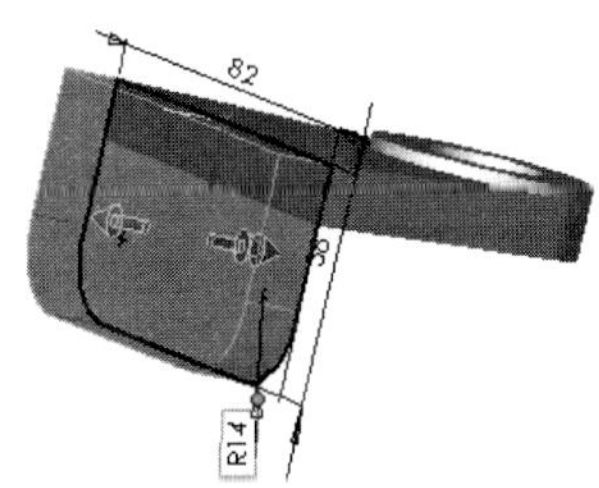

밑에서 보듯 컷할 부분에 스케치를 하고 돌출 컷 아이콘 을 이용하였습니다.

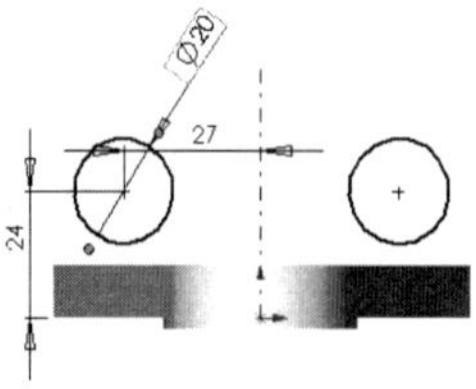

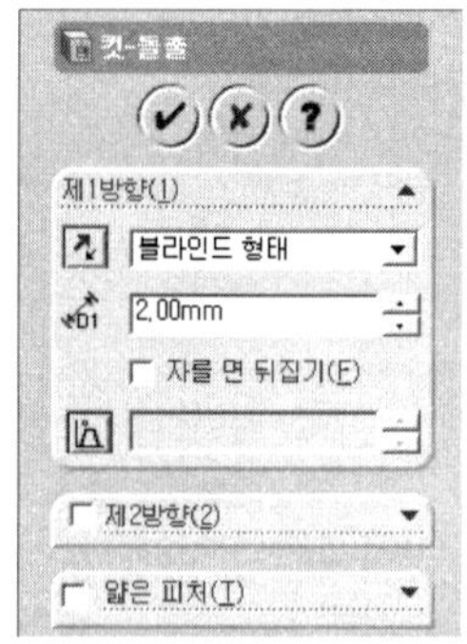

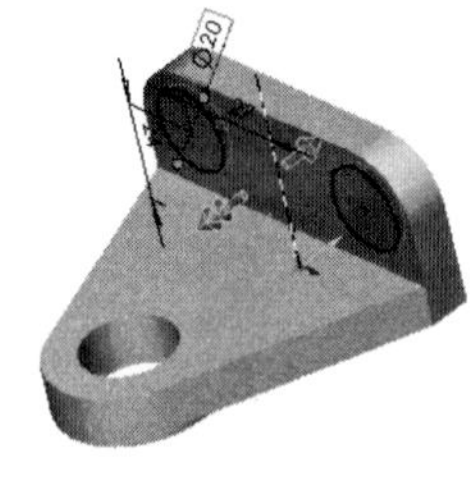

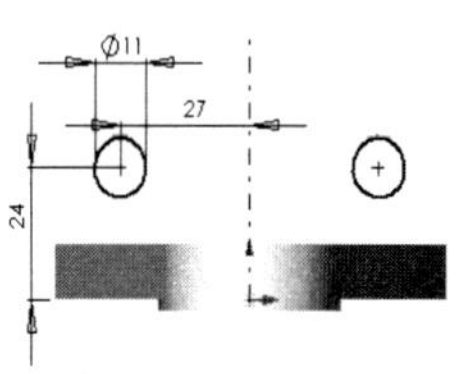

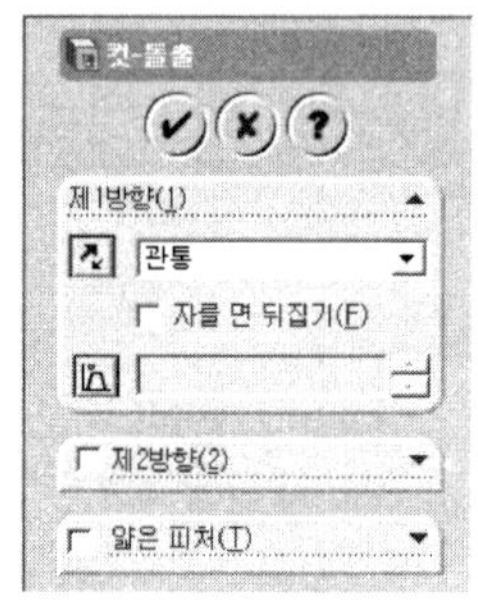

4. Part 4

부품 3 그리기

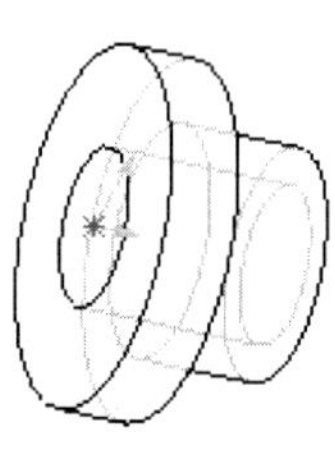

먼저 선 그리기를 이용해 스케치를 한 후 아래와 같이 중심선(¦)을 그립니다.

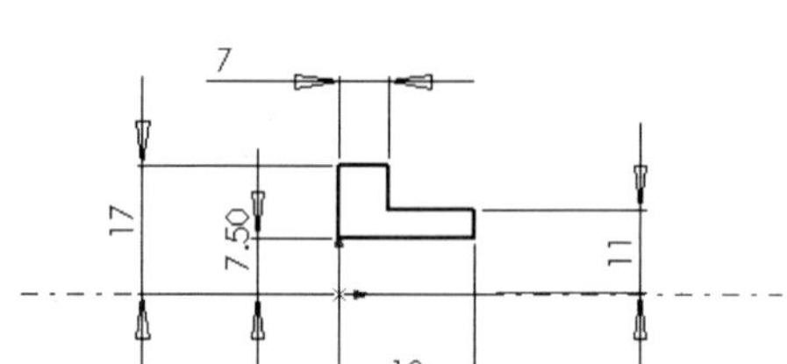

스케치한 그림과 중심선을 Ctrl 키를 누른 상태에서 클릭한 후 베이스-회전을 이용하면 다음과 같이 나타냅니다.

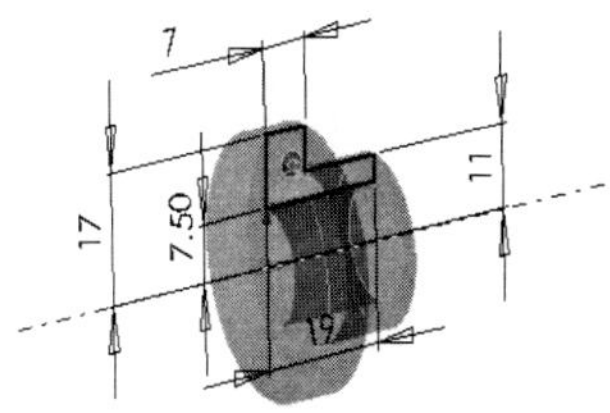

5. Part 5

부품 4 그리기

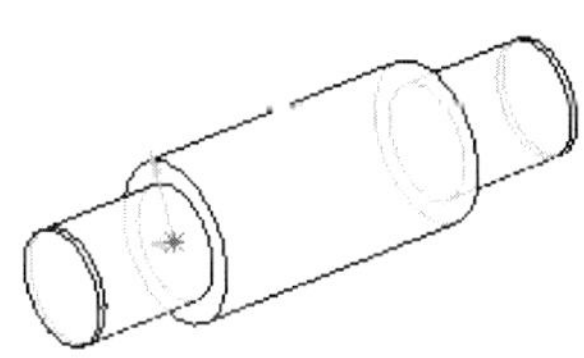

스케치할 면을 선택한 후 돌출 아이콘 을 이용하여 원기둥을 만듭니다.

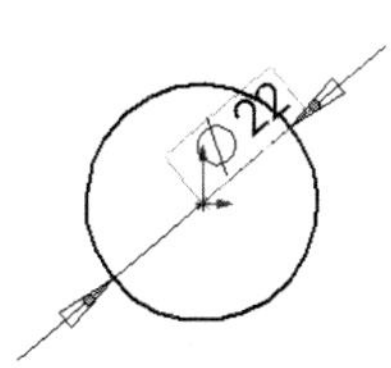

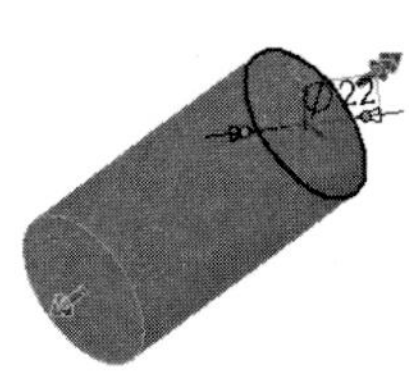

면 생성 기능을 이용하여 자기가 원하는 위치에 면을 만들 수 있습니다.

여기서는 옵셋을 이용하여 먼저 한쪽 면을 선택 후 면을 만들고자 하는 위치의 거리를 입력하면 입력된 거리만큼 떨어진 면이 생깁니다.

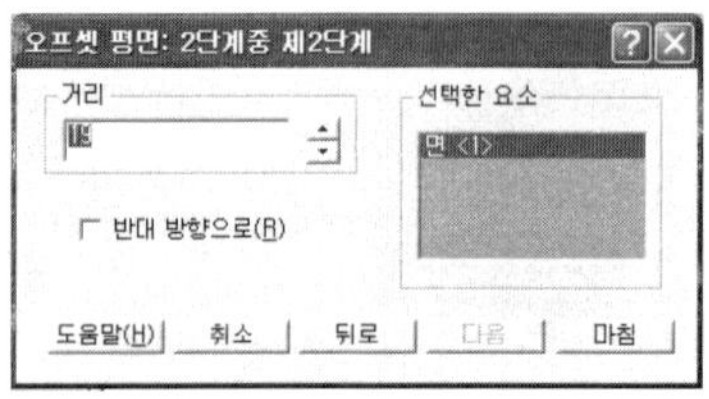

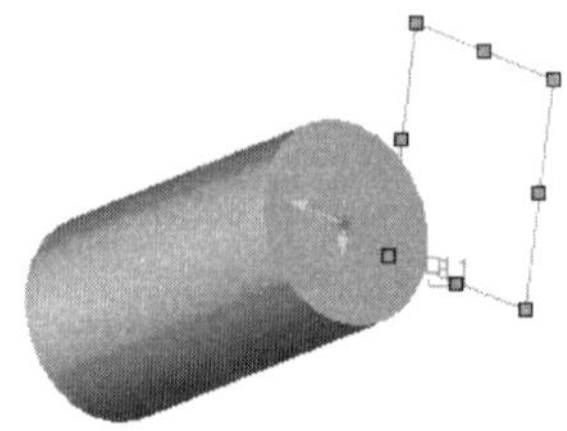

새로이 생성된 면에 스케치를 한 후 돌출 아이콘 을 이용하여 돌출을 시켰습니다.

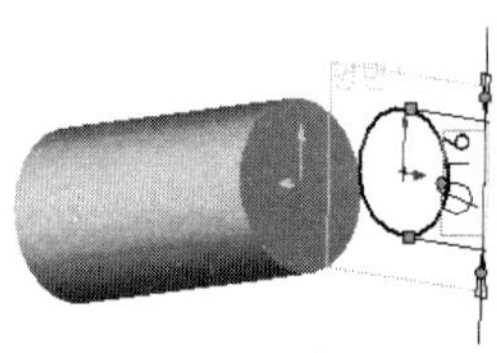

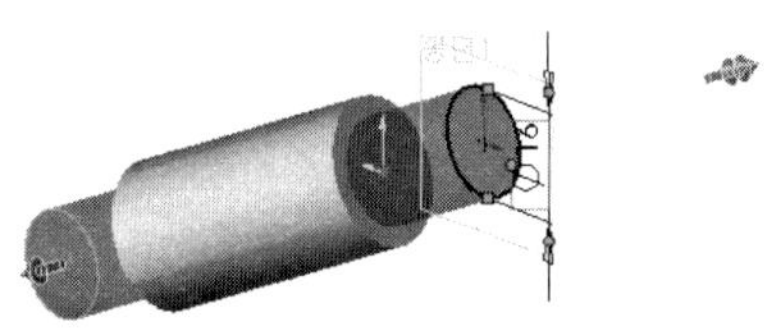

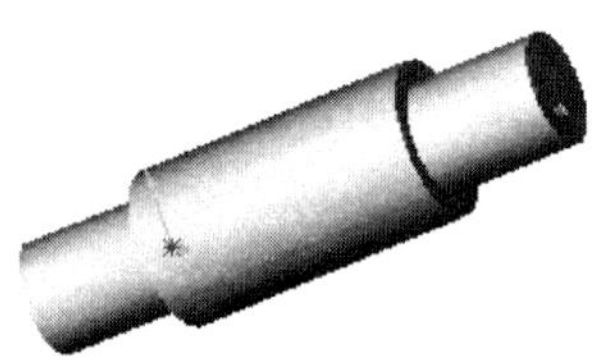

6. Part 6

부품 5 그리기

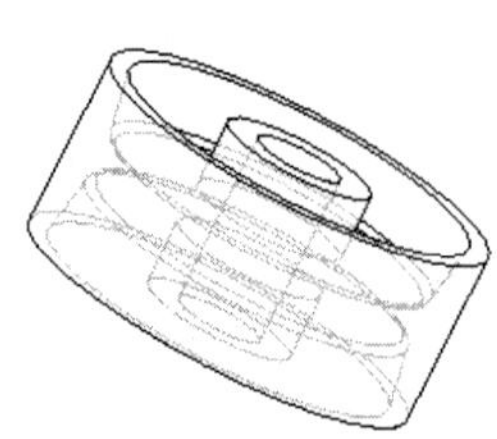

먼저 원을 그리고 돌출 아이콘 으로 두께를 주었습니다.

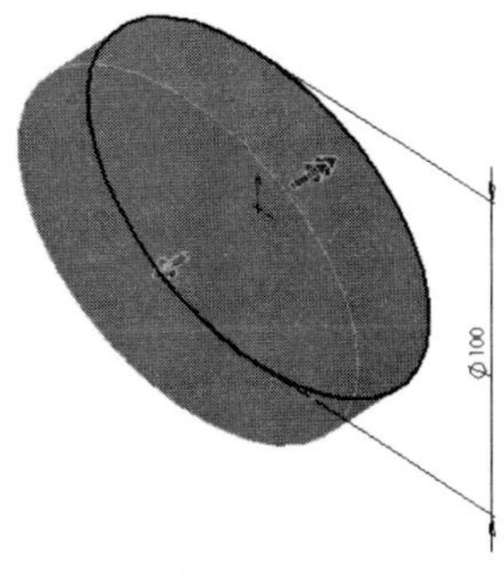

한 면에 원하는 크기 만큼의 원을 그린 후 돌출 컷 아이콘 을 이용하여 파냈습니다.

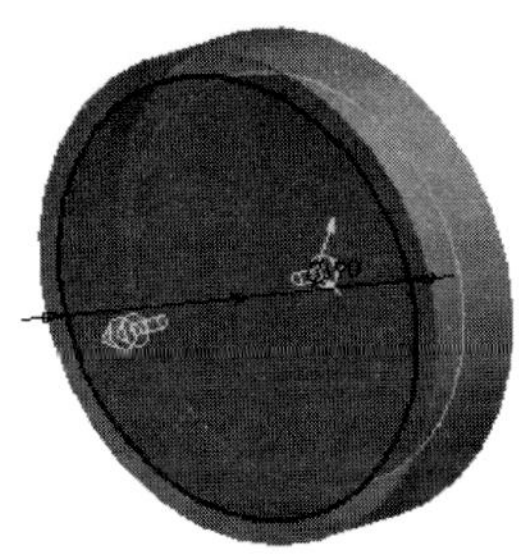

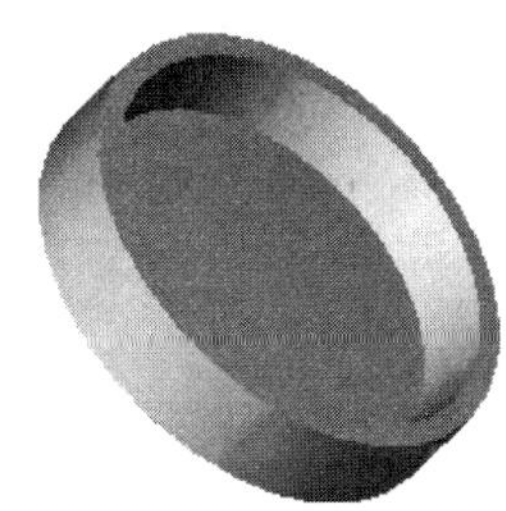

돌출 아이콘 을 사용해서 다음과 같이 만들 수 있습니다.

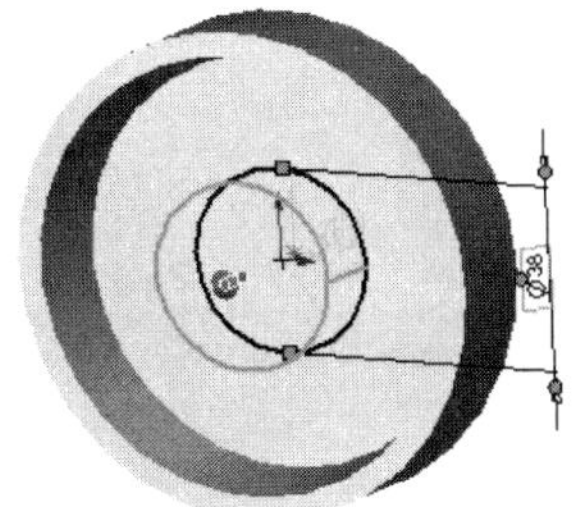

대칭 복사 아이콘( )을 이용 그려진 Part를 어디로 대칭 복사할 것인지 기준면을 잡고(여기에서는 밑면을 기준으로 잡았습니다.) 대칭 복사할 Part를 잡고 확인을 클릭하면 됩니다.

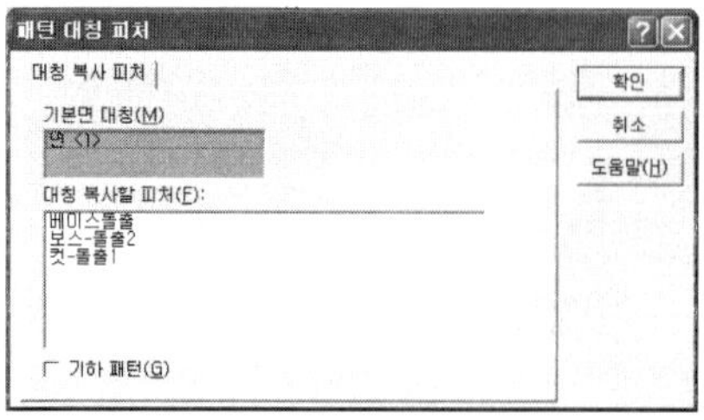

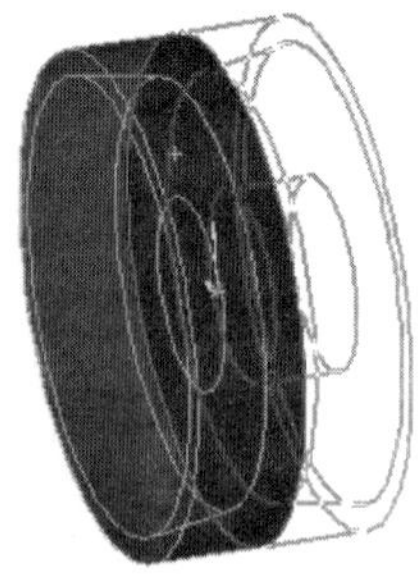

돌출 컷 아이콘( )을 이용하여 가운데 구멍을 뚫었습니다.

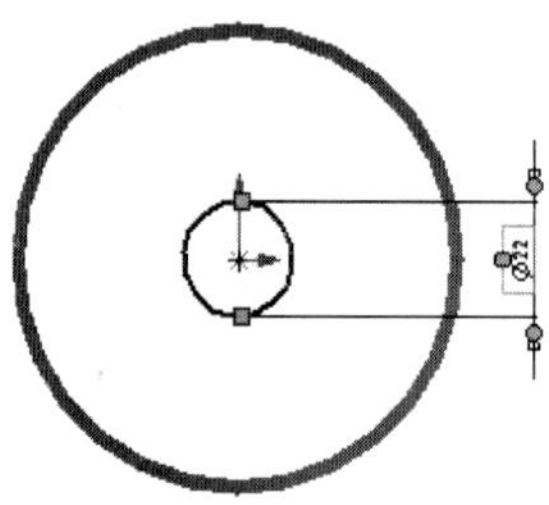

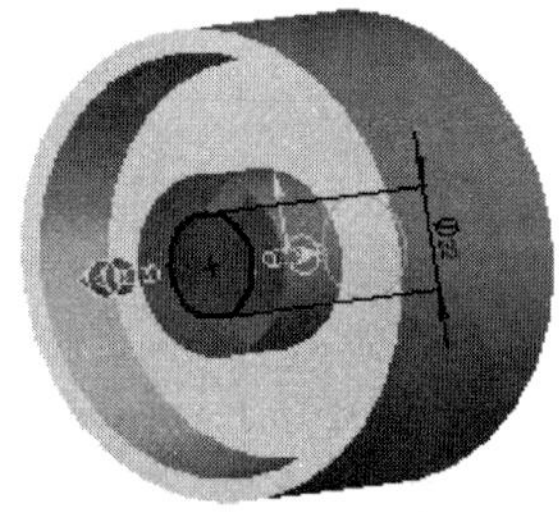

필렛( ) 아이콘 사용, 원하는 부분과 치수를 입력하면 다음과 같이 라운드가 들어갑니다.

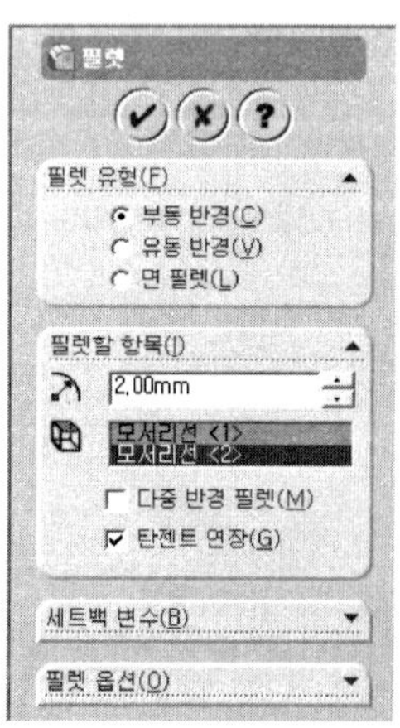

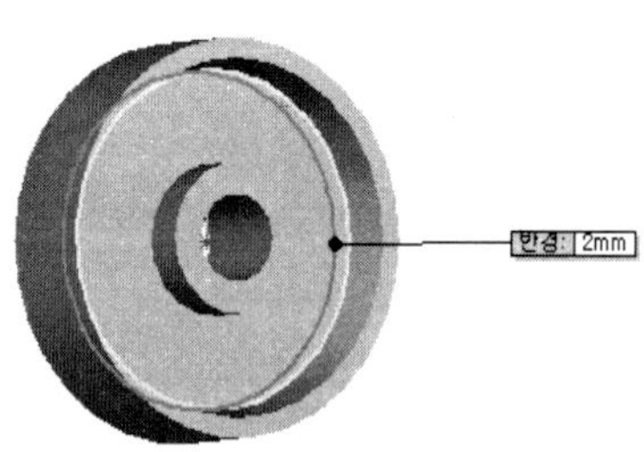

지금까지 Part 디자인하는 방법을 알아보았습니다. 다음으로는 도면 그리는 방법을 알아보겠습니다.

7. Part 7

7.1 새 문서에서 도면을 선택한 후 확인을 클릭합니다.

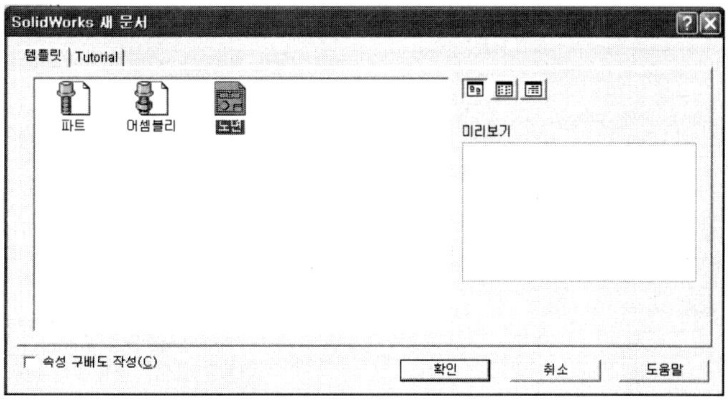

sheet 형식을 보통 A3-가로 방향으로 한다. 상황에 따라 원하는 형식으로 선택합니다.

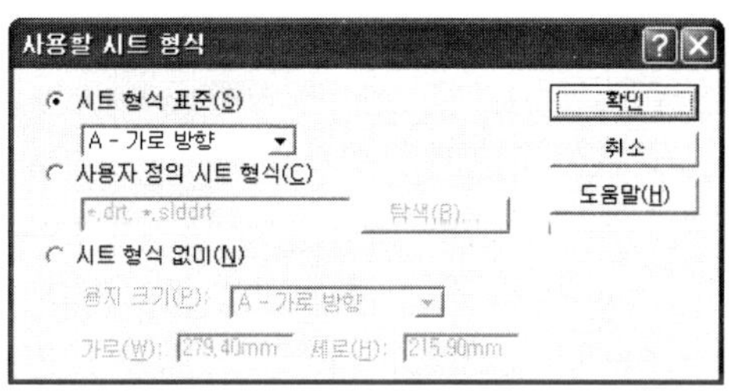

초기 도면 상태.

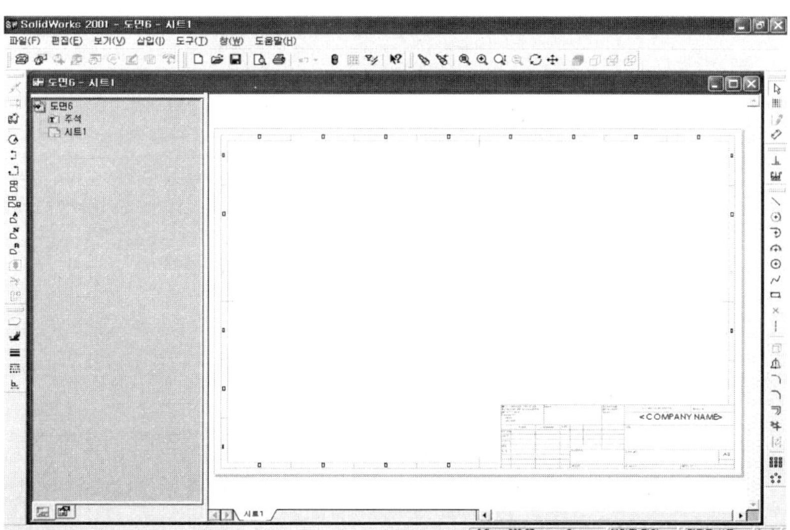

창에서 수직 보기를 선택하면 이와 같은 화면을 볼 수 있습니다. 한 화면에 두 창을 한꺼번에 볼 수 있어 작업에 쉽습니다.

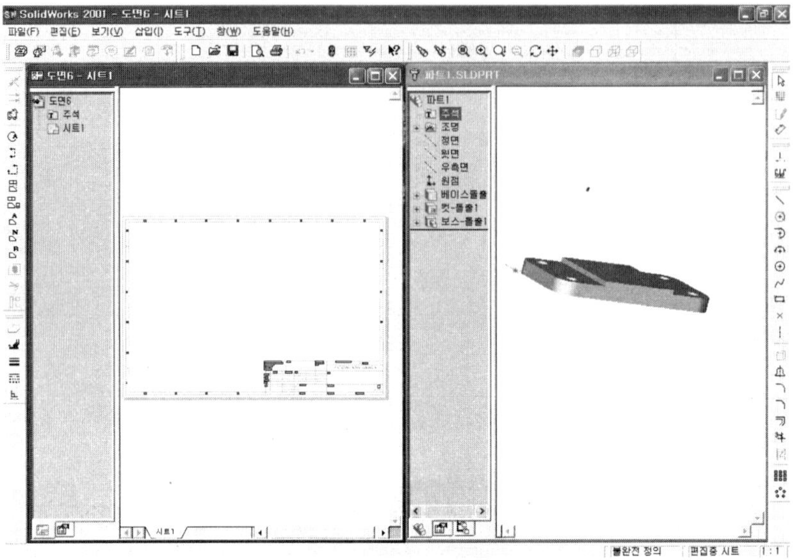

명명도(N)를 이용 원하는 뷰 방향을 쉽게 선택할 수 있습니다.

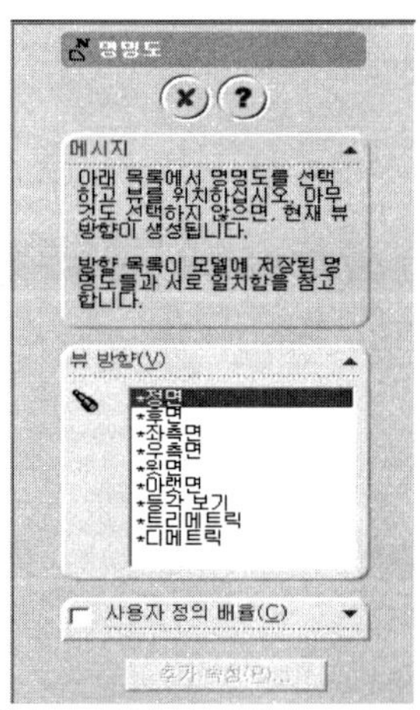

7.2 부품 1 도면

여기에서 Part 1을 마우스로 끌어다 도면 화면에 놓으면 기본삼각법 형식으로 그려집니다. 다른 방법으로는 위의 명명도를 이용하여 원하는 위치에 원하는 뷰 방향을 그릴 수 있습니다.

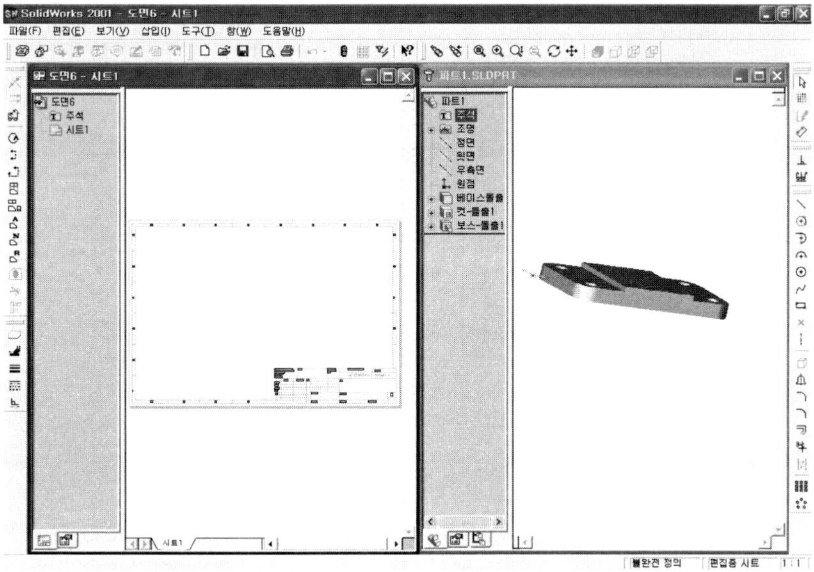

치수 아이콘을 선택하여 한 치수를 정의하면 다음과 같은 화면을 볼 수 있습니다.

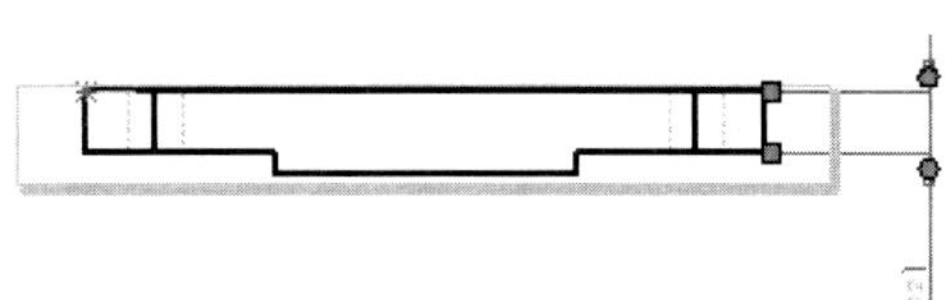

위의 치수정의 화면에서 화살표의 모양과 치수문자도 함께 정의해서 도면에 나타낼 수 있습니다.

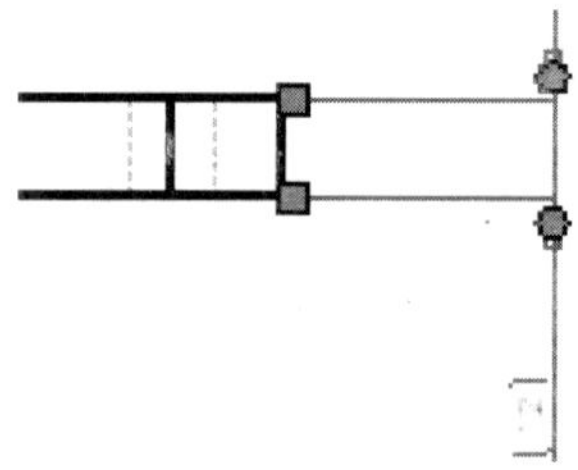

부품 1 완성도면

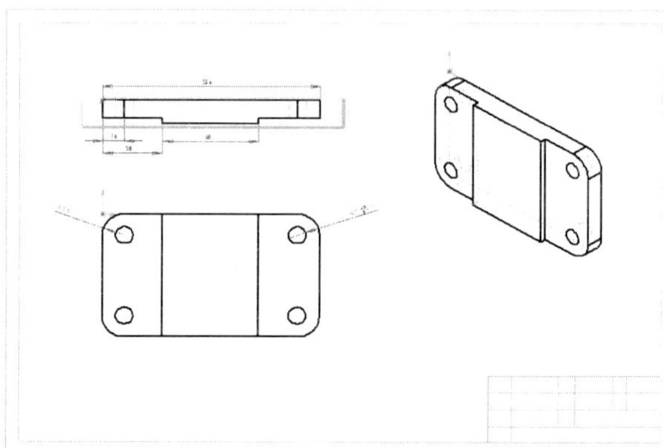

7.3 부품 2 도면

부품 2 도면은 부품 1과 같은 방식으로 하면 쉽게 할 수 있습니다.

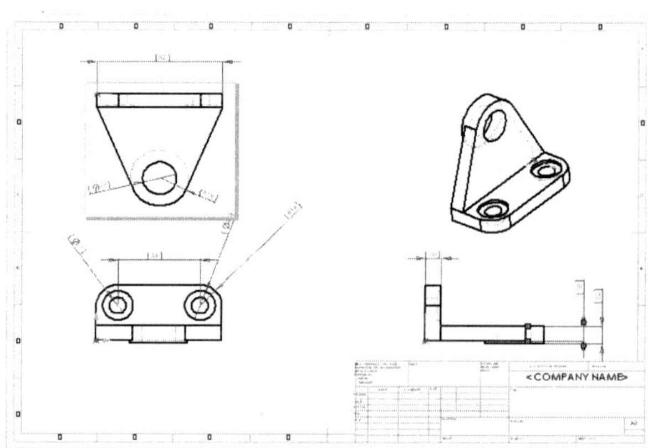

7.4 부품 3 도면

부품 3번의 단면을 도면에 나타내는 방법입니다.

단면도 아이콘( )을 이용하여 정면도에 A-A선을 긋습니다.

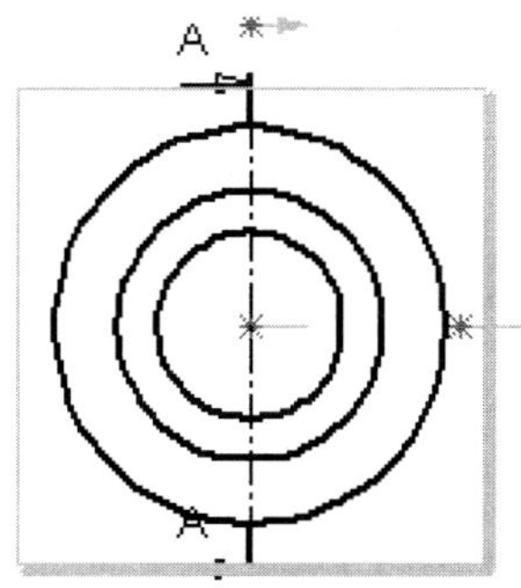

다음 단면도를 놓고 싶은 위치로 마우스를 갖다놓고 클릭하면 다음과 같은 화면을 볼 수 있습니다.

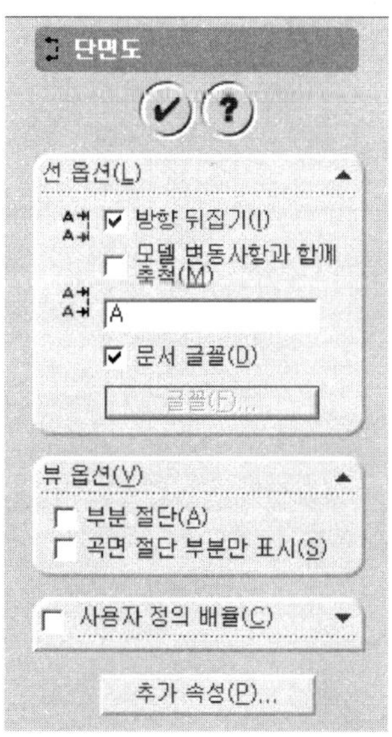

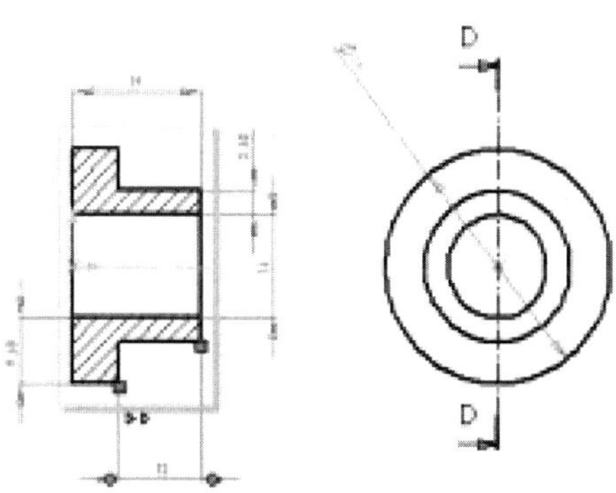

부품 3번 완성도면

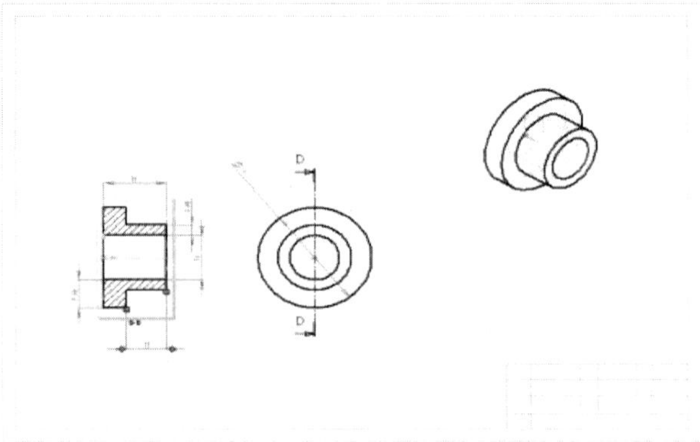

7.5 부품 4 도면

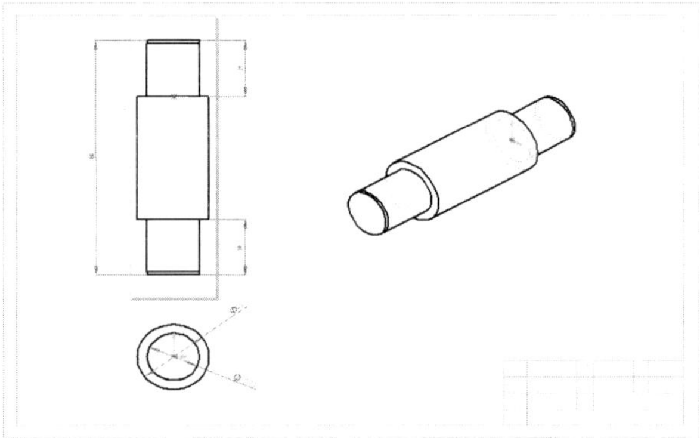

7.6 부품 5 도면

단면도 아이콘 기능을 이용해서 부품 3에서 보았듯이 같은 방법으로 나타낼 수 있습니다.

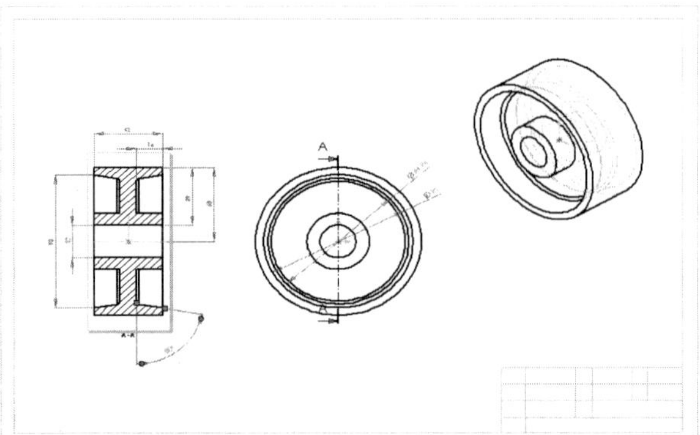

8. Part 8

Assembly

각 Part 부품들을 조립할 수 있습니다.

먼저 새 문서에서 Assembly 창을 선택합니다.

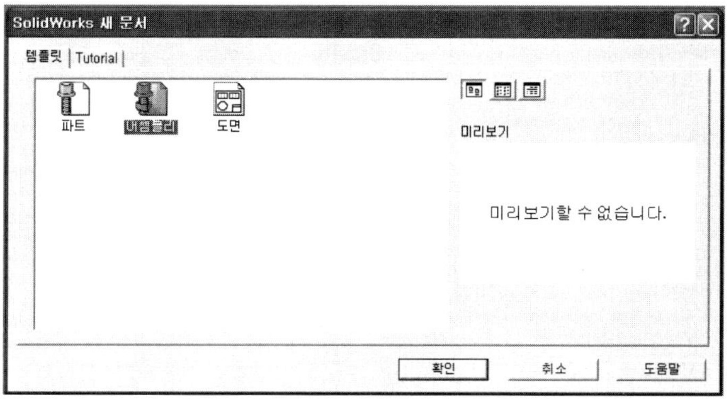

Assembly 창이 뜨면서 Assembly 아이콘들이 왼쪽에 같이 나타나는 것을 볼 수 있습니다.

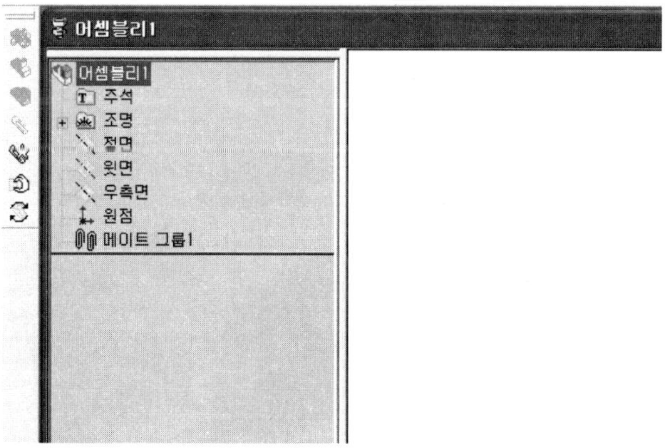

조립에 필요한 부품들과 Assembly 창을 다 같이 나타내었습니다.

여기에서 각 부품들을 Assembly 창에 다 갖다 놓습니다.

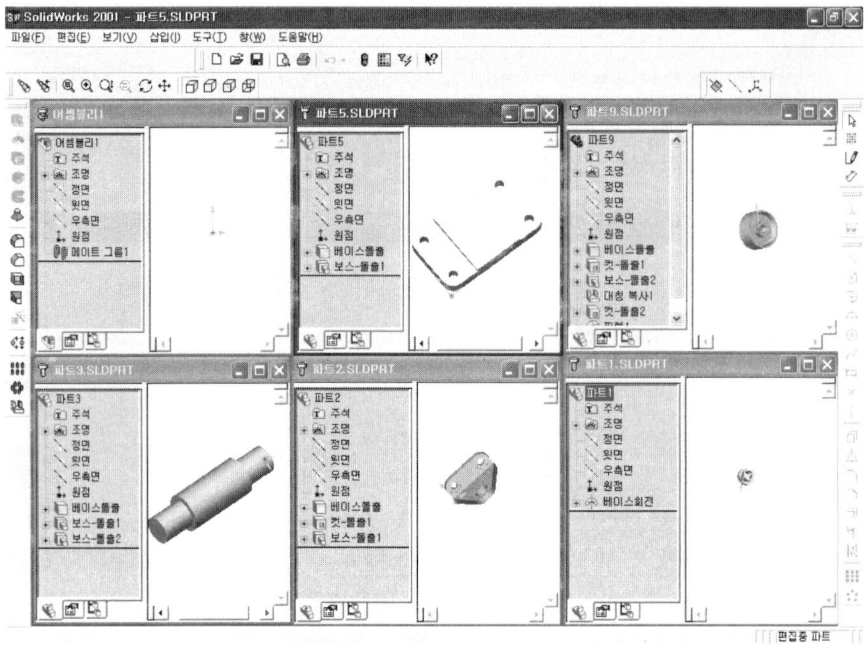

Assembly화면에 다 갖다 놓은 다음 정리가 필요하다면 부품들을 하나하나 이동하고 싶다면 Part 이동 아이콘( )과 Part 회전 아이콘( )을 사용할 수 있습니다.

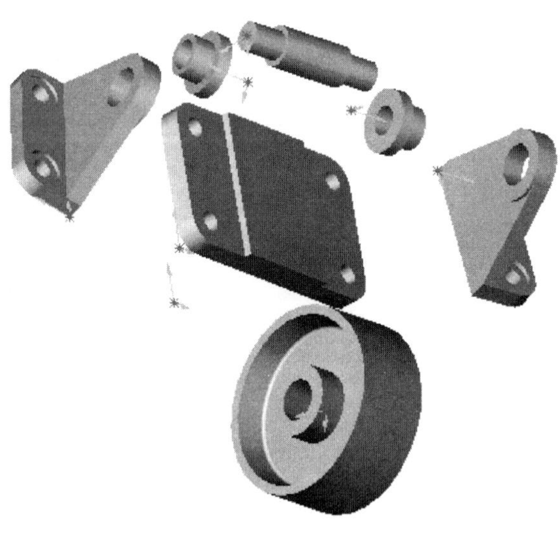

먼저 부품 1과 부품 2를 조립해 보겠습니다.

메이트 아이콘( )을 이용하여 면 근접을 시킵니다.

부품 1의 윗면과 2의 아래면을 선택합니다.

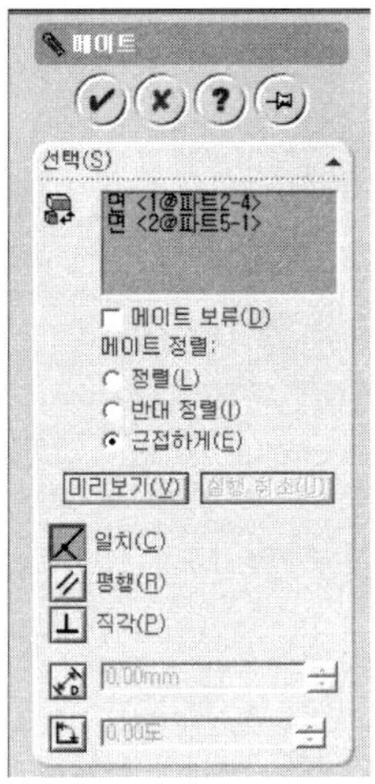

메이트에서 일치를 누르고 근접하게를 선택한 후 확인을 하면 위의 같이 부품 1과 2가 면이 같은 선상에 있게 됩니다.

메이트 아이콘 을 이용하여 이번엔 메이트를 이용한 중심축 일치방법을 보겠습니다.

부품 1의 구멍과 2의 구멍을 선택한 다음 클릭 밑에서 보이듯 중심축 일치 선택, 근접하게 선택 후 확인 정확히 부품 1과 2의 구멍이 일치하는 것을 볼 수 있습니다.

부품 2와 3을 메이트를 이용한 중심축 일치를 합니다.

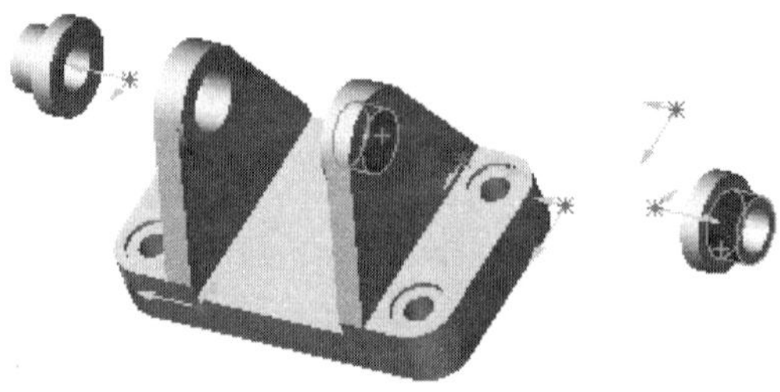

부품 2와 3을 메이트를 이용한 면 일치를 합니다.

부품 3과 4의 메이트를 이용한 중심축 일치를 합니다.

부품 3과 4의 메이트를 이용한 면 일치를 합니다.

부품 4와 5의 메이트를 이용한 중심축 일치를 합니다.

부품 3과 5의 메이트를 이용한 면 일치를 합니다.

완성된 제품입니다.

13.2.3 Pro/ENGINEER

(1) Pro/ENGINEER 개요

간단히 Pro/ENGINEER을 소개해 보면 Pro/ENGINEER 솔루션은 Parametric(매개변수), Feature Based(특징형상 기반), Full Associative(완전 연관구조)를 통한 기계설계 자동화의 실질적 표준으로서 제품 개념설계, 시뮬레이션에서 제작에 이르는 개발공정 전반에 대한 포괄적인 솔루션을 제공합니다.

• Parametric(매개변수) 모델:

Parametric(매개변수) 모델은 Pro/ENGINEER의 또 다른 특징인 완전연과성과 연계하여 완전한 형태의 CAD설계 시스템의 구축에 역할을 담당하게 됩니다.

즉, 기존의 순차적인 설계방식에 삼차원 CAD 시스템을 도입하게 되면 각 설계/생산단계에서 하나의 동일한 데이터베이스에 접근을 하기 때문에 생산 단계에서 설계 단계로 요구하는 설계변경 등의 피드백에 설계팀에서 적극적으로 대처할 수 있는데 이것이 Parametric 모델링 기법인 것입니다. 또한 Parametric한 특성으로 인하여 디자인을 수정하면서 그 의도를 보존할 수 있습니다.

Parametric 모델링 기법을 이용하여 제품을 설계할 경우에는 모든 치수들을 매개변수로 표현할 수 있으며 이들 간의 관계를 설계자가 설계의도에 따라 임의로 부여할 수 있습니다. 이를 효율적으로 활용하면 설계가 진행되면서 수시로 제조 공정을 함께 고려할 수 있어 편리한 기능입니다. 형상설계의 설계자 또는 생산 공정의 설계자로부터 설계변경 요구가 들어왔을 때 새로운 모델링 과정 없이 바로 몇 가지 주요 치수의 값을 변경하면, 그에 따라 모델 전체가 이전에 부여했던 관계에 의해서 자동으로 재생성 됩니다.

• 특징형상 기반(Feature Based) 모델:

Pro/ENGINEER의 모든 모델링 작업은 시스템에 미리 정의된 특징형상과 사용자의 요구에 따라 새롭게 정의된 특징형상에 의해 수행되어집니다.

여기서 말하는 특징형상이란 기계부품이나 일반적인 삼차원 물체가 가질 수 있는 몇 가지 특정적인 형상들을 말하며, 이는 제품을 설계하는 설계자에게도 직관적인 설계를 가능하게 합니다.

특징형상을 기반으로 모델링을 하게 될 경우 설계자는 입체를 설계할 때에 각 특징형상의 주요 치수와 위치를 파라미터로 입력하게 됩니다. 이러한 특징형상 기반의 모델링의 장점은 완성된 설계의 데이터에 내부적으로 그 입체를 구성하는 특징형상에 대한 정보가 정확하게 입력되어 있는데 있습니다. 이 때문에 Pro/ENGINEER의 또 다른 특징인 완전 연관성에 따라 이 3차원 데이터를 이용하여 가공이나 조립체설계, 설계 변경 등의 작업을 할 때에 작업 효율을 극대화할 수 있습니다.

위에서 언급한 Pro/ENGINEER Part 모델링의 기본 단위의 특징형상은 집을 지을 때 벽돌을 쌓아 나가듯이 차곡차곡 생성하여 결과적으로 완성된 디자인을 창출할 수 있습니다. 한편, 특징형상 기반의 모델링에서 단점은 그것이 사용되는 사용분야나 사용자에 따라 특징형상의 종류가 제각기 다르다는 점입니다. Pro/ENGINEER에서는 이러한 문제점을 해결하기 위해서 사용자의 용도에 맞는 특징형상을 임의로 정의해 저장하여, 필요 시 사용할 수 있는 사용자가 지정할 수 있는 특징형상을 제공하고 있습니다.

• Full Associative(완전연관구조):

Pro/ENGINEER는 기본적으로는 Part, Assembly, Drawing으로 구성되어 있는데 이것 외에도 MFG, FEM, MECHANICA 등이 추가됩니다. 만약 설계자가 Part에서 설계를 하고 어느 시점에서 설계 변경을 가할 때 바뀌어진 내용이 다른 모듈, 즉 Assembly, Drawing 등에도 전이가 되어 있어야만 Assembly, Drawing을 수정하는 추가 작업이 없어지게 된다. Pro/ENGINEER에서는 이러한 설계 변경이 동시에 여러 모듈에도 자동적으로 적용하는 기능을 제공하고 있습니다.

(2) Pro/ENGINEER 예제 및 실습

1. Part 1

1.1 처음 Pre/ENGINEER을 시작하기

① 처음 Pre/ENGINEER를 시작하면 다음과 같은 화면이 나타납니다.

② 처음에 작업을 들어가기 위해서 새 파일 아이콘 ( )을 클릭하면 다음과 같은 화면이 생성됩니다. 이 화면에서 Part를 선택하고 OK를 클릭합니다.

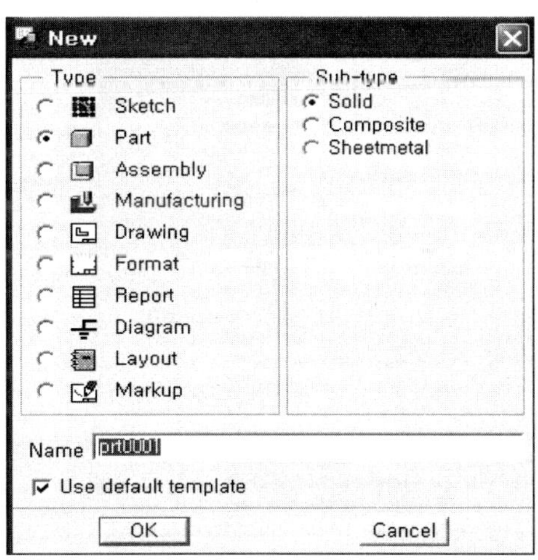

다음과 같은 화면이 생성됩니다.

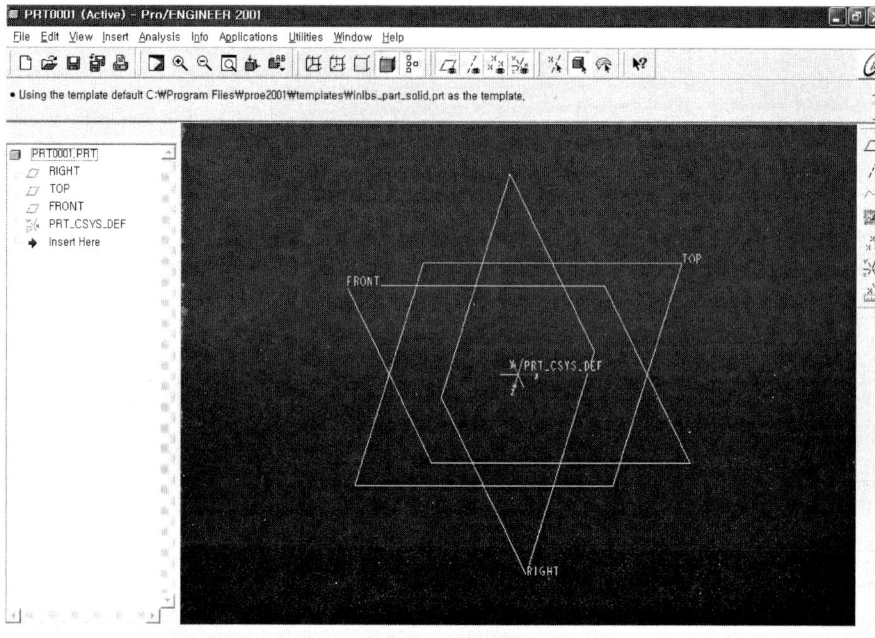

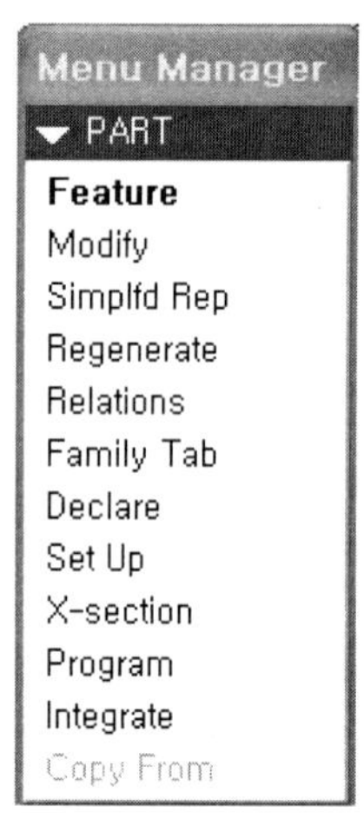

1.2 스케치 화면 들어가기

① Menu Manager에서 Feature → Create → Protrusion → Extrude → Done을 선택합니다.

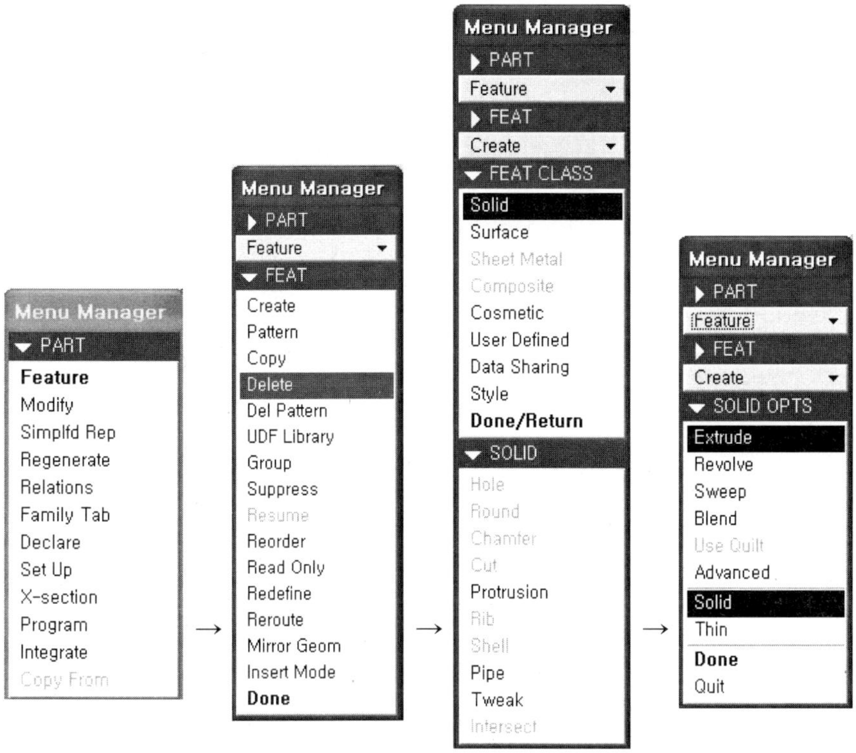

② One Side → Done을 선택합니다. 다음 화면이 나오면 Plane이 선택되어 있는 상황에서 화면의 FRONT를 선택합니다.

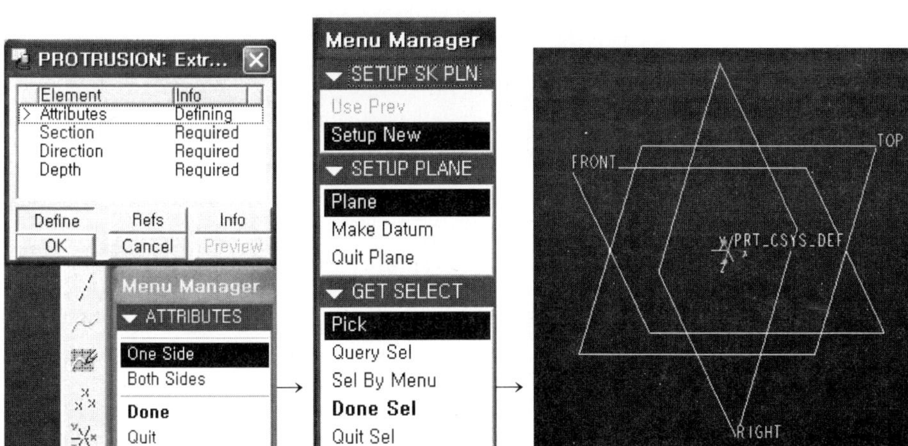

③ 다음 화면이 생성되면 OK를 클릭합니다. 그 다음 다음 화면에서 Default를 클릭하면 스케치 화면으로 들어갑니다.

→

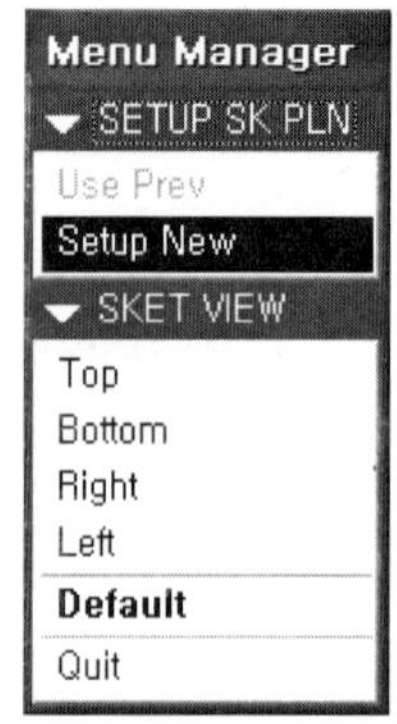

1.3 스케치하기

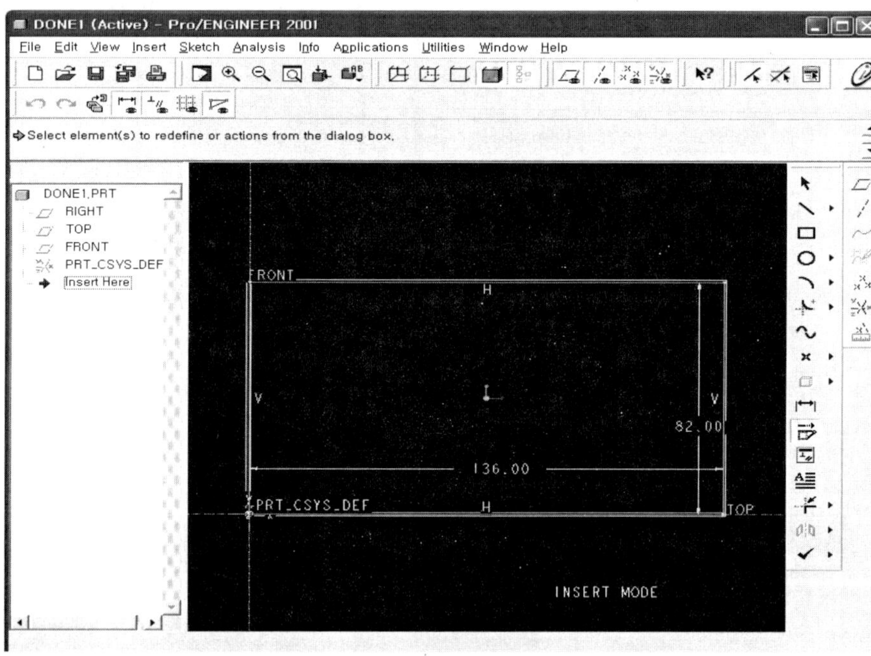

직사각형(□)을 이용하여 위 그림과 같이 스케치를 하고 치수(|↔|) 아이콘을 이용하여 만들고자 하는 제품의 치수를 기입합니다. 그 다음 적용(✔)을 클릭하면 다음과 같은 창이 생성됩니다.

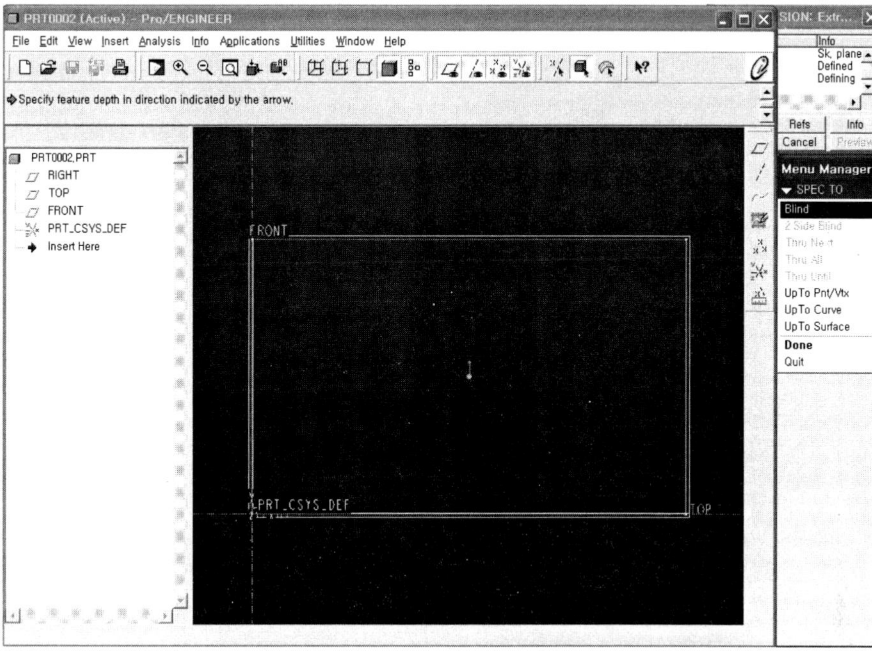

Blind가 선택되어 있는 상태에서 Done를 클릭하면 치수 기입 창이 뜨게 됩니다.

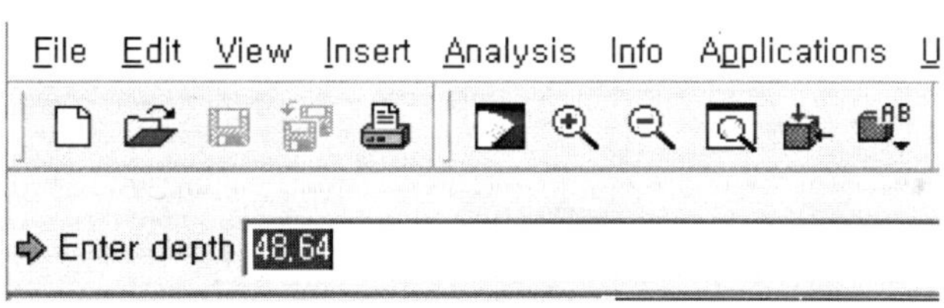

여기에 만들고자 하는 제품의 두께를 기입하고 Enter를 2번 누르면 다음과 같은 화면이 생성됩니다.

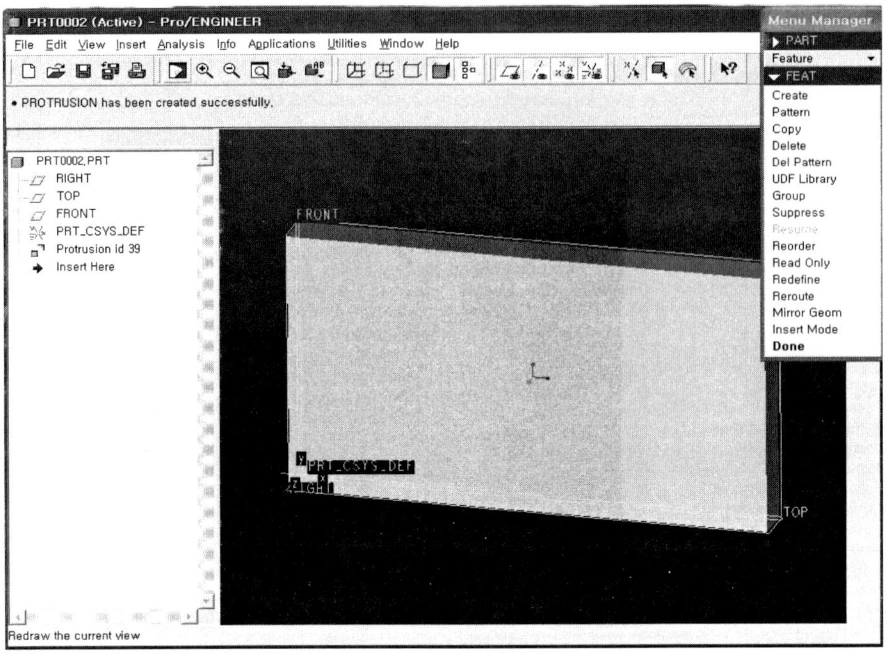

다음 Hole을 생성하기 위하여 Create→Hole를 클릭하면 다음과 같은 Hole 제어 창이 생성됩니다.

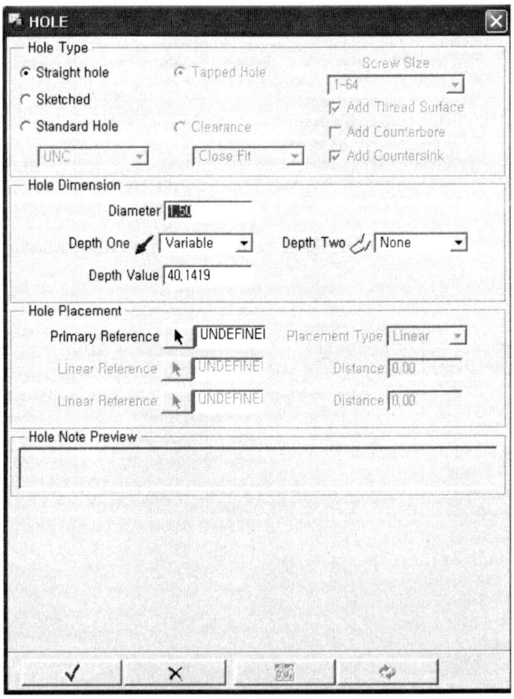

Diameter에 홀의 직경을 기입하고 Primary Reference의 화살표( )를 선택하여 Hole이 생성될 면을 선택합니다.

두 번째 Linear Reference의 화살표( )를 선택하고 Hole이 생성되는 면에서의 위치를 기준 삼을 수 있는 면을 선택한 다음에 그 면과의 거리를 기입합니다.

세 번째 Linear Reference의 화살표( )를 선택하고 또 다른 기준이 되어주는 면을 선택 후 역시 그 면과의 거리를 기입합니다.

다음 적용 아이콘 (✓)을 클릭하면 다음과 같은 화면이 생성됩니다.

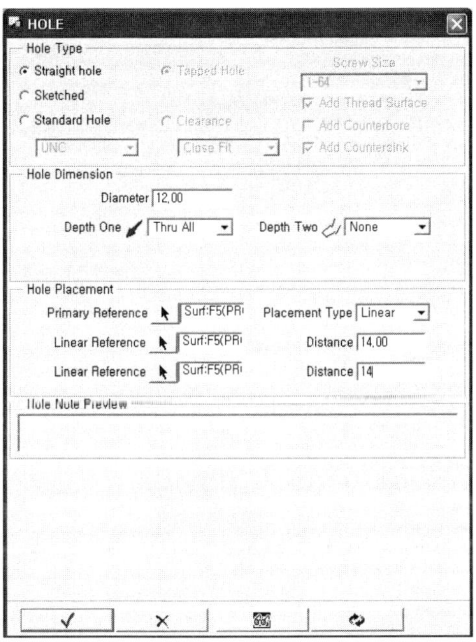

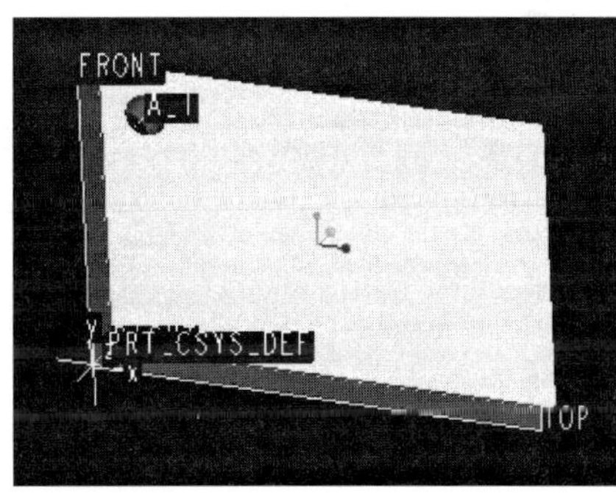

다음은 Pattern을 이용하여 Hole을 각 모서리에 배치합니다. Feature → Pattern을 선택 합니다. 다음 Hole을 선택하면 다음 Menu Manager 창이 생성됩니다. 다음 Identical이 선택되어 있는 상태에서 Done를 선택합니다.

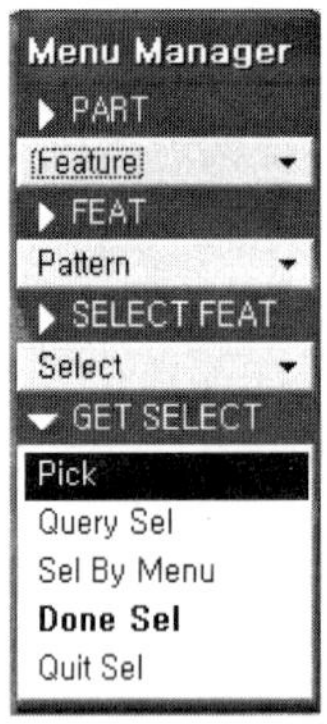

→(Hole 선택)→

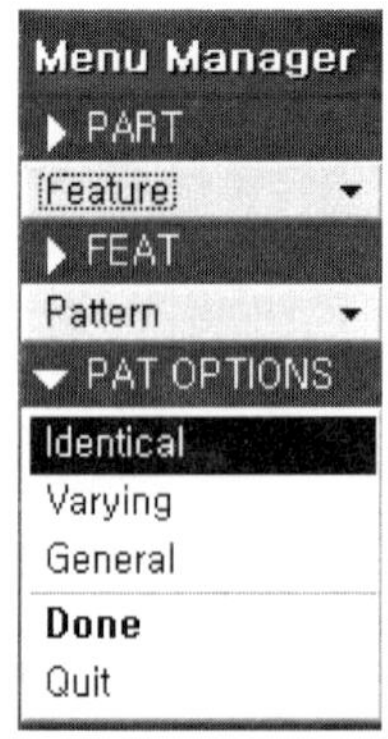

→

Value가 선택되어 있는 상태에서 Hole이 잡혀 있는 치수 중 가고자 하는 방향의 치수를 클릭합니다. 다음과 같은 화면이 생성되면서 또 다른 홀이 생성될 거리를 입력하는 창이 나옵니다.

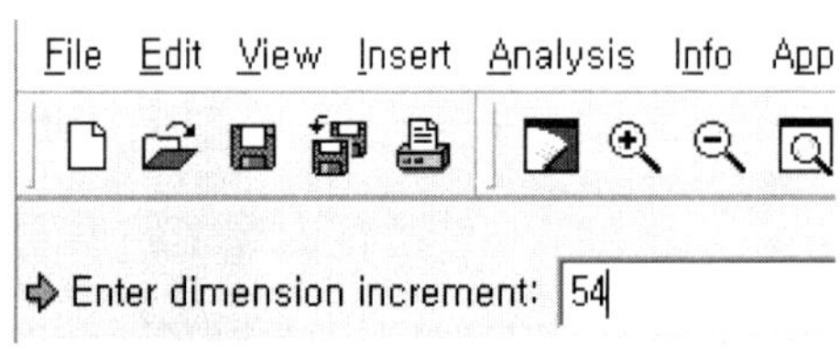

치수를 입력하고 Enter를 2번 친다 그럼 다음으로 홀의 개수를 선택하는 창이 생성됩니다.

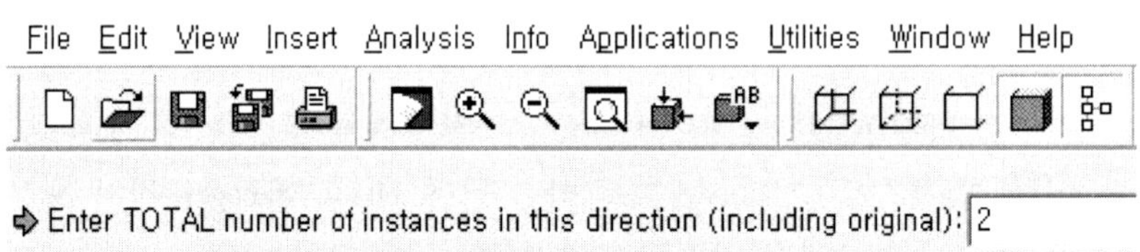

홀의 개수를 선택한 다음 또 다른 방향으로 생성할 것인지 안 할 것인지에 대한 메시지가 생성됩니다. 우리는 또 다른 방향으로도 역시 홀을 생성해야 하기 때문에 다른 방향을 선택하고 앞의 방법을 반복한 다음 마지막에 Enter를 2번 치면 다음과 같이 생성됩니다.

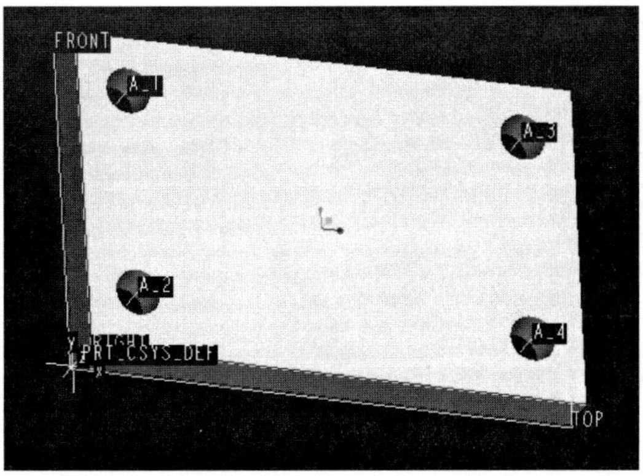

생성된 물체에 새로운 스케치를 그리기 위해서 위의 방법을 반복합니다. Feature → Create → Protrusion → Extrude → Done 다음 One Side → Done을 선택합니다. 다음 화면이 나오면 Plane이 선택되어 있는 상황에서 스케치를 그릴 면을 선택하고 OK를 클릭하고 Default를 선택하여 스케치 화면으로 들어갑니다.

직사각형(□)과 중심선(¦)과 치수(|↔|)를 이용하여 다음과 같이 스케치를 합니다.

적용(✔)을 클릭하고 두께를 주면 다음과 같은 그림이 생성됩니다.

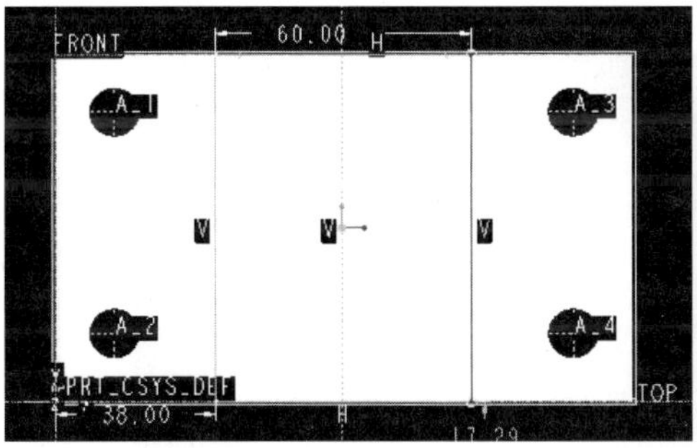

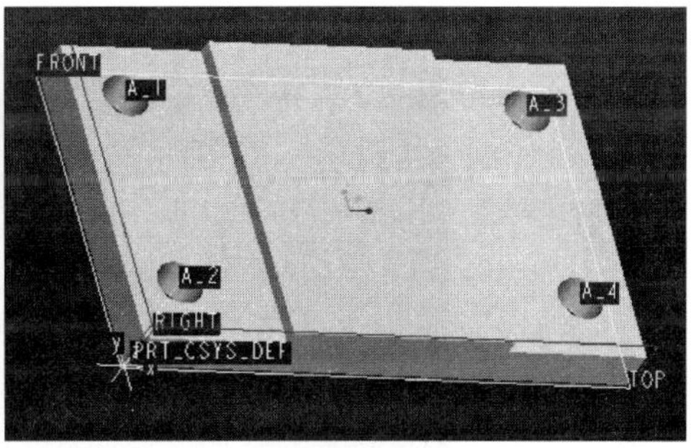

4개의 모서리에 라운드를 주기 위해서는 Menu Manager에서 Feature → Create → Round 후에 simple을 선택한 상태에서 Done을 클릭합니다. 한번 Constant와 Edge Chain이 선택된 상태에서 다시 한 번 Done을 클릭하고 각 모서리를 클릭한 후 Done을 클릭하면 치수 입력 창이 뜹니다.

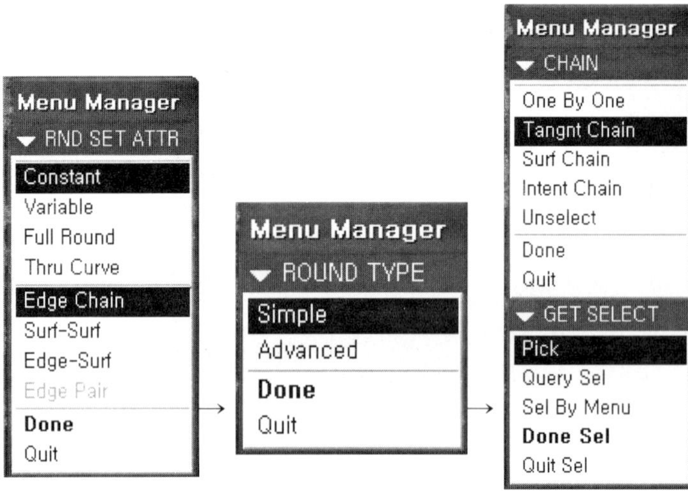

→ (4개의 모서리 클릭)

라운드의 치수를 입력 후 Enter를 클릭하면 라운드가 생성됩니다.

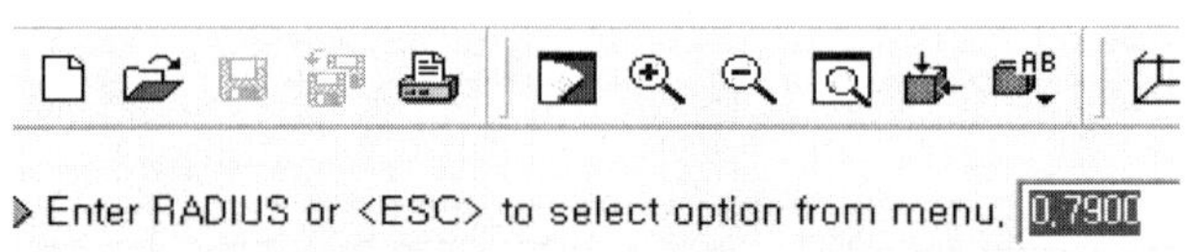

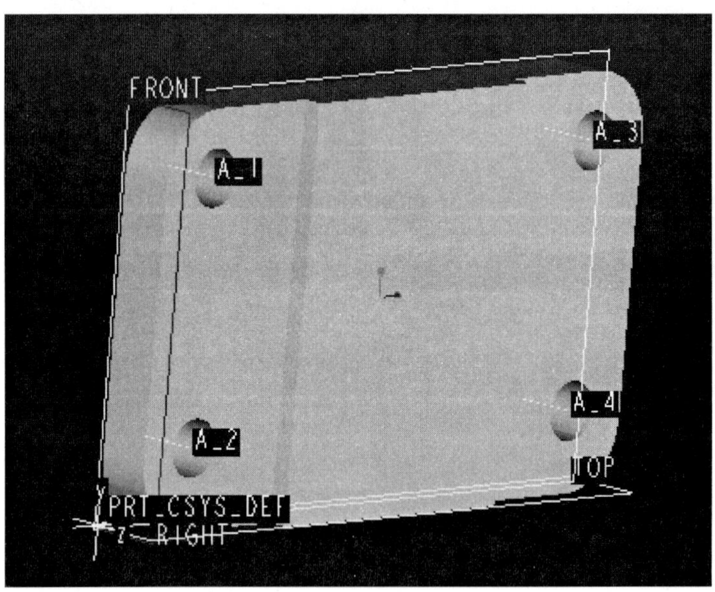

1.3 Drawing 화면으로 들어가기

① File → New를 선택합니다.

② Drawing을 선택하고 OK를 클릭합니다.

③ 다음과 같은 창이 생성되면 처음 Default Model 창에 Drawing할 제품을 선택하고 Template에 Drawing할 용지를 선택하고 OK를 클릭하면 다음과 같이 됩니다.

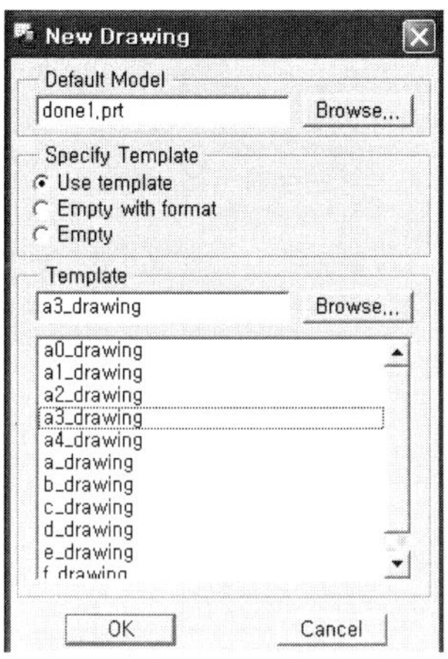

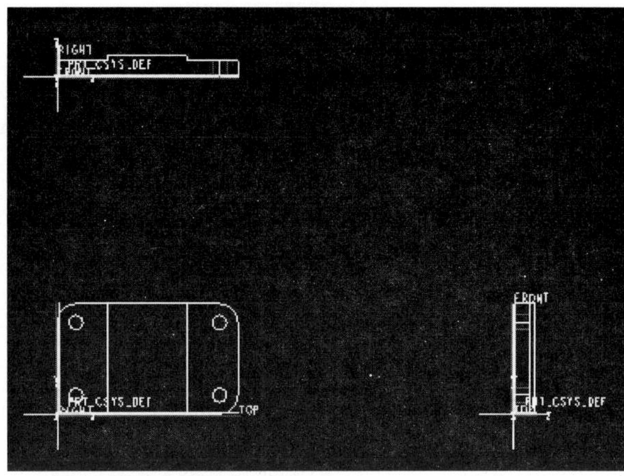

Full View를 보기 위하여 Menu Manager → View를 클릭한 다음 General과 Full View를 선택하고 Done를 선택하고 화면의 한 점을 찍으면 다음과 같이 생성됩니다.

→

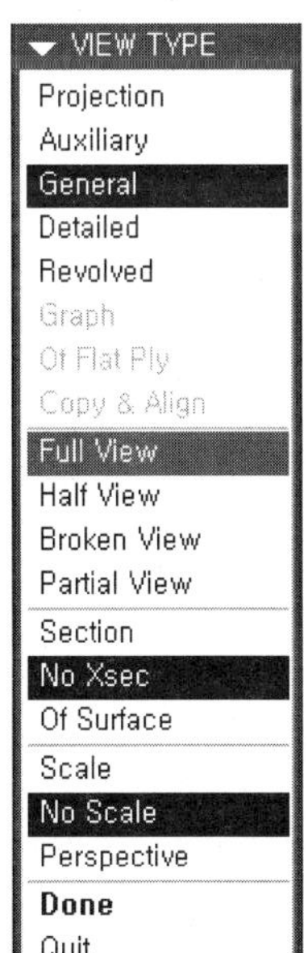

→

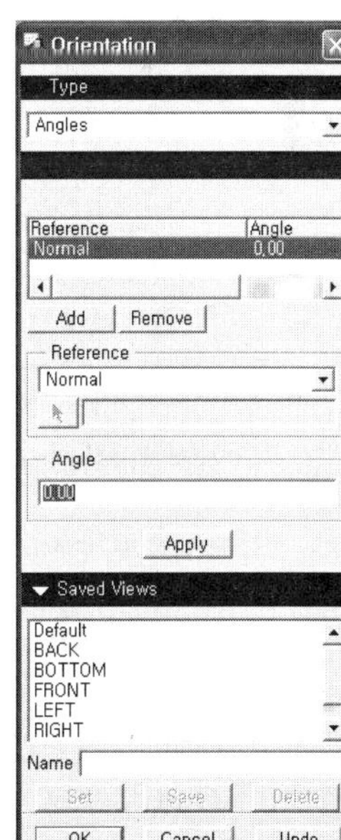

여기서 Orientation 창에서 Full View로 보여지는 제품의 위치를 수정할 수 있습니다. 여기서 수정하고 치수를 넣기 위하여 다음 아이콘 ( )을 선택하면 다음과 같은 창이 생성됩니다. 여기서 각 도면에 클릭을 하면 자동으로 치수가 기입이 됩니다. 원하는 치수를 생성한 후 show all을 클릭하고 Accept를 클릭하고 창을 닫으면 도면의 치수기재가 끝납니다.

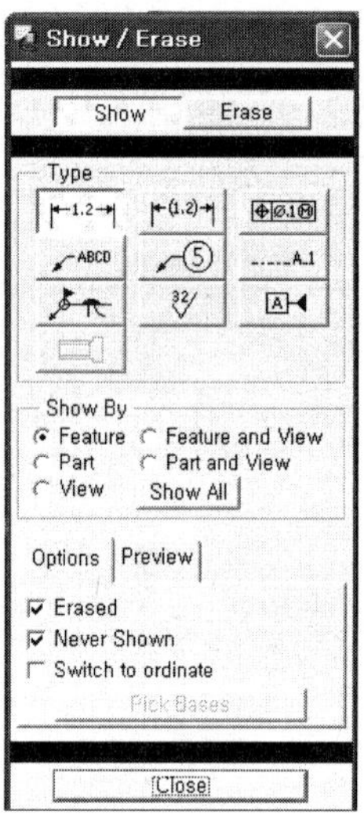

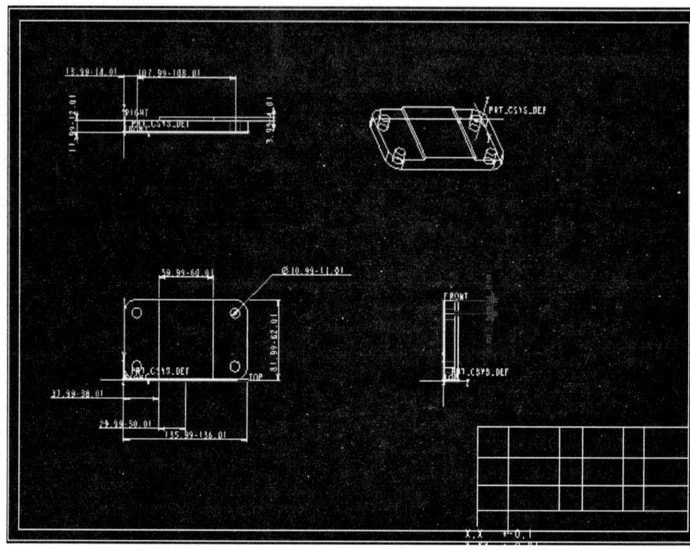

이와 같은 과정으로 Drawing을 마친 후, Pull Down Menu에 File → Save를 클릭하면 다음과 같은 입력 창이 생성됩니다. 확인 아이콘( )을 클릭합니다.

다시 Pull Down Menu에 File에서 Save a Copy를 선택하여 저장할 위치를 정하고 저장을 하면 Save가 됩니다.

2. Part 2

2.1 스케치하기

Menu Manager에서 Feature → Create → Protrusion → Extrude → One Side → Done → Plane선택 → Default 순으로 하여 스케치 화면에 들어가서 스케치를 합니다. (사용 아이콘 ( ),( ),( ),( ) 등 사용) 스케치 후 Sketch 화면에서 나온 다음

Blind에서 두께를 주고 Enter를 클릭하면 다음과 같은 화면이 나옵니다.

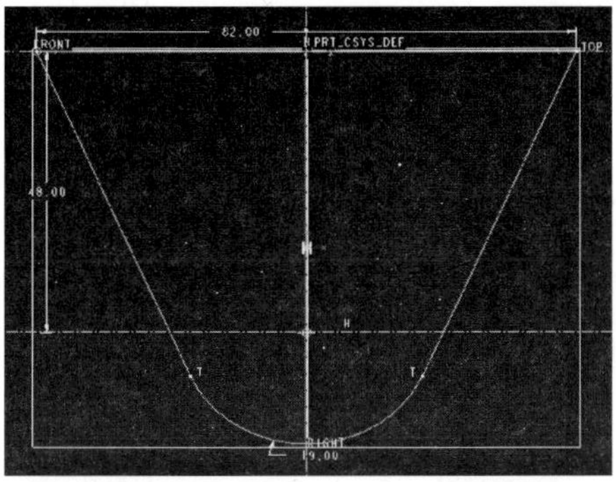

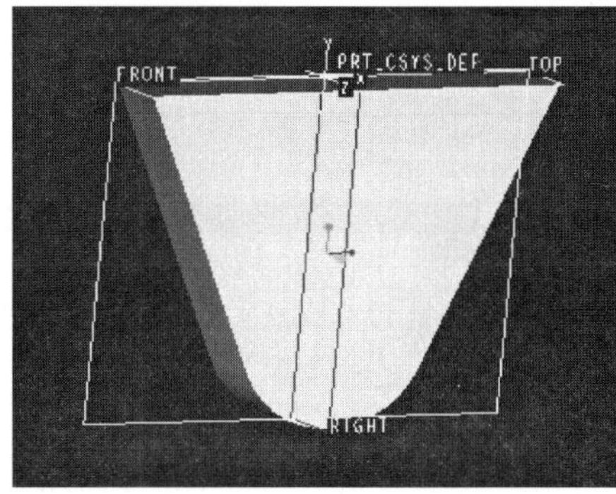

여기서 유용한 팁 하나 소개하면 아이콘( )은 다른 치수가 변경되더라도 치수가 변경되어지지 않도록 잠그는 기능을 합니다. 또한 아이콘 ( )은 서로 Sketch 한 것에 대한 구속을 줄때 사용합니다.

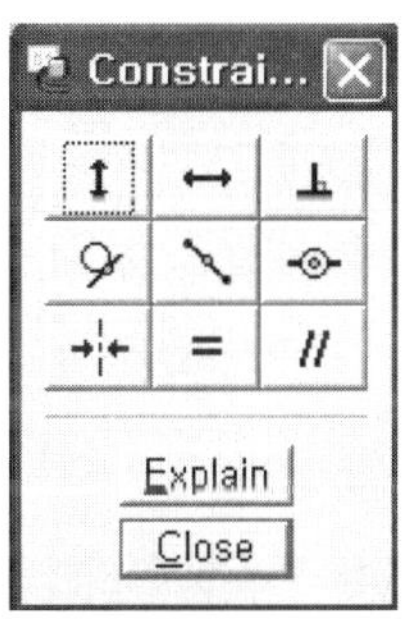

< 아이콘 >

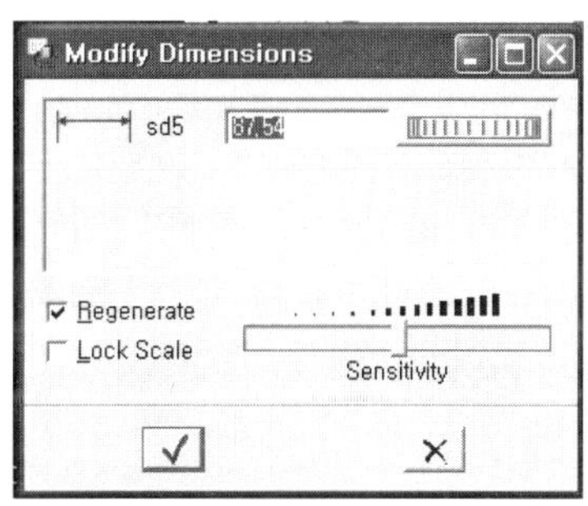

< 아이콘 >

위와 같은 방법으로 다시 스케치 화면으로 들어가 또 다른 스케치를 합니다.

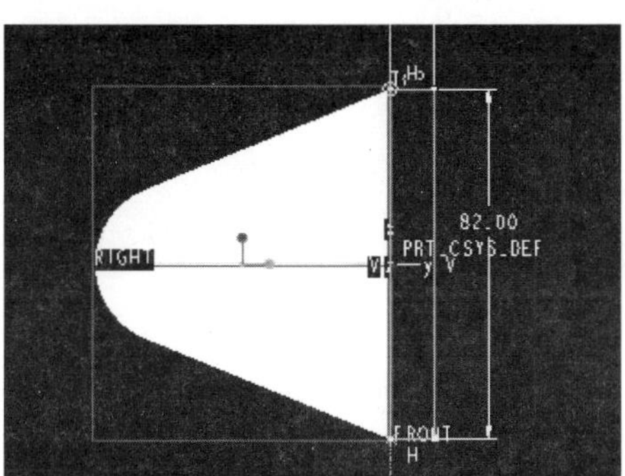

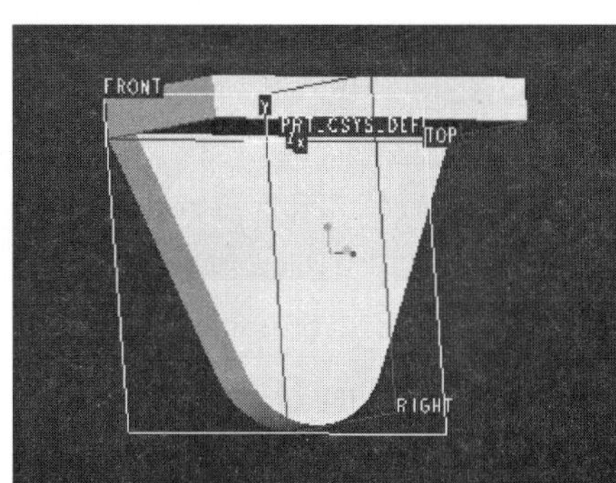

Menu Manager에서 Feature → Create → Hole을 선택하면 다음과 같은 창이 선택되는데 이번의 Hole의 모양을 변경시켜 줘야 하기 때문에 Standard Hole과 Clearance를 선택하고 Add Counterbore를 선택한 다음 Hole의 치수를 주고 다음과 같은 홀의 모양을 생성합니다.

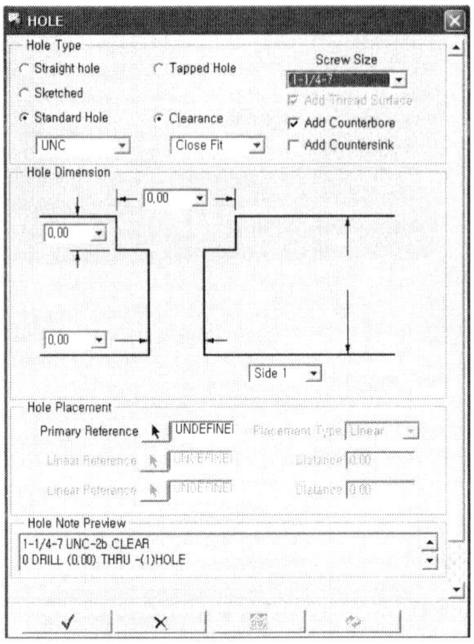

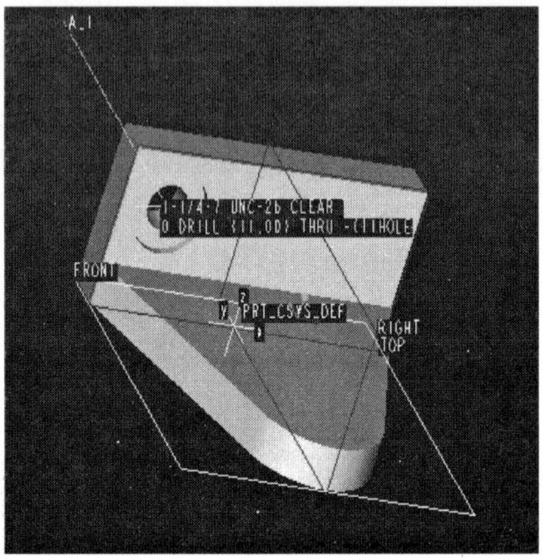

Menu Manager에서 Feature → Pattern을 선택하여 Hole을 반대쪽에 하나 더 생성합니다. Menu Manager에서 Feature → Create → Round를 선택하여 끝쪽 2군데에 Round를 줍니다.

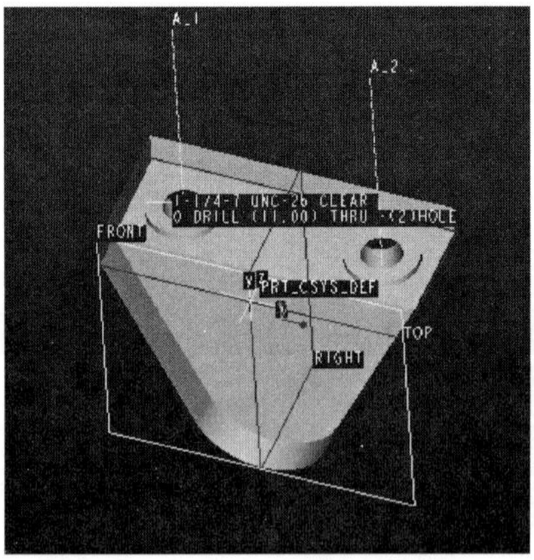

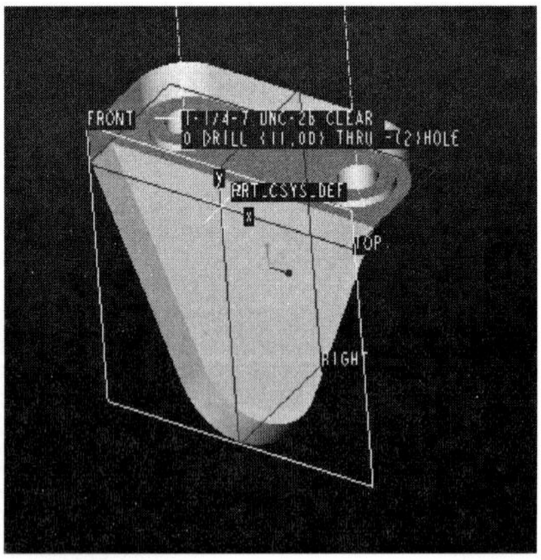

다시 Menu Manager에서 Feature → Create → Protrusion → Extrude → One Side → Done → Plane선택 → Default 순으로 하여 스케치 화면에 들어가서 스케치를

합니다. 이때 Plane 선택 시 Front에 삼각형으로 그려져 있는 면을 선택하여 스케치를 한 다음 나와서 두께를 줍니다.

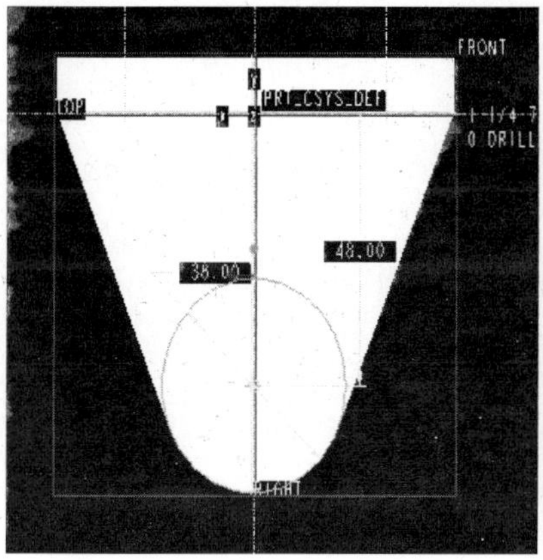

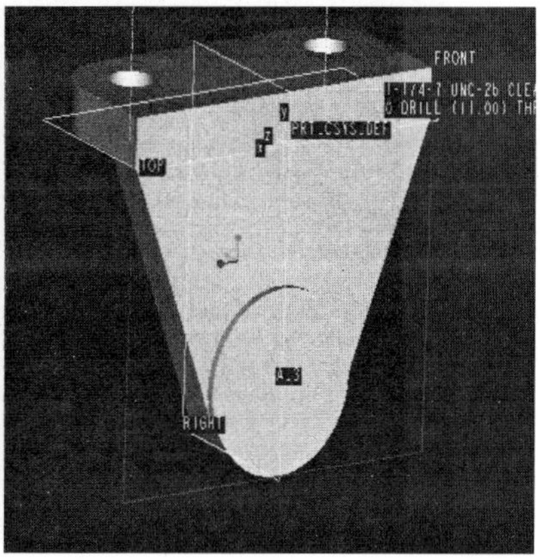

이번에 스케치는 스케치를 한 후에 구멍이 뚫려야 하기 때문에 스케치로 들어가기 전에 Cut을 선택해야 합니다. Menu Manager에서 Feature → Create → Protrusion → Cut을 선택한 후 Extrude가 선택되어 있는 상태에서 Done → Plane 선택 → Default 순으로 하여 Sketch 화면에 들어가서 스케치를 합니다.

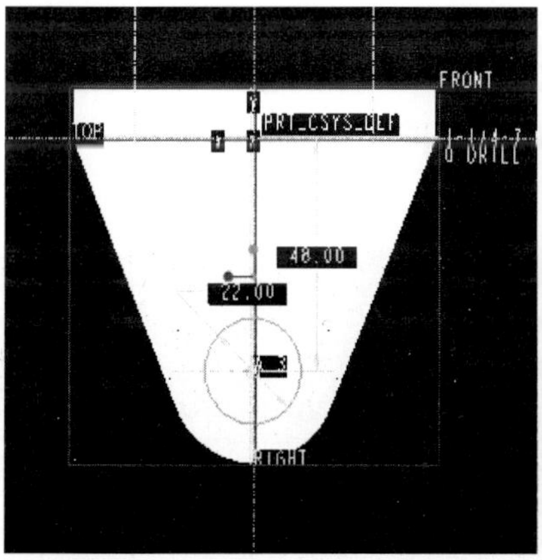

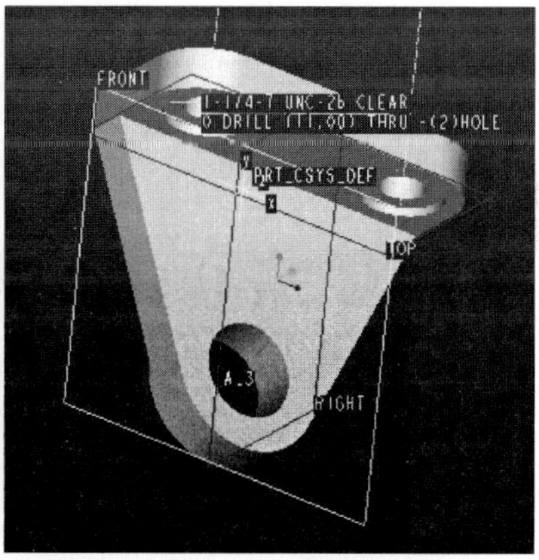

2.2 Drawing 작업하기

저장 후 Part 1에서 했던 방식대로 Drawing을 해 주면 다음과 같습니다.

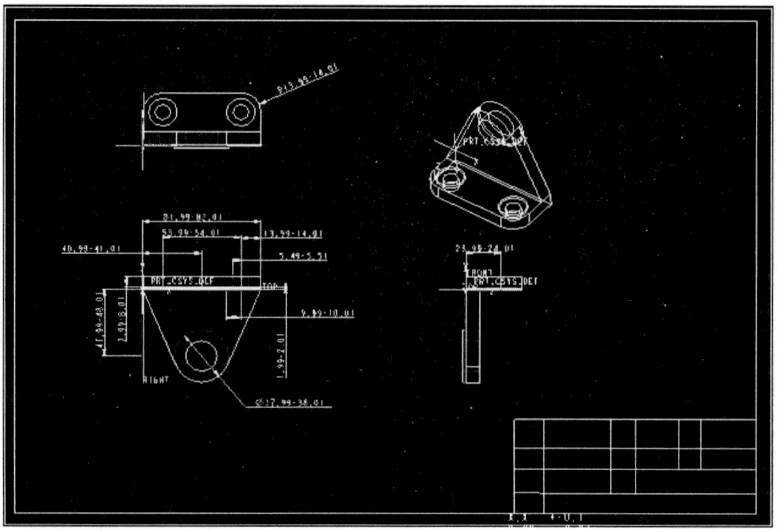

3. Part 3

3.1 스케치하기

이번에 그리게 되는 물체는 스케치한 것을 중심을 축으로 돌려서 생성하는 것이기 때문에 처음에 스케치 화면에 들어가기 전에 이것을 먼저 선택해 주어야 합니다. 즉 Menu Manager에서 Feature → Create → Protrusion 까지는 같은 순서로 들어가지만 다음에는 Revolve를 선택합니다. 나머지는 아까와 동일한 방법으로 들어갑니다. One Side → Done → Plane 선택 → Default 순으로 하여 스케치 화면에 들어가서 스케치를 합니다.

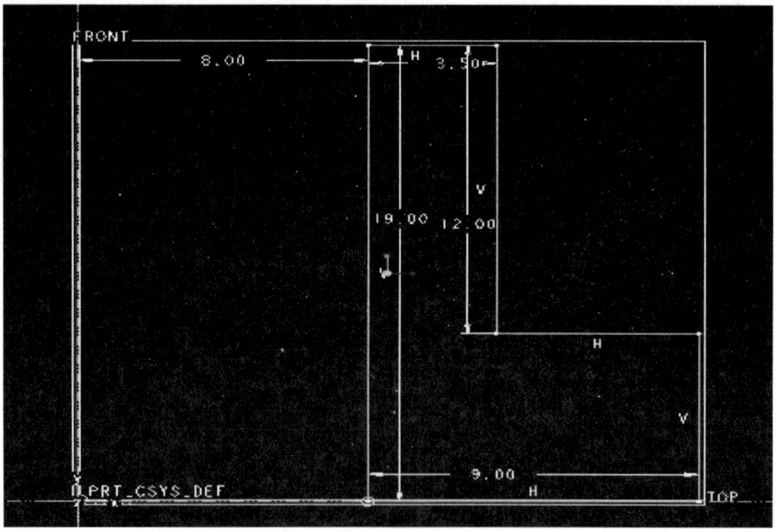

스케치를 한 후에 확인을 누르고 스케치화면에서 나오게 되면 다음과 같은 Menu Manager 창이 생성되는데 여기서 360°를 선택하고 Done을 하고 Enter을 치면 다음과 같은 화면이 생성됩니다.

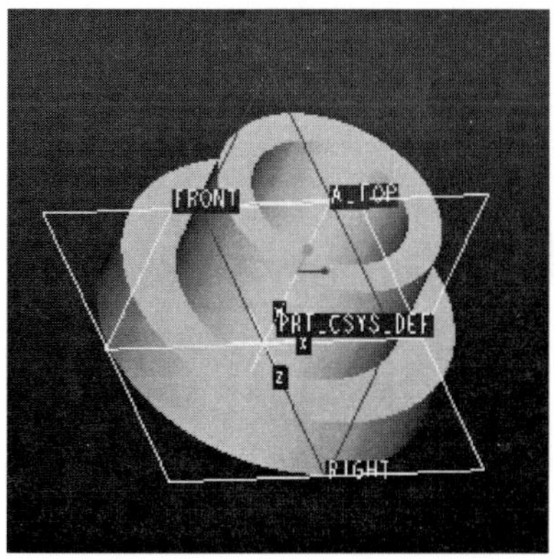

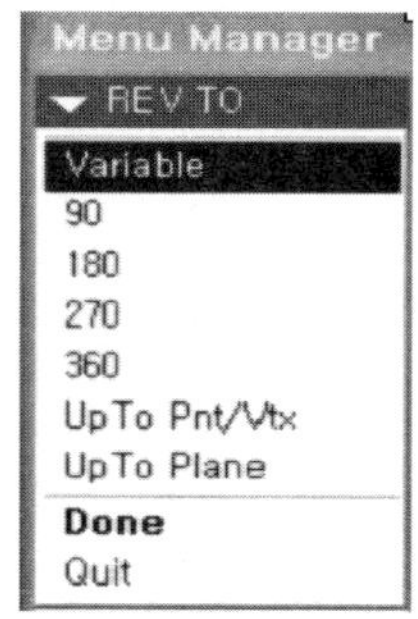

3.2 Drawing 작업하기

저장 후 Part 1과 같은 방법으로 Drawing을 해 주면 다음과 같이 나옵니다.

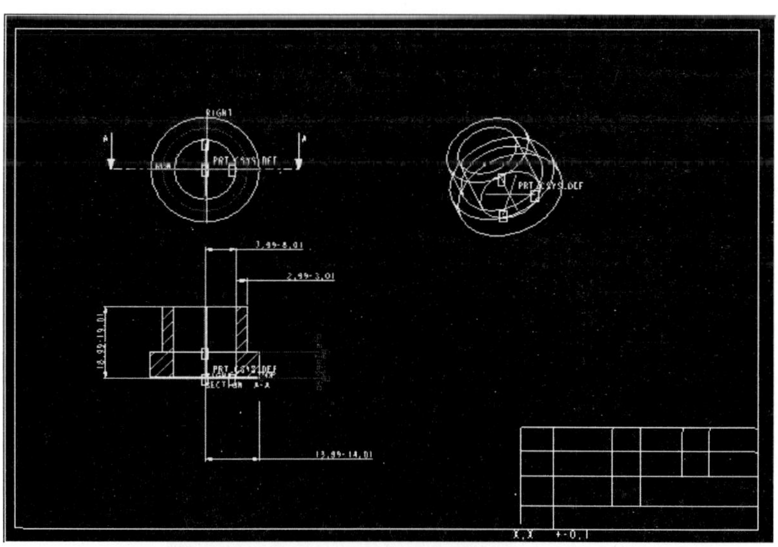

이때 위 물체는 단면도를 생성해 주어야 자세하게 물체의 형상을 알 수 있습니다. 단면도를 생성하는 방법을 알아보면 다음과 같습니다.

단면을 보여주기 위해서는 View 메뉴에서 Add view를 클릭 후 Projection과 Full view와 Section과 No Scale이 선택된 상황에서 Done을 클릭합니다.

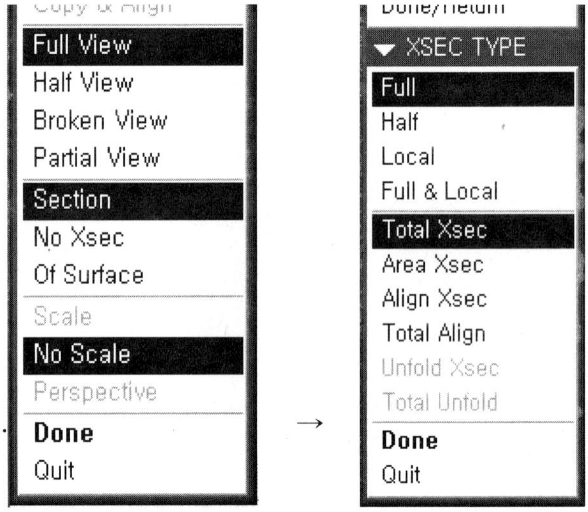

Done를 클릭하면 위의 왼쪽과 같은 화면이 생성되는데 역시 그냥 Done를 해 줍니다 위의 오른쪽에서 Done를 해 주면 다음과 같이 CENTER POINT를 선택하라는 화면이 나옵니다.

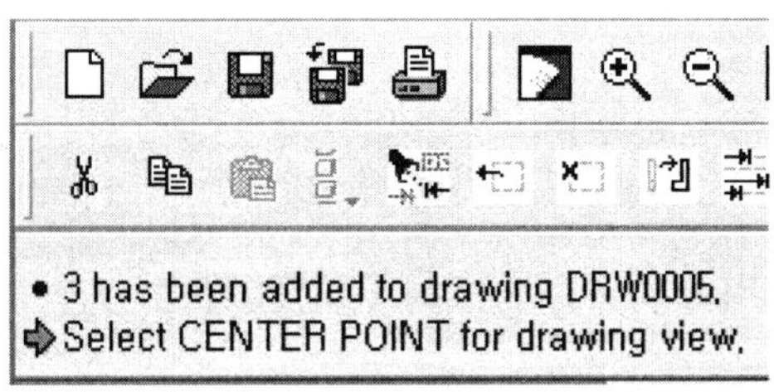

위 화면이 나오면 아래와 같은 형상의 단면도가 그려질 그림의 CENTER POINT를 선택하여 주면 다음과 같이 2중으로 그림이 표시됩니다.

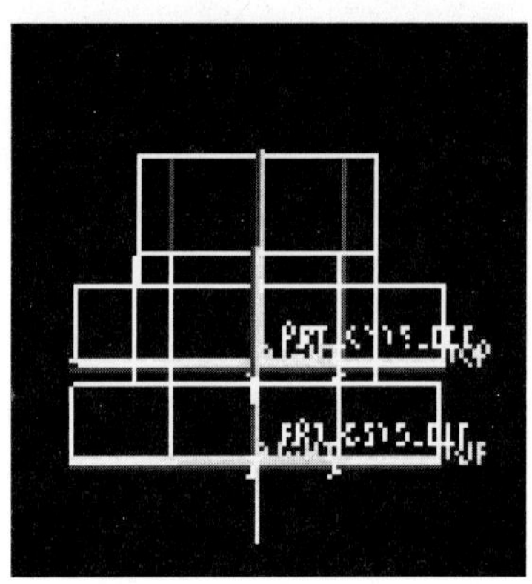

앞 장과 같이 표시된 후 이번에는 절단할 그림을 선택합니다.

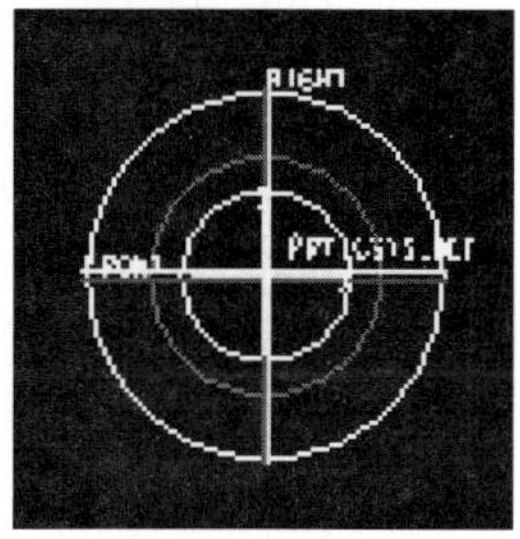

위 그림을 선택하면 Menu Manager 창에 다음과 같은 화면이 생성됩니다. 이때에 Create를 선택합니다. 그러면 아래의 오른쪽과 같은 화면이 나오는데 이때 그냥 Done를 클릭합니다.

Create → Done

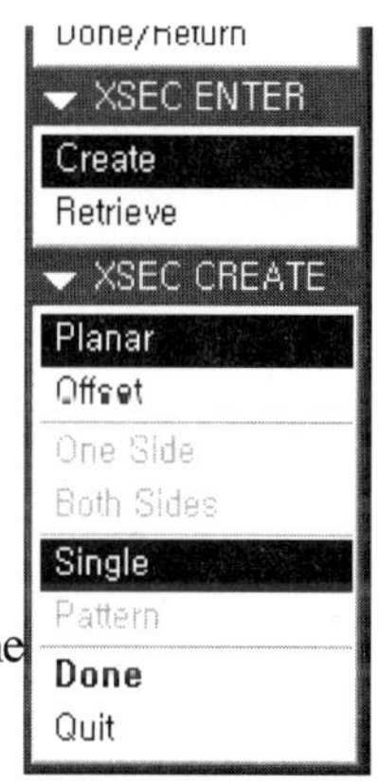

Done를 클릭하면 아래와 같은 화면이 창 위에 생성되는데 이것은 절단하는 면의 기호를 생성하는 것입니다. 원하는 알파벳을 입력하고 확인을 클릭합니다.

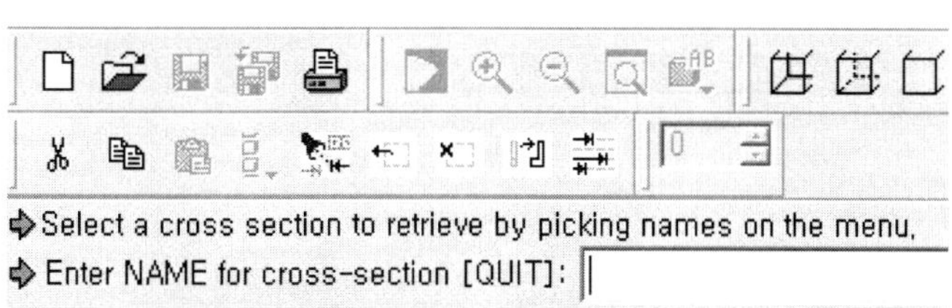

위에 알파벳을 입력하고 확인을 누르면 다음과 같음 화면이 생성됩니다. 이 화면이 생성되면 절단할 기준의 Plane을 선택해야 합니다.

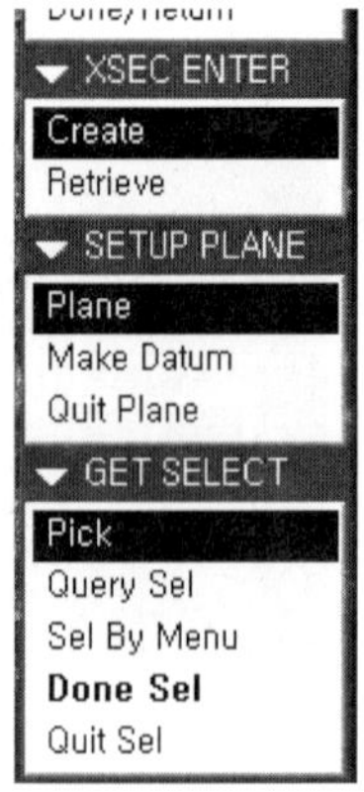

왼쪽에 있는 화면에서 절단면의 기준을 삼을 FRONT Plane을 선택합니다.

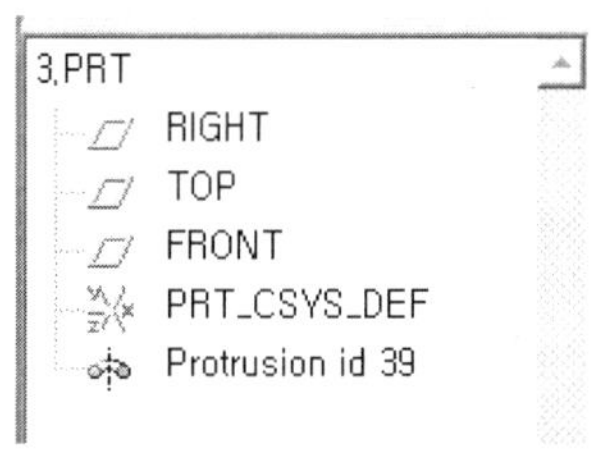

Plane를 선택한 다음 다시 마우스 포인트를 절단되어질 그림 위에서 클릭을 하게 되면 아래와 같은 그림이 생성되면서 절단면이 생성됩니다.

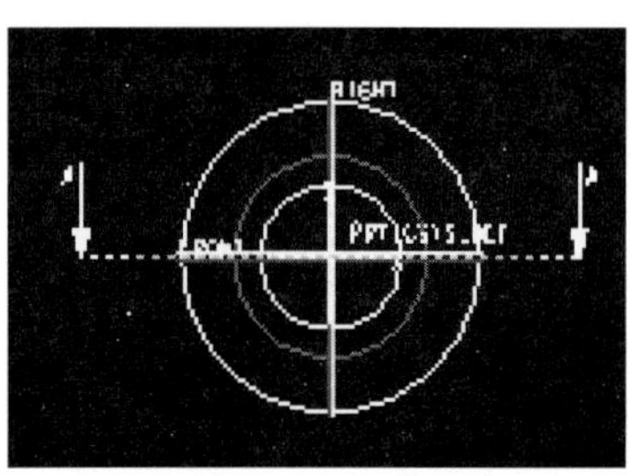

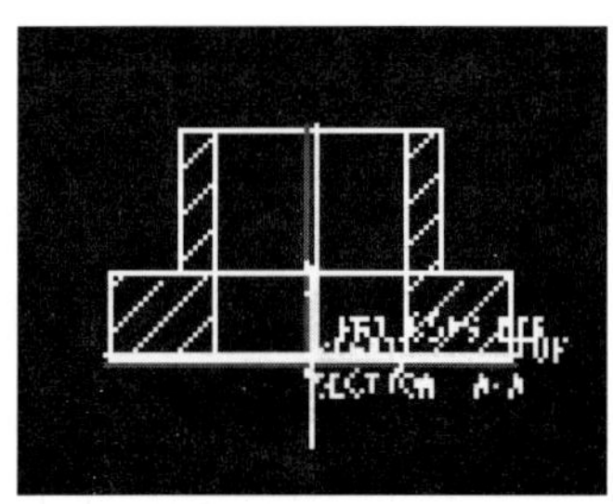

4. Part 4

4.1 스케치하기

Menu Manager에서 Feature → Create → Protrusion → Extrude → One Side → Done → Plane 선택 → Default 순으로 하여 스케치 화면에 들어가서 스케치를 합니다.

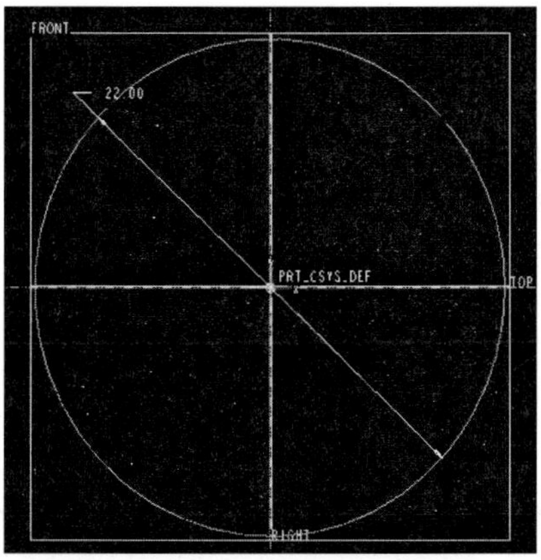

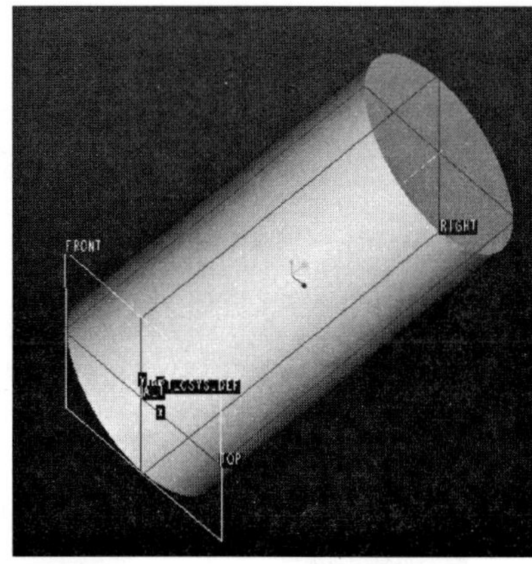

그 다음 우측과 같이 Extrude를 해 줍니다.

다음 스케치를 하기 위해 Menu Manager에서 Feature → Create → Protrusion → Extrude → One Side → Done 후에 Plane를 클릭해 주면 아래 왼쪽 첫 번째와 같은 화면이 나옵니다. 여기서 Make Datum을 선택하면 아래 두 번째와 같은 화면이 나옵니다.

또 여기서 Offset을 선택하면 아래 세 번째와 같은 화면이 나옵니다.

여기서 또 Front를 선택하면 아래 네 번째와 같은 화면이 생성됩니다.

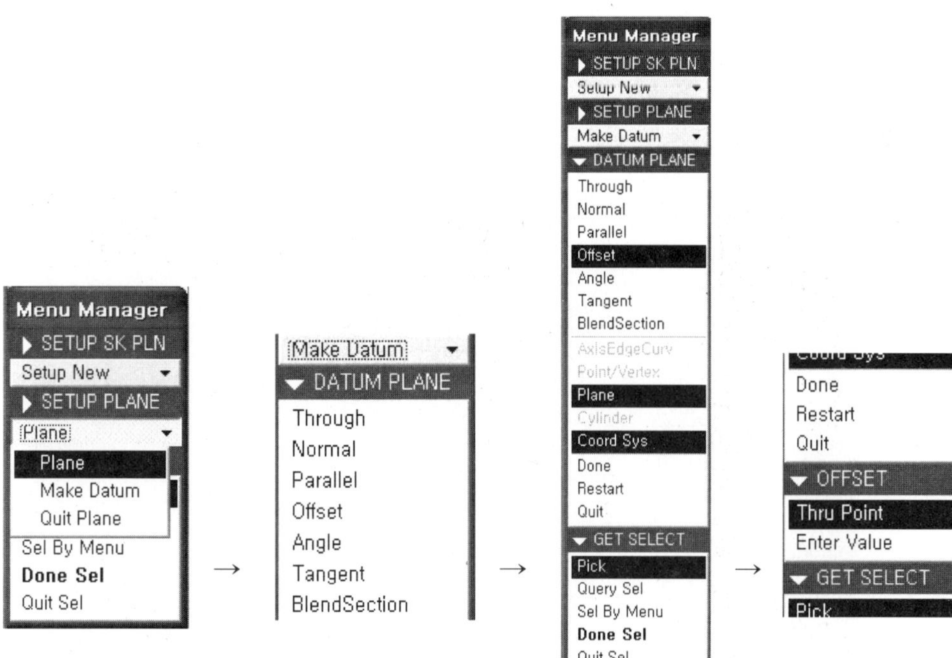

여기서 Enter Value를 선택하면 다음과 같이 치수기재 창이 생성됩니다.

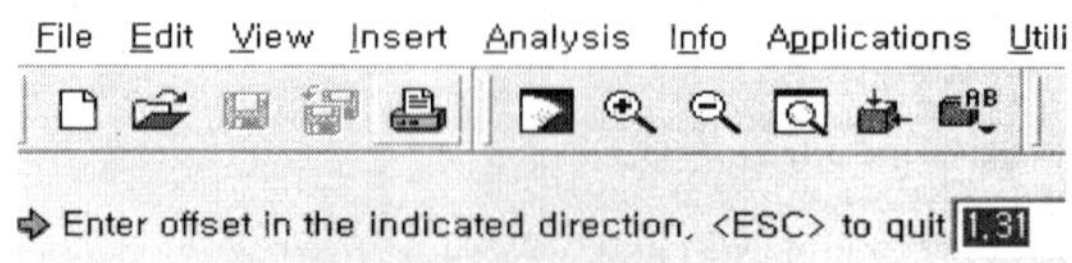

여기에 원하는 기준 면 위치의 치수를 기입하면 그 곳에 새로운 Datum Plane이 생성된다. 이곳에 스케치를 해 줍니다.

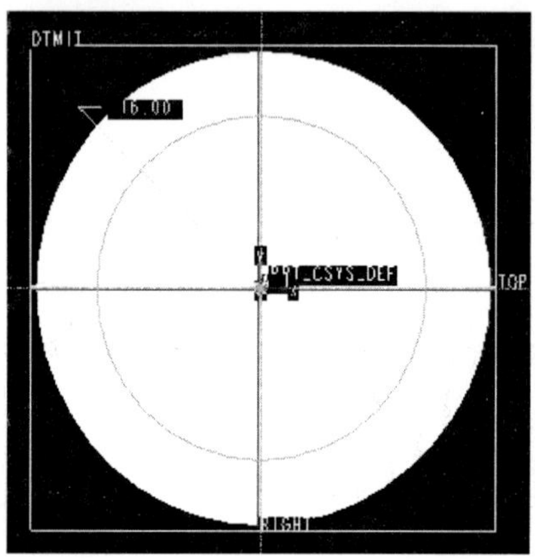

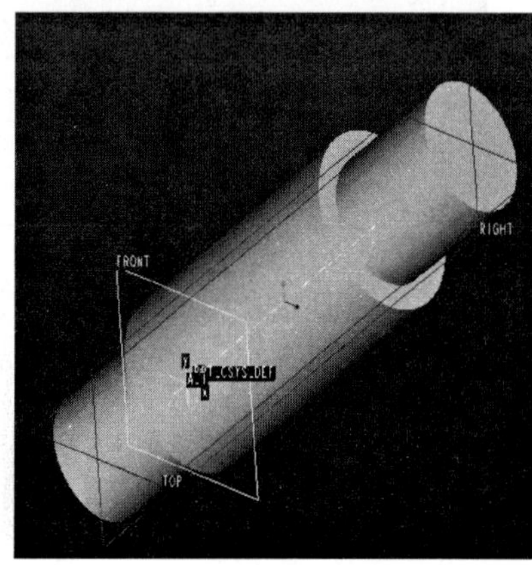

그 다음 우측과 같이 Extrude를 해 줍니다.

4.2 Drawing 작업하기

저장 후 Part 1과 같은 방법으로 Drawing을 해 주면 다음과 같이 나옵니다.

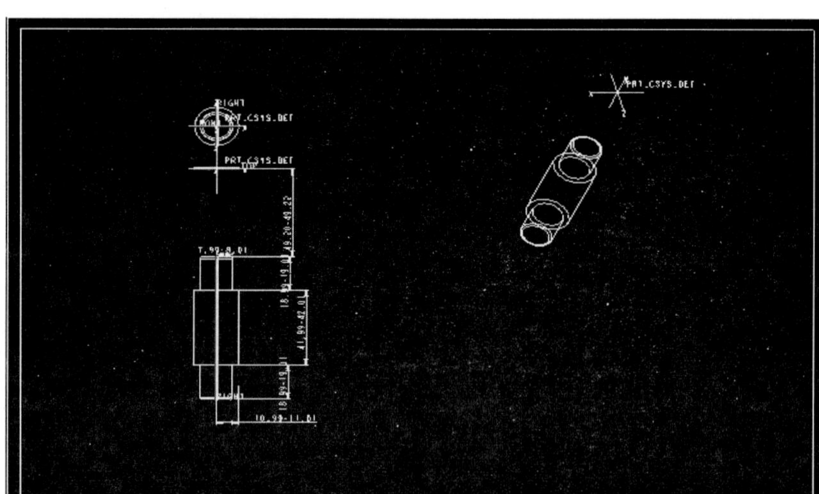

5. Part 5

5.1 스케치하기

Menu Manager에서 Feature → Create → Protrusion → Extrude → One Side → Done → Plane 선택 → Default 순으로 하여 스케치 화면에 들어가서 스케치를 합니다.

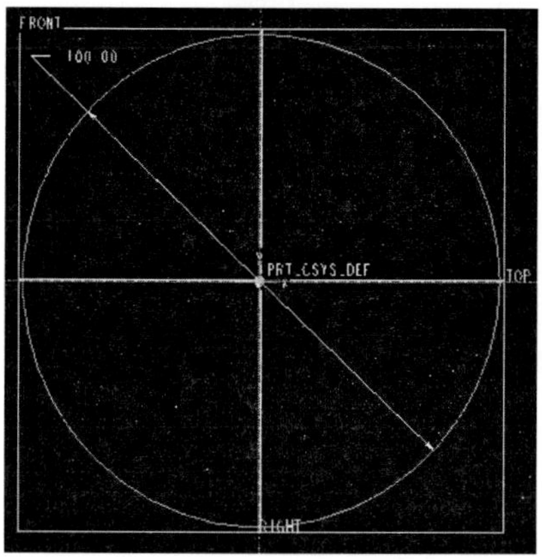

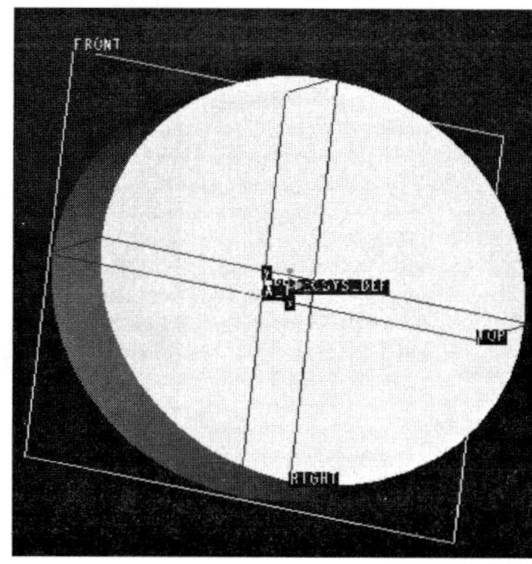

그 다음 우측과 같이 Extrude를 해 줍니다.
다음 스케치를 위해 Menu Manager에서 Feature → Create → Cut → Blend를 선택하고 Done을 선택합니다. 연속으로 Done를 두 번 더 눌러주고 스케치할 면을 선택하여 줍니다.
스케치 화면에 들어가서 새로운 원을 생성해 줍니다(아래 왼쪽 그림).
다음 새로이 그린 원을 아래 오른쪽과 같이 해서 Toggle시켜줍니다.

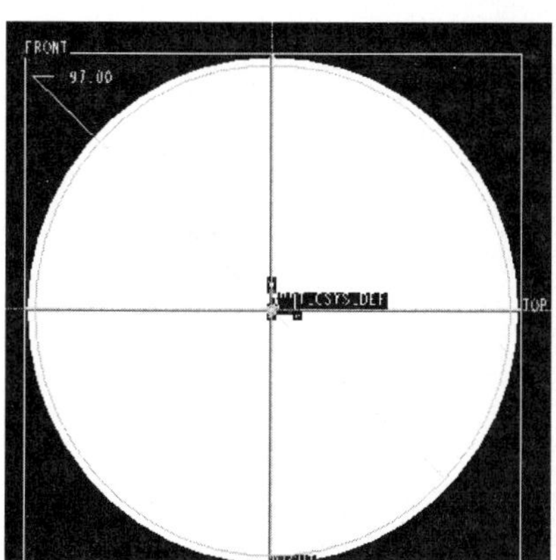

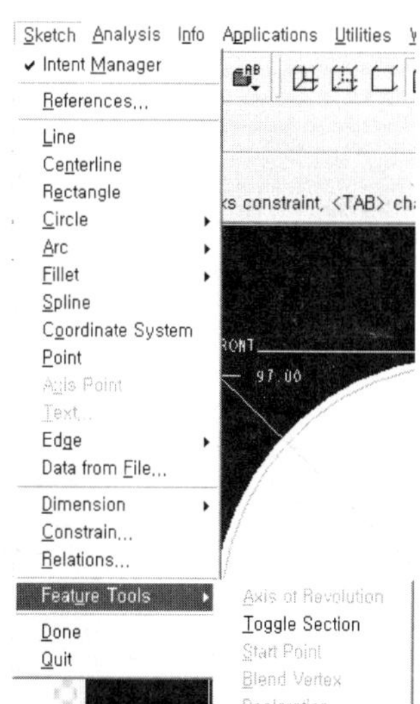

다음 다시 처음 그려준 원보다 치수가 작은 원을 그려줍니다.

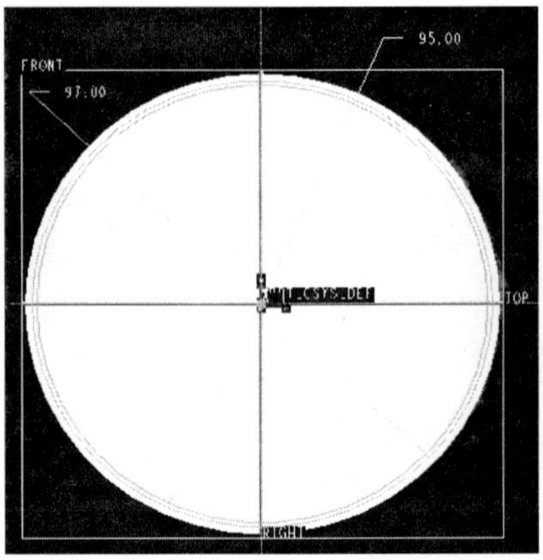

확인 버튼을 누르면 다음과 같이 화면이 나옵니다. 여기서 OK를 클릭하면 다음 화면으로 깊이를 입력할 수 있는 입력 창이 생성됩니다.

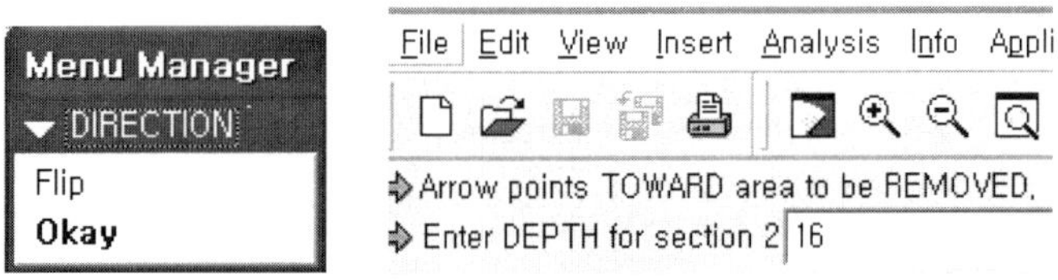

원하는 깊이를 입력해 주면 다음과 같이 Cut을 하게 되는데 이것은 처음 큰 원에서 다음 작은 원을 연결해 주는 면을 생성 하면서 Cut을 하기 때문에 약간의 기울기를 가지게 됩니다.

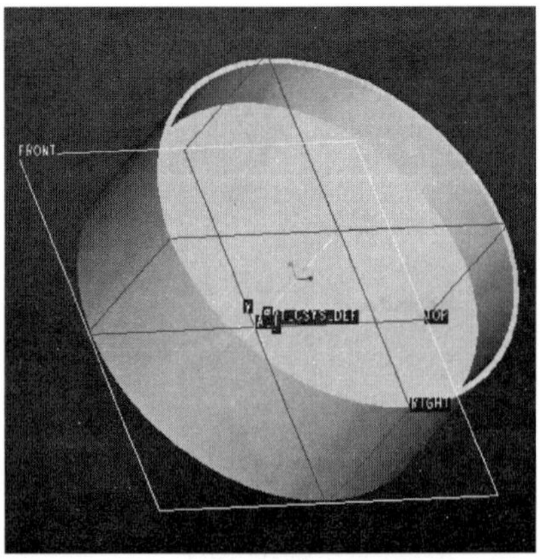

가운데 기둥을 만들기 위해 다시 한번 스케치를 합니다.

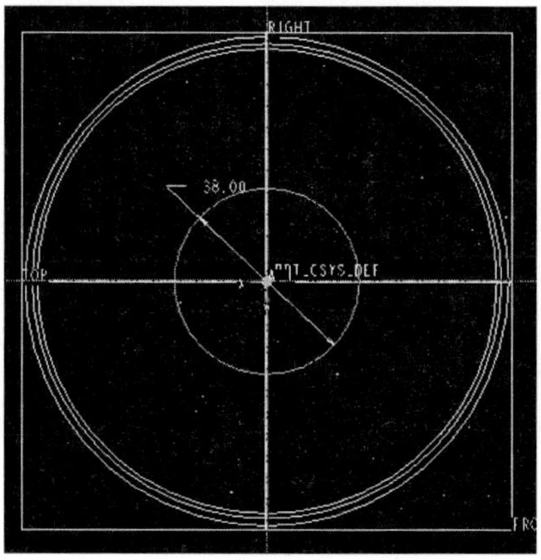

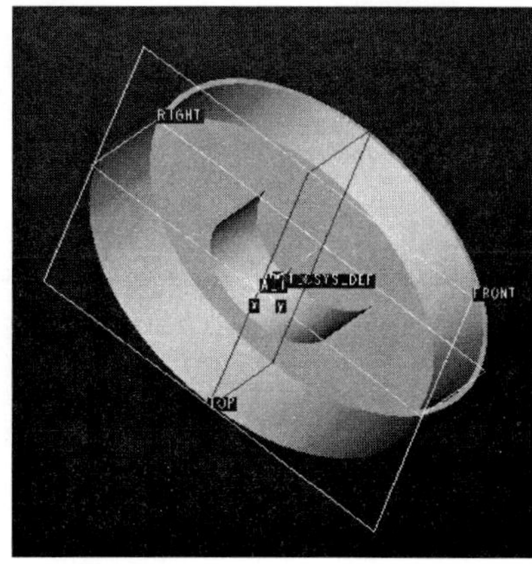

그 다음 우측과 같이 Extrude를 해 줍니다.

다음 반대편으로 Mirror를 해 줄 것입니다 Mirror를 해 주기 위해서는 처음에 Menu Manager에서 Feature → Mirror Geom을 선택하고 Mirror를 할 기준을 선택하여 주면 바로 Mirror 즉, 다음 화면과 같이 됩니다.

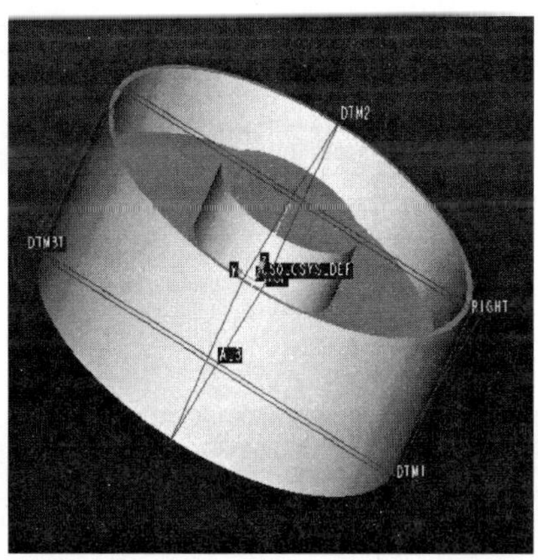

그 다음 가운데 구멍을 뚫기 위해서 Menu Manager에서 Feature → Create → Protrusion → Cut을 선택하고 스케치를 합니다.

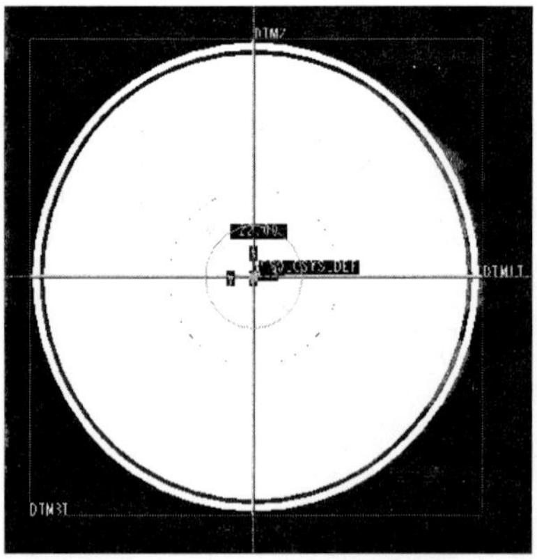

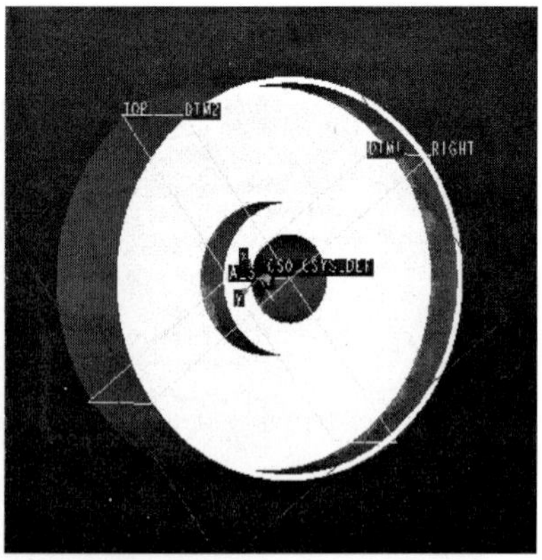

바닥 면에 Round를 주면 완성이 됩니다.

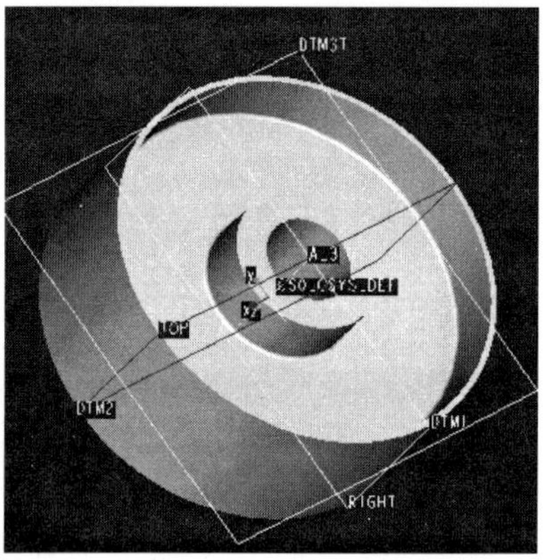

5.2 Drawing 작업하기

저장 후 Part 1과 같은 방법으로 Drawing을 해 주면 다음과 같이 나옵니다.

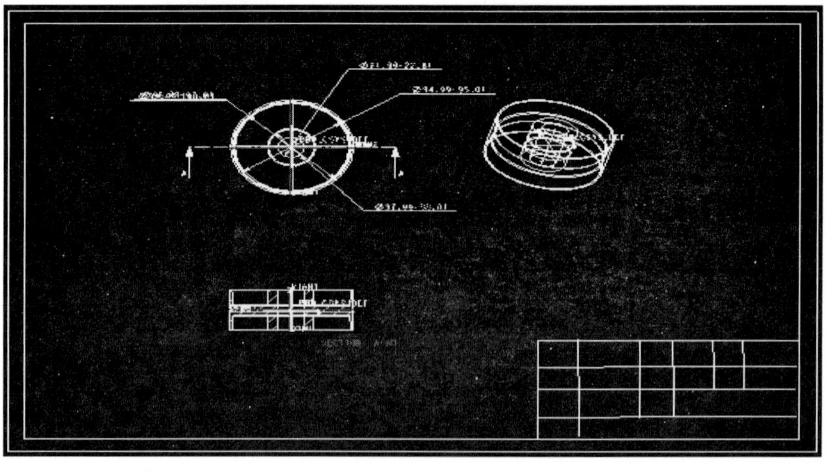

앞의 Drawing 작업에서 단면도는 Part 3에서 단면도 생성하는 방법을 사용하면 쉽게 단면도를 나타낼 수 있을 것입니다.

6. Assembly

Assembly를 하기 위해선 지금까지 모델링한 Part를 다 저장한 후 모든 창을 닫고 초기 Pro/Engineer 화면으로 돌아갑니다.

초기 화면에서 새 파일을 열고 나면 다음과 같이 Part와 Drawing을 선택한 화면이 나옵니다.

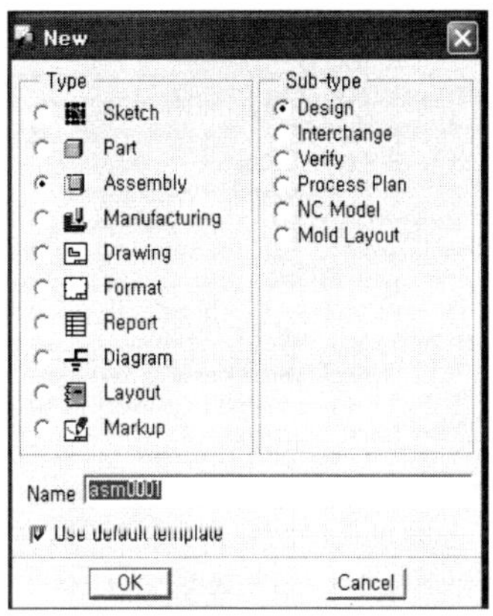

여기선, Assembly를 선택하고 Name에 생성될 Assembly의 이름을 입력합니다. 그러면 다음과 같은 Assembly 창이 새로이 생성됩니다.

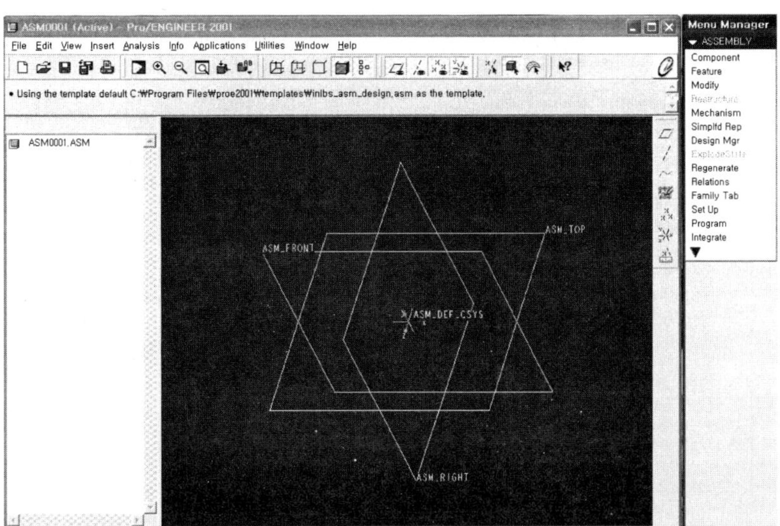

6.1 Part 불러오기

여기서 우리는 옆의 Menu manager 창에 주목합니다. Part를 불러오기 위해선 Assembly를 클릭하고 나면 아래 왼쪽과 같은 창이 나타납니다.

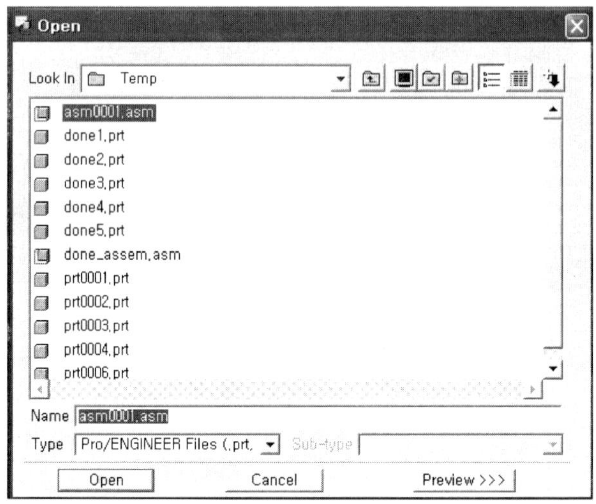

여기서 component를 클릭하면 우측의 상자가 나타납니다. 이는 Assembly를 위한 Part를 불러오는 창으로 저장한 Part에서 하나를 선택하여 Open을 클릭합니다.

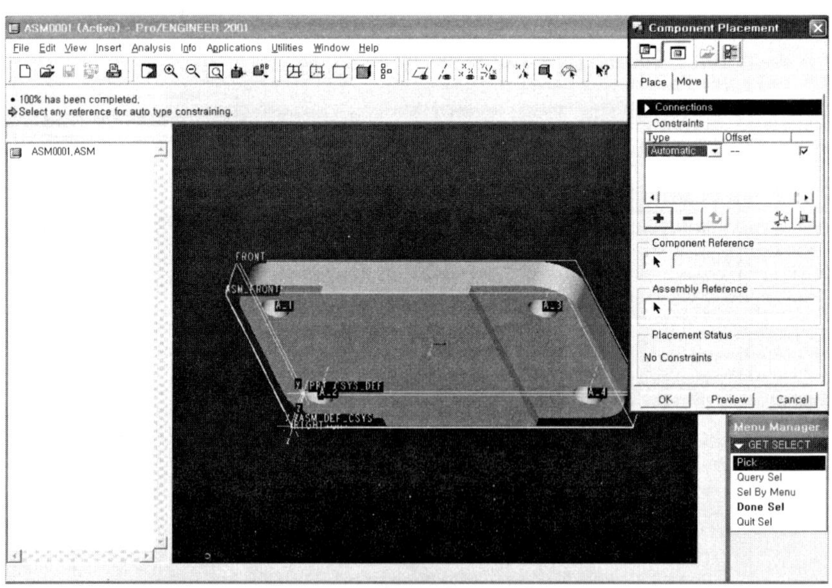

위와 같이 선택한 Part를 볼 수 있습니다. 그리고 옆의 component placement가 같이 생성됩니다. component placement는 Place와 Move로 나누어져 있는데 위에서 나온 그림은 place로써 Assembly를 할 때 각각의 Part를 구속시키거나 결합, 일치시킬 때 상태창의 기능과 함께 전체적인 Assembly를 조절할 수 있는 기능을 포함하고 있습니다.

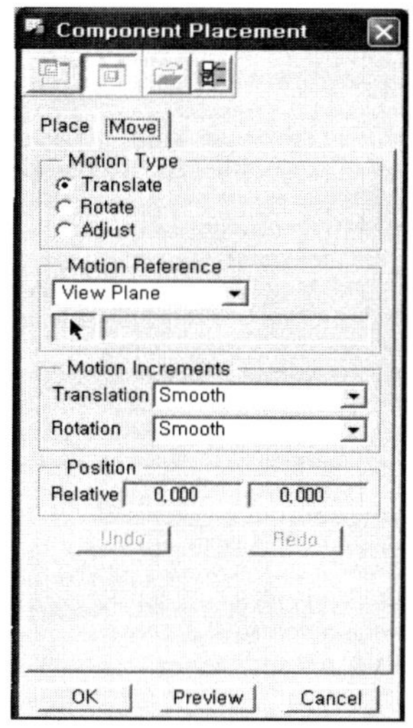

이는 Move로써 일반 화면에서는 두 게 이상의 부품이 있을 때 마우스로 부품을 움직이면 같이 움직입니다. 각각의 부품을 움직이기 위해서 바로 이것이 필요합니다. Motion Type에 있는 곳을 클릭하고 하나의 부품을 움직이면 원하는 곳에 부품을 위치시킬 수 있습니다. 이는 Assembly를 할 때 구속시킬 곳을 선택할 때 꼭 필요한 기능입니다.

이제 다른 Part도 창에 생성해 보겠습니다. 위에서 설명한 것과 같이 Assembly를 클릭하고 component를 선택하여 Part를 불러오겠습니다.

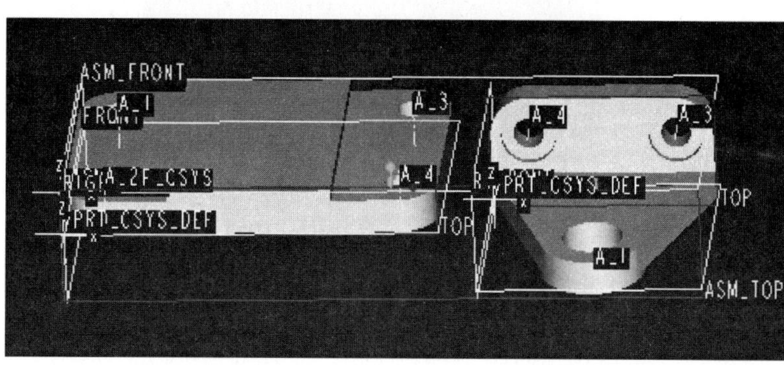

새롭게 다른 Part가 표시됩니다.

6.2 Assembly하기

Assembly를 하기 위해선 어느 부분에 어떻게 위치시키는지를 먼저 숙지하고 있어야 합니다.

그리고 위에서 설명한 Move를 이용하여 Part를 작업이 보다 쉬운 곳에 위치시킨다. 다음 A_3의 기준 선과 A_4 기준선을 클릭해 보겠습니다(물론, 이 작업은 Move를 빠져나와 Place 모드에 있어야 합니다).

두 번째로 대칭한 A_3 와 A_4를 클릭합니다. 그리고 그 면이 있는 곳을 각각 선택하면 다음의 입력 창이 나타납니다.

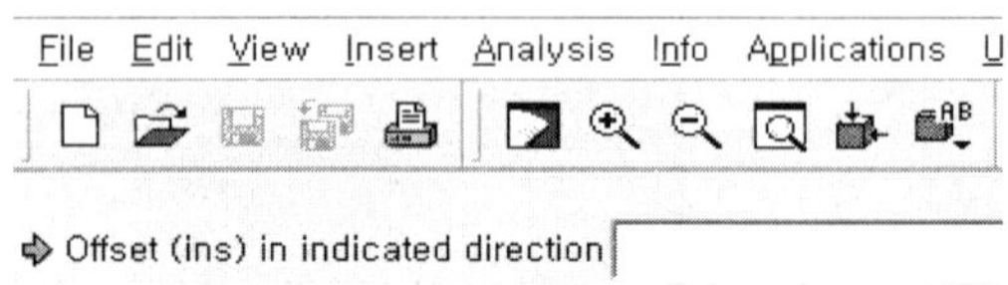

이는 면과 면 사이의 간격을 결정하는 것으로써 0을 입력해 봅니다.

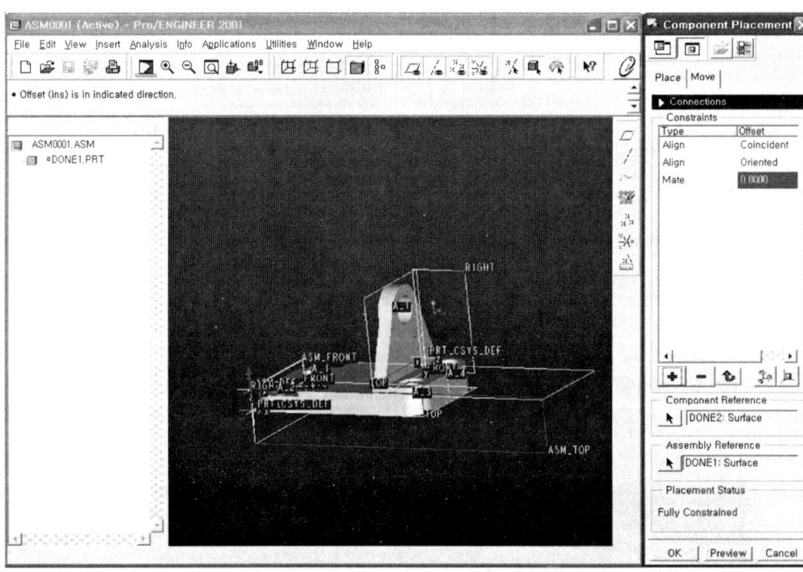

두 개의 Part가 일치된 것을 볼 수 있습니다. 그리고 옆의 connection box가 나타난 것을 볼 수 있습니다. 이 box는 두 Part 간의 connection 상태를 나타낸 것으로써 현재는 Align 두 개와 메이트가 표시된 것 볼 수 있습니다. Align은 처음 A_3와 A_4를 한 축에 일치시켰다는 것을 의미하며, 에이트는 두 개의 면 사이의 간격을 나타낸 것입니다.

이제 다른 Part도 불러보겠습니다.

6.3 Assembly 완성하기

차례로 불러와서 Assembly를 따라 해 봅니다.

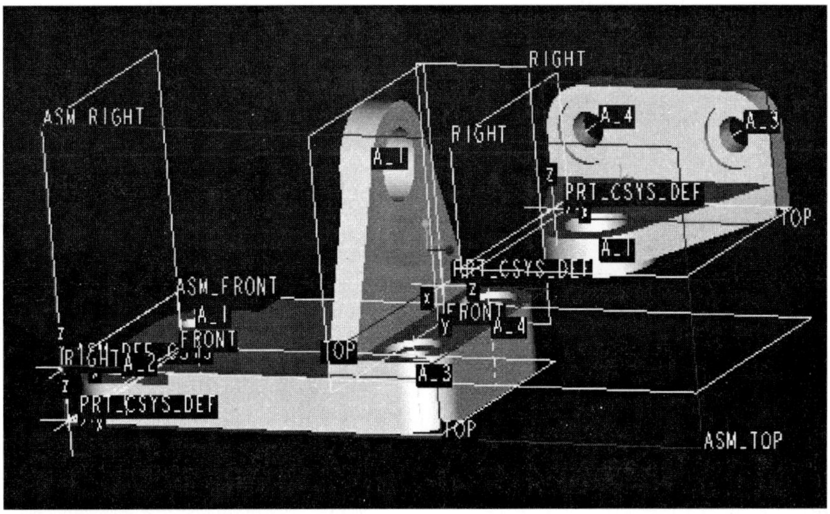

위에서 불러온 새 Part는 현재 창에 있는 부품과 일치합니다. 이는 같은 모양을 가진 부품이 두 개 이상 필요할 때 새롭게 만들지 않아도 Assembly 창에서 원하는 만큼 불러와서 Assembly를 할 수 있습니다.

위의 과정을 반복해서 반대 면에 Part를 Assembly해 보겠습니다.

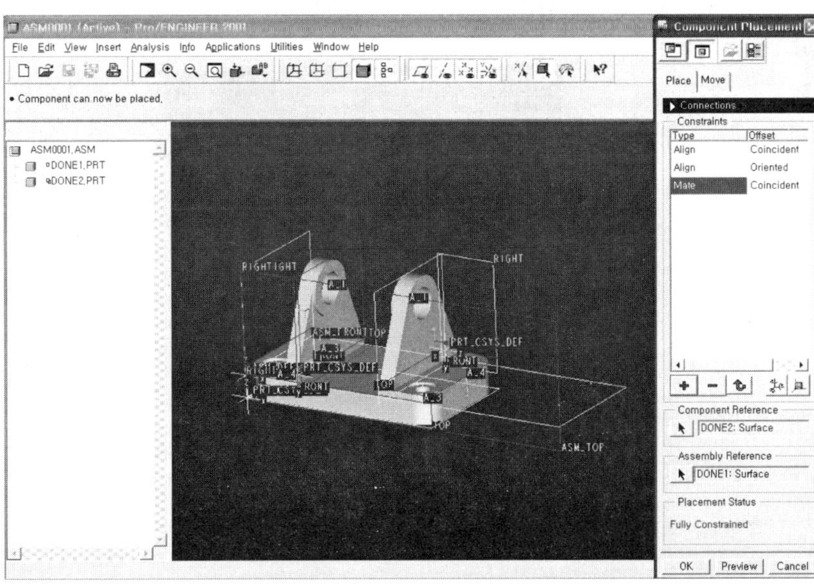

완성된 화면이다. 반대 면에도 대칭으로 connection된 것을 볼 수 있습니다. 다른 Part도 연속적으로 불러와서 connection해보겠습니다.

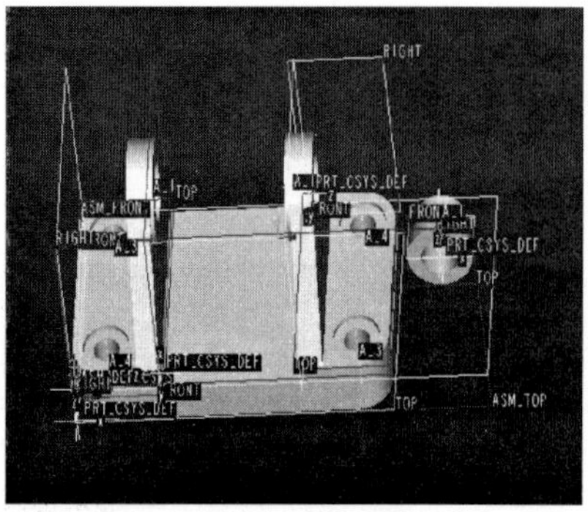
→

Assembly까지 된 걸 볼 수 있습니다. 그리고 이 Part 또한 두 개가 필요합니다.

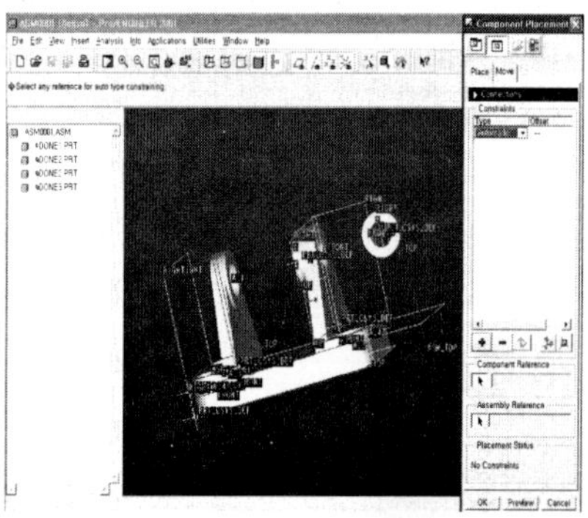
→
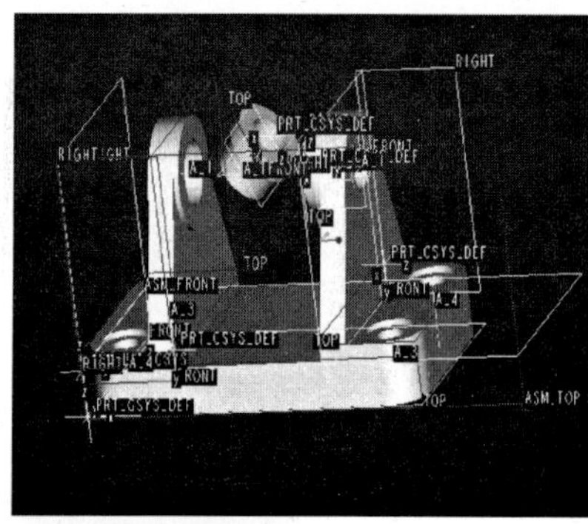
→

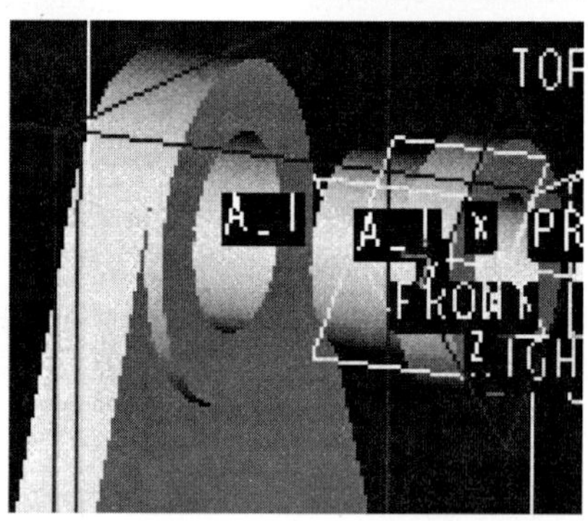

반대 면에 Assembly를 할 때 부품들의 축과 중심축 때문에 원하는 면이나 기준 축을 선택하기 힘들다면 다음의 활성화되어 있는 아이콘을 비활성화시킵니다.

평면 축 점 좌표계

그러면 훨씬 수월하게 작업을 진행할 수 있다. 그리고 다시 활성화하고 싶다면 다시 클릭하면 됩니다.

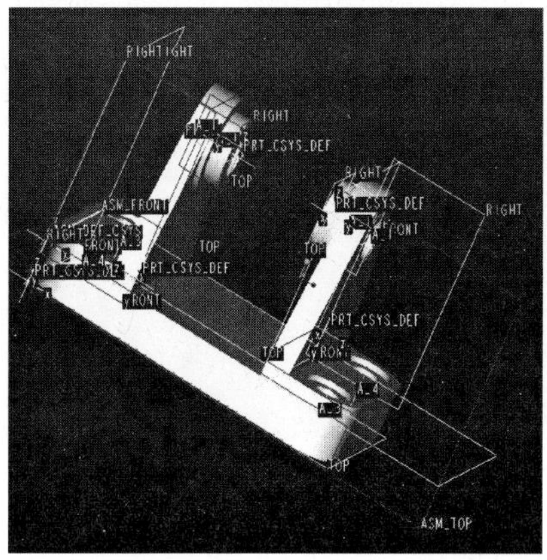

완성된 회면입니다.

이제 두 개의 Part도 차례로 불러내어 Assembly를 완성해보겠습니다.

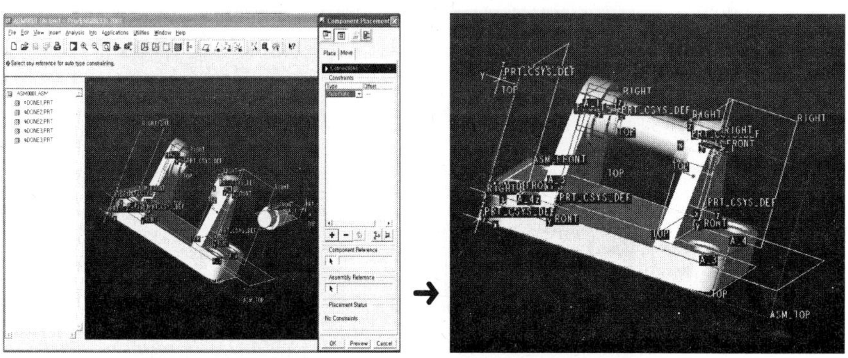

이제 마지막 Part도 불러내어 Assembly를 완성해보겠습니다.

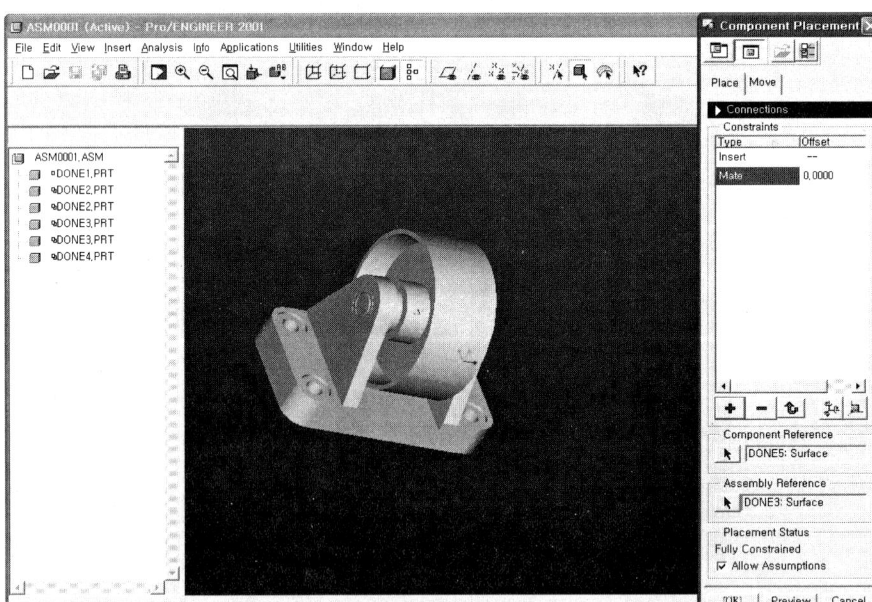

위의 아래 그림이 완성된 그림입니다.

13.3 상용 구조해석 프로그램(ANSYS)

13.3.1 ANSYS 소개

(1) 유한요소해석법(Finite Element Method)

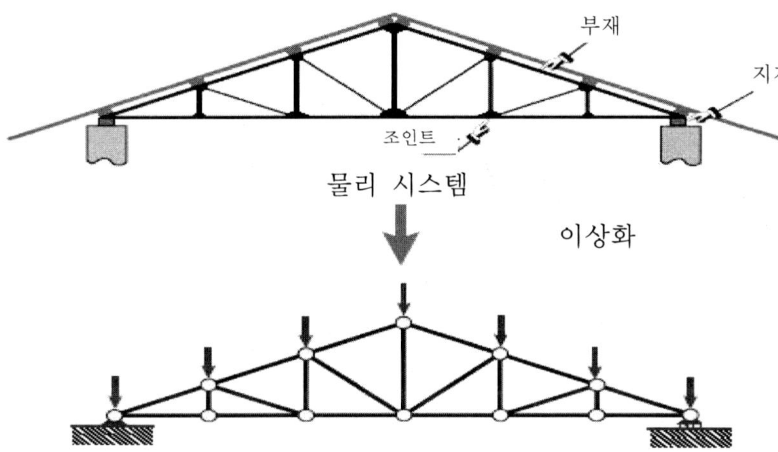

구조물 내의 무한개의 미지수점들을 유한개의 이산화된 위치들을 절점(node)으로 나타내고, 이들 기능이 서로 유지적인 관계를 맺어주는 요소(element)를 이용하여 전체 구조물이나 실제의 물리적 시스템을 절점들의 변위를 미지수로 하는 연립방정식으로 나타내고, 이를 계산하여 각 절점에서의 변위를 구함으로써 구조물 내의 임의의 점에서의 변위, 응력, 변형률 등의 결과 값을 수치적인 근사화를 통해 얻어내는 것을 말합니다.

(2) 유한요소해석 단계별 적용순서

실제 구조물을 유한요소법을 이용하여 해석하기 위해서는 이상구조물로 치환하여야 하는데 이 과정에서 해석하는 사람의 엔지니어링에 대한 전반적인 지식과 경험이 필요합니다.

정확한 이상 구조물로의 치환이 끝나면 이상 구조물을 유한요소법에서 제공하는 요소와 절점으로 다시 모델을 구현해야 합니다.

간단한 형상을 가지는 구조물의 경우 사용자가 직접 절점과 요소를 정해주면 되지만 대개의 해석하고자 하는 구조물은 매우 복잡한 형상을 가지게 됩니다. 이를 때는 직접 절점과 요소를 찾는 것 보다 선, 면(patch or Area), 입방체(hyperpatch or volume)로 이루어진 기하학적 모델(geometric model)을 먼저 구현한 후에 기하학적 모델을 이용하여 절점과 요소를 생성시키는 식으로 모델링해 나갑니다.

유한요소해석을 위한 요소와 절점생성이 끝나면 해석조건을 입력해야 하는데 주로 요소의 물성치(material properties), 구속조건(boundary condition), 하중조건(loading condition)을 입력합니다.

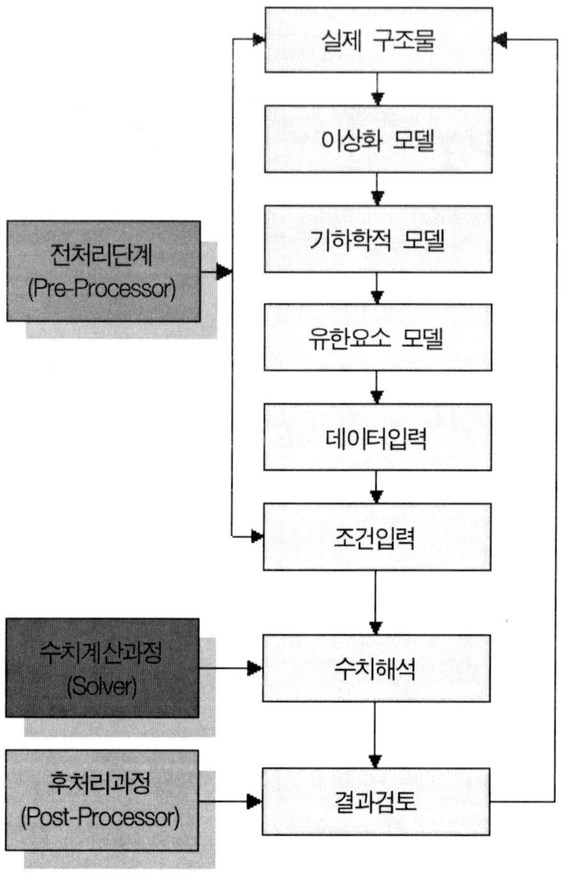

위의 과정을 거쳐 완성된 유한요소 모델은 수치해석과정을 통해 해석이 수행되며 해석결과를 후처리과정을 통해 구조물의 변위, 응력 및 안정성 등을 평가합니다.

(3) ANSYS란

- 유일하게 ISO 인증을 획득한 CAE 전문기업인 ANSYS, Inc.에서 개발과 유지보수
- 범용 유한요소해석 프로그램
- 자동차, 전자, 조선, 항공우주, 화학, 의학에 이르는 거의 모든 분야에서 사용

- 구조, 열전달, 유체, 전자기장, 압전, 음향, 연성해석 등의 해석기능
- 전처리기, 후처리기, 최적설계 등의 기능 보유
- 완벽한 MCAE(Mechanical Computer Aided Engineering)

10,000개 이상의 기업체 및 연구기관에서 이용, 12,000개 이상의 대학에서 교육용으로 활용

Ansys 프로그램의 구성

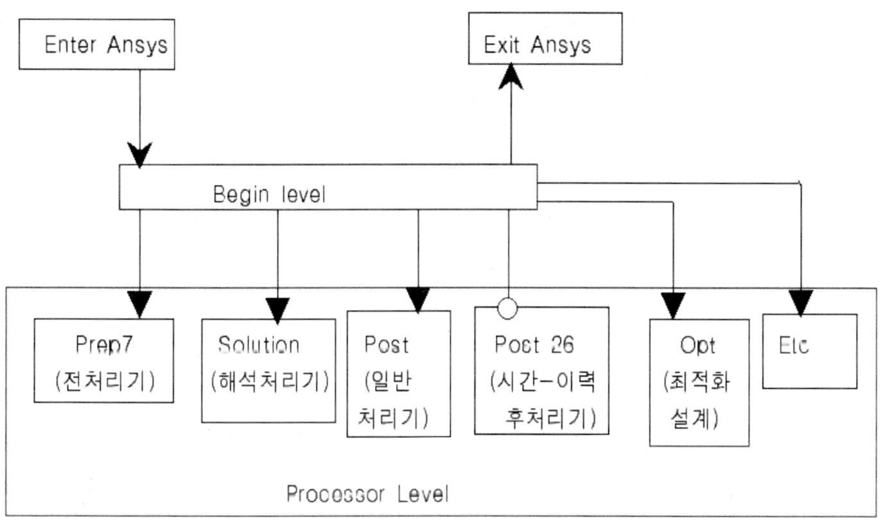

*이력=히스테리시스

공학 분야의 제반 문제를 컴퓨터를 이용하여 해석하기 위해 1970년 John Swanson박사가 개발한 범용 유한요소해석 프로그램 ANSYS™는 업계 최초이자, 현재까지는 유일하게 ISO 인증을 획득한 CAE 전문기업인 ANSYS, Inc.에서 개발과 유지보수를 계속하고 있습니다.

최초에는 주로 전력 산업과 기계 산업에 이용하기 위해 개발된 제품이었으나, 현재에는 자동차, 전자, 조선, 항공우주, 화학, 의학에 이르는 거의 모든 분야에서 요구되는 유한요소해석에 사용되고 있습니다.

(4) ANSYS GUI 구성

ANSYS 5.6

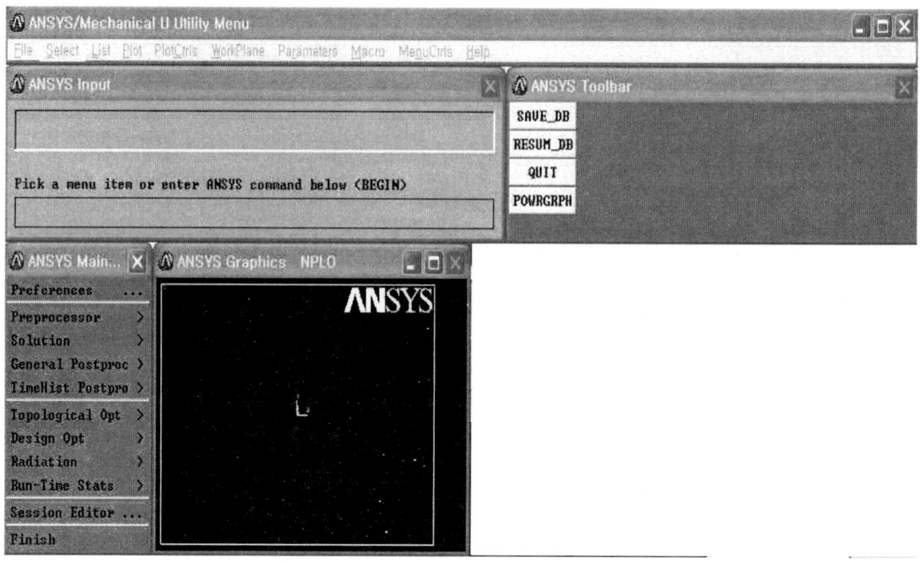

→ Utility Menu : 파일 제어 제어, 선택, 그래픽 제어

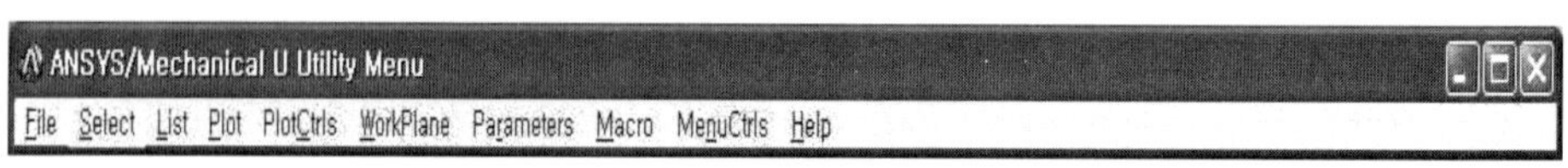

→ Main Menu : 주요 처리기들로 구성

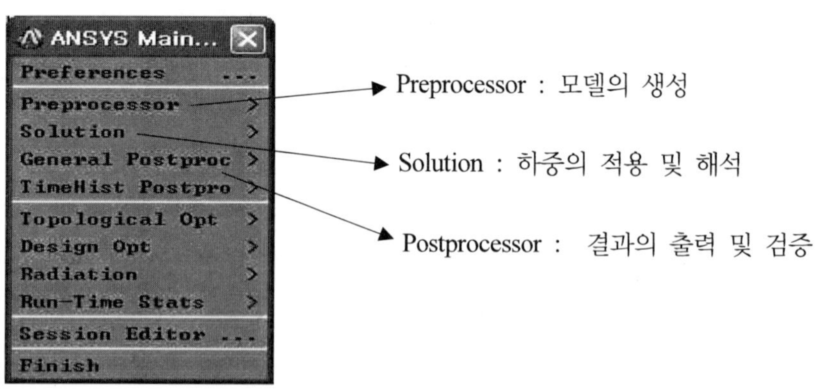

→ Graphic Window 창 : 데이터의 처리 후 요소의 생성부터 변형 후 등을 그래프로 보여줍니다.

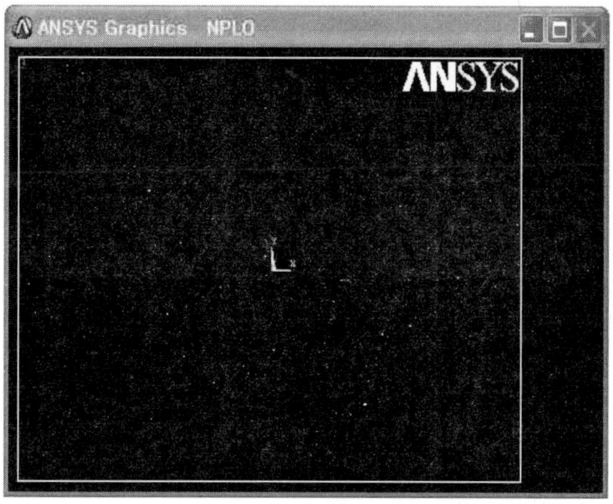

→ Input Window

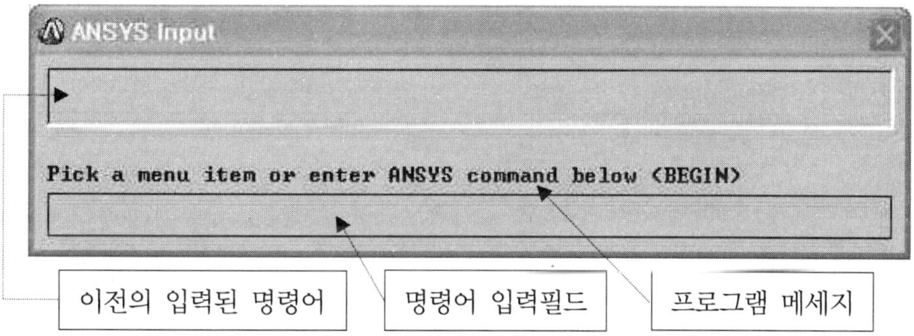

- Ansys는 해석을 수행하는 동안 여러 가지 파일들을 자동으로 생성하거나 기록합니다.
- 파일명은 '작업명, 확장자[jobname,ext]'의 형태로 이루어지는데, 작업명은 사용자가 정의하거나 기본적으로 내정되어 있는 이름이며, 확장자는 그 파일의 형태와 속성을 의미하는 항상 정해진 이름이 사용됩니다.
- 기본 내정된 작업명은 'file'입니다.
- Ansys의 파일생성 규칙입니다.

파일명	확장자	속성
데이터 파일	jobname.db	Binary
로그 파일*	jobname.log	ASCll
결과 파일*	jobname.rxx	Binary
	jobname.rst(구조해석)	
	jobname.rth(열전달해석)	
	jobname.rmg(자기장 해석)	
에러 파일	jobname.err	ASCll
작업결과 파일	jobname.out	ASCll
그래픽 파일	jobname.grph	ASCll

* ; 자동으로 생성, 저장되는 파일

13.3.2 정적해석 예제 및 실습

예제 1

아래 그림과 같이 놓여 있는 W360×122 I형 보의 최대 처짐을 ANSYS를 이용하여 계산해 보겠습니다.

단면 속성값들과 재료의 물성치는 아래와 같습니다.

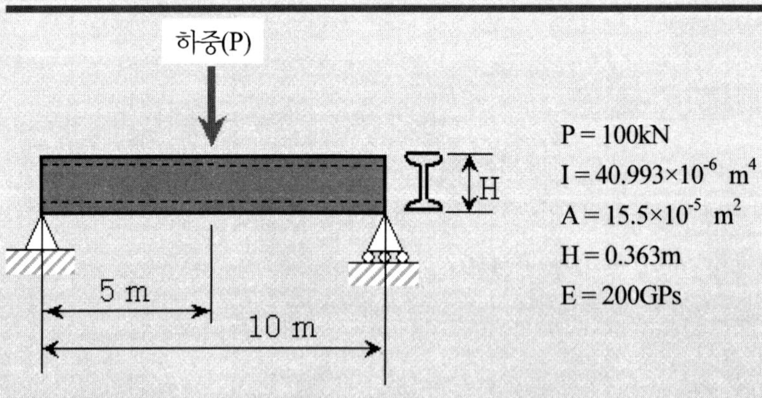

1. Prep7

요소의 종류와 옵션의 정의 → 요소상수(Element Real Constant) 입력 → 재료 물성치(Material Property)의 입력 → 모델형상(Geometry)생성 → 요소생성(Meshing) 옵션의 정의 → 요소생성

Preprocessor → Element type → Add/Edit/Eelete..

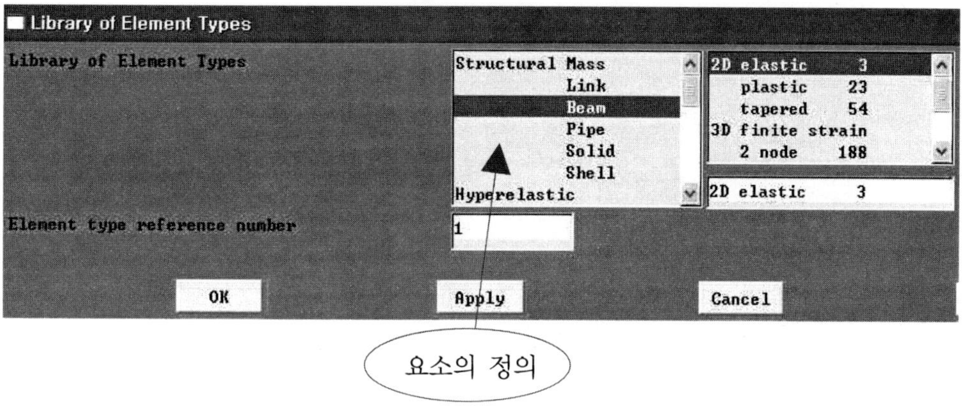

Preprocessor → Real constants → Add/Edit/Delete..

재료의 면적, 면적 모멘트 I값, 높이 등을 입력

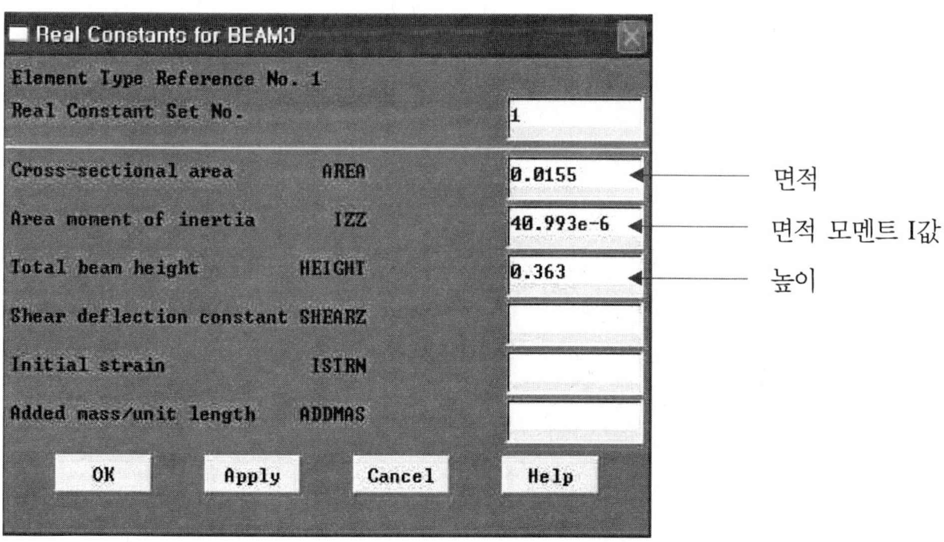

재료의 물성치 입력

탄성계수 E=200Gpa

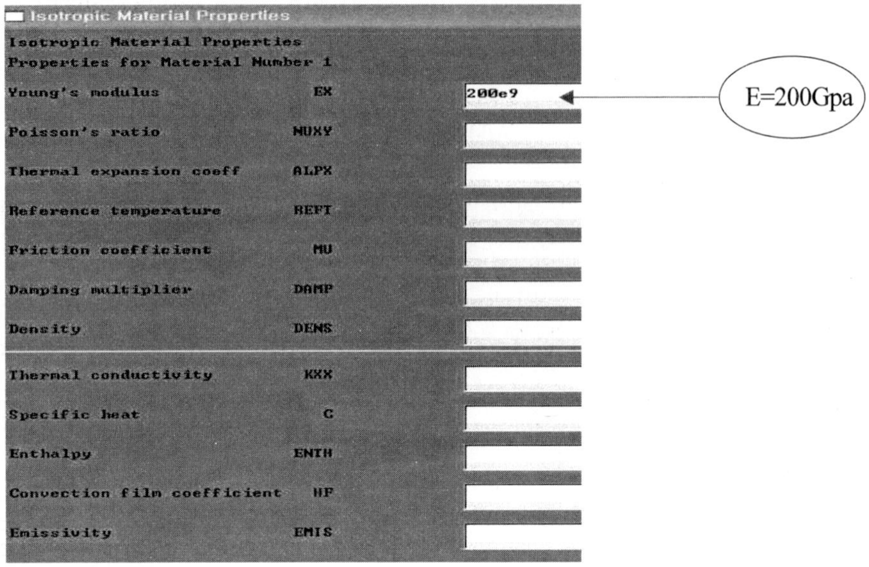

모델의 생성

Preprocessor → Modeing-Create → Nodes

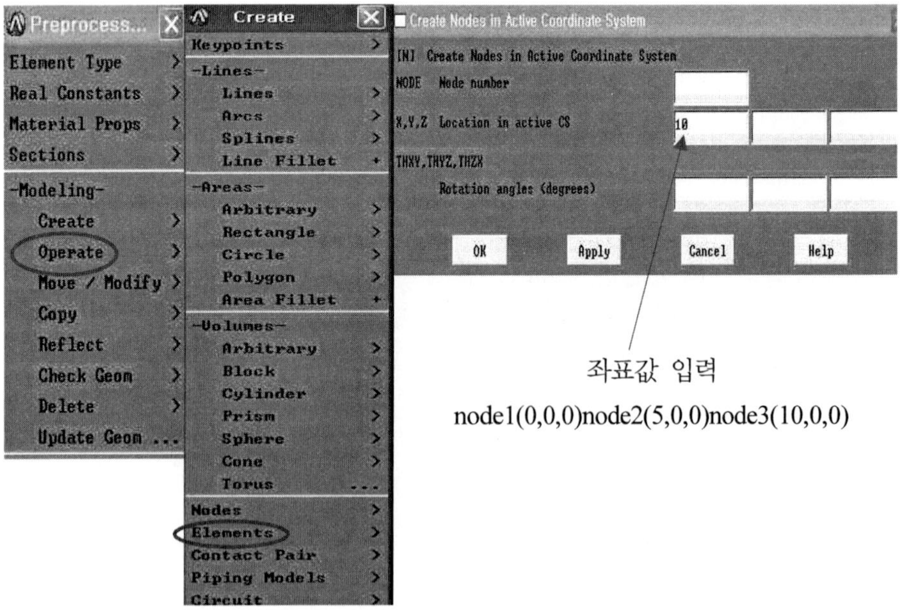

세 개의 node를 Graphic 창에서 보여집니다.

Preporcessor → Modeling-Create → Elements → Auto Numbered-ThruNode+

node를 이용한 Element 생성

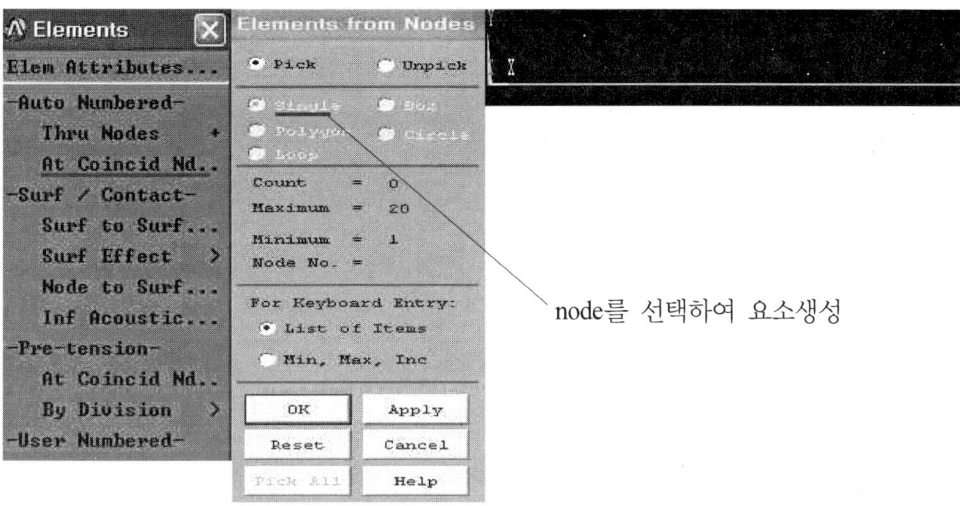

Main Menu- Solution → Loads-Apply → Structral Displacement → On Nodes

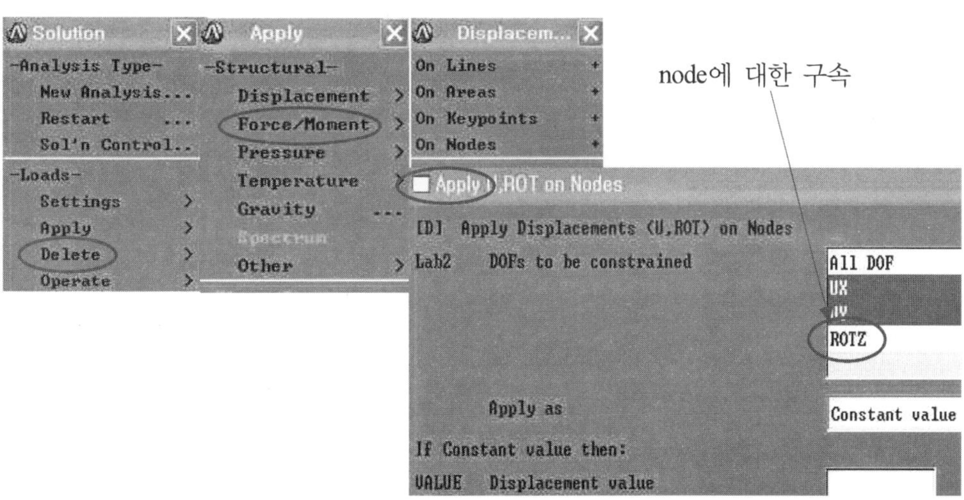

Main Menu → Loads-Apply → Structural-Force/Moment → On nodes

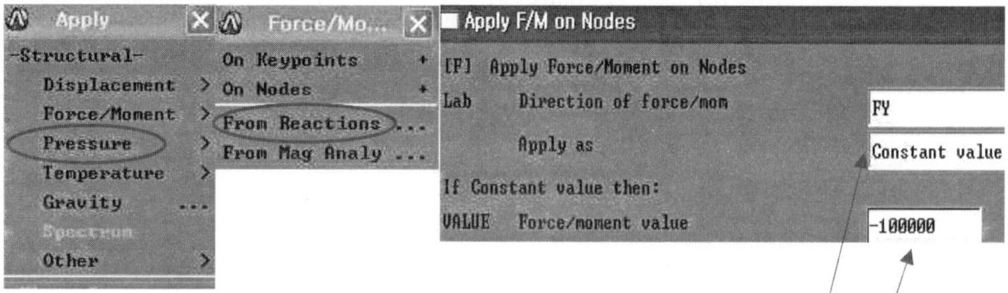

힘의 방향과 크기 입력 Fy=100kN.(-)

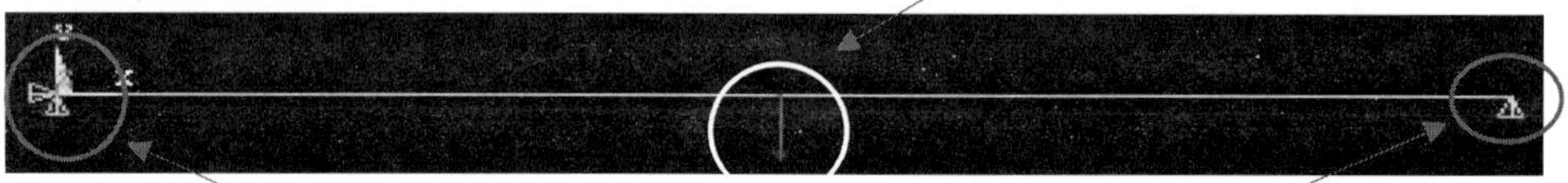

node1과 node 3의 구속.

2. Solution : **데이터의 처리 및 해석**

Main Menu- Solution → Solve-Current LS

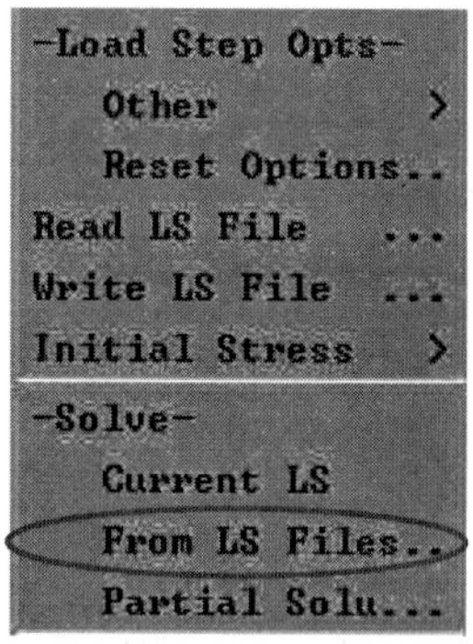

3. Postprocessor ; **데이터의 결과를 확인 및 검증**

Main Menu-General Postproc->Plot Results->Deformed Shape..

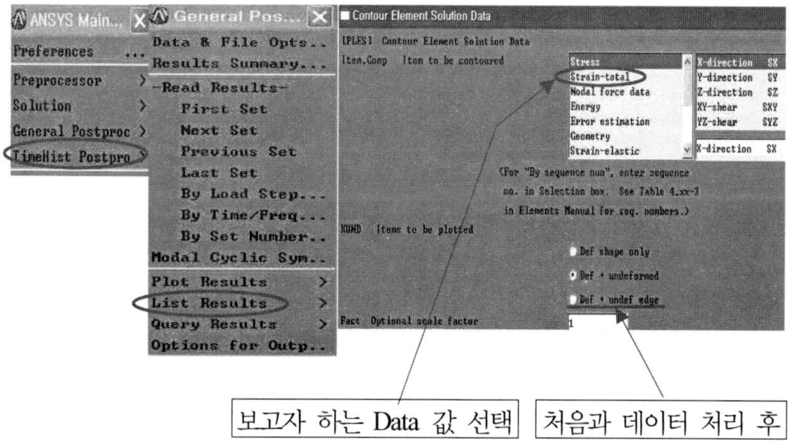

그래프 표시

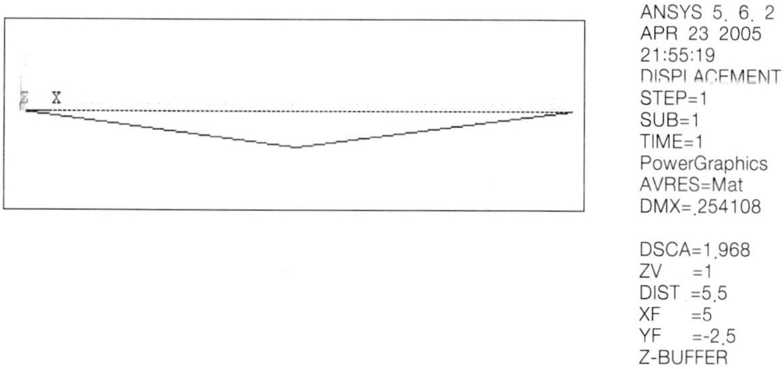

Exact Solution = $PL^3/ 48EI=0.254m$

Main Menu-General Postproc → List Results → Nodal Solution

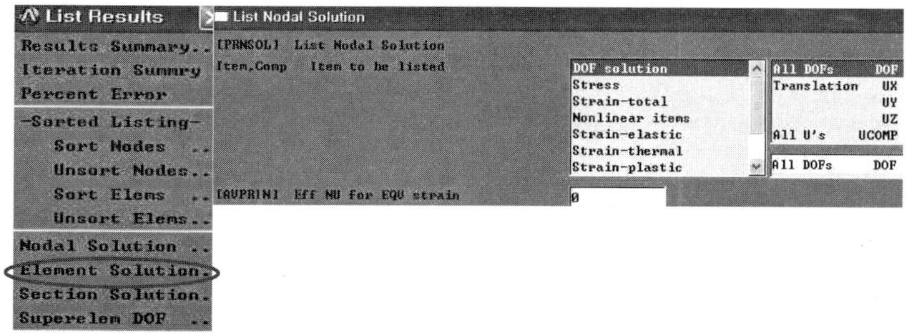

```
PRINT DOF  NODAL SOLUTION PER NODE

 ***** POST1 NODAL DEGREE OF FREEDOM LISTING *****

 LOAD STEP=     1  SUBSTEP=     1
  TIME=    1.0000      LOAD CASE=   0

 THE FOLLOWING DEGREE OF FREEDOM RESULTS ARE IN GLOBAL COORDINATES

    NODE       UX          UY          ROTZ
       1   0.0000      0.0000     -0.76233E-01
       2   0.0000    -0.25411     -0.17347E-17
       3   0.0000      0.0000      0.76233E-01

 MAXIMUM ABSOLUTE VALUES
 NODE          0           2            3
 VALUE    0.0000    -0.25411     0.76233E-01
```

각각의 node들에 대한 결과 값

- 입력 창의 활용

```
/prep7

et,1,3
r,1,15.5e-3,40.993e-6,0.363
mp,ex,1,200e9
k,
k,,5
k,,10
l,1,2
l,2,3
esize,,5
lmesh,all

/solu

dk,1,ux
dk,1,uy
dk,3,uy
fk,2,fy,-100000
solve

/post1

plnsol,u,y,2
```

예제 2 아래의 그림과 같이 하중이 작용하는 보가 있습니다. 이 보의 단면의 관성 모멘트(I)가 150m4이고, 탄성계수(E)가 20×106psi일 때 오른쪽 끝점의 처짐과 기울기를 구하시오.

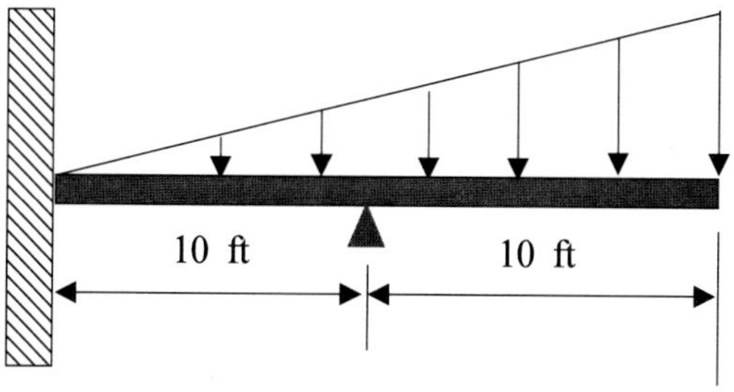

W=333 lb/in

- Ansys Menu 창을 이용하여

Preferences → structral
Preprocessor → Element type → add/edit/delete → >Structral beam 2d elastic3
Preprocessor → Real constants → add/edit/delete → Area 1,Izz 150,Height1
Preprocessor → Material porc → Constant-Isotropic → Ex 20*e6
Preprocessor → Modeling-create → nodes → In Active CS n1(0,0,0) n2(120,0,0) n3(240,0,0)
Preprocessor → Modeling-create → Elements → Auto numbered-Through nodes
Solution→Loads apply→Structral-Displacement→On nodes→ n1 all dof, n2 Uy 구속.
Solution → Loads apply → Pressure → On Beams → i(n1-n2) 0 -333/2lb , j(n2-n3)333/2 -333lb.
Solution → Solve-Current LS
General Proproc → Plot Results → Deformed shape → Def+Undeformed
General Proproc → List Results → Nodal Solution → Dof solution

▸ Ansys Input 창을 이용하여

```
/prep7
ET,1,BEAM3
R,1,1,150,1
MP,EX,1,20E6
N,1
N,2,120
N,3,240
E,1,2
E,2,3
```

```
D,1,ALL
D,2,UY
SFBEAM,1,1,PRES,0,333/2
SFBEAM,2,1,PRES,333/2,333
/SOLUTION
SOLVE
/POST1
PRDISP
PLDISP,2
```

→ Plot results

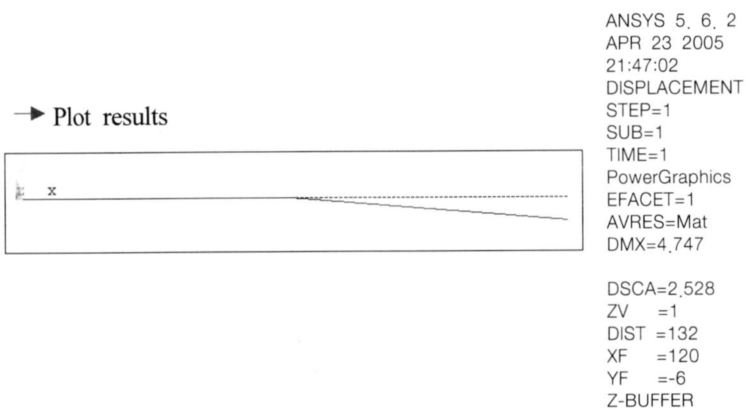

→ List results

```
PRINT DOF  NODAL SOLUTION PER NODE

 ***** POST1 NODAL DEGREE OF FREEDOM LISTING *****

 LOAD STEP=     1  SUBSTEP=     1
  TIME=    1.0000      LOAD CASE=   0

 THE FOLLOWING DEGREE OF FREEDOM RESULTS ARE IN GLOBAL COORDINATES

   NODE       UX          UY          ROTZ
      1    0.0000      0.0000      0.0000
      2    0.0000      0.0000    -0.18781E-01
      3    0.0000     -4.7472    -0.46753E-01

MAXIMUM ABSOLUTE VALUES
NODE           0           3            3
VALUE     0.0000     -4.7472     -0.46753E-01
```

예제 3 두께 20mm의 Bracket이 힘1kN의 힘을 받을 때의 응력과 최대 변형은 얼마입니까?

기하모델을 이용한 해석.

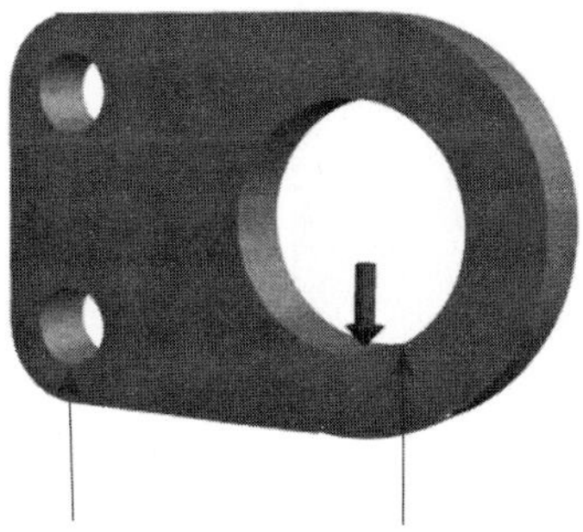

탄성계수 E=20×10·4 , 프와송 비=0.3

크기 100mm×150mm

hole1 = r30mm, holex2 = r10

Preferences → structural

Preprocessor → Modeling-create → Area-Rectangle → By 2 corners x=0,y=0, W=80, H=100 입력.

→ Modeling create → Area-Circle → Solid circle x=80,y=50, r=50.

Utility Menu → PlotCtrls → Numbering → Area numbers on

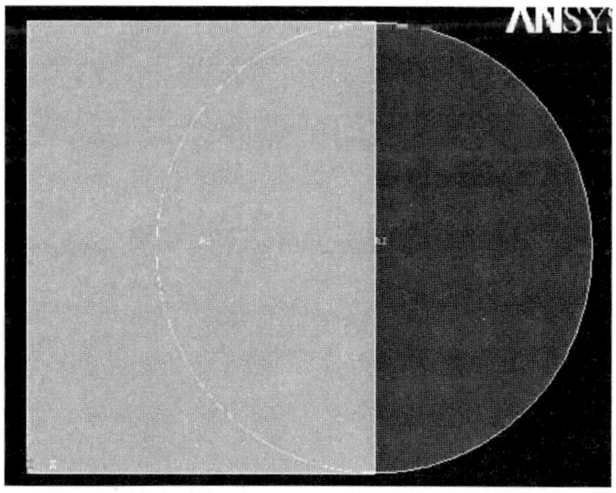

Preprocessor → Modeling-create → Area-Rectangle → By 2 corners x=-20, y=20, W=20, H=60 → Modeling-create → Area-Circle → Solid circle cricle1 x=0, y=20, r=20 cricle2 x=0, y=80, 20

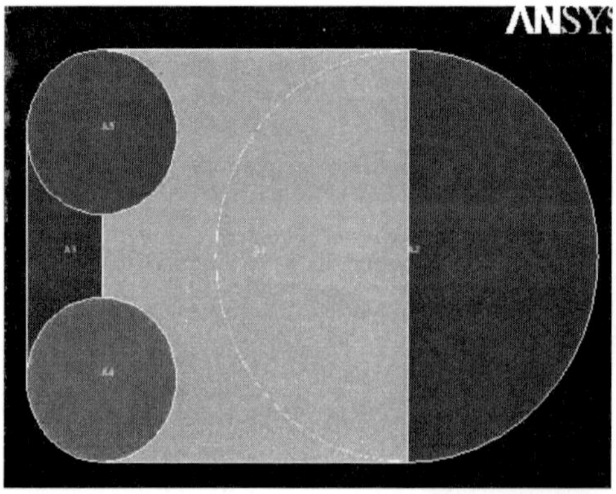

Preprocessor → >Modeling → Booleans-Operate → Add-Areas

Preprocessor → Modeling-Create → Circle → Solid circle c1 x=0,y=20, r=10, c2 x=0,y=80,r=10 c3 x=80,y=50,r=30

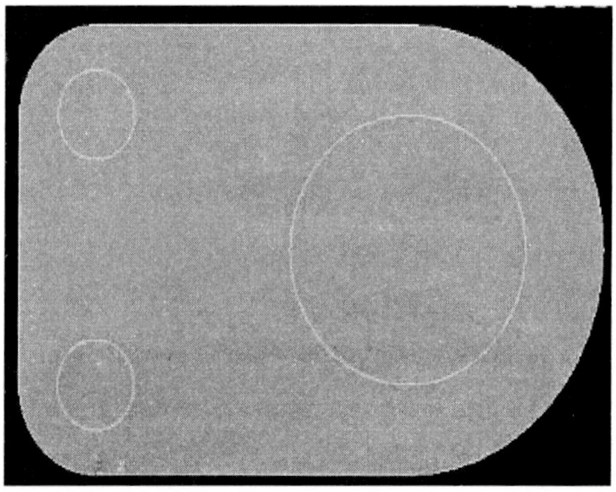

Preprocessor → Modeling → Booleans-Operate → Subtract -Areas

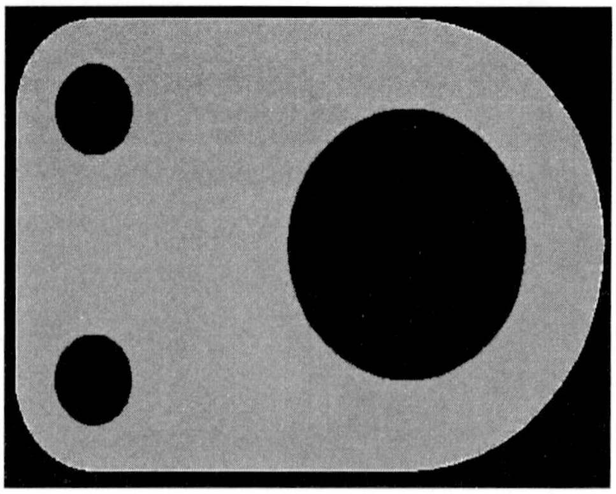

Input Ansys창에 ET,1,Plane82 입력 → Element type 설정

R,1,20 → 요소상수에서 두께 20mm 입력

MP,EX,1,200000 → Material Prosp 탄성계수 E 값 입력

PRXY,1,0.3 프와송 비 0.3 입력

Preprocessor → Meshing → Size Cntrls → Area-All Areas 요소크기 설정 length=5 → Mesh → Areas-Free

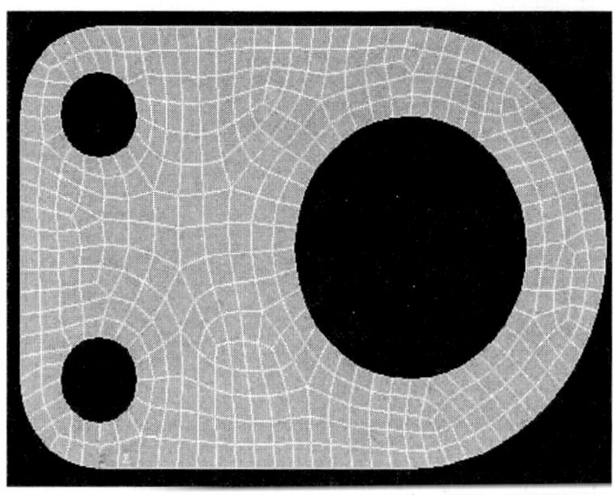

Solution → Loads Apply → Displacement → on nodes circle로 pick 해 줍니다.

Utility Menu → Pan-Zoom-Rot 정확히 node를 pick 하기 위해 Plot → nodes

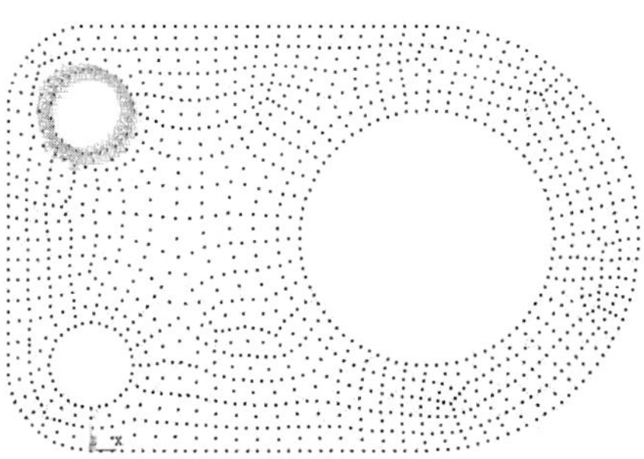

• 화면 창 색 반전

Utility Menu → PlotCtrls → Style → Colors → Reverse video.

Solution → Loads Apply → Force-Moment → on keypoints 큰 Hole의 하나의 점에 Uy=1000(-).

Solution → Solve -Current LS

General Postproc → Plot results → Deformed Shape def+undef

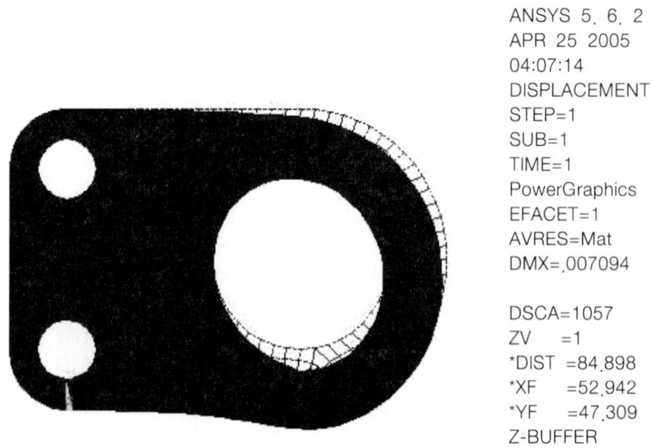

Preproc → General Postproc → Contour Plot → Nodal Solution

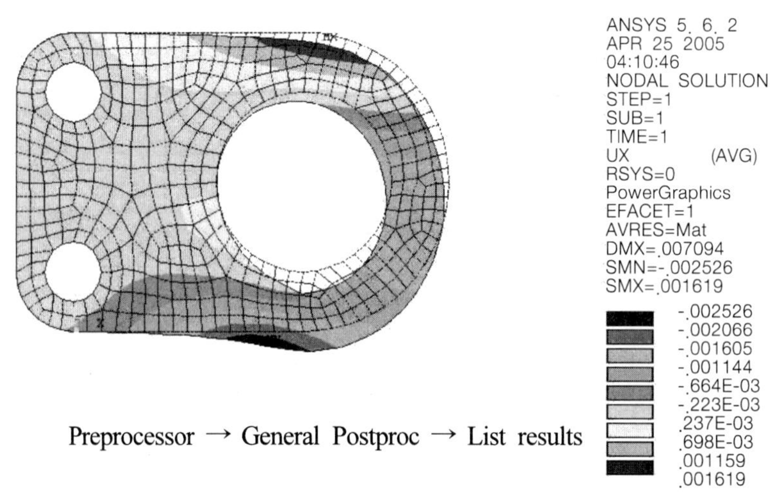

Preprocessor → General Postproc → List results

- 위의 예제와 같이 기하 모델을 Element로 전화해서 유한요소해석을 할 경우 Solidworks나 CATIA 등에서 모델링을 한 다음 *.IGES 파일로 저장하여 다시 이 파일을 Ansys의 Utility Menu 창에서 Import할 수도 있습니다.

13.3.3 동적해석 예제 및 실습

예제 1 그림과 같이 질량(W)와 스프링상수(k) 그리고 길이 L로 주어진 시스템이 있다고 가정하고, 이 시스템의 고유진동수와 모드형상을 구하여라. 이때 W=3500 lb, L1=4.4 ft, L2=5.6 ft, k1=2,000 lb/ft, k2=2,400 lb/ft, 그리고 r=4 ft(r=회전반경) 입니다. 이때 보의 질량은 무시하되 강성은 상대적으로 큰 값을 사용하도록 합니다.

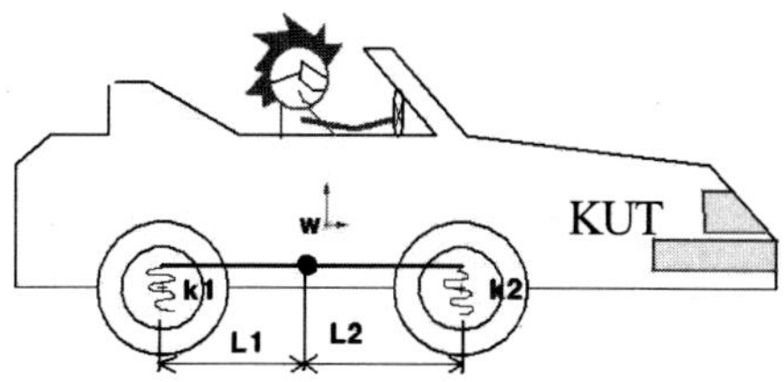

해석

이 문제의 경우 스프링과 질량, 그리고 질량과 질량을 연결하는 선은 보로 모델링을 하고 이때 보의 무게는 무시되어야 하므로 밀도를 매우 낮게 주는 것이 이 문제의 핵심입니다. 또한 보의 모드는 우리가 보고자 하는 모드가 아니므로 보의 영 계수를 매우 높게 주어 강체로 가정합니다. 또한 질량 중심에 질량과 질량 관성 모멘트를 넣어주어야 하는데 질량은 방향을 y방향으로 주어야 하고 질량 관성 모멘트는 질량의 자이로 반경의 제곱을 곱해주어야 합니다.

1. 유한요소 모델의 생성

이문제의 경우 사용되는 요소의 종류가 모두 세 가지입니다. 첫 번째로 질량을 표현해 주는 요소인 'MASS21'가 필요하고 두 번째로 스프링을 표현해 줄 'COMBINE14' 요소가 필요합니다. 마지막으로 스프링과 질량 질량과 질량을 연결한 'BEAM3' 요소가 사용됩니다.

Preprocessor > Element Type > Add/Edit/Delete ..

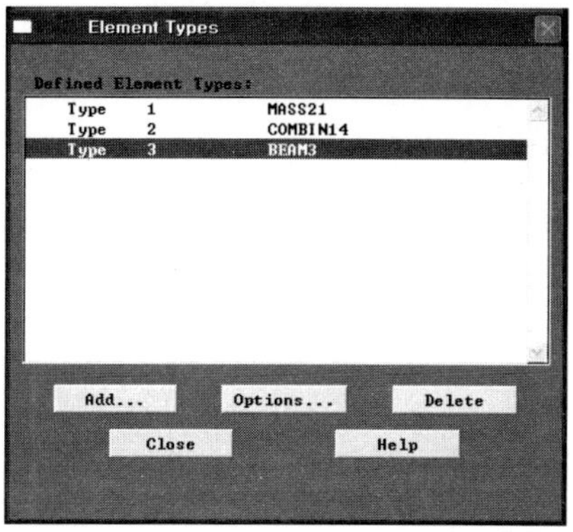

다음으로 각각의 요소에 대한 요소상수를 지정해 주어야 하는데, 문제에서 질량은 y방향으로 100이라고 했으므로 'MASS21'에 대한 질량을 입력할 때 y방향에 대한 값만 100이라고 입력합니다. 두 번째로 강성에 대한 입력이 필요한데, 'COMBINE14'에 대한 요소상수를 지정할 때 강성을 200으로 주는 것과 240으로 주는 두 가지를 만들어 주어야 합니다. 세 번째로는 BEAM3에 대한 요소상수를 입력시켜 주어야 하는데, 이때 면적, 단면관성 모멘트, 보의 단면 높이만을 입력하면 되고 나머지는 하지 않아도 됩니다. 면적은 0.0001, 관성 모멘트는 2.5e-9 단면높이는 0.01로 합니다. 그리고 'BEAM3'의 경우는 재료 물성치를 입력해야 하는데 이 문제에서는 탄성계수(EX) 값을 210e12으로 입력합니다. 요소상수와 재료물성치의 입력은 다음 두 메뉴를 이용하여 수행합니다.

Preprocessor > Real Constants ...

Preprocessor > Material Props > -Constants-Isotropic ...

요소의 속성에 대한 입력이 완료되었으면 요소를 직접 생산하기 전에 5개의 절점을 다음 메뉴를 이용하여 생성합니다.

Preprocessor > -Modeling-Create > Nodes > In Active CS ...

5개의 질점이 생성되고 나면 이 절점들을 이용하여 세 가지 종류의 요소들을 생성한다. 이때에는 아래의 메뉴를 이용하면 됩니다.

Preprocessor > -Modeling-Create > elements > Auto Numbered-Thru Nodes+

2. 하중조건의 적용

유한요소 모델의 생성이 완료되었으면 경계조건을 적용합니다. 경계조건은 스프링의 끝을 지면에 고정시키는 것으로 하며 노드의 모든 자유도를 구속하는 조건으로 합니다. 모드 해석에서는 경계조건 이외에 외부 하중은 적용하지 않으므로, 변위 구속만 아래 메뉴를 이용하여 적용합니다.

Solution > -Structural-Displacement > On Nodes+

외부하중이 적용되었다 하더라도 모드 해석을 수행하게 되면 이 값은 무시됩니다. 반대로 특정 하중이 적용된 상태에서의 모드형상이라든지 고유주파수가 관심이 있다면 다른 방법을 사용해야 합니다.

3. 해석

모드 해석을 수행하기 위해서는 우선 해석 분야를 다음의 메뉴를 이용해 'Modal'로 바꿔줘야 합니다(기본적으로는 'Structural'입니다.).

Solution > -Analysis type-New analysis ...

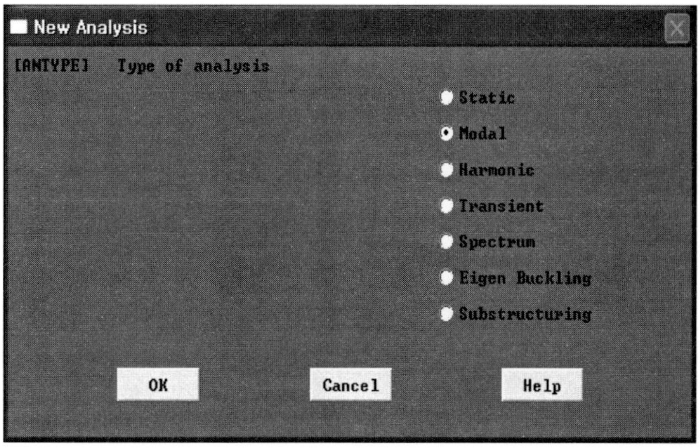

모드해석은 고유치를 계산하는 것이므로 고유치를 계산하는 방법을 선택하여야 합니다. 고유치를 계산하는 방법에는 여러 가지가 있으나 일반적으로 많이 사용하는 'Block Lanzos' 방법을 사용했습니다. 아래의 메뉴를 이용해 고유치의 계산방법을 선택하고 여기에서 계산할 고유치의 개수, 즉 모드의 개수를 아래의 그림과 같이 설정합니다. 또한, 해석이 완료된 뒤 계산한 고유치 및 고유 모드를 출력할 개수(MXPAND)도 설정합니다.

Solution > Analysis Options ...

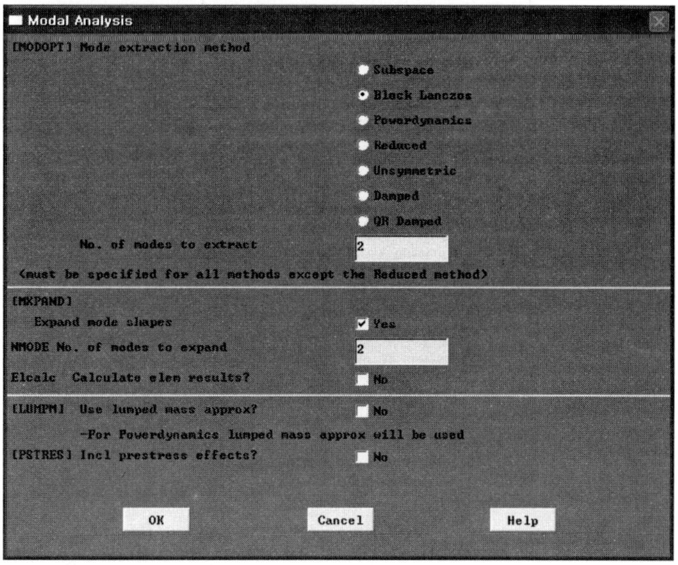

앞의 과정이 완료되면 아래의 메뉴를 이용하여 해석을 수행합니다.

Solution > -Solve-Current LS

4. 해석결과의 도출

모드해석을 수행하게 되면 각 모드에 대한 결과가 각 결과 세트에 저장되며, 각 세트에 저장된 결과를 출력하려면 먼저 출력하고자 하는 세트를 파일로부터 메모리로 읽어들여야 합니다. 사용되는 메뉴가 '-Read Results-First Set' ~ '-Read Results-By Load Step ...' 메뉴입니다. 이 메뉴들 중 하나를 이용하여 해당 모드에 대한 결과를 메모리로 읽어들인 뒤 변형 형상을 출력하면 모드 형상과 해당 모드에 대한 고유주파수가 그림과 같이 출력됩니다. 앞서 말한 '-Read Results-First Set' ~ '-Read Results-By Load Step ...'

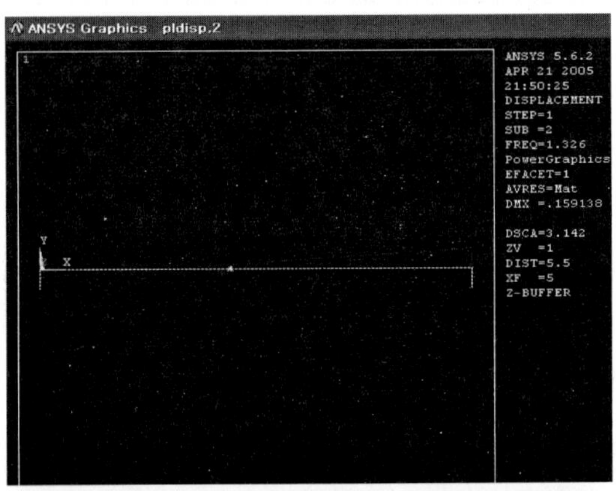

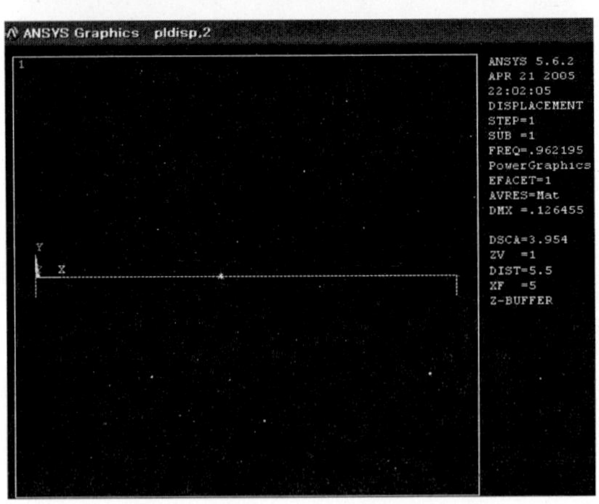

메뉴 중 'Results Summary' 메뉴를 선택하면 계산된 각 모드별 고유주파수들을 그림과 같이 출력할 수 있습니다.

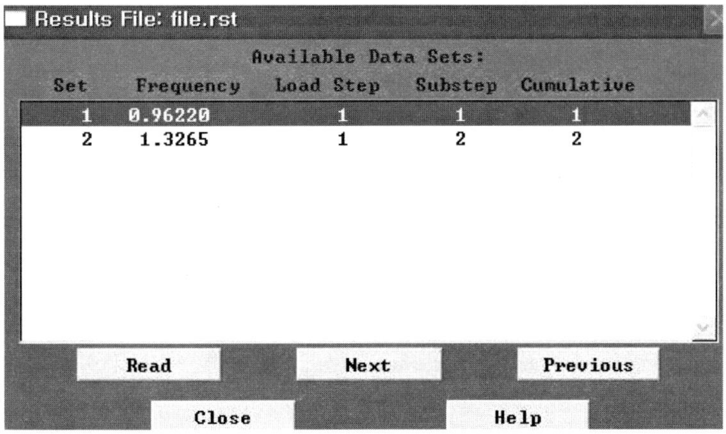

5. 해석결과의 검증

각 모드에 대한 결과를 보면 첫 번째 고유주파수는 0.98768Hz이고, 두 번째 고유주파수는 2.5869Hz입니다. 1차 모드는 두 개의 스프링이 같은 방향으로 움직이는 모드이고, 2차 모드는 두 개의 스프링이 반대방향으로 움직이는 모드라는 것을 앞의 결과로부터 알 수 있습니다. ANSYS 5.4 version에서 도출된 해와 이론값을 비교하면 다음과 같습니다.

모드 \ 검증내용	이론해	유한요소해석결과	오차
1차 모드	0.9625	0.9622	0.003%
2차 모드	1.3271	1.3265	0.0045%

★ 입력 코드(Input codes)

```
/prep7
n
,,4.4
,,10et,1,21
r,1,,3500/32.2,,,,3500*16/32.2
type,1
real,1
e,2et,2,14
```

```
r,2,2000
r,3,2400
type,2
real,2
n,32,,-0.5
n,33,10,-0.5
e,1,32
type,2
real,3
e,3,33
et,3,3
r,4,0.000001,0.001**4/12,0.001
type,3
real,4
mp,ex,1,210e20
mp,dens,1,0.1
e,1,2
e,2,3
d,32,all
d,33,al
l/solu
antype,modal
modopt,lanb,2
mxpand,2
solv/
post1
set,list
set,first
pldisp,2
set,next
pldisp,2
```

예제 1 그림과 같이 외팔보의 모드해석을 수행하여 1차에서 3차까지의 고유진동수를 구하고 이에 대응하는 고유 모드를 표시하시오.

형상 판의 두께 t = 0.005m, 폭 b = 0.01m, 길이 L = 0.09m

재료 : 탄성계수 E = 210GPa, 포와송 비 υ = 0.3, 밀도 ρ = 7860kg/m³

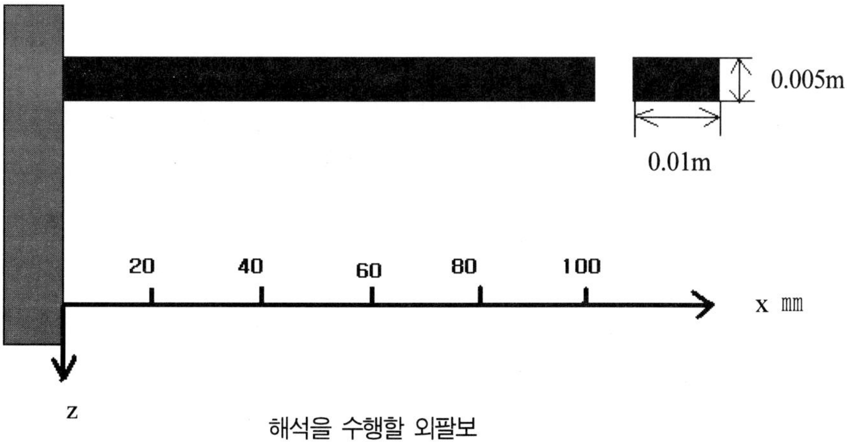

해석을 수행할 외팔보

해석 이 문제는 앞에서 많이 다루어 본 보 요소를 사용하여 해석을 수행하므로 모델을 생성하거나 다른 필요한 값들의 정의에는 무리가 없을 것입니다. 이 문제는 이미 이론 해와 실험을 통한 해가 제시되어 있으며 그 값은 표에서 나타나는 것과 같습니다.

결과 / 모드	이론해	실험결과
1차	515.4Hz	450Hz
2차	3230Hz	3000Hz
3차	9045Hz	8100Hz

1. 유한요소 모델의 생성

유한요소법에 의한 해석에 있어서 최적의 요소 타입의 선택은 해석하고자 하는 구조물에 대한 해를 좌우하고, 모델의 생성 시간과 계산 시간을 좌우하는 중요한 작업입니다. 여기서는 이차원 탄성 빔 요소(Beam3)를 사용할 것입니다.

모드의 형태는 이차원 평면 내의 진동 모드일 뿐입니다. 보요소를 사용함으로서 요소의 수, 모델생성의 시간 및 계산 시간을 단축할 수 있습니다. 사용 될 요소는 다음의 메뉴를 이용하여 다음 그림과 같이 미리 정의하여 줍니다.

Preprocessor > Element Type > Add/Edit/Delete

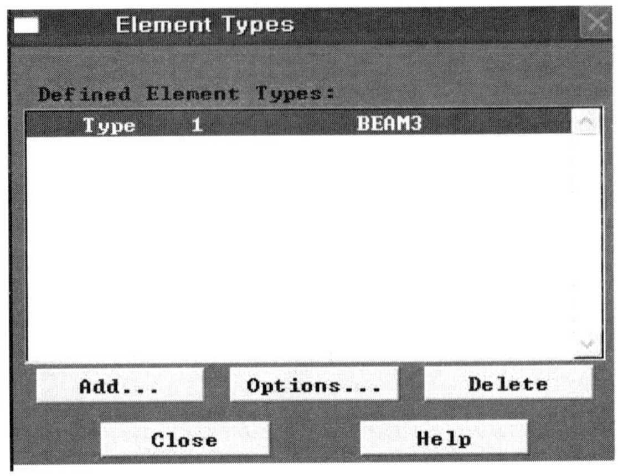

다음으로 요소에 대한 요소상수를 지정해 주어야 하는데 면적, 단면 관성 모멘트, 보의 단면 높이만을 입력하면 되고, 나머지는 입력하지 않아도 됩니다. 면적은 5E-5, 관성 모멘트는 1.042E-10, 단면높이는 0.05로 합니다. 그리고 'BEAM3'의 경우는 재료물성치를 입력해야 하는데 이 문제에서는 탄성계수(EX) 값을 2.1E11, 포와송 비(PRXY)를 0.3, 그리고 밀도(DENS)로 7.86E3을 입력합니다. 요소상수와 재료물성치의 입력은 아래의 두 메뉴를 이용하여 수행합니다.

Preprocessor > Real Constants

Preprocessor > Material Props > Material Models > Structural

요소의 속성에 대한 입력이 완료되었으면 요소를 직접 생성하기 전에 2개의 점(keypoints)을 아래의 메뉴를 이용해 생성합니다.

Preprocessor > -Modeling-Create > Keypoints > In Active CS

2개의 절점이 생성되고 나면 이 점들을 이용하여 선을 생성합니다. 이때에는 아래의 메뉴를 이용하면 됩니다.

Preprocessor > -Modeling-Create > Lines > Lines-Straight Line

생성된 라인을 10등분한 후 mesh를 수행합니다. 이때 메뉴 경로는 아래와 같습니다.

Preprocessor > Meshing > Size Cntrls > ManualSlze > Lines-All Lines

Preprocessor > Meshing > Mesh > Lines

2. 하중조건의 적용

유한요소 모델의 생성이 완료되었으면 경계조건을 적용하도록 합니다. 경계조건은 외팔보의 좌측 끝단의 노드의 모든 자유도를 구속하는 조건으로 합니다. 모드해석에서는 경계조건 이외의 외부 하중은 적용하지 않으므로, 변위 구속만 아래의 메뉴를 이용하여 적용하면 됩니다.

Solution > Define Loads > Apply > Structural-Displacement > On Nodes

외부하중이 적용되었다 하더라도 모드해석을 수행하게 되면 이 값은 무시됩니다. 반대로 특정 하중이 적용된 상태에서의 모드형상이라든지 고유주파수가 관심이 있다면 다른 방법을 사용해야 합니다.

3. 해석의 수행

모드해석을 수행하기 위해서는 우선 해석 분야를 아래의 메뉴를 이용하여 아래 그림과 같이 'Modal'로 바꾸어 주어야 합니다(기본적으로는 'Structural'입니다.).

Solution → Analysis type-New analysis

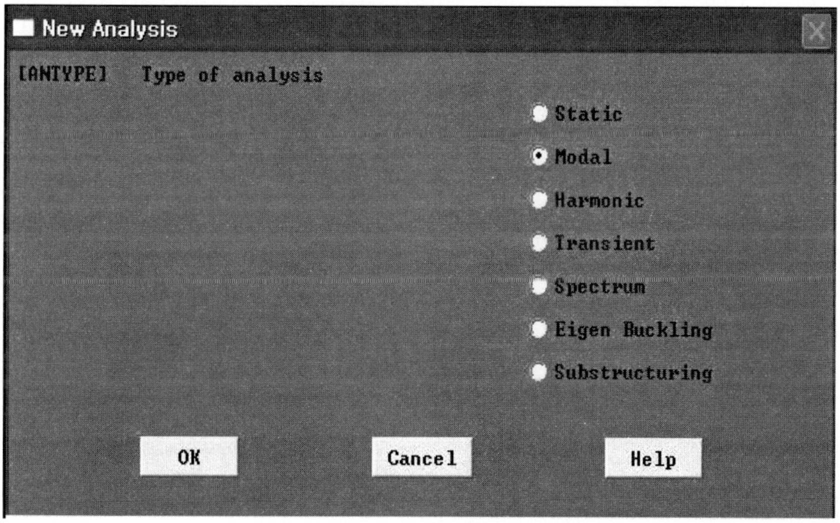

모드해석은 고유치를 계산하는 것이므로 고유치를 계산하는 방법을 선택하여야 합니다. 고유치를 사용하는 방법에는 여러 가지 방법이 있으나 이 문제에서는 일반적인 경우에 가장 많이 사용하는 'Block Lanzos'방법을 사용합니다.

다음의 메뉴를 이용하여 고유치 계산방법을 선택하고 여기에서 계산할 고유치의 개수, 즉 모드의 개수를 다음 그림과 같이 설정합니다. 또한, 해석이 완료된 뒤 계산한 고유치 및 고유 모드를 출력할 개수(MXPAND)를 3으로 설정하고 OK합니다. 그러면 새로운 창이 나타나는데 이 창은 다음 그림의 연속이므로 입력값 없이 OK합니다.

아래의 메뉴를 GUI로 실행할 때 반드시 앞 그림의 과정이 선행(先行)되어야만 GUI상에 나타나게 됩니다.

Solution > -Analysis type-Analysis Options

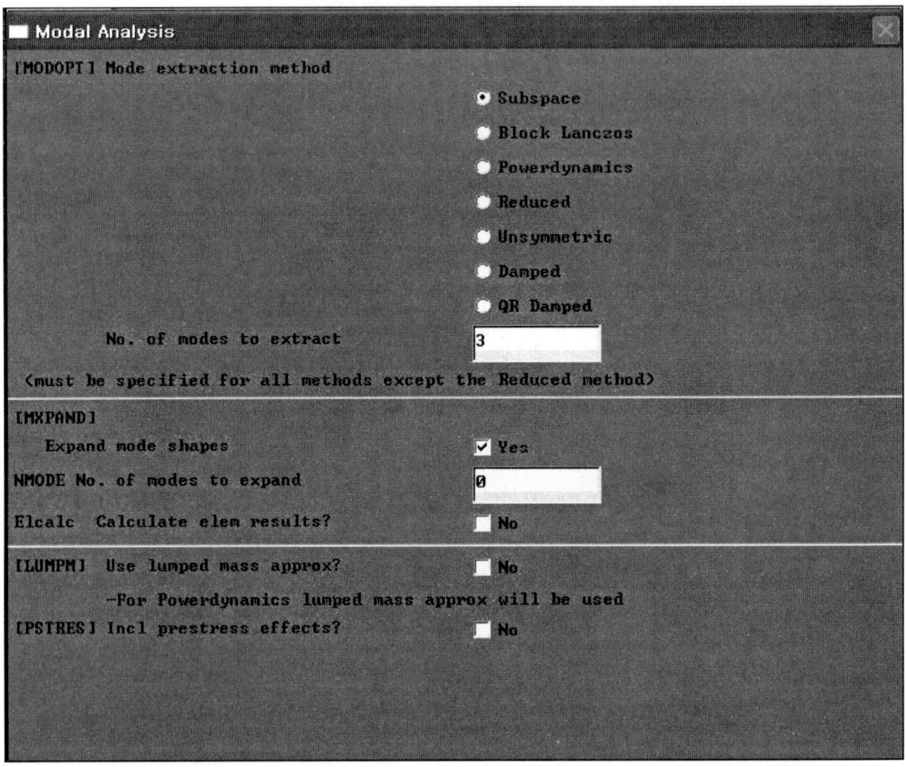

위의 과정이 완료되면 아래의 메뉴를 이용하여 해석을 수행합니다.

Solution > Solve > Current LS

4. 해석결과의 출력

모드해석을 수행하게 되면 각 모드에 대한 결과가 각 결과 세트에 저장되며, 각 세트에 저장된 결과를 출력하려면 먼저 출력하고자 하는 세트를 파일로부터 메모리로 읽어 들여야 합니다. 이때 사용되는 메뉴가 '-Read Results-First Set' ~ '-Read Results-By Load Step...' 메뉴입니다. 이 메뉴들 중 하나를 이용하여 해당 모드에 대한 결과를 메모리로 읽어 들인 뒤 변형형상을 출력하면 모드형상과 해당 모드에 대한 고유주파수가 다음 그림과 같이 출력됩니다.

ANSYS Graphics pldisp,2
1
ANSYS 5.6.2
APR 21 2005
21:36:17
DISPLACEMENT
STEP=1
SUB =1
FREQ=515.197
PowerGraphics
EFACET=1
AVRES=Mat
DMX =10.629
DSCA=.423E-03
ZV =1
DIST=.0495
XF =.045
YF =.00225
Z-BUFFER
Y
X

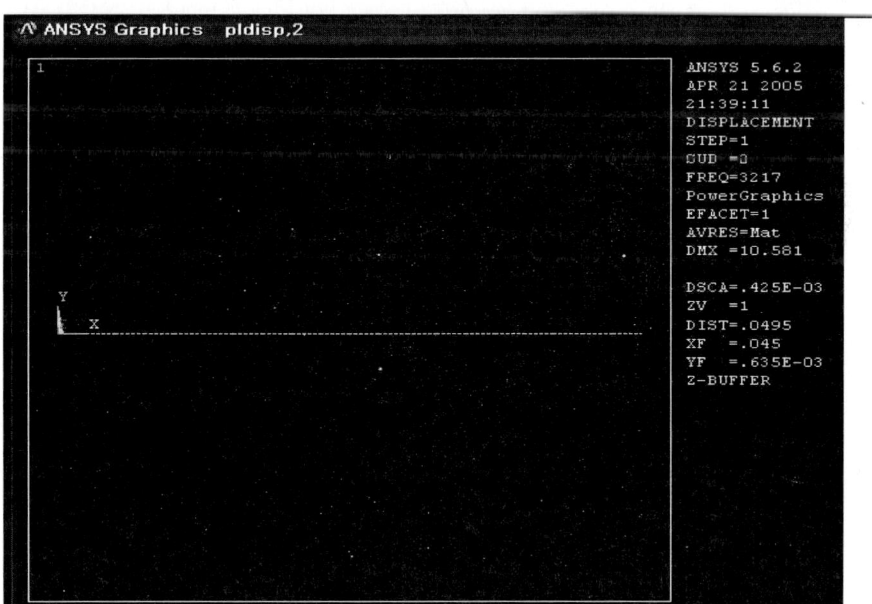
ANSYS Graphics pldisp,2
1
ANSYS 5.6.2
APR 21 2005
21:39:11
DISPLACEMENT
STEP=1
SUB =0
FREQ=3217
PowerGraphics
EFACET=1
AVRES=Mat
DMX =10.581
DSCA=.425E-03
ZV =1
DIST=.0495
XF =.045
YF =.635E-03
Z-BUFFER
Y
X

위의 메뉴('-Read Results-First Set' ~ '-Read Results-By Load Step...') 중 'Results Summary' 메뉴를 선택하면 계산된 각 모드별 고유주파수들은 다음 그림과 같이 출력할 수 있습니다.

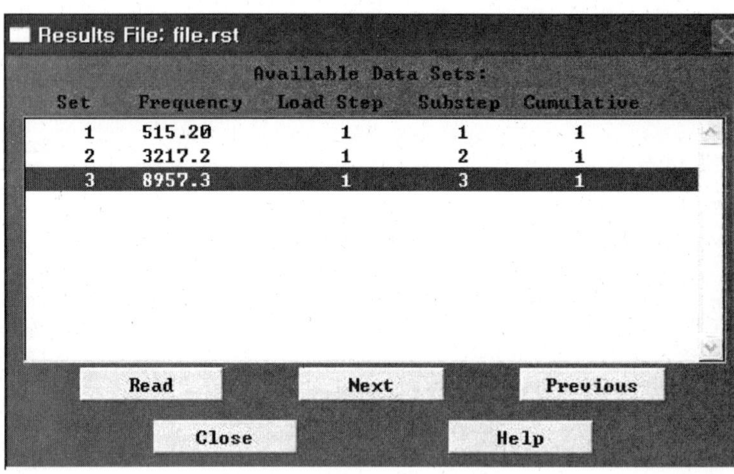

위의 그림에서 1차 모드에서의 고유주파수는 515.20Hz, 2차 모드에서는 3217.2Hz이고, 3차 모드에서는 8957.3Hz입니다.

⇒ 간단한 설명 : 보나 빔 등은 고유의 진동수를 가지고 있습니다. 외부의 진동수가 그 물체의 고유진동수가 일치할 때 물체는 파형을 그리며 진동하게 됩니다. 앞의 그림들은 고유진동수의 일치에 따라 파형을 그리며 진동하는 과정을 보여주는 것입니다. 외부의 진동수가 물체의 진동수와 다르게 되면 그 물체는 진동을 멈추고 원래의 상태로 돌아갑니다.

5. 해석결과의 검증

ANSYS에서 계산된 결과를 이론해와 실험결과에 비교해보면 다음과 같습니다. 아래의 결과에서 이론해와 해석결과는 잘 일치하고 있으나 실험결과와는 약간의 차이를 보이고 있습니다.

모드 \ 결과	이론해	유한요소해석의 결과	실험결과
1차	515.4Hz	515.20	450Hz
2차	3230Hz	3217.2	3000Hz
3차	9045Hz	8957.3	8100Hz

★입력 코드(Input Codes)

```
/prep7
et,1,beam3
r,1,5e-5,1.042e-10,0.005
mp,ex,1,2.1e11
mp,prxy,1,0.3
mp,dens,1,7.86e3
k,1
k,2,0.09
l,1,2esiz,,20
lmesh,1
/solu
d,1,all
antype,modal
modopt,LANB,3
solve
/post1
```

```
set,1,1
pldisp,2
set1,2
pldisp,2
set,1,3
pldisp,2
```

13.4 다물체 동역학 시스템해석(DADS)

13.4.1 개요(Dyamic Analysis and Design System)

- 미래의 Mechanical Designs 성능과 활용성 예측
- 제품 개발에 따른 Testing Costs 감소, 시간절약, 모형 제작의 고려와 단축
- Non-Linear Large Displacement Analysis를 실행하기 위해 최첨단의 Numerical Algorithms 사용
- Analog and Digital Controls and Hydraulic Systems을 포함한 Flexible body and Rigid body Analysis 가능
- Complex real-world systems를 Modeling하기 위해 필요한 Equations of motion을 자동적으로 세우고 Solving
- 결과에 대한 표현과 해석을 위해 사용자들의 Simulation에 대한 우수한 3D Graphic Animations을 제공
- FFT 기능 있어서 Mechanism system의 Vibration을 저감
- 호환성에서는 Pre-Processor를 위해 CAD Package와 Interfacing, Flexible body analysis를 위해 FEA Packages와 Interfacing함

■ 주요 특징

- Hydraulic System 및 Control System Analysis 가능 - Hydraulic flows and Volumes are Reported
- Pre processor를 위해 CAD/CAM Package와 Interface
- Flexible body Analysis를 위한 FEA/FEM Package와 Interface
- Tracksuper Element
- Design of Experiments (DOX) - 이 모듈은 Modeling mechanisme의 Design Sensitivity

Analysis에 효과적

- Node Limit이 없는 IP(Flexible body Analysis)
- CAE Integration- DADS Plant - MATRIXx Integration ? Real-Time Interface- DADS Plant - MATLAB Integration ? Real-Time Interface- DADS Plant - EASY5 Integration ? Real-Time Interface이 Module은 Mechanisme system의 Non-linear algebraic equaition을 Linearization하지 않고, Direct로 Control할 수 있다.
- Three-point force element 추가
- DADS Hydrodynamics and Aerodynamic Element 추가

■ **적용 업무 분야** : Rigid Body, Flexible Body, Control/Hydraulic System Analysis **분야**

■ **주요 산업 분야** :

자동차, 항공/우주, 중장비/방산, 기타특수차량(소방차), 선박, 자동화기구, 가전기기, 산업기계

■ **적용 예/적용 업무 구성도**

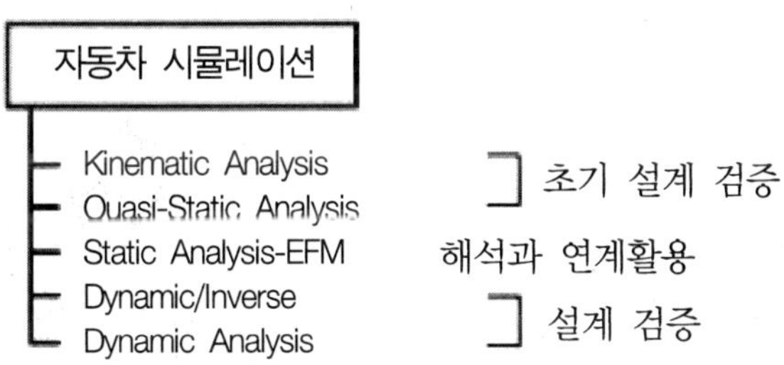

■ **도입 효과**

- 개발 시간 단축, 개발기술 축적
- 설계기술 표준화, 제품성능 향상

13.4.2 예제 및 실습

(1) PointPoint **예제**

⇒ 다음 그림과 같은 시스템을 생성해 보겠습니다.

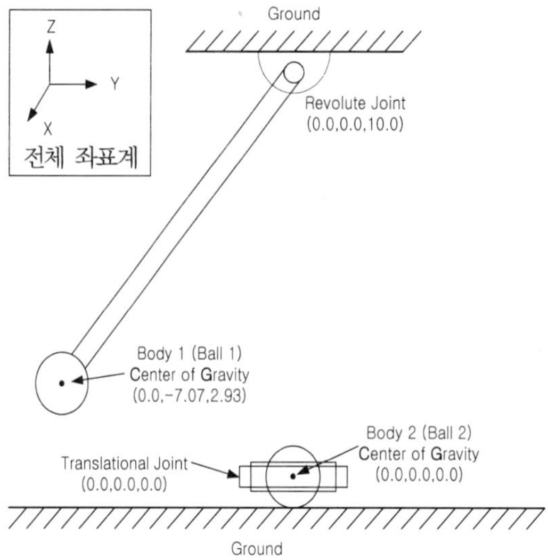
Z
Y
X
전체 좌표계
Ground
Revolute Joint
(0.0,0.0,10.0)
Body 1 (Ball 1)
Center of Gravity
(0.0,-7.07,2.93)
Body 2 (Ball 2)
Center of Gravity
(0.0,0.0,0.0)
Translational Joint
(0.0,0.0,0.0)
Ground

① Ground를 생성

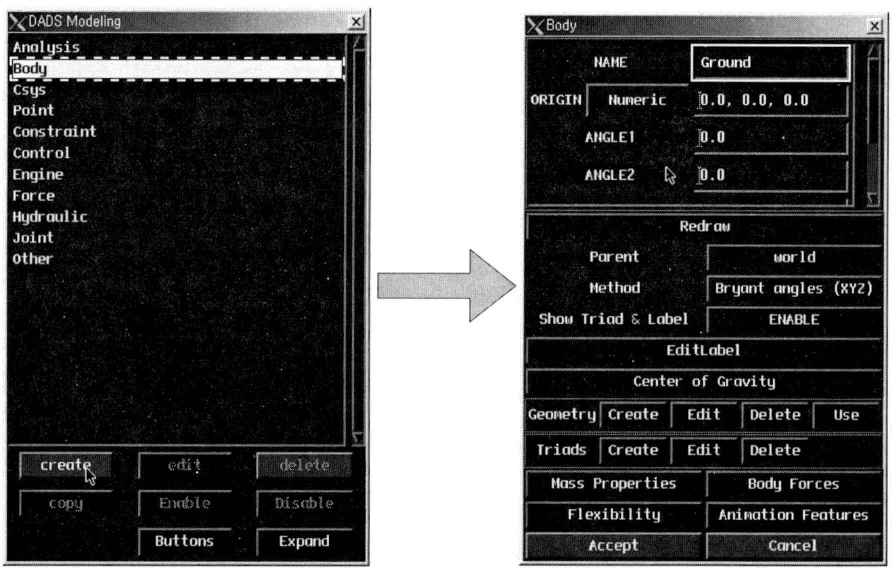
DADS Modeling
Analysis
Body
Csys
Point
Constraint
Control
Engine
Force
Hydraulic
Joint
Other
create
edit
delete
copy
Enable
Disable
Buttons
Expand
Body
NAME
Ground
ORIGIN
Numeric
0.0, 0.0, 0.0
ANGLE1
0.0
ANGLE2
0.0
Redraw
Parent
world
Method
Bryant angles (XYZ)
Show Triad & Label
ENABLE
EditLabel
Center of Gravity
Geometry
Create
Edit
Delete
Use
Triads
Create
Edit
Delete
Mass Properties
Body Forces
Flexibility
Animation Features
Accept
Cancel

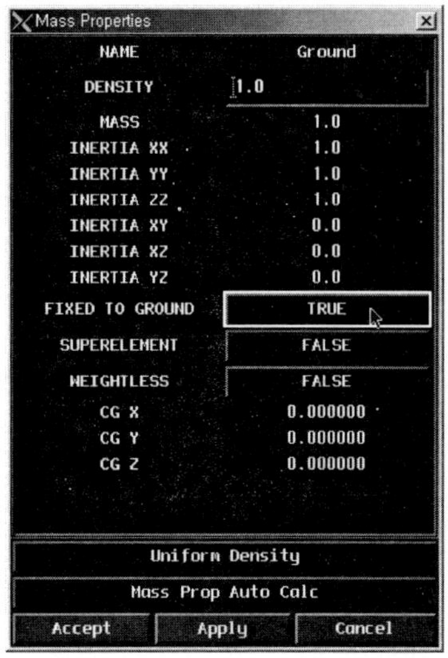

'Modeling Window'에서 'Body' 클릭 후 앞의 왼쪽 그림의 좌측 하단의 'Create'버튼을 누르면 앞의 오른쪽 그림과 같은 화면이 나타난다. 'NAME'을 'Ground'로 수정합니다. 생성한 바디가 'Ground'임을 보여주기 위해 오른쪽 그림의 좌측 하단의 'Mass Properties'를 클릭하면 마지막 그림과 같은 창이 나타납니다. 여기서 'FIXED TO GROUND'를 'TRUE'로 바꾸어 주면 우리가 생성한 바디는 'Ground'로 DADS는 인식합니다.

② Body 1 생성

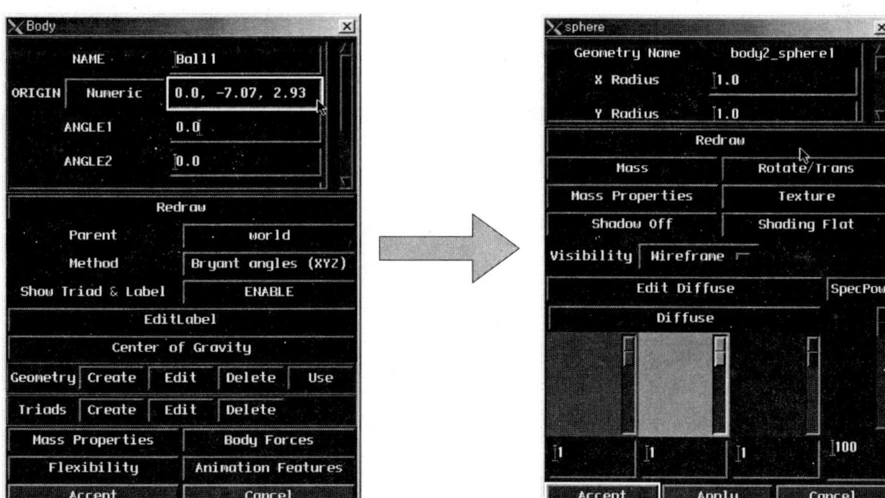

'Ground'처럼 바디를 만든 후 이름(NAME)은 'Ball1'으로 수정하고 앞의 왼쪽 그림처럼 바디의 'Origin'은 (0.0, -7.07, 2.93)으로 바꾸어줍니다. Body의 지오매트리(Geometry)를 생성시키기 위해 왼쪽 그림의 좌측 하단의 'Geometry'에서 'Create' 버튼을 눌러서 구(Sphere)를 선택하면 오른쪽 그림과 같은 창이 나타납니다. 'Radius' 값을 1.0으로 그대로 두고 Accept 버튼을 누릅니다. 우리가 생성할 Body 1은 지오매트리가 두 개이므로 다시 오른쪽 그림의 좌측 하단 'Geometry'에서 'Create' 버튼을 눌러서 실린더(Cylinder)를 선택합니다. 아래 왼쪽 그림과 같이 지오매트리 생성 화면과 같은 창이 뜨게 됩니다. 'Radius' 값을 1.0으로 그대로 두고 'Length' 값은 10.0으로 합니다. 실린더의 위치와 방향을 변환시키기 위해서 Rotate/Trans 버튼을 누르면 아래의 오른쪽 그림과 같은 화면이 뜨게 됩니다. 지오매트리의 'Origin'을 (0.0, 3.535, 3.535)으로 바꾸어줍니다. 'Angle 1, 2, 3'는 Global 좌표계에 대해서 x축, y축, z축에 대해 회전한다는 의미인데 우리는 x축에 대해서 45.0°회전시킵니다.

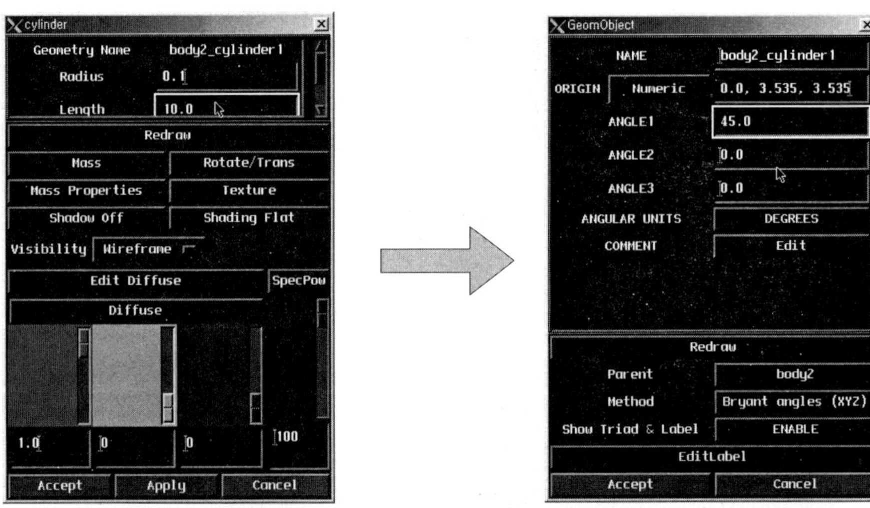

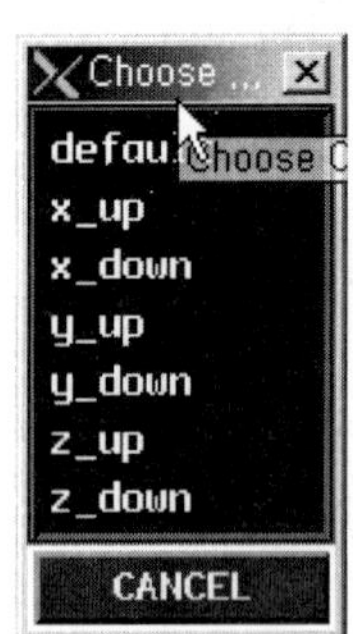

'Main Menu' 창의 'View' 메뉴 중 'Restore View'를 클릭하면 앞의 같이 작은 메뉴 창이 생성됩니다. 이중 'z_up'을 선택합니다.

③ Body 2 생성

⇒ Body 1의 생성방법과 동일하게 생성하되, Body 2의 이름은 'Ball 2'로 수정합니다. 지오매트리는 구만 생성합니다. 좌표는 (0.0, 0.0, 0.0)으로 합니다.

이상의 과정을 마치면 아래 그림과 같은 화면이 생성됩니다. 이제 우리가 생성한 바디들 간 조인트(Joint)를 연결해 보겠습니다. 'Body 1'을 지면과 수직방향인 x축에 대해서 회전할 수 있게 회전조인트(Revolute Joint)로 Ground와 연결시키고 'Body 2'을 지면의 y축에 대해 병진운동할 수 있도록 병진조인트(Translational Joint)로 Ground와 연결시킵니다.

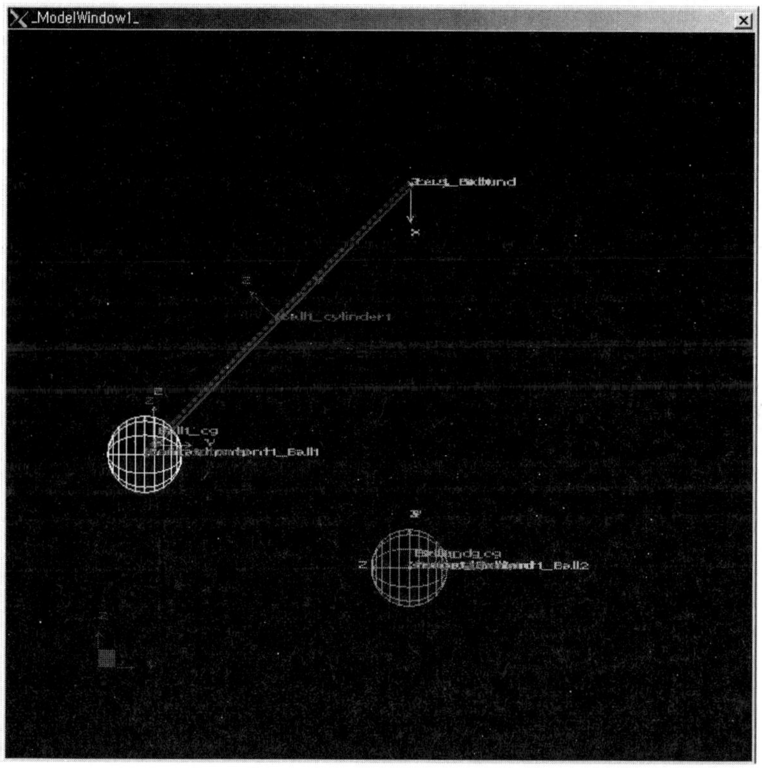

④ Revolute Joint 생성

'Modeling Window' 창 안의 'Joint' 메뉴들 중 다음 왼쪽 그림처럼 'Revolute'를 클릭합니다. 다음 오른쪽 그림의 'revolute joint' 창에서 'Body 1 NAME'과 'Body 2

NAME'는 조인트로 연결하자 하는 Body들이다. 'Body 1 NAME'는 'Ground'로 'Body 2 NAME'는 'Ball1'로 설정합니다. 'TRIAD ON BODY 1'과 'TRIAD ON BODY 2'는 각 Body에서 조인트 연결지점까지의 좌표값, 회전값입니다.

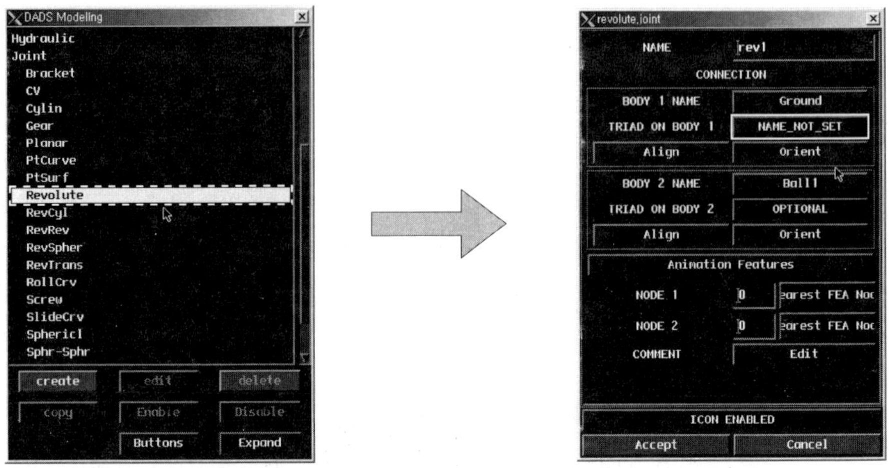

위의 오른쪽 그림에서 'TRIAD ON BODY 1'의 'NAME_NOT_SET'을 클릭하면 아래 그림과 같은 선택 화면이 뜨는데 여기에서 'New_Triad'를 선택합니다.

다음 왼쪽 그림에서 'Enter name of new triad'의 이름을 디폴트로 그래로 두면 다음의 오른쪽 그림에서 각 바디에서 'Joint'위치점까지의 좌표값 및 회전값에 대해 설정해 주면 됩니다.

DADS에서는 디폴트로 회전조인트의 회전방향이 z축에 대해 설정되어 있기 때문에 회전방향을 y축에 대하여 90.0° 회전시켜서 x축에 대해 회전하는 회전조인트를 생성시킵니다. 'Origin'은 Joint의 위치점 (0.0,0.0,10.0)에 있으므로 Global 좌표계의 원점 (0.0,0.0,0.0)에서 z축에 대하여 병진방향으로 10.0 만큼 이동시켜야 합니다. 따라서 다음 왼쪽 그림처럼 입력시켜 줍니다.

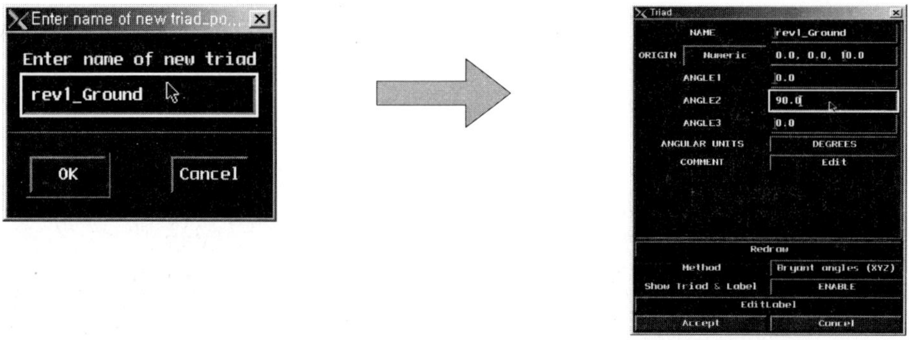

'TRIAD ON BODY 2'의 'NAME_NOT_SET'도 클릭하여 아래 그림과 같이 설정하는데 회전값은 'TRIAD ON BODY 1'의 값과 같이 y축에 대하여 90.0°회전시키고 'Origin'값은 'Body 1'의 원점이 (0.0, -7.07, 2.93)이므로 Joint 위치점 (0.0, 0.0, 10.0)까지 이동시키기 위해 다음 아래 그림과 같이 (0.0, 7.07, 7.07)을 입력시킵니다.

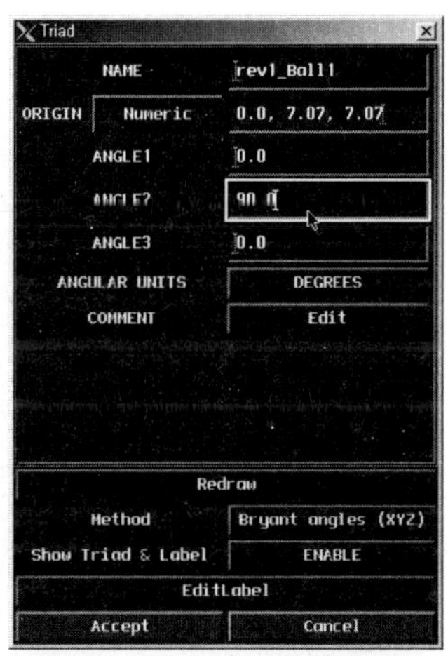

⑤ Translational Joint 생성

병진조인트의 생성도 회전조인트와 비슷합니다. 다음 왼쪽 그림과 같은 화면에서 'Body 1 NAME'는 'Ground'로 'Body 2 NAME'는 'Ball2'로 설정합니다. 'TRIAD ON BODY 1'의 'NAME_NOT_SET'을 클릭하여 다음 오른쪽 그림과 같이 병진조인트의 위치점은 원점이어서 병진방향으로 이동시킬 필요는 없으므로 디폴트로 그대로 두고 x축에 대해 방향만 90.0° 회전시킵니다. 이는 회전조인트처럼 DADS는 디폴트로 병진조인트의 병진방향이 z축으로 설정되어 있기 때문에 x축에 대하여 90.0° 회전시켜서 병진조인트의 방향을 y축에 대해 병진운동하도록 바꾼 것입니다. 'TRIAD ON BODY 2'의 'NAME_NOT_SET'도 클릭하여 아래 마지막 그림처럼 x축에 대하여 90.0° 회전시킵니다.

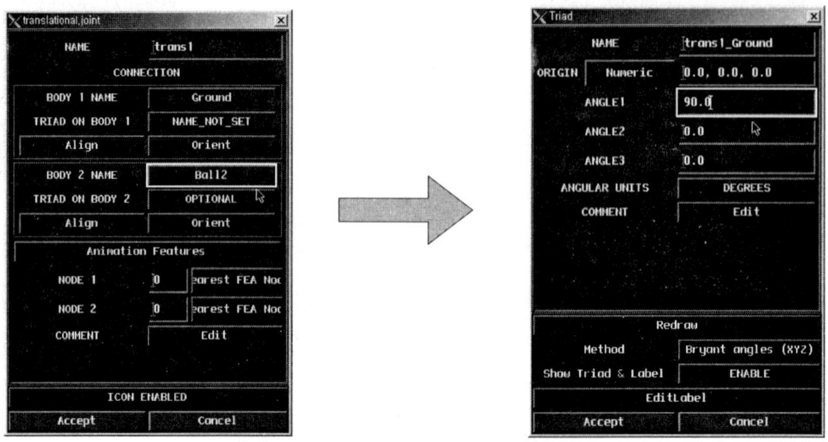

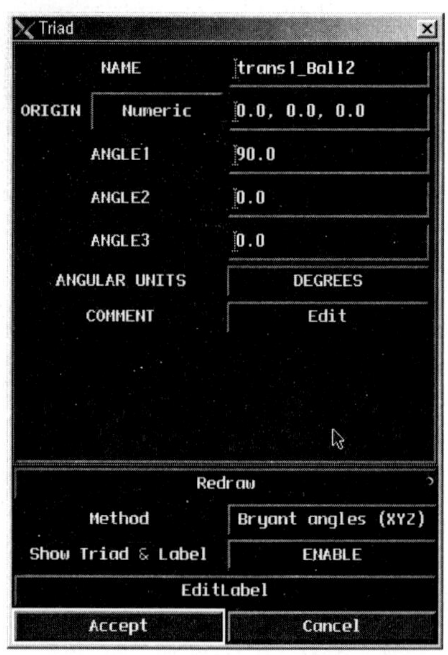

이상을 수행하면 다음 그림과 같습니다. 마지막으로 'Body 1'과 'Body 2' 간의 접촉한다는 정보를 주기만 하면 됩니다.

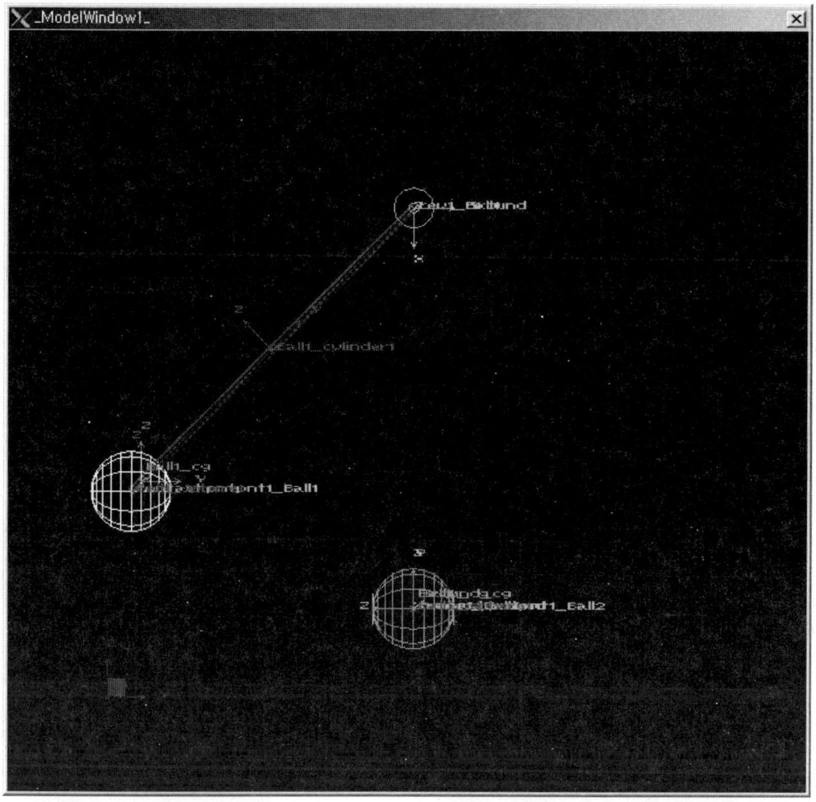

⑥ Contact 생성

'Modeling Window' 창의 'Force' 메뉴 중 'Contact'을 클릭하여 여러 'Contact'요소 중 PointPoint를 클릭합니다. 'Contact'도 조인트 정의하는 것과 비슷합니다.

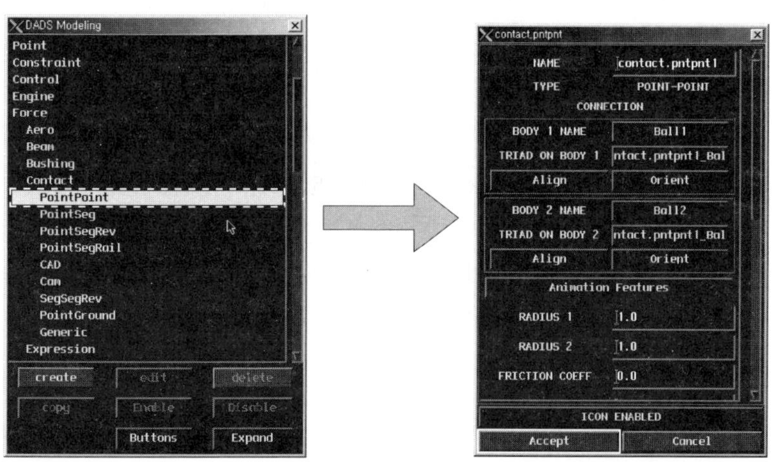

앞의 오른쪽 그림과 같이 'Body 1 NAME'는 'Ball1'로 'Body 2 NAME'는 'Ball2'로 설정합니다. 'TRIAD ON BODY 1'의 'NAME_NOT_SET'을 클릭하면 아래 왼쪽그림과 같이 디폴트로 놔두고 'Accept'를 누릅니다. 'TRIAD ON BODY 2'의 'NAME_NOT_SET'도 클릭하여 디폴트로 놔두고 'Accept'를 누릅니다. 다음 단계로 아래 그림 오른쪽 그림과 같이 접촉하려는 두 물체의 정보들을 설정해야 하는데 'RADIUS 1'는 'Body 1 NAME' 즉 'Ball1'의 반경을 'RADIUS 2'는 'Body 2 NAME' 즉 'Ball2'의 반경을 대입시켜 줍니다. 다음으로 접촉이 일어났을 경우 접촉력을 주기 위해 강성계수값(stiffness coefficient), 'SPRING COEFF'을 1000.0으로 댐핑계수값(damping coefficient), 'DAMPING COEFF'으로 10.0을 입력시킵니다. 이 값들은 임의의 값들입니다.

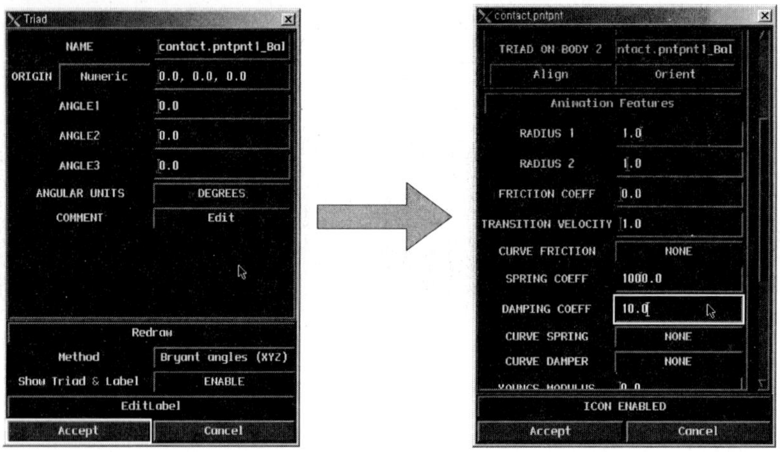

이상으로 모델링과정은 완료되었습니다. 이제 계산수행을 위한 과정과 결과 그래프를 산출하는 과정을 수행하면 됩니다.

⑦ 계산수행, 결과분석

'Main Menu' 창에서 'Solve'를 누르면 다음 그림과 같은 화면이 뜨게 되는데 'Starting Time'은 시뮬레이션 시작 시간이고, 'End Time'은 시뮬레이션 종료 시간이다. 5.0으로 설정합니다. 'Print Interval'은 계산과정을 수행 시 계산수행 시간 간격을 보여주는 것입니다. 0.01로 설정합니다.

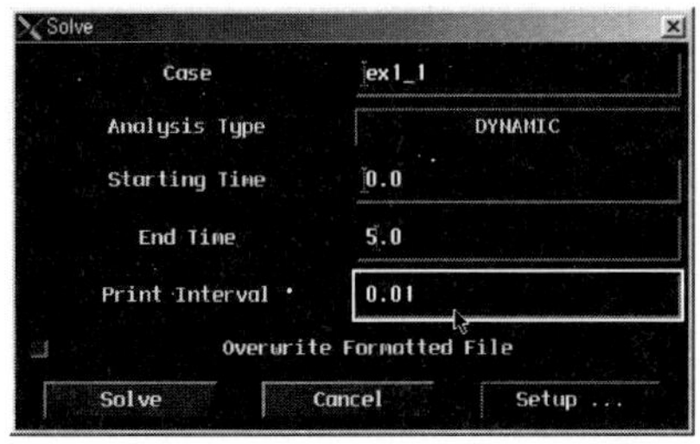

계산이 완료되었으면 'Main Menu' 창에서 'Animate'를 누르면 아래 왼쪽 그림과 같은 화면이 뜨게 됩니다. 우리가 계산수행한 내용들은 작업 디렉터리의 *.bin 파일로 저장되어 있습니다. 이 Binary 파일을 불러오기 위해 'Load a File' 버튼을 눌러서 저장된 *.bin 파일을 불러오면 아래 오른쪽 그림과 같다. 오른쪽 그림에서 'Execute Animation'버튼을 누르면 마지막 그림처럼 애니메이션이 수행됩니다.

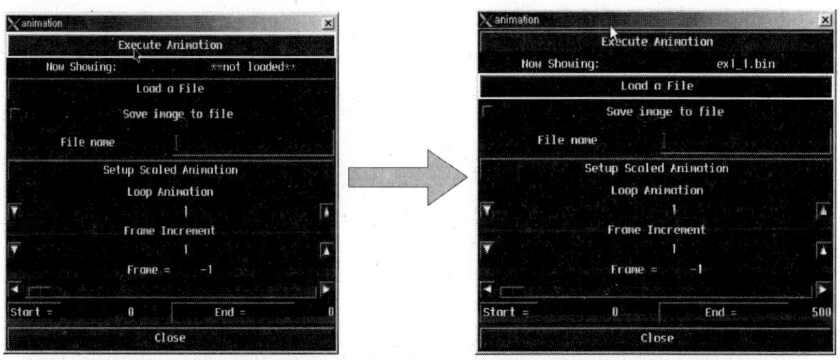

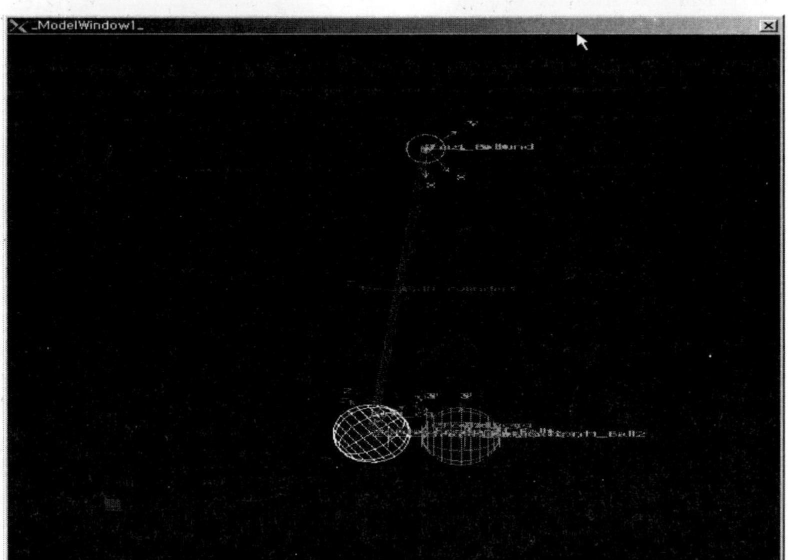

'Main Menu'의 'Graph'를 누르면 아래 첫 그림과 같습니다. 아래 첫 그림의 'Current binary file: '라는 메뉴가 있는데 'Animation' 수행 때처럼 *.bin을 불러들입니다. 그래프의 'X'항목을 시간 'T'로 입력하고 'Y'항목을 'Ball2:yd'으로 합니다. 아래 가운데 그림의 하단의 'Create' 버튼을 누르면 보고자 하는 그래프가 다음의 마지막 그림과 같이 보입니다.

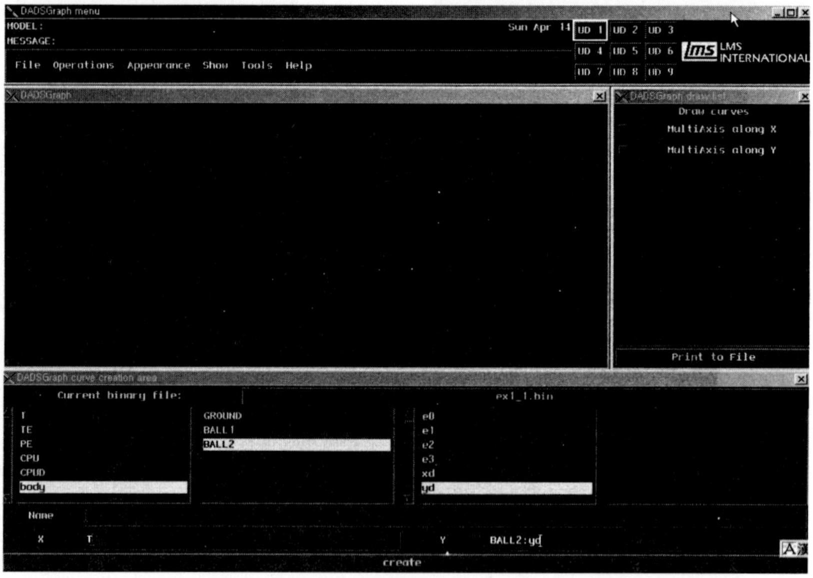

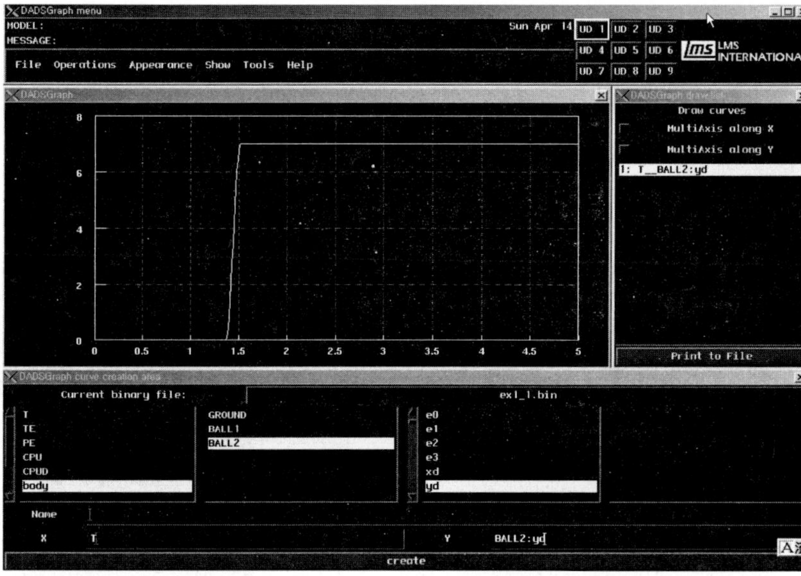

(2) **PointSeg 예제**

⇒ 아래 그림과 같은 시스템을 한 번 구성해 보겠습니다.

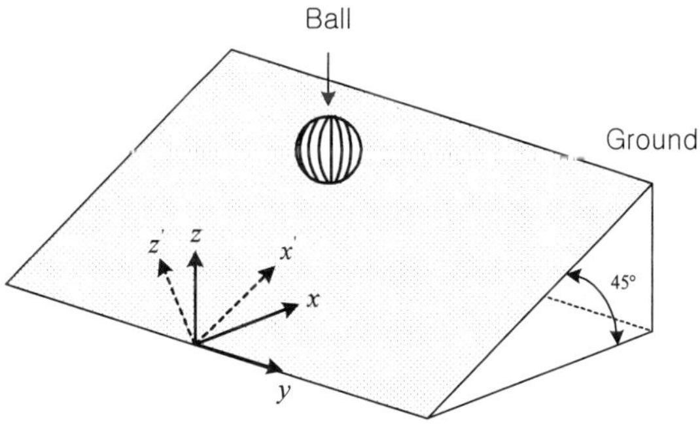

① Ball의 생성

⇒ Ball의 생성은 (1) Pin Point 예제에서 설명한 것과 동일하기 때문에 생략하기로 하겠습니다.

CG 위치는(0.530330086, 0.0, 0.883883476)으로 하고 Ball의 반경은 0.25으로 합니다.

② Ground의 생성

⇒ Ground의 생성은 (1) Pin Point 예제에서 설명한 것처럼 동일하게 하면 됩니다.

③ Line-Arc 생성

'PointSeg Contact' 사용 시 'Segment Body'의 모양을 결정해 주는 요소입니다. 이름처럼 Line만을 생성할 수도 있고 여러 개의 Line과 Arc를 결합해서 생성할 수도 있습니다.

'Modeling Window' 창의 'Other' 메뉴 중 'LineArc'을 클릭합니다(아래 왼쪽 그림).

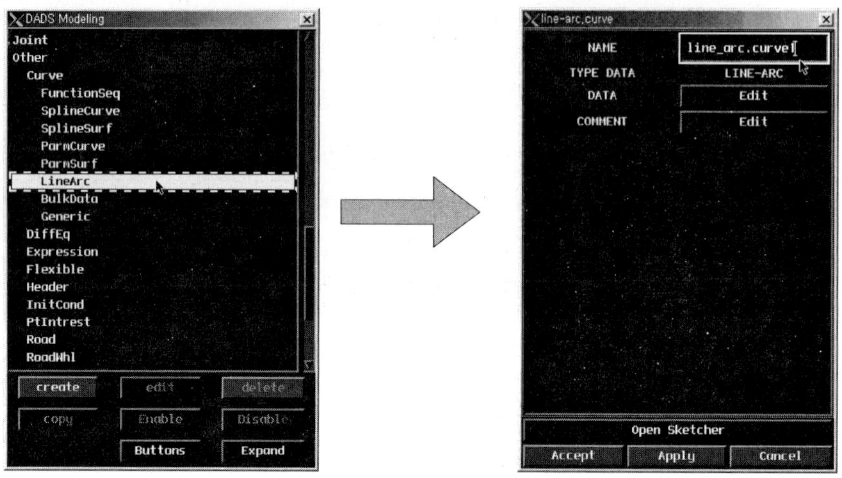

위 오른쪽 그림에서 다른 요소는 그대로 놔두고 'DATA'의 'Edit'를 클릭합니다. 실수 형태의 숫자들을 입력하면 되는데 1열의 숫자는 어떤 형태의 'Line-Arc'를 생성할 것인지 결정하는 것입니다. '1'은 'Line'을 '+2'는 Convex(볼록한) 형태의 'Arc'를 '-2'는 Concave(오목한) 형태의 'Arc'를 생성합니다. 다음 첫 그림의 예처럼 작성하면 됩니다. 1열의 숫자가 '1'일 경우 다음 왼쪽 그림처럼 네 개의 숫자는 'Line'의 시작점(P1)과 끝점(P2)을 의미합니다. 1열의 숫자가 '+2'일 경우 다음 오른쪽 그림처럼 '+2' 다음의 두 개의 숫자는 'Arc'의 중심(P1)이 되며 다음 네 개의 숫자는 'Arc'의 시작점(P2)과 끝점(P3)이 됩니다.

```
 1.0    3.0    1.0    4.0   2.0  ◄──────── Line
 2.0   -2.0    2.6   -1.0   2.6   -2.0   3.6 ◄─┐
 2.0   -2.0    2.6   -2.0   3.6   -1.0   2.6 ◄─┴─ Convex Arc
-2.0   -2.0    2.6   -1.0   2.6   -2.0   3.6 ◄─── Concave Arc
```

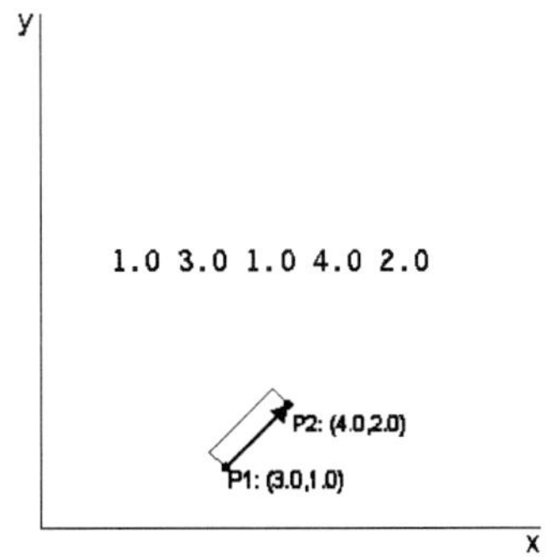

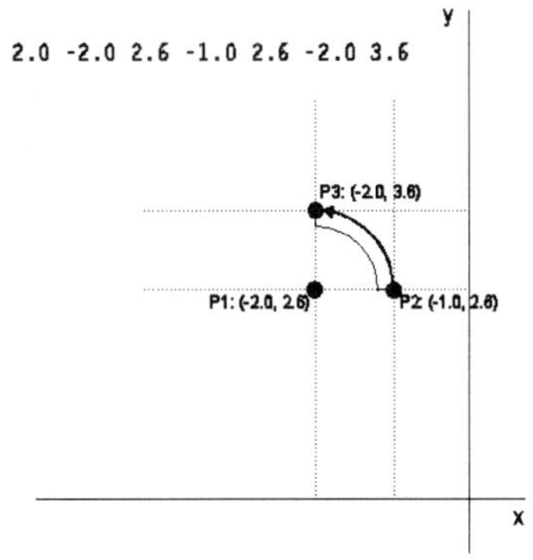

우리는 '1' 형의 'Line'을 생성할 것이며 아래 그림처럼 입력합니다.

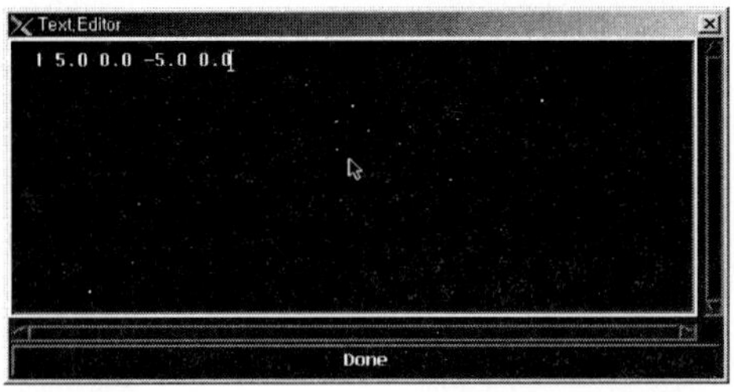

④ Contact 생성

'Modeling Window' 창의 'Force' 메뉴 중 'Contact'을 클릭하여 여러 'Contact'요소 중 PointSeg를 클릭합니다(아래 왼쪽 그림).

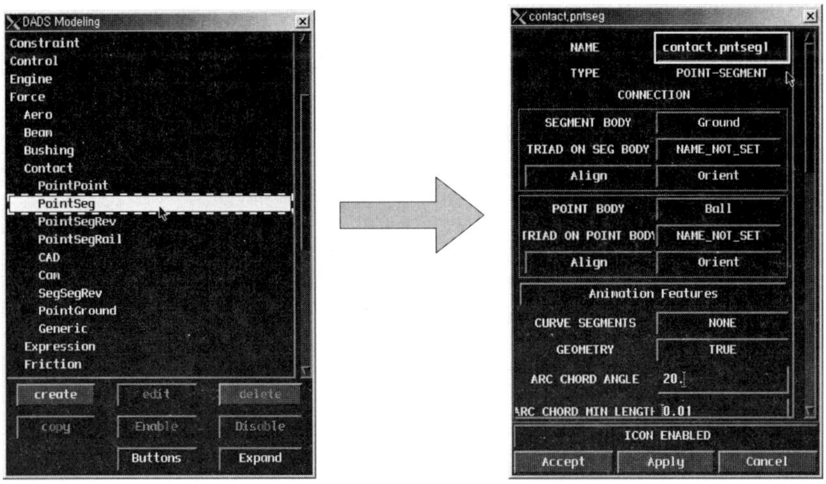

앞 오른쪽 그림과 같이 'SEGMENT BODY'는 'Ground'로 'POINT BODY'는 'Ball'로 설정합니다. 'TRIAD ON BODY 1'의 'NAME_NOT_SET'을 클릭하면 디폴트로 놔두고 'Accept'를 누릅니다(아래 왼쪽 그림). 아래 왼쪽 그림은 Segment Body(접촉면) 위치와 방향을 설정하는데 위치는 그대로 놔두고 (1) Pin Point 예제에서 설명한 것처럼 Angle 1,2,3 는 차례로 x축, y축, z축에 대해서 회전하라는 의미입니다. 디폴트로 설정된 접촉면은 접촉면이 xz 평면으로 되어 있습니다. 우리는 z축이 중력방향으로 하고 있으므로 접촉면을 xy 평면으로 바꾸어 주기 위해서 x축에 대해서 90° 회전시키고 또한 45° 정도 기울여져 있으므로 z축에 대해서 45° 회전시켜 줍니다(아래 왼쪽 그림).

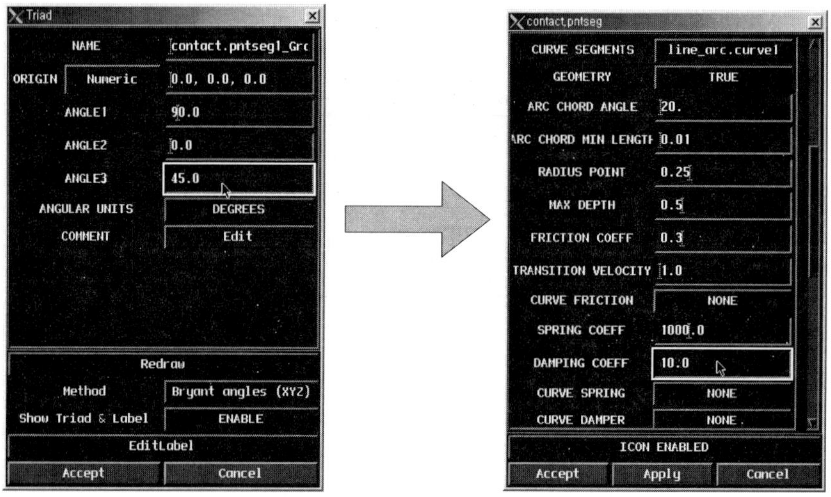

Contact생성에서의 첫 번째 그림 예제의 오른쪽 그림에서의 'TRIAD ON BODY 2'의 'NAME_NOT_SET'도 클릭하여 디폴트로 놔두고 'Accept'를 누릅니다. 다음 단계로 위 오른쪽 그림처럼 접촉하려는 두 물체의 정보들을 설정해야 하는데 'CURVE SEGMENTS'는 'line_arc.curve1'을 설정해 줍니다. 'RADIUS POINT'는 'Ball1'의 반경을 대입해 줍니다. 다음으로 접촉이 일어났을 경우 접촉력을 주기 위해 강성계수값(stiffness coefficient), 'SPRING COEFF'을 1000.0으로 댐핑계수값(damping coefficient), 'DAMPING COEFF'으로 10.0을 입력시킵니다. 이 값들은 임의의 값들입니다. 'MAX DEPTH'는 0.5를 입력하고 'FRICTION COEFF'는 0.3을 입력합니다.

이상의 모델링과정을 완료하면 됩니다. 다른 여러 과정들은 (1) Pin Point 예제와 동일하기 때문에 생략하기로 하겠습니다.

13.5 3차원 CFD 프로그램(FLUENT)

13.5.1 개요

FLUENT 6은 비압축성 영역에서 극초음속 영역 전반에 걸친 모든 영역에 적용할 수 있는 범용 CFD solver입니다.

Fluent사는 향상된 수렴성을 갖는 multigrid method를 이용한 다양한 solver option들을 이용함으로써 광범위한 속도 영역의 유동해석에 있어 최적의 효율과 정확성을 갖는 solver를 제공하고 있습니다.

FLUENT 6에 들어 있는 풍부한 물리적 모델은 난류유동, 비정상 상태해석, 다양한 열전달해석, 화학반응 유동, 다상유동 등등 매우 다양한 물리적 현상의 해석을 가능케 하고 있습니다.

GAMBIT

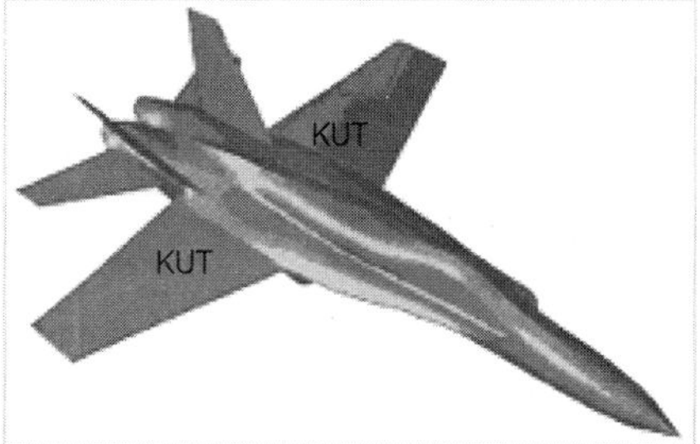

GAMBIT은 Fluent.Inc에서 제공하는 다양한 FVM/FEM solver와 호환하는 범용 전처리기입니다. ACIS 커널을 사용하는 CAD 기능을 탑재하고 있으며, 전문 CAD software와의 호환이 가능하여 쉽고 빠르게 형상을 구현할 수 있으며, 강력한 격자생성 기능을 보유하고 있습니다.

- **CAD 기능**

Gambit은 자체적인 CAD 커널(ACIS Kernel)을 장착하고 있어서 다양한 형상을 쉽게 구현할 수 있습니다.

① top down menu

원기둥, 구, 육면체, 사면체, 토러스 등의 수학적으로 간단한 도형생성이 가능합니다. 도형 간의 집합 연산이 가능하게 하는 Boolean operation이 지원됩니다. 고품질의 격자생성을 위해서 도형을 분할할 수 있는 기능을 탑재하고 있습니다.

②. bottom up menu

도형 구성의 기본요소인 점, 선, 면을 다양한 방법으로 구성할 수 있는 기능을 지원합니다.

선과 면은 top down menu에서 제공되지 않는 자유곡선이나, 자유곡면의 생성을 지원합니다.

수학적 정보를 소실한 도형을 복구할 수 있는 healing 기능을 탑재하고 있습니다.

- **CAD 호환 기능**

Gambit은 다양한 CAD 프로그램과 호환을 할 수 있습니다. 또한 , 대부분의 CAD 프로그램에서 export할 수 있는 iges나 step 파일에 대한 호환을 지원하고 있습니다.

① Direct Options

a) ACIS-based CAD programs
AutoCAD(solid), Cadkey, TurboCad

b) Parasolid-based CAD programs
Unigraphics, SolidWorks, Solid Edge, PATRAN, ANSYS
확장자가 .x_t, .xmt_txt인 파일 통해서 호환
Pro/E 는 Gambit 2.0에 Direct Interface 모듈을 장착할 경우 part 파일을 직접

읽어들일 수 있습니다.

c) Direct translators for native CAD systems
Pro-E/ACIS, Catia/ACIS

② Standard-based options
대부분의 CAD 프로그램에서 export를 지원하는 STEP, IGES 파일을 호환할 수 있습니다.

- **Meshing 기능**

Gambit은 육면체, 사면체, 삼각기둥, 피라미드 등의 다양한 형태의 격자를 지원합니다. Gambit의 격자는 solid의 형상에 의존하므로 정렬 격자를 생성하려면 형상이 육면체에 상응하는 모양이어야 합니다.

① Hexahedral mesh

a) Map : 단일 블록에 육면체 정렬 격자를 생성합니다.

b) Sub-Map : 멀티 블록에 육면체 정렬 격자를 생성합니다.

c) Tet-primitive : 사면체 형상을 자동으로 멀티 블록화하여 육면체 격자를 생성합니다.

d) Cooper : 정렬 또는 비정렬의 source면을 sweeping하여 사각기둥 형태의 격자를 만듭니다.

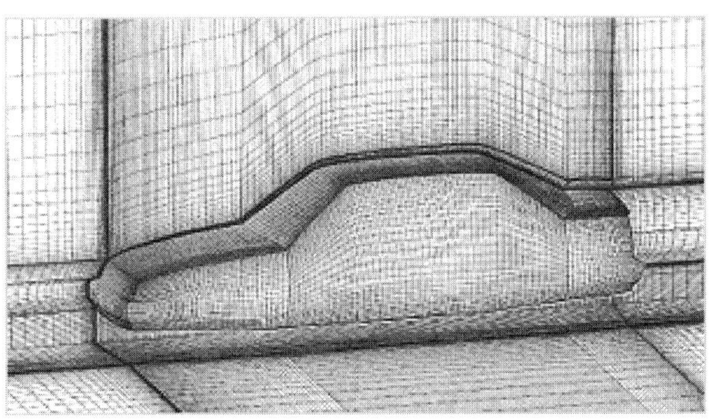

구분된 형상에 쉽고 빠르게 정렬 격자계 구성 가능

② Wedge mesh

- Cooper : 삼각형 비정렬 source 면을 sweeping하여 삼각기둥 형태의 격자를 만듭니다.

③ Tetra/Hybrid mesh

- Tgrid : 사면체요소를 사용하여 비정렬 격자를 생성하며, 거의 실패하는 법이 없습니다.

④ Boundary layer mesh

- 주로 비정렬 격자와 함께 쓰이며, 관심 대상 영역 주변의 속도 경계층을 모사하기에 적합한 격자입니다.

이외에도 default를 조정하면 복잡하게 연결되어는 분지관들에 대해서 자동적으로 cooper mesh를 할 수 있는 기능을 탑재하고 있으며, size function 기능을 사용하면, edge bunching을 할 필요 없이 정렬 또는 비정렬 격자의 분포를 제어할 수 있습니다.

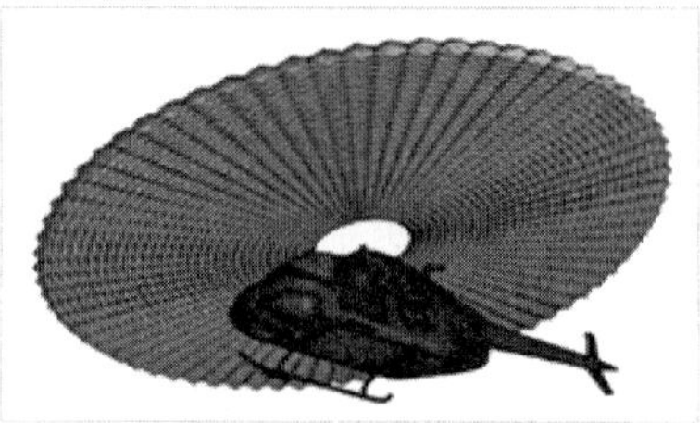

육면체와 사면체의 혼합 격자

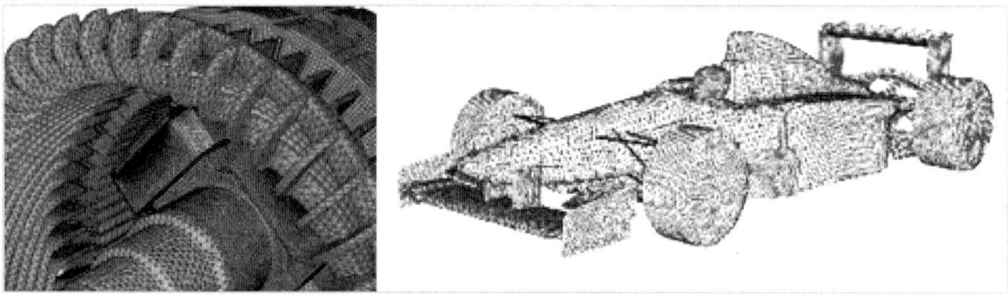

Tetra mesh 사례

◎ Automotive(자동차)

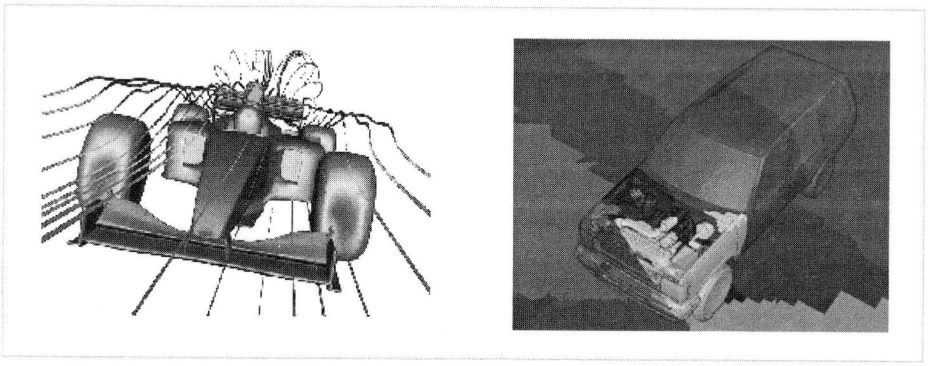

자동차 해석사례

FLUENT는 오늘날의 CFD가 요구하는 빠른 계산 속도와 쉬운 인터페이스를 제공함으로써 자동차 산업에서 발생하는 다양한 해석 업무에 대하여 신속하고도 신뢰할 만한 분석을 가능하게 합니다.

또한 FLUENT는 자동차 설계 시 만나게 되는 복잡한 형상과 다양한 유동현상에 대처하기 위하여 최신의 비정렬 격자 기법과 풍부한 물리 모델을 포함함으로써 사용자가 단시간 내에 최소의 노력으로 수치해석 모델을 구성할 수 있게 해 주고, FLUENT에 내장된 병렬 연산 기법은 시스템의 자원을 효율적으로 사용함으로써 계산 시간을 크게 단축시켜 줍니다.

① External Aerodynamics

FLUENT를 이용한 자동차 외부 유동해석을 통하여 연비 향상과 주행 안정성을 확보하고 유동박리의 조절을 통하여 소음원과 오염원을 통제할 수 있습니다.

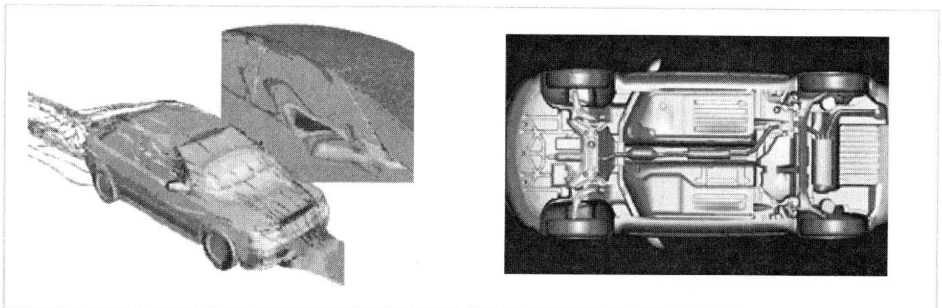

자동차 외부 유동해석

② Underhood/Underbody Simulation

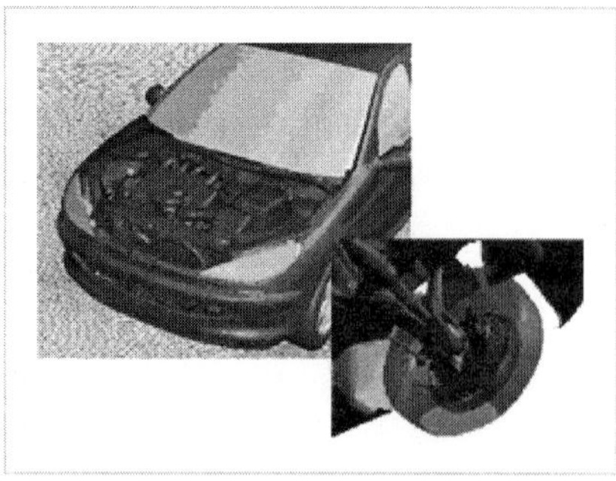

시뮬레이션 사례

엔진블럭과 배기덕트 주위의 온도분포 모사를 토대로 금속부의 과열방지를 위한 충분한 냉각 공기 유량을 확보할 수 있도록 엔진 룸과 언더바디의 부품 배치를 최적화할 수 있습니다.

③ Powertrain Components

엔진의 초기 설계로부터 냉각 시스템의 성능분석에 이르기까지 복잡한 형상에 대하여 비정렬 격자 기술을 이용하여 계산을 위한 모델링 시간을 단축시킬 수 있습니다.

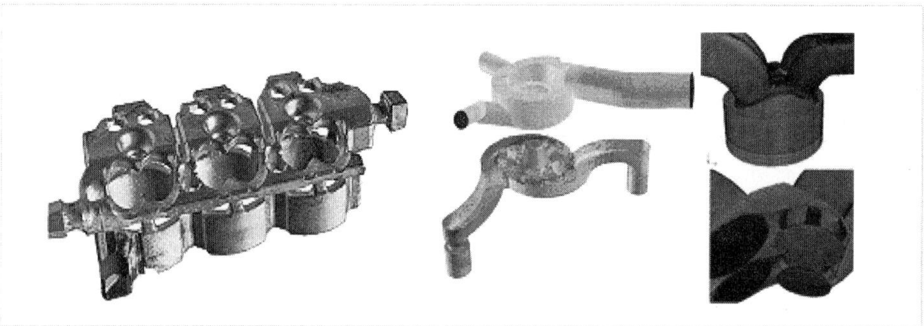

엔진 해석사례

④ Climate Control System

HVAC 해석사례

블로워와 히터코어 등으로 구성된 HVAC 시스템의 성능 모사 및 자동차 실내 유동 해석을 통하여 시간과 비용이 많이 드는 시험의 횟수를 줄일 수 있습니다.

• 반도체

반도체 산업에서 FLUENT를 활용할 수 있는 분야는 다음과 같습니다.

- Chemical Vapor Deposition (CVD)
- Clean Rooms
- Contaminant Transport
- Crystal Growth
- Diffusion/Oxidation Furnaces
- Electroplating
- Epitaxy
- Equipment Thermal Control
- Etching
- Gas Distribution and Exhaust Systems
- Mass Flow Controllers
- Microcontamination
- Microelectronic Encapsulation
- Mini-Environment
- Ovens
- Photoresist Spin Coaters
- Rapid Thermal Processing
- Wafer Cleaning
- Wet Processing

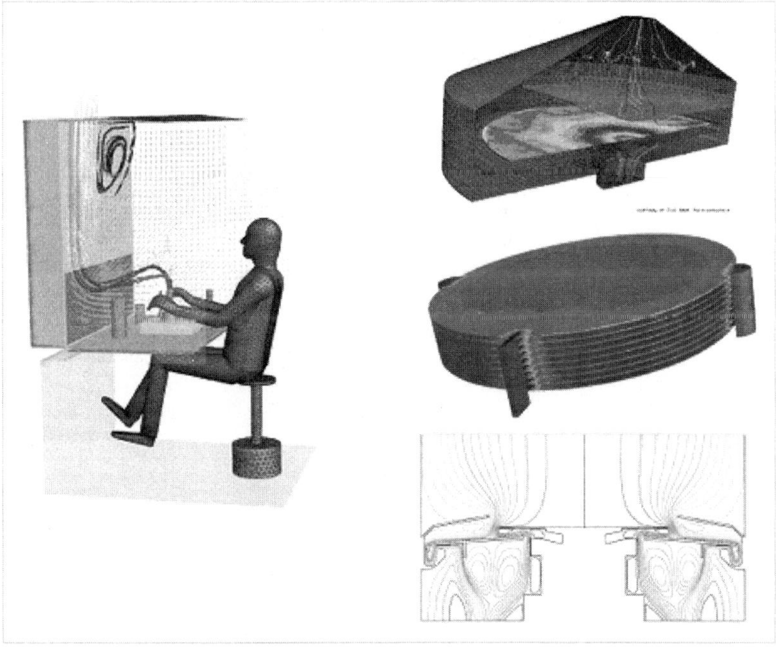

반도체 분야 해석사례

• 가전

가전제품의 설계에서 CFD를 이용하여 가상의 프로토타입을 꾸미고 이들의 열·유동 성능을 모사해보는 것은 신제품의 개발 사이클을 단축시키기 위한 중요한 요소입니다.

특히 FLUENT를 이용한 열·유동의 가시화는 실제 상황에서 해당 제품들이 성공적으로 작동하는지를 판단하는데 도움을 줍니다. 어떤 사용자라도 짧은 기간 내에 익힐 수 있는 FLUENT의 사용법은 다른 CAD/CAE 도구들과 함께 설계를 담당하는 사용자의 개발 효율을 극대화할 수 있게 합니다.

가전 제품분야 해석사례

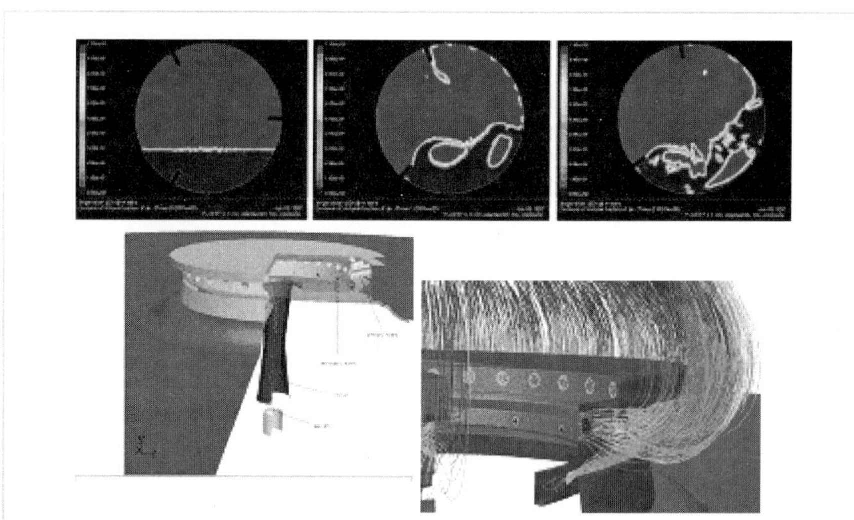

가전제품 분야 해석사례

13.5.1 예제 및 실습

예제 1

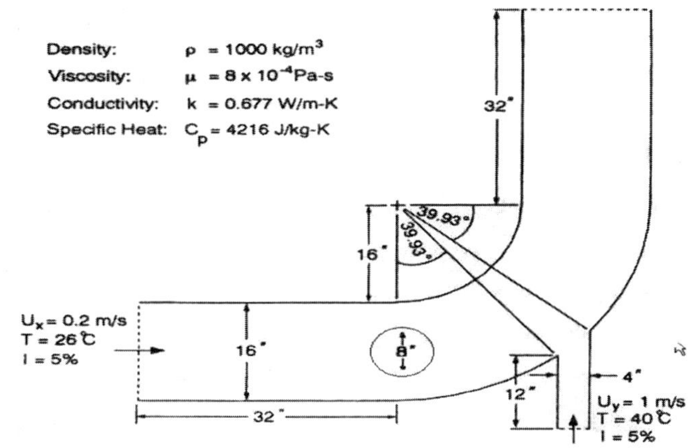

위와 같은 모양의 2차원 엘보에 대한 문제를 풀어 보겠습니다. x방향으로 0.2m/s, 26°C의 물이 흘러 둥근 8inch 원을 지난 다음 y방향의 1m/s, 40°C의 물과 만나서 위로 나가는 문제입니다.

- gambit을 실행한 후 점과 선을 이용해 다음과 같은 그림을 그립니다.

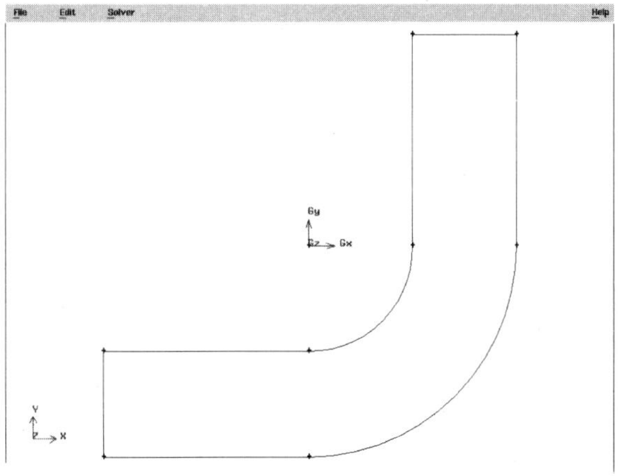

• split을 이용해 두 점을 생성합니다.

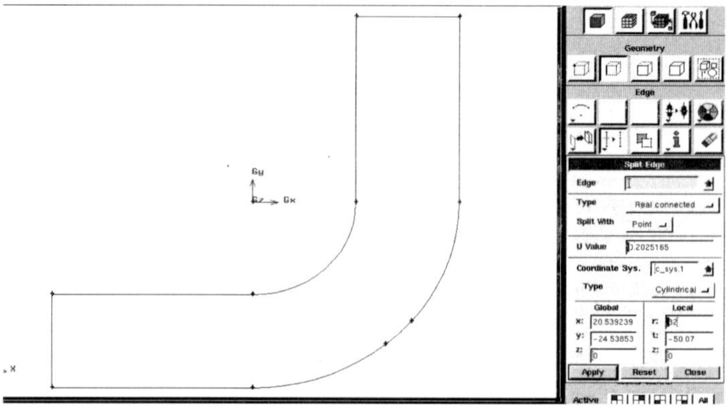

• 다음과 같은 그림을 그린 후 면 생성을 합니다. face 1로 생성하겠습니다.

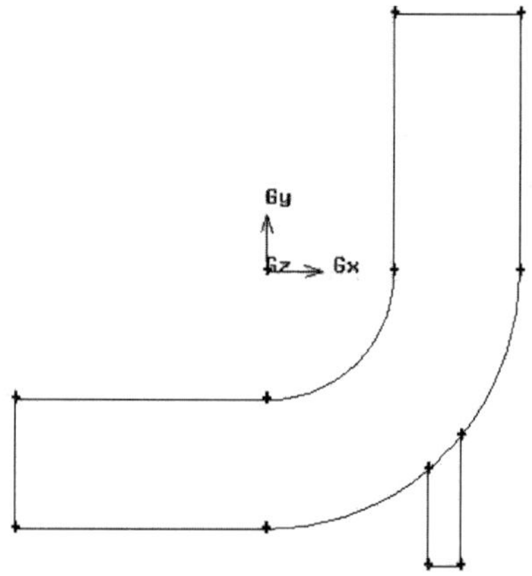

• circle면을 생성 후 face 1에서 split을 합니다. 그 이유는 물이 원을 가로질러 흘러가는 것이 아니라, 원(벽)을 비켜 흘러가기 때문입니다.

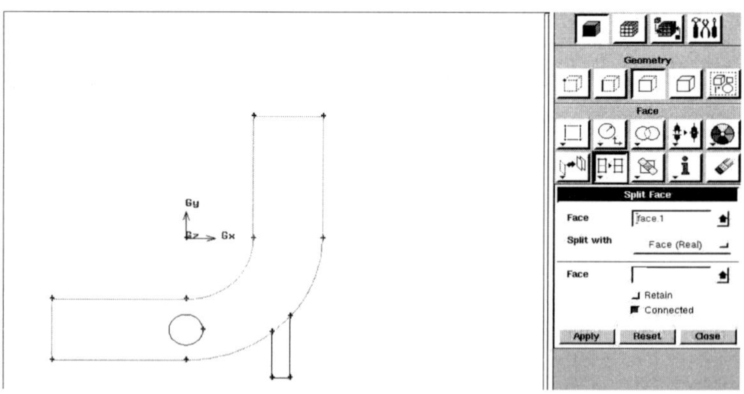

• split을 한 후 원을 지워주면 원의 자리가 비어 있는 face 1이 남습니다.

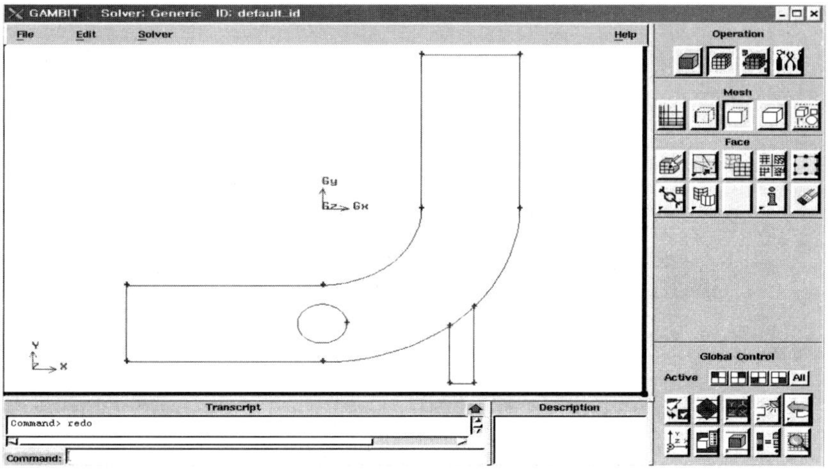

• mesh를 잡기 전에 solver에서 fluent 5/6을 선택해 주어야 합니다.
보다 정확한 해석을 위해서는 mesh가 조밀해야 하나, 여기서는 interval size를 0.5로 잡아주었습니다.

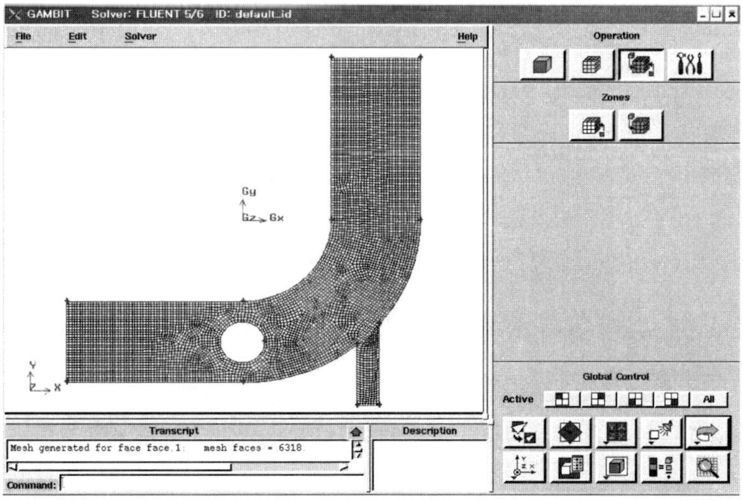

• mesh를 짠 후 boundary를 설정해야 합니다.

• x방향으로 물이 유입될 edge를 선택 후 velocity_inlet type, inlet1으로 설정합니다.

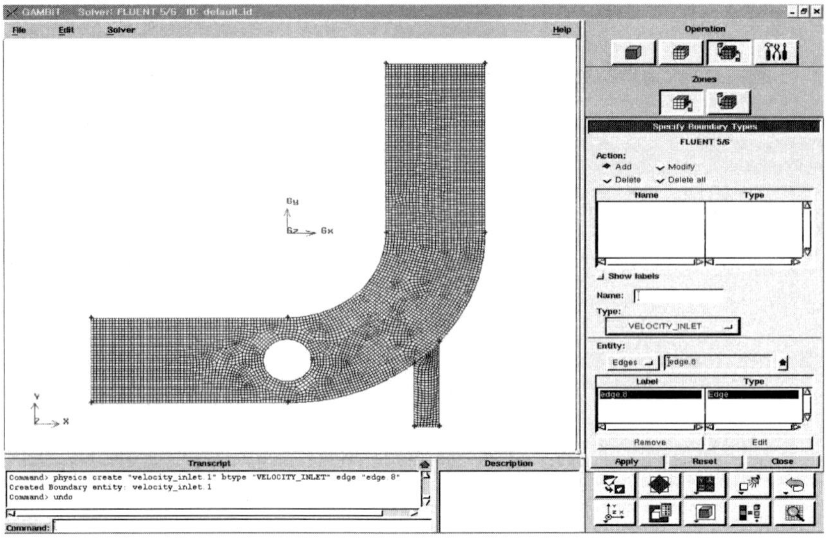

• y방향으로 물이 유입될 edge를 선택 후 inlet 2로 한 후 위와 같이 설정합니다.

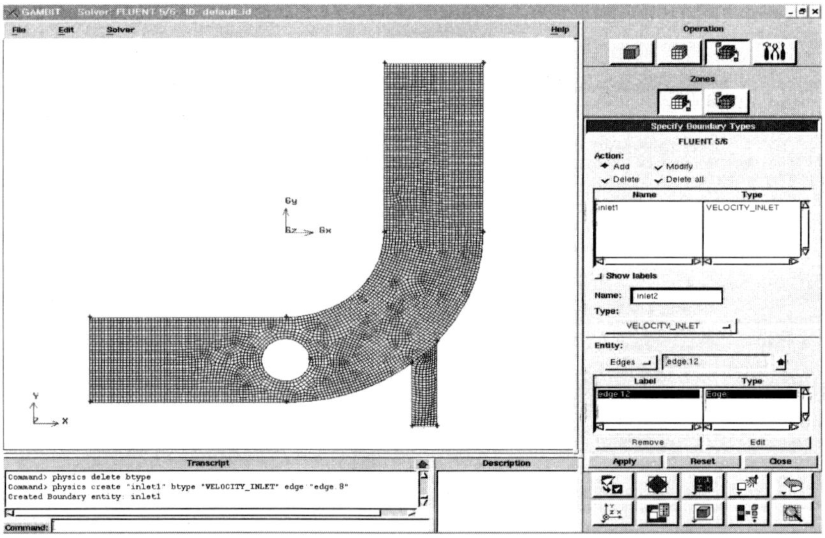

• 원의 빈자리는 벽이기 때문에 wall로 설정합니다.

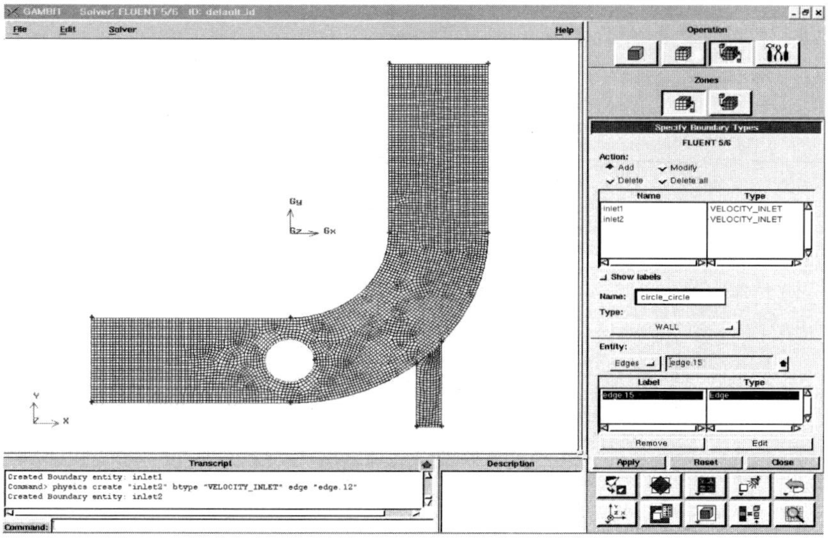

• 유입된 물이 나가게 될 edge를 선택 후 pressure_oulet type으로 설정해 줍니다.

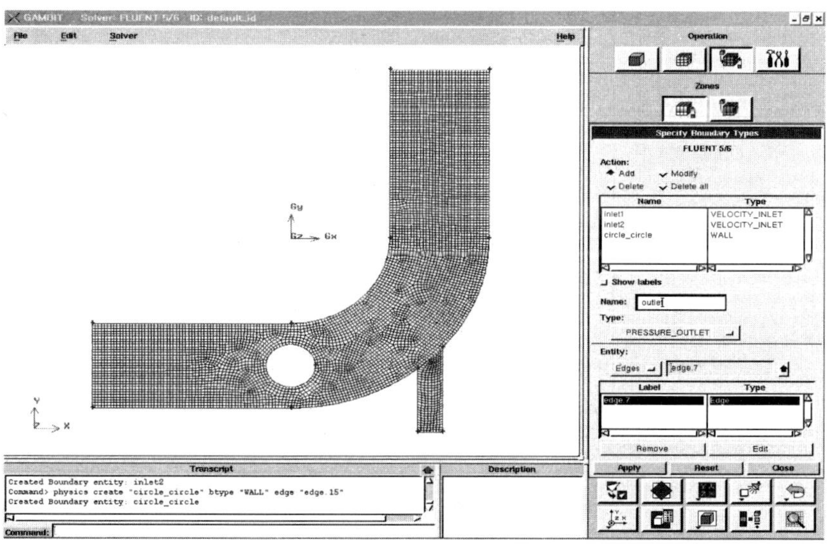

• 이상 boundary 설정이 모두 완료되었으면 export mesh file을 선택 후 저장할 위치와 이름을 지정해 준 후 export 2d mesh를 선택하고 저장합니다.

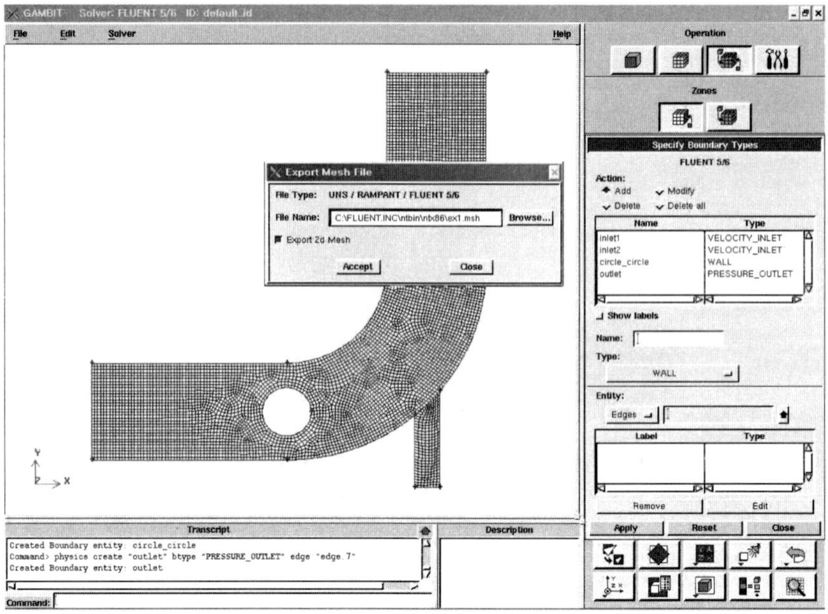

• gambit 에서의 작업은 여기까지입니다. gambit에서 그린 그림과 mesh, 설정한 조건들을 이용하여 fluent에서 추가 조건을 설정 후 해석에 들어갑니다.

- fluent를 실행시키면 작은 창이 뜨는데 2d의 해석이므로 2d를 선택합니다.
  저장한 mesh 파일을 불러내고 mesh에서 이상이 없으면 다음과 같이 나타납니다.

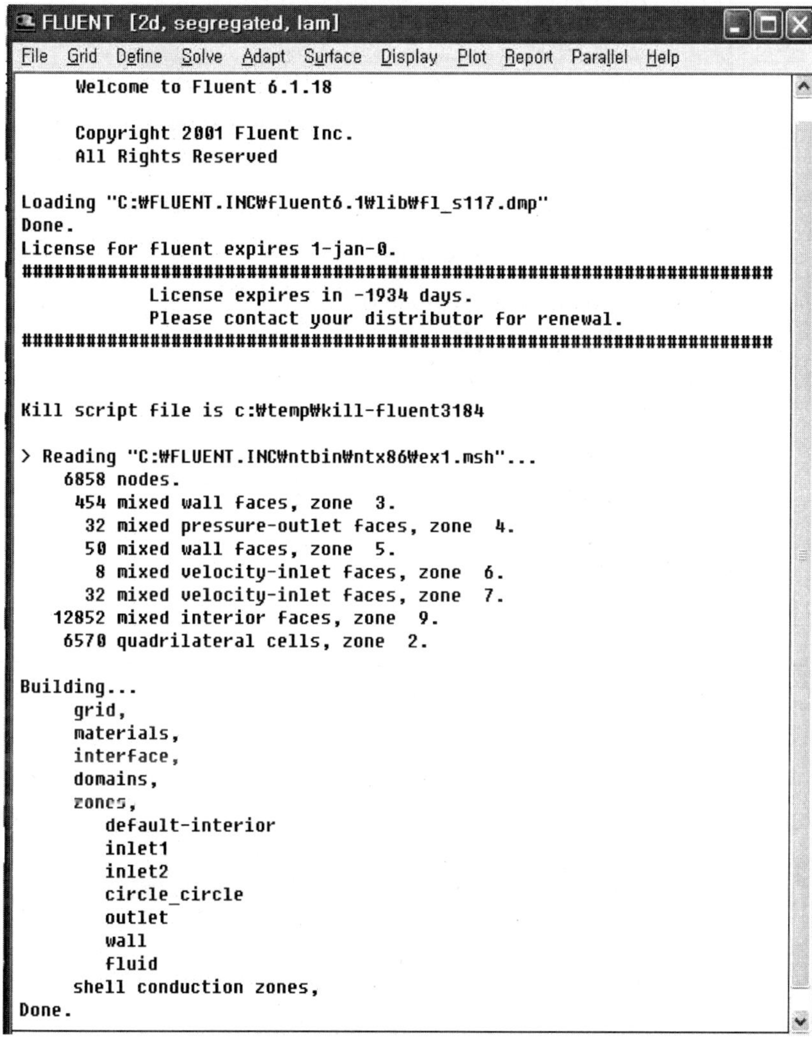

• size를 설정하고 check를 하면 다음과 같이 나타납니다.

• 이제 문제에서 주어진 수치들을 입력시킵니다.
먼저 define - models - energy를 check합니다.
define - models - viscous model에서 k-epsilon은 난류일 때 선택합니다.
define - materials에서 database 중 물을 선택하고 각 조건들을 입력합니다.

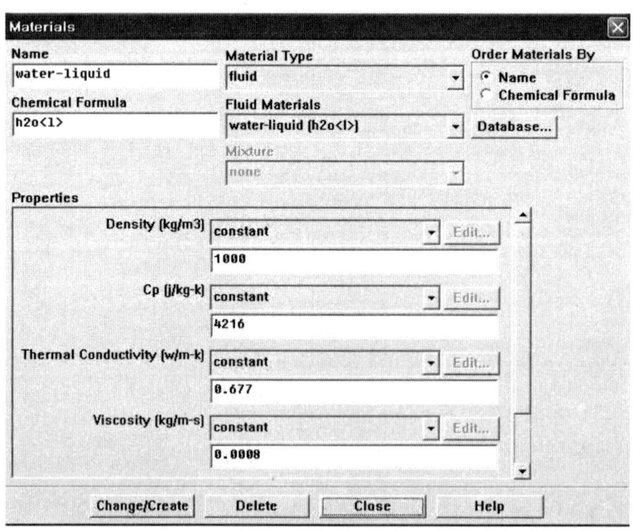

• define - boundary condition에서 fluid를 선택 후 water - liquid로 바꿉니다.

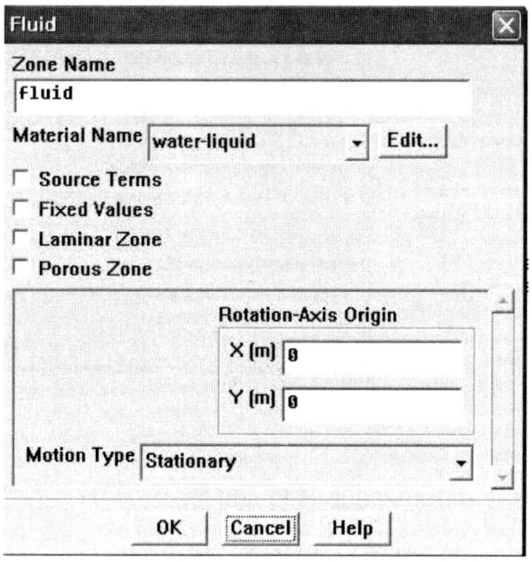

• 다음 inlet 1을 선택 후 각 조건들을 입력합니다.

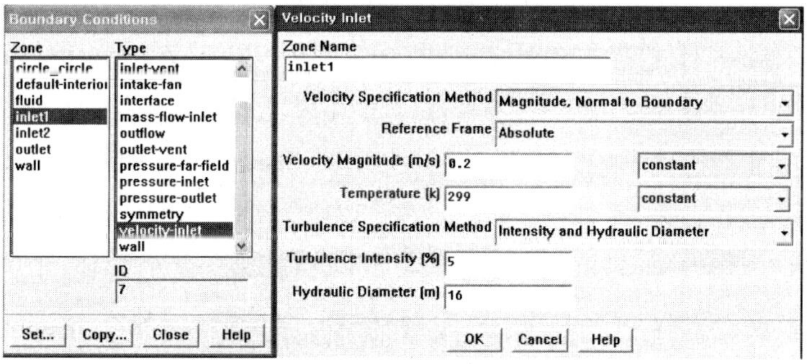

• inlet 2도 마찬가지로 합니다.

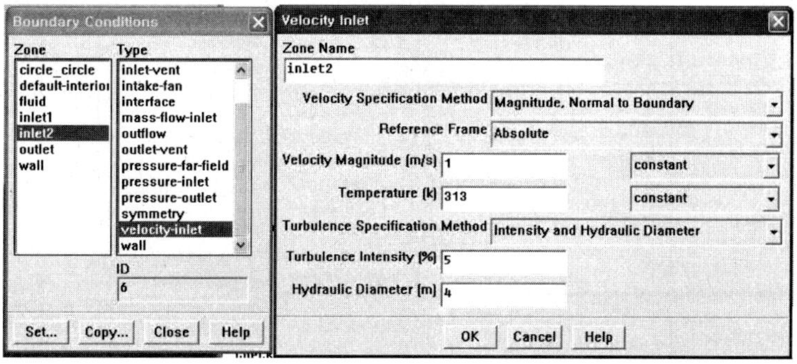

- outlet까지 마친다. wall은 자동적으로 설정이 되기 때문에 특별히 손 댈 부분은 없습니다.

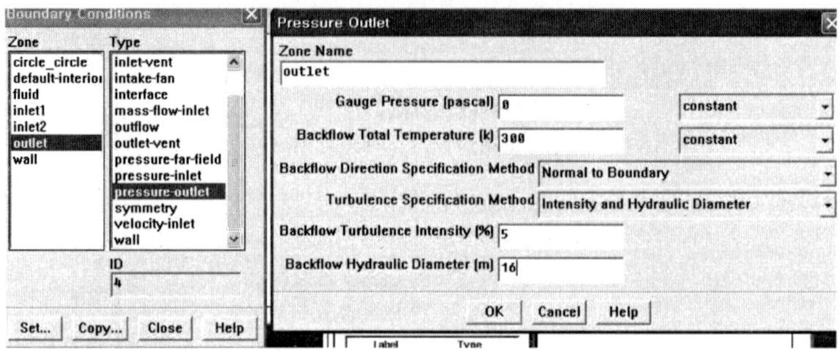

- solve - initialize - initialization에서 init을 실행합니다.
  이 과정까지 마쳤다면 자료의 보존을 위해 save해 주는 것이 좋습니다.
- iterate - number of iterations는 대략 1,000을 써줍니다. 이처럼 수치를 높게 잡아주는 이유는 결과값의 수렴을 위해서입니다. 결과값을 도출하기 위해서는 발산과정에서의 값보다 수렴에서의 값이 보다 정확합니다.
  이 부분에서 컴퓨터 사양에 따라 요구되는 시간이 틀려집니다. fluent의 최신버전, 그림의 복잡성에 따라 수 시간이 걸릴 수도 있습니다. 이에 요즈음은 1기가 이상의 랩에서 작동시키는 것이 대부분입니다. 이 iterate 과정 후에 다시 save 해주는 것이 좋습니다.
  모든 해석이 끝났다면 각기 그림을 통해 예상했던 값과 비교 및 고찰을 해봅니다.
- display - vector 후 velocity를 선택한 모습. 색깔별로 유체의 유량모습이 나타납니다.

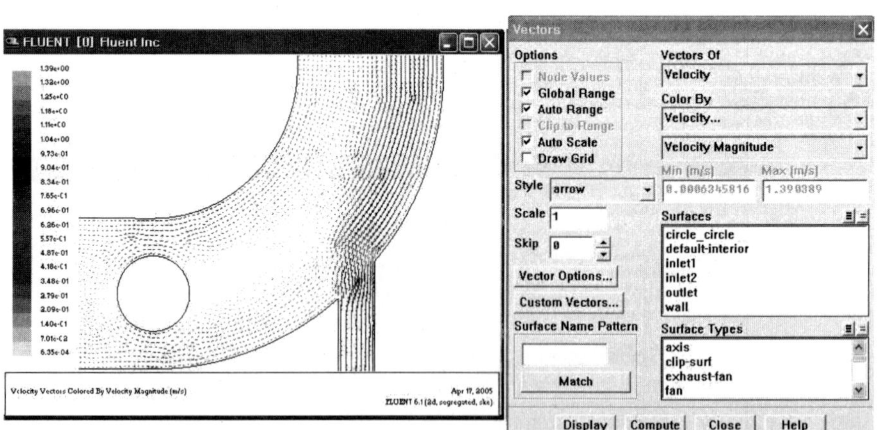

• temperature를 선택한 모습입니다.

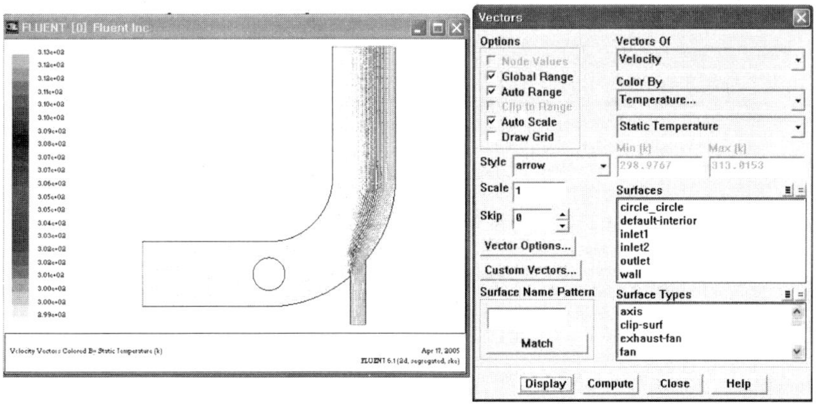

• plot으로 보기 위해서는 plot - xy plot에서 velocity, outlet 선택 후 plot을 클릭합니다.

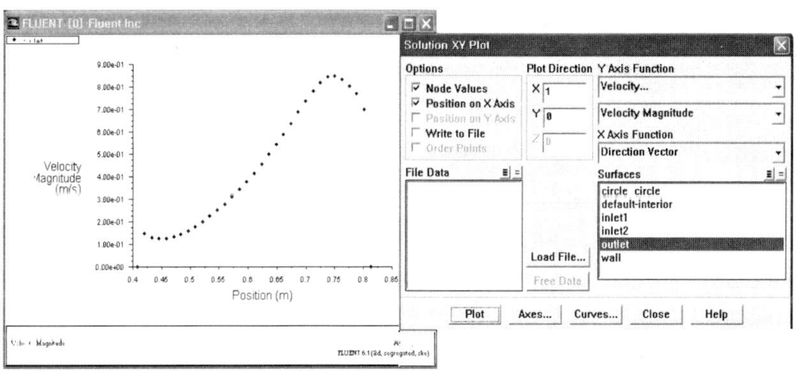

• temperature 선택 후 outlet, plot을 선택한 모습입니다.

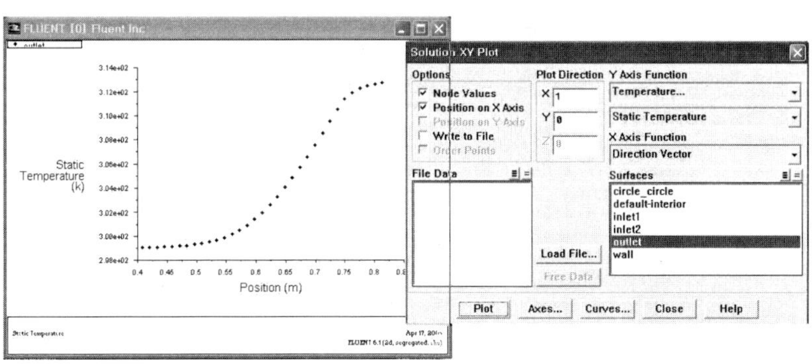

이처럼 그림이나 그래프로 결과값을 읽을 수 있습니다.

• 수치적인 결과값을 알고 싶을 경우에는 report-surface-intergrals에서 report type을 선택 후 velocity, temperature 선택 후 outlet-compute를 합니다.

```
Average of Surface Vertex Values
             Static Temperature                (k)
-------------------------------- --------------------
                         outlet           304.00644

Average of Surface Vertex Values
             Velocity Magnitude              (m/s)
-------------------------------- --------------------
                         outlet           0.42581004
```

예제 2

• Gambit를 통하여 디자인을 한다. 이 디자인은 열 교환기를 단순화하여 모델링한 것입니다.

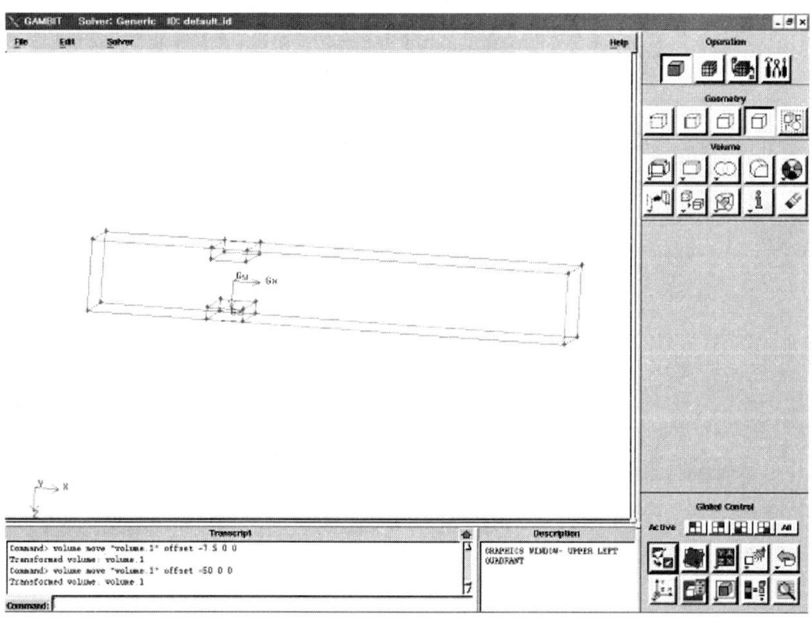

• 3차원으로 입체면을 생성한 후에, 각각의 면을 그려나갑니다.
200×50×30 크기의 큰 직육면체를 모델링하고 15×50×5 크기의 사각형을 2개를 만들어 지정된 위치로 이동시킵니다.

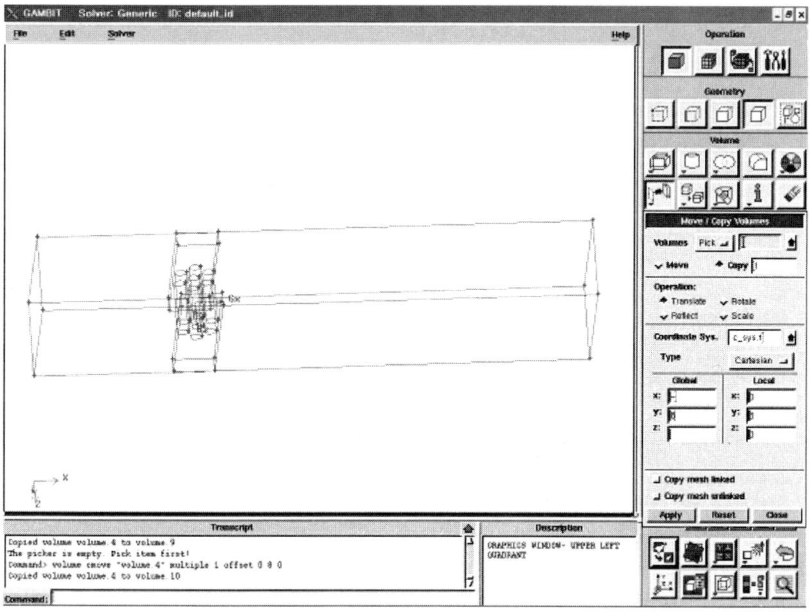

• 안의 사각형 사이에 원기둥을 만들어 사각형과 인접시킨 후에 각각의 원기둥에 해당되는 장애물과 사각형을 하나의 물체로 인식시키기 위해 split 기능을 이용합니다.

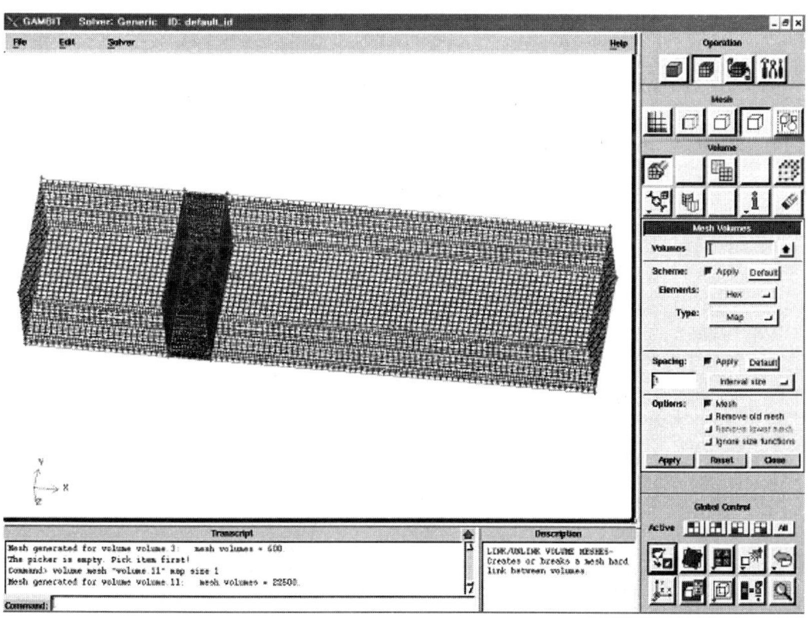

• 모델링을 끝내고 해석을 하기 위해 각각의 공간을 셀 단위로 나눠주는 mesh 작업을 합니다. 여기서는 사이즈를 2씩 주고 원기둥은 10개씩 수치를 주었습니다.

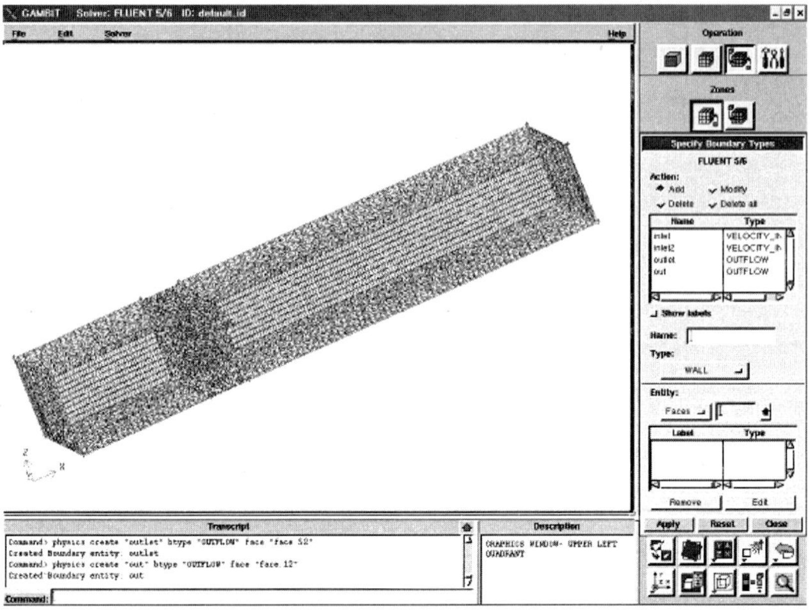

• mesh를 끝낸 후에 velocity-inlet와 velocity-outlet를 설정하여 줍니다. 여기에서는 작은 사각형 밑에서 온도가 343K의 공기가 올라오고 큰 사각형 끝에서 293K의 공기가 흘러가는 것에 대한 경계조건을 설정할 것입니다.

• 모델링을 끝내고 mesh와 설정이 끝났다면 mesh file로 저장한 후에 fluent에서 불러옵니다.

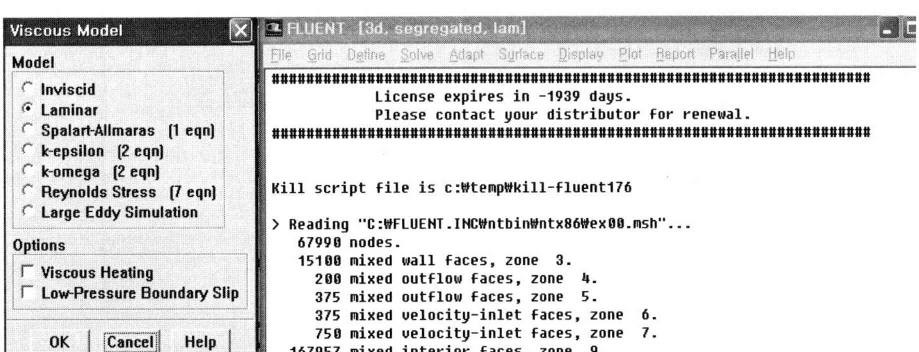

• viscous에서 laminar을 선택합니다.

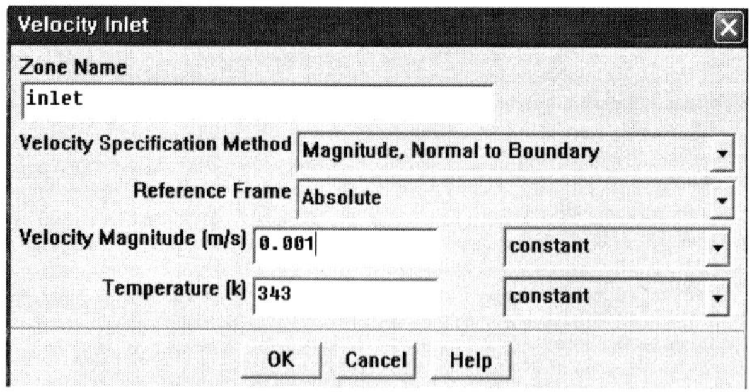

• inlet의 온도와 속도를 설정하여 줍니다.

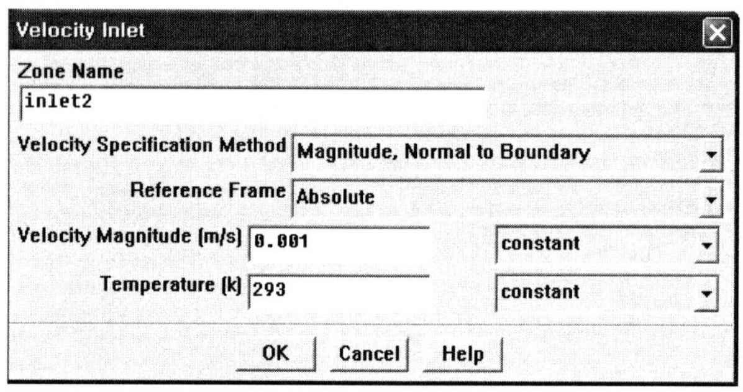

• inlet 2의 온도와 속도를 설정합니다.

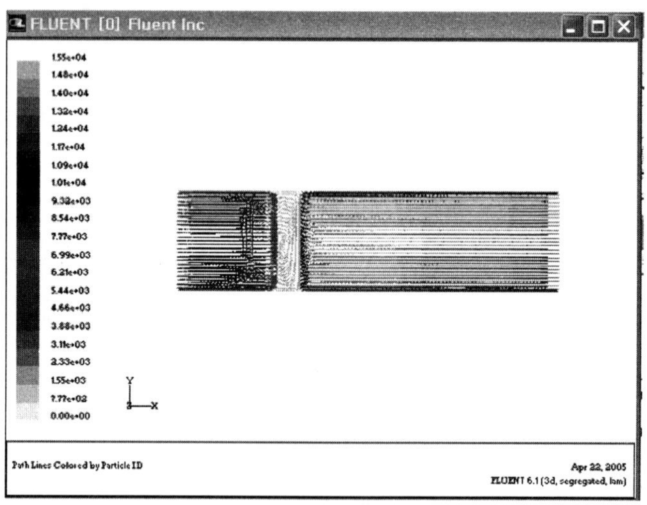

• 설정이 끝난 후에 display에서 확인을 합니다. 차가운 공기가 흘러오면서 따뜻한 공기층을 만나 공기의 온도가 변화하는 모습을 확인할 수가 있습니다.

참고문헌

[1] Edward Lumsdaine, Teaching Creative Problem Solving, Lecture note, 2010.

[2] 원윤재 외 3인, 기초공학설계 교수법 교재개발에 관한 연구, 한국기술교육대학교 공학교육혁신센터, 2007.11.

[3] 이경우 외 4인, 공학문제해결입문, 시그마프레스, 2006.

[4] 한국기술교육대학교 공학심화프로그램 자체평가보고서, 2010.2.

[5] 서남표, 공리적설계1, 동명사, 2002.3.

[6] Edward Lumsdaine et al, Creative Problem Solving and Engineering Designs, Custom Publishing, 1999.

[7] 박성균 역, 창의성 공학의 길잡이, 인터비젼, 2007.6.

[8] 김호종, 실용 트리즈의 창의성과학, 두양사, 2007.1.

[9] Alexander T. Narbut, Lecture Note, 2011.1.

[10] 박영태 외 1인, 발명특허의 과학, 현실과미래, 1999.2.

[11] 김익철, 발명특허의 정석, 현실과미래, 2001.6.

[12] 김은경, 트리즈 기반의 창의적 문제해결 능력향상을 위한 교수학습 모형 개발, 한국기술교육대학교 보고서, 2008.12.

[13] 한국트리즈협회, 비즈니스 트리즈, 교보문고, 2009.

[14] Val Kraev, Kraev's korner Lesson, TRIZ Journal.

[15] Genrich Altshuller, Creativity as an Exact Science, Gordon & Breach, 1984.

[16] Kalevi Rantanen and Ellen Domb, Simplified TRIZ, Second Edition : New Problem Solving Applications for Engineers and Manufacturing Professionals", Auerbach Publications, New York, 2008.

[17] Miles, L. D., Techniques of Value Analysis and Engineering, McGraw-Hill, New York, 1961.

[18] 한국트리즈협회, 비즈니스 트리즈, 교보문고, 서울, 2009.

[19] Sa-Hwan Leem, Yong-Jeong Huh, "A Study on the Optimum Construction for LPG Storage Tank using TRIZ", Global TRIZ Conference 2010, 2010.

[20] Abram Teplitskiy, "Application of 40 Inventive Principles in Construction", The TRIZ Journal, 2005.

[21] 겐리흐 알트슐러(박성균, 윤기섭 역), 그림으로 보는 발명문제 해결원리 40가지 원리, 도서출판 지혜, 2005.

[22] E. Domb and Altshuller, G. S., "40 Principles", TIC, Worcester, 1997.

[23] Silicon Times 제 7호, 한국반도체산업협회, 2009.5.

[24] J. D. Plummer et al., Silicon VLSI Technology:Fundamentals, Practice, and Modeling, Prentice-Hall, 2000.

[25] U. Kawabe, T. Saitoh 공저, 이충훈 역, 반도체공학, (주)북스힐, 2001.

부록

Creative Design and Lab

부록 1
해외 교육중심 공과대학 방문기

Creative Design and Lab

(미국 로즈헐만 공대, 일본 가나자와 공대)

미국 로즈헐만 공대와 일본 가나자와 공대를 최근 방문할 기회를 가졌습니다. 먼저 세계적으로 가장 우수한 교육중심대학으로 평가되고 있는 미국의 로즈헐만 공대를 먼저 살펴보도록 하겠습니다.

그동안 교육에 힘써 오던 로즈헐만 공대가 최근 심혈을 기울이는 사업 중 하나가 벤처사업이었습니다. 본교 캠퍼스에서 차로 약 10분 거리에 단독으로 세워진 벤처빌딩을 발견할 수 있었습니다. 대기업을 비롯하여 중소기업 등 많은 기업들이 이 벤처빌딩에 입주해 있었습니다.

▸▸ **그림 1** 로즈헐만 공대의 벤처빌딩 전경과 내부사진

학생들은 학기 중에는 파트타임으로, 방학 중에는 풀타임으로 일하면서 실무를 익히고 있었습니다. 한 달에 한 번씩 기업의 중역들을 초청하여 강연을 개최함으로써 인적네트워크도 구축하고 벤처기업 종사자와 학생들에게는 생생한 외부기업 관련 정보를 접할 수 있도록 하고 있었습니다.

교육중심대학이지만 벤처사업을 유치하여 교육에도 효과적으로 활용하는 모습이 인상적이었습니다.

▸▸ **그림 2** 학생들이 벤처기업에서 일하는 모습과 강연을 듣는 모습

다음으로 가나자와 공대는 일본에서도 소규모 도시에 위치해 있어서 입학생 유치에 많이 불리한 여건을 가지고 있었습니다. 일본 내 중위권 정도의 학생들을 유치하여 입학시켜 현장 실무적 교육으로 졸업 시에는 상위권 대학에 못지않게 취업을 시키는 것이 이 대학의 특성이라고 하였습니다. 이 대학이 내세우는 가장 큰 자랑거리는 '몽고방'이라고 하는 시설이었습니다. 몽고방은 꿈과 아이디어를 실현하는 공장형 실습실이라고 할 수 있습니다. 그러나 수업에 활용되는 시설이라고 하기 보다는 방과 후에 학생들이 자기가 만들어 보고 싶은 것을 마음대로 만들어 볼 수 있도록 기회를 주는 그러한 형태로 운영되는 시설이었습니다.

▸▸ **그림 3** 일본 가나자와 공대 몽고방 전경과 내부시설

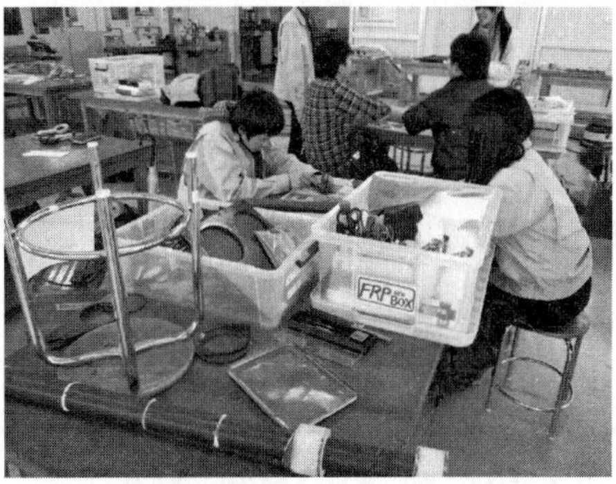

▸▸ **그림 4** 일본 가나자와 공대 몽고방에서 제작 중인 태양열 자동차와 작업하고 있는 학생들의 모습

미국 로즈헐만 공대의 벤처센터 시설과 일본 가나자와 공대의 몽고방을 돌아보고 나서 이들의 장점들을 잘 배워 이론과 실무능력을 겸비할 뿐 아니라 창업가 정신도 갖춘 공학도를 육성해서 선진국들을 앞서 나가야 하겠다는 생각이 들었습니다.

부록 2
한국 반도체장비 기술 현황

Creative Design and Lab

2.1 반도체 장비설계 기술

2.1.1 반도체장비 산업의 특징

반도체장비 산업은 고도의 기술을 요구하는 기술집약적 첨단 산업이며 전자, 광학, 정밀기계, 진공 기술, 재료, 화학, 등 광범위한 기술의 축적과 함께 막대한 R&D 비용이 소요되는 산업입니다.

반도체 장비산업은 웨이퍼의 제조, 가공, 반도체 칩의 조립, 검사 등 반도체 소자를 생산하기 위하여 사용되는 제반장비를 제조하는 산업으로 정의할 수 있습니다. 반도체장비 산업은 전방 산업인 반도체 산업의 경기, 특히 반도체 생산량 증가와 밀접한 관계가 있다고 볼 수 있겠습니다.

반도체장비 산업은 장비를 필요로 하는 반도체 기업과 긴밀한 제휴를 맺고 있으며, 이러한 특성은 신규업체가 반도체 장비시장에 도전하는 데 커다란 진입장벽으로 작용하는 경향이 있습니다.

반도체 장비 시장규모는 전공정장비가 전체 반도체 장비 시장의 83%를 차지하고 있으며, 테스트 및 관련장비, 조립장비 순으로 시장이 형성되어 있습니다.

반도체장비는 반도체소자 업체들의 설비투자 계획에 의해 직접적인 영향을 받으므로 메모리 생산라인 투자의 경우 일정 기간에 집중되는 현상을 보이며 이 기간에 장비 납품이 집중됩니다. 반도체 기업은 생산 공정에 필요한 반도체장비의 종류, 규격 및 수량 등 장비생산의 기본방향을 사전에 반도체 장비 업체에 제시하여 협업체제로 운영되는 특징이 있습니다. 반도체장비 업체는 반도체 기업이 제공한 장비의 개념설계를 바탕으로 새로운 장비를 설계하여 양산라인에 투입할 수 있는 제품을 생산하며, 판매한 장비에 대해서는 지속적으로 서비스 및 지원 활동을 제공합니다.

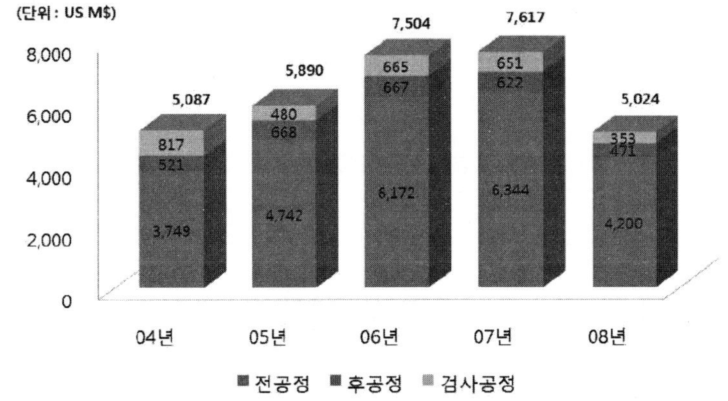

분야별 점유현황('08) : 전공정 83%, 후공정 9%, 검사 8%

▸▸ **그림 5** 국내 반도체장비 시장추이(Silicon Times, 2009)

(단위 : 백만불)

연도	2008	2009	2010	2011	2012	2013	CAGR
시장규모 (백만불)	5,023.9	2,590.2	3,189.6	4,857.0	6,239.4	4,936.9	-0.35%

▸▸ **그림 6** 국내 반도체장비 시장전망(Silicon Times, 2009)

2.1.2 국내외 업계 현황

세계 반도체장비 업체 중 상위 50위권 업체는 대부분 미국과 일본 업체입니다.

세계 반도체 장비 관련 기업을 산업 분야별로 분류하면 종합 반도체 기업, 패키징 전문 기업, Foundry 기업 및 설계 전문 기업으로 분류할 수 있으며, 약 20여개의 글로벌 기업이 세계 시장을 주도하고 있습니다.

우리나라의 반도체장비 산업은 선진국들에 비해서 많이 뒤떨어져 있는 상황이나 한국의 반도체 산업이 세계 반도체 산업에서 차지하는 높은 비중과 미국, 일본, 유럽보다 상대적으로 인건비가 싸고, 연구 인력이 우수한 점 등을 고려해 본다면 한국의 장비 산업은 큰 잠재력이 있다고 할 수 있습니다. 그러나 반도체장비 산업은 높은 기술력을 바탕으로 세계시장을 일정 부문 점유하지 않으면 기술 개발을 위한 연구비 조달이 어렵기 때문에 후발업체가 새로이 반도체장비시장에 진입하기는 어렵습니다.

국내 반도체장비 제조업체들은 대부분 후공정장비 및 주변장비를 생산하는 중소업체들이며, 전적으로 국내 반도체 생산업체들에 의존하고 있습니다. 대부분 연륜이 짧고, 중

소규모의 기업으로 선진국과 기술력에서도 현격한 차이가 있는 실정이므로 국내장비 산업 환경이 짧은 시간에 개선되기는 어려울 것으로 예상됩니다.

(단위 : 백만불)

순위	업체명		매출($M)		증감률(%)
			2007년	2008년	
1	Applied Materials	(미국)	6,787.5	4,088.1	-39.8%
2	ASML	(유럽)	4,609.1	3,525.3	-23.5%
3	Tokyo Electron	(일본)	5,362.0	3,452.8	-35.6%
4	KLA-Tencor	(미국)	2,325.9	1,770.9	-23.9%
5	Lam Research	(미국)	2,244.9	1,502.0	-33.1%
6	Nikon	(일본)	1,805.8	1,332.6	-26.2%
7	Dainippon Screen	(일본)	1,195.5	832.0	-30.4%
8	Teradyne	(미국)	706.8	825.0	-16.7%
9	Advantest	(일본)	1,607.5	787.9	-51.0%
10	ASM International N.V.	(유럽)	1,023.0	787.2	-23.0%
Top 10 소계			27,668	18,903.8	-
...	...		...	...	...
44	세메스	(한국)	100	146	462

▶▶ 그림 7 2008년도 현재 세계 Top 10 반도체장비 기업 현황(Silicon Times, 2009.3)

장비별로 보면 전공정 관련장비는 전체 반도체장비 수요의 80%를 차지하고 있으나 국산화율은 18.5%로 조립용장비나 검사장비에 비해 상대적으로 매우 낮습니다. 그러나 국내 반도체장비 기업들은 미국과 유럽 등지 업체들과 전략적인 제휴를 통해 선진장비 기술을 도입, 발 빠르게 사업 영역을 확대하고 해외시장 진출 등을 도모하고 있습니다.

분 야	중요도	일본	대만	미국	EU	한국
산업경쟁력	100%	100%	15%	93%	91%	63%
Photo-lithography	15.8%	85%	-	60%	100%	10%
PR 처리 장치	4.7%	100%	-	70%	85%	80%
Etcher	10.3%	90%	-	100%	80%	60%
세정건조 장치	5.8%	100%	60%	70%	85%	80%
열처리 장치	3.4%	100%	-	95%	90%	80%
CVD	11.8%	95%	-	100%	85%	80%
PVD(Sputter 등)	5.8%	95%	-	100%	85%	80%
Ion Implanter	0.6%	90%	-	100%	90%	-
CMP	7.1%	85%	-	100%	90%	65%
Cu 증착	1.4%	90%	-	100%	90%	80%
Wafer 검사·측정 장치	7.1%	90%	50%	100%	70%	20%
Tester	12.2%	100%	-	90%	90%	60%
핸들러	2.1%	90%	-	-	-	100%
Prober	2.3%	100%	-	100%	80%	80%
패키징장비	3.6%	100%	70%	90%	80%	80%
본딩장비	6.0%	100%	80%	100%	90%	80%

▸▸ **그림 8** 반도체장비 국가별 산업경쟁력 비교

2.1.3 발전 방향

한국은 상대적으로 적은 기술력을 필요로 하는 반도체장비 산업을 집중 육성하여 수입 대체 효과를 거두거나 새로이 출현하고 있는 반도체 공정 기술을 실현 할 수 있는 장비 산업 분야에 집중적으로 투자하는 것이 가장 바람직하다고 할 수 있겠습니다. 국내에서 반도체장비를 개발, 생산하는 중소기업은 기술의 영세성을 벗어나려는 노력을 해야 하며, 고부가가치장비의 개발에 관심을 가져야 하고, 반도체 장비 소자 업체와 동반자적 협력관계를 구축 할 필요가 있습니다. 다변화 되어가는 시장 상황에 맞추어 국내 장비 제조업체들은 국내의 한정된 고객사에 치중하는 대신, 다수 고객에 대한 공급이 힘든 현재 구조를 타파하여, 창조적인 기술력을 바탕으로 세계장비시장에 뛰어들어야 합니다.

반도체장비 판매시장의 다변화가 반도체장비 업체의 활로이며, 이를 위해서는 창조적

기술의 개발과 기술보호가 우선 시 되어야 합니다. 반도체장비 산업의 지나치게 높은 해외 의존도를 줄여 반도체 강국으로서의 입지를 다져야 하겠습니다.

2.2 반도체장비 설계 단계

반도체장비 설계 단계는 일부 후공정 및 검사공정을 제외하면 전체적으로 아직 초기 단계이기 때문에 선진국의 기술을 활용하는 단계이지만 국산화 기술 개발 및 확보를 바탕으로 빠른 발전 속도를 보이고 있습니다.

반도체장비 설계도 크게 보면 자동화 설계의 한 부분에 속합니다. 때문에 반도체 제조 공정을 충분하고 심도 있게 이해하는 것이 중요합니다. 이는 장비가 필요로 하는 사양 및 핵심적 구성을 위해서도 필요하지만 새로운 장비를 기획하거나 개발할 때 가장 중요한 부분으로 작용합니다. 기존의 반도체 공정을 이해하는 것 뿐 아니라 향후 반도체의 발전 방향에도 주의를 기울여야 업계가 필요로 하는 장비를 적기에 개발함으로써 시장에서의 지위를 유지할 수 있을 것입니다.

(1) 기획단계(계획 및 과제의 규명)

① 시장 및 선진 기술 동향 분석
② 제품 및 성능 구현을 위한 아이디어의 모색 및 선택
③ 달성 가능한 기술적 목표를 구체화하고 개발과제를 정의
④ 요구사항 및 성능, 기능 목록을 사양서의 형태로 구체적으로 작성

(2) Layout 작성 단계(원리적 해결방안 개발)

① 핵심적인 기술 및 해결과제의 명확한 인식(가능한 수치적으로 이해하는 것이 중요함)
② 기능구조의 확정
③ 작용원리와 시스템 구조의 모색
④ 개념적 해결방안, 변수들의 조합 및 확정
⑤ 기술적, 경제적 기준에 의한 평가

(3) 조립도 작성 단계(구성 구조의 결정)

① 구조적인 취약부의 제거
② 결점, 방해 인자 및 최소 원가의 점검
③ 초기적 부품 List, 가공 List 및 조립 지침서 작성

(4) 도면 작성 단계(생산 및 운전에 필요한 기록문서 작성)

① 상세도면 및 제작 발주를 위한 부품 List 작성

② 생산, 조립, 운반 그리고 운전 지침서 완성

③ 모든 기록문서 검토

- 상세 설계 시 가장 핵심적인 활동

(가) 작용원리와 시스템 구성의 최적화

(나) 배열, 형상 및 재료의 최적화

(다) 생산 및 가공의 최적화

(5) 양산 혹은 반복생산을 위한 기술문서 정리

2.3 반도체장비 설계에 필요한 지식

반도체장비를 설계하기 위한 설계자의 필요지식은 기본적인 기계설계 지식과 크게 다르지 않습니다. 다만 매우 중요한 점은 앞에서도 언급하였듯이 반도체 제조 공정에 대한 충분한 이해입니다. 반도체장비의 개발 기간이 매우 짧다는 점과 고가의 장비이므로 개발 및 설계의 실수가 치명적으로 작용할 수 있다는 점을 고려하면 유사 장비에 대한 설계경험이 매우 중요합니다. 또한 요소 기술에 대한 정확한 이해가 있어야 기술을 적용하고 새로운 장비를 개발할 수 있는 것입니다.

(1) 가공품 설계

① 기계재료

② 표면처리, 열처리

③ 공차, 도면표기법

④ 가공, 공구

(2) 상용 부품

① 센서, 계측기, Vision

② Actuator, Guide

③ 체결 및 고정용 요소 부품

④ 유공압 관련 부품

(3) 요소 부품 선정

① Motor 및 동력전달 장치
② 유 공압부품
③ Sensor 및 측정 부품

(4) CAD

① 3D Modeling
② 2D Drafting
③ 3D Assembly
④ 구성 요소부품 Check

(5) 설계 시 유의사항

① 조립성
② 신뢰성
③ 반복정밀도
④ 정확도
⑤ 안전규격(KS-규격, S Mark, CE 인증 등)

(6) CAE

① 구조해석
② 진동해석
③ 열전달해석

(7) 창의적 문제해결법 및 실험방법

(8) 반도체 공정에 대한 이해

(9) 회로설계 및 S/W

장비를 설계하는 초기 단계에서 가장 중요한 것은 설계할 대상에 대한 학습이 되겠습니다. 예를 들면 장비가 사용될 공정이라든지, 다루게 될 작업 대상물(Work) 등에 대하여 학습이 요구됩니다. 다음은 장비에서 구현해야 할 기술을 잘 세분화하여 표현해야 합니다. 개발해야 할 기계나 장비를 기능 및 난이도에 따라 영역별로 나누어 구체적이고 상세하게 기술해 나가는 것이 필요합니다. 이 부분은 장비설계 및 기획을 많이 해본 전문가의 경험과 노하우(Know-how)가 많이 요구되는 부분입니다.

마지막으로 구현 가능성(Feasibility) 테스트(test)가 필요한 부분을 잘 구분해 내는 것입니다. 자체적인 기술력으로 구현이 가능한 부분과 테스트를 통해서 검증해야 하는 것들, 그리고 장비의 핵심 기술에 해당하는 것과 그렇지 않은 것을 명확하게 구분해야 합니다. 이러한 방식으로 전체적인 사양을 결정하고 상세 사양을 정해 나가는 과정을 통하여 장비의 완성도가 높아지게 됩니다. 사양 결정 시에는 반드시 구현해야 하는 기능(Must)과 원하는 기능(want)을 구분하여 하고 이를 가격경쟁력과 함께 고려해야 합니다.

2.4 반도체장비 기계설계 시 고려사항 우선순위

(1) 기능(Function)과 성능(Capability)

(2) 강건한 설계 (Robust Design)

(3) 내구성

(4) 조립 및 가공성

2.5 반도체장비 설계의 발전 방향

(1) 초정밀 핵심기능 개발

(2) 부품의 표준화 (Standard)

(3) 기능적 Module화 및 Unit화

(4) 전산화 (computerization)

반도체장비 제조 분야는 초정밀 첨단 부품들의 경연장이라고 할 만큼 새로운 기술과 정밀 구성요소들이 많이 사용되는 분야입니다. 장비설계 분야는 이러한 초정밀 첨단 기술 및 부품을 어떻게 구성하여 반도체 제조 공정에 적용할 것 인가 하는 문제이기도합니다. 반도체장비 분야는 기업 대 기업의 비즈니스 분야이고 사용자의 요청에 의하여 주문 생산되는 경우가 거의 대부분이므로 표준화율이 매우 낮은 분야입니다. 그러나 최근 단납기 및 가격저감의 필요성이 갈수록 증대하고 있기 때문에 검증된 구성요소 위주로 표준화 및 유닛(Unit)화가 진행되고 있습니다. 반도체장비를 제작하는 기업에서는 설계(Design) 시간 단축을 위해 전산화에도 힘을 기울이고 있습니다.

부록 3
모순 매트릭스

Creative Design and Lab

Feature to Improve \ Undesired Result (Conflict)		1 Weight of Moving object	2 Weight of stationary object	3 Length of Moving object	4 Length of stationary object	5 Area of Moving object	6 Area of stationary object	7 Volume of Moving object	8 Volume of stationary object	9 Speed	10 Force	11 Tension' Pressure	12 Shape	13 Stability of object
1	Weight of moving object			15, 8, 29, 34		29, 17, 38, 34		29, 2, 40, 28		2, 8, 15, 38	8, 10, 18, 37	10, 36, 37, 40	10, 14, 35, 40	1, 35, 19, 39
2	Weight of stationary object				10, 1, 29, 35		35, 30 13, 2		5, 35, 14, 2		8, 10 19, 35	13, 29, 10, 18	13, 10, 29, 14	26, 39, 1, 40
3	Length of moving object	8, 15, 29, 34				15, 17 4		7, 17, 4, 35		13, 4, 8	17, 10, 4	1, 8, 35	1, 8, 10, 29	1, 8, 15, 34
4	Length of stationary object		35, 28, 40, 29				17, 7, 10, 40		35, 8, 2, 14		28, 10	1, 14, 35	13, 14, 15, 7	39, 37, 35
5	Area of moving object	2, 17, 29, 40		14, 15, 18, 4				7, 14, 17, 4		29, 30, 4, 34	19, 30, 35, 2	10, 15, 36, 28	5, 34, 29, 4	11, 2, 13, 39
6	Area of stationary object		30, 2, 14,18		16, 7, 9, 39						1, 18, 35, 36	10, 15, 36, 37		2, 38
7	Volume of moving object	2, 26, 39, 40		1, 7, 4, 35		1, 7, 4, 17				29, 4, 38, 34	15, 35, 36, 37	6, 35, 36, 37	1, 15, 29, 4	28, 10, 1, 39
8	Volume of stationary object		35, 10, 19, 14	19, 14	35, 8, 2, 14						2, 18, 37	24, 35	7, 2, 35	34, 24, 25, 40
9	Speed	2, 28, 13, 38		13, 14, 8		29, 30, 34		7, 29, 34			13, 28, 15, 19	6, 18, 38, 40	35, 15, 18, 34	28, 33, 1, 18
10	Force	8, 1, 37, 18	18, 13, 1, 28	17, 19, 6, 36	28, 10	19, 10, 15	1, 18, 36, 37	15, 9, 12, 37	2, 36, 18, 37	13, 28, 15, 12		18, 21, 11	10, 35, 40, 34	35, 10, 21
11	Tension, Pressure	10, 36, 37, 40	13, 29, 10, 18	35, 10, 36	35, 1, 14, 16	10, 15, 36, 25	10, 15, 35, 37	6, 35, 10	35, 24	6, 35, 36	36, 35, 21		35, 4, 15, 10	35, 33, 2, 40
12	Shape	8, 10, 29, 40	15, 10, 26, 3	29, 34, 5,4	13, 14, 10, 7	5, 34, 4, 10		14, 4, 15, 22	7, 2, 35	35, 15, 34, 18	35, 10, 37, 40	34, 15, 10, 14		33, 1, 18, 4
13	Stability of object	21, 35, 2, 29	15, 10, 26, 3	13, 15, 1, 28	37	2, 11, 13	39	28, 10, 19, 39	34, 28, 35, 40	33, 15, 28, 18	10, 35, 21, 16	2, 35, 40	22, 1, 18, 4	
14	Strength	1, 8, 40, 15	40, 26, 27, 1	1, 15, 8, 35	15, 14, 28, 26	3, 34, 40, 29	9, 40, 28	10, 15, 14, 7	9, 14, 17, 15	8, 13, 26, 14	10, 18, 3, 14	10, 3, 18, 14	10, 30, 35, 40	13, 17, 35
15	Durability of moving object	19, 5, 34, 31		2, 19, 9		3, 17, 19		10, 2, 19, 30		3, 35, 5	19, 2, 16	19, 3, 27	14, 26, 28, 25	13, 3, 35
16	Durability of stationary object		6, 27, 19, 16		1, 10, 35				35, 34, 38					39, 3, 35, 23
17	Temperature	36, 33, 6, 38	22, 35, 32	15, 19, 9	15, 19, 9	3, 35, 39, 18	35, 38	34, 39, 40, 18	35, 6, 4	2, 28, 36, 30	35, 10, 3, 21	35, 10, 19, 2	14, 22, 19, 32	1, 35, 32
18	Brightness	19,1, 32	2,35, 32			19,32, 26								
19	Energy spent by moving object	12, 18, 28, 31		13, 28		15, 19, 25		35, 13, 18		8, 15, 35	16, 26, 21, 2	23, 14, 25	12, 2, 29	19, 13, 17, 24
20	Energy spent by stationary object		19, 9, 6, 27								36, 37			27, 4, 29, 19

Undesired Result (Conflict) / Feature to Improve		14 strength	15 Durability of moving object	16 Durability of stationary object	17 Temperature	18 Brightness	19 Energy spent by moving	20 Energy spent by stationary	21 Power	22 waste of energy	23 waste of substance	24 Loss of information	25 Waste of time	26 Amount of substance
1	Weight of moving object	28, 27 18, 40	5, 34 31,35		6, 20 4, 38	19, 1 32	35, 12 34, 31		12, 36 18, 31	6, 2 34, 19	5, 35 3, 31	10,34 35	10, 35 20, 28	3, 26 8, 31
2	Weight of stationary object	28, 2 10, 27		2, 27 19, 6	28, 19 32, 22	19, 32 35		18, 19 28, 1	15,19 18, 22	18, 19 28, 15	5, 8 13, 30	10,15,35	10, 20 35, 26	19, 6 18, 26
3	Length of moving object	8, 35 29, 4	19		10, 15 19	32	8, 35, 24		1, 35	7, 2 35, 39	4, 29 23, 10	1, 24	15, 2 29	29, 35
4	Length of stationary object	15, 14 28, 26		1, 40 35	3, 35 38, 18	3, 25			12, 8	6, 28	10, 28 24, 35	24, 26	30, 29 14	
5	Area of moving object	3, 15 40, 14	6, 3		2, ,15 16	15, 32 19, 13	19, 32		17, 32	17, 7 30	10, 35 2, 39	30, 26	26, 4	29, 30 6, 13
6	Area of stationary object	40		2, 10 19, 30	35, 39 38				17, 32	17, 7 30	10, 14 18, 39	30, 16	10, 35 4, 18	2, 18 40, 4
7	Volume of moving object	9, 14 15, 7	6, 35 4		34, 39 10,18	2, 13 10	35		35, 6 13, 18	7, 15 13, 16	36, 39 34, 10	2, 22	2, 6 34, 10	29, 30 7
8	Volume of stationary object	9, 14 17, 15		35, 34 38	35, 6 4				30, 6		10, 39 35, 34		35, 16 32, 18	35, 3
9	Speed	8, 3 26, 14	3, 19 35, 5		28, 30 36, 2	10, 13 19	8, 15 35, 38		19, 35 38, 2	14, 20 19, 35	10, 13 28, 38	13, 26		18, 19 29, 28
10	Force	35, 10 14, 27	19, 2		35, 10 24		19, 17 10	1, 16 36, 37	19, 35 18, 37	14, 15	8, 35 40, 5		10, 37 36	14, 29 18, 36
11	Tension, Pressure	9, 18 3, 40	19, 3 27		35, 39 19, 2		14, 24 10, 37		10, 35 14	2, 36 25	10, 36 3, 37		37, 36 4	10, 14 36
12	Shape	30, 14 10, 40	14, 26 9, 25		22, 14 19, 32	13, 15 32	2, 6 34, 14		4, 6 2	14	35, 29 3, 5		14, 10 34, 17	36, 22
13	Stability of object	17, 9 15	13, 27 10, 35	39, 3 35, 23	35, 1 32	32, 3 27, 15	13, 19	27, 4 29, 18	32, 35 27, 31	14, 2 39, 6	2, 14 30, 40		35, 27	15, 32 35
14	Strength		27, 3 26		30, 10 40	35, 19	19, 35 10	35	10, 26 35, 28	35	35, 28 31, 40		29, 3 28, 10	29, 10 27
15	Durability of moving object	27, 3 10			19, 35 39	2, 19 4, 35	28, 6 35, 18		19, 10 35, 38		28, 27 3, 18	10	20, 10 28, 18	3, 35 10, 40
16	Durability of stationary object				19, 18 36, 40				16		27, 16 18, 38	10	28, 20 10, 16	3, 35 31
17	Temperature	10, 30 22, 40	19, 13 39	19, 18 36, 40		32, 30 21, 16	19, 15 3, 17		2, 14 17, 25	21, 17 35, 38	21, 36 29, 31		35, 28 21, 18	3, 17 30, 39
18	Brightness	35, 19	2, 19 6		32, 35 19		32, 1 19	32, 35 1, 15	32	19, 16 1, 6	13, 1	1, 6	19, 1 26, 17	1, 19
19	Energy spent by moving object	5, 19 9, 35	28, 35 6, 18		19, 24 3, 14	2, 15 19			6, 19 37, 18	12, 22 15, 24	35, 24 18, 5		35, 38 19, 18	34, 23 16, 18
20	Energy spent by stationary object	35				19, 2 35, 32					28, 27 18, 31			3, 35 31

Undesired Result (Conflict) / Feature to Improve		27	28	29	30	31	32	33	34	35	36	37	38	39
		Reliability	Measurement accuracy	Manufacturing accuracy	Harmful factors acting on	Harmful side effects	Manufacturability	Convenience of use	Repairability	Adaptability	Device complexity	complexity of control	Level of automation	Productivity
1	Weight of moving object	3, 11 1, 27	28, 27 35, 26	28, 35, 26, 18	22, 21 18, 27	22, 35 31, 39	27, 28 1, 36	35, 3 2, 24	2, 27 28, 11	29, 5 15, 8	26, 30 36, 24	28, 29 26, 32	26, 35 18, 19	35, 3 24, 37
2	Weight of stationary object	10, 28 8, 3	18, 26 28	10, 1 35, 17	2, 19 22, 37	35, 22 1, 39	28, 1 9	6, 13 1, 32	2, 27 28, 11	19, 15 29	1, 10 26, 39	25, 28 17, 5	2, 26 35	1, 28 15, 35
3	Length of moving object	10, 14 29, 40	28, 32 4	10, 28 29, 37	1, 15 17, 24	17, 15	1, 29 17	15, 29 35, 4	1, 28 10	14, 15 1, 16	1, 19 26, 24	35, 1 26, 24	17, 24 26, 16	14, 4 28, 29
4	Length of stationary object	15, 29 28	32, 28 3	2, 32 10	1, 18		15, 17 27	2, 25	3	1, 35	1, 26	26		30, 14 7, 26
5	Area of moving object	29, 9	26, 28 32, 3	2, 32	22, 33 28, 1	17, 2 18, 39	13, 1 26 24	15, 17 13, 16	15, 13 10, 1	15, 30	14, 1 13	2, 36 26, 18	14, 30 28, 23	10, 15 34, 2
6	Area of stationary object	32, 35 40, 4	26, 28 32, 3	2, 29 18, 36	27, 2 39, 35	22, 1 40	40, 16	16, 4	16	15, 16	1, 18 36	2, 35 30, 18	23	10, 15 17, 7
7	Volume of moving object	14, 1 40, 11	25, 26 28	25, 28 2, 16	22, 21 27, 35	17, 2 40, 1	29, 1 40	15, 13 30, 12	10	15, 29	26, 1	29, 26 4	35, 34 16, 24	10, 6 2, 34
8	Volume of stationary object	2, 35 16		35, 10 25	34, 39 19, 27	30, 18 35, 4	35		1		1, 31	2, 17 26		35, 37 10, 2
9	Speed	11, 35 27, 28	28, 32 1, 24	10, 28 32, 25	1, 28 35, 23	2, 24 35, 31	35, 13 8, 1	32, 28 13, 12	34, 2 28, 27	15, 10 26	10, 28 4, 34	3, 34 27, 16	10, 18	
10	Force	3, 35 13, 21	35, 10 23, 24	28, 29 37, 36	1, 35 40, 18	13, 3 36, 24	15, 37 18, 1	15, 1 11	15, 17 18, 20	26, 35 10, 18	36, 37 10, 19	36, 37 10, 19	2, 35	3, 28 35, 37
11	Tension, Pressure	10, 13 19, 35	6, 28 25	3, 35	22, 2 37	2, 33 27, 18	1, 35 26	11	2	35	19, 1 35	2, 36 37	35, 24	10, 14 35, 37
12	Shape	10, 14 16	28, 32 1	32, 30 40	22, 1 2, 35	35, 1	1, 32 17, 28	32, 15 26	2, 13 1	1, 15 29	16, 29 1, 28	15, 13 39	15, 1 32	17, 26 34 10
13	Stability of object		13	18	35, 24 30, 18	35, 40 27, 39	35, 19	32, 35 30	2, 35 10, 16	35, 30 34, 2	2, 35 22, 26	35, 30 39, 23	1, 8 35	23, 35 40, 3
14	Strength	11, 3	3, 27 16	3, 27	18, 35 37, 1	15, 35 22, 2	11, 3 10, 32	32, 40 28, 2	27, 11 3	15, 3 32	2, 13 28	27, 3 15, 40	15	29, 35 10, 14
15	Durability of moving object	11, 2 13	3	3, 27 16, 40	22, 15 33, 28	21, 39 16, 22	27, 1 4	12, 27	29, 10 27	1, 35 13	10, 4 29, 15	19, 29 39, 35	6, 10	35, 17 14, 19
16	Durability of stationary object	34, 27 6, 40	10, 26 24		17, 1 40, 33	22	35, 10	1	1	2		25, 34 6, 35	1	10, 20 16, 38
17	Temperature	19, 35 3, 10	32, 19 24	24	22, 33 35, 2	22, 35 2, 24	26, 27	26, 27	4, 10 16	2, 18 27	2, 17 16	3, 27 35, 31	26, 2 19, 16	15, 28 35
18	Brightness		11, 15 32	3, 32	15, 19	35, 19 32, 39	19, 35 28, 26	28, 26 19	15, 17 13, 16	15, 1 1, 19	6, 32 13	32, 15	2, 26 10	2, 25 16
19	Energy spent by moving object	19, 21 11, 27	3, 1 32		1, 35 6, 27	2, 35 6	28, 26 30	19, 35	1, 15 17, 28	15, 17 13, 16	2, 29 27, 28	35, 38	32, 2	12, 28 35
20	Energy spent by stationary object	10, 36 23			10, 2 22, 37	19, 22 18	1, 4					19, 35 16, 25		1, 6

Feature to Improve \ Undesired Result (Conflict)		1 Weight of Moving object	2 Weight of stationary object	3 Length of Moving object	4 Length of stationary object	5 Area of Moving object	6 Area of stationary object	7 Volume of Moving object	8 Volume of stationary object	9 Speed	10 Force	11 Tension' Pressure	12 Shape	13 Stability of object
21	Power	8, 36 38, 31	19, 26 17, 27	1, 10 35, 37		19, 38	17, 32 13, 38	35, 6 38	30, 6 25	15, 35 2	26, 2 36, 35	22, 10 35	29, 14 2, 40	35, 32 15, 31
22	waste of energy	15, 6 19, 28	19, 6 18, 9	7, 2 6, 13	6, 38 7	15, 26 17, 30	17, 7 30, 18	7, 18 23	7	16, 35 38	36, 38			14, 2 39, 6
23	waste of substance	35, 6 23, 40	35, 6 22, 32	14, 29 10, 39	10, 28 24	35, 2 10, 31	10, 18 39, 31	1, 29 30, 36	3, 39 18, 31	10, 13 28, 38	14, 15 18, 40	3, 36 37, 10	29, 35 3, 5	2, 14 30, 40
24	Loss of information	10, 24 35	10, 35 5	1, 26	26	30, 26	30, 16		2, 22	26, 32				
25	Waste of time	10, 20 37, 35	10, 20 26, 5	15, 2 29	30, 24 14, 5	26, 4 5, 16	10, 35 17, 4	2, 5 34, 10	35, 16 32, 18		10, 37 36, 5	37, 36 4	4, 10 34, 17	35, 3 22, 5
26	Amount of substance	35, 6 18, 31	27, 26 18, 35	15, 9 14, 4		15, 14 29	2, 18 40, 4	15, 20 29		35, 29 34, 28	35, 14 3	10, 36 14, 3	35, 14	15, 2 17, 40
27	Reliability	3, 8 10, 40	3, 10 8, 28	15, 9 14, 4	15, 29 28, 11	17, 10 14, 16	32, 35 40, 4	3, 10 14, 24	2, 35 14, 24	21, 35 11, 28	8, 28 10, 3	10, 24 35, 19	35, 1 16, 11	
28	Measurement accuracy	32, 35 26, 28	28, 35 25, 26	28, 26 5, 16	32, 28 3, 16	26, 28 32, 3	26, 28 32, 3	32, 13 6		28, 13 32, 24	32, 2	6, 28 32	6, 28 32	32, 35 13
29	Manufacturing accuracy	28, 32 13, 18	28, 35 27, 9	10, 28 29, 37	2, 32 10	28, 33 29, 32	2, 29 18, 36	32, 28 2	25, 10 35	10, 28 32	28, 19 34, 36	3, 35	32, 30 40	30, 18
30	Harmful factors acting on object	22, 21 27, 39	2, 22 13, 24	17, 1 39, 4	1, 18	22, 1 33, 28	27, 2 39, 35	22, 23 37, 35	34, 39 19, 27	21, 22 35, 28	13, 35 39, 18	22, 2 37	22, 1 3, 35	35, 24 30, 18
31	Harmful side effects	19, 22 15, 39	35, 22 1, 39	17, 15 16, 22		17, 2 18, 39	22, 1 40	17, 2 40	30, 18 35, 4	35, 28 3, 23	35, 38 1, 40	2, 33 27, 18	35, 1	35, 40 27, 39
32	Manufacturability	28, 29 15, 16	1, 27 36, 13	1, 29 13, 17	15, 17 27	13, 1 26, 12	16, 40	13, 29 1, 40	35	35, 13 8, 1	35, 12	35, 19 1, 37	1, 28 13, 27	11, 13 1
33	Convenience of use	25, 2 13, 15	6, 13 1, 25	1, 17 13, 12		1, 17 13, 16	18, 16 15, 39	1, 16 35, 15	4, 18 39, 31	18, 13 34	28, 13 35	2, 32 12	15, 34 29, 28	32, 35 30
34	Repairability	2, 27 35, 11	2, 27 35, 11	1, 28 10, 25	3, 18 31	15, 13 32	16, 25	25, 2 35, 11	1	34, 9	1, 11 10	13	1, 13 2, 4	2, 35
35	Adaptability	1, 6 15, 8	19, 15 29, 16	35, 1 29, 2	1, 35 16	35, 30 29, 7	15, 16	15, 35 29		35, 10 14	15, 17 20	35, 16	15, 37 1, 8	35, 30 14
36	Device complexity	26, 30 34, 36	2, 36 35, 39	1, 19 26, 24	26	14, 1 13, 16	6, 36	34, 25 6	1, 16	34, 10 28	26, 16	19, 1 35	29, 13 28, 15	2, 22 17, 19
37	complexity of control	27, 26 28, 13	6, 13 28, 1	16, 17 26, 24	26	2, 13 15, 17	2, 39 30, 16	29, 1 4, 16	2, 18 26, 31	3, 4 16, 35	36, 28 40, 19	35, 36 37, 32	27, 13 1, 39	11, 22 39, 30
38	Level of automation	28, 26 18, 35	28, 26 35, 10	14, 13 17, 28	23	17, 14 13		35, 13 16		28, 10	2, 35	13, 35	15, 32 1, 13	18, 1
39	Productivity	35, 26 24, 37	28, 27 15, 3	18, 4 28, 38	30, 7 14, 26	10, 26 34, 31	10, 35 17, 7	2, 6 34, 10	35, 37 10, 2		28, 15 10, 36	10, 37 14	14, 10 34, 40	35, 3 22, 39

	Undesired Result (Conflict) / Feature to Improve	14 strength	15 Durability of moving object	16 Durability of stationary object	17 Temperature	18 Brightness	19 Energy spent by moving object	20 Energy spent by stationary object	21 Power	22 waste of energy	23 waste of substance	24 Loss of information	25 Waste of time	26 Amount of substance
21	Power	26, 10 28	19, 35 10, 38	16	2, 14 17, 25	16, 6 19	16, 6 19, 37			10, 35 38	28, 27 18, 38	10, 19	35, 20 10, 6	4, 34 19
22	waste of energy	26			19, 38 7	1, 13 32, 15			3, 38		35, 27 2, 37	19, 10	10, 18 32, 7	7, 18 25
23	waste of substance	35, 28 31, 40	28, 27 3, 18	27, 16 18, 38	21, 36 39, 31	1, 6 13	35, 18 34, 5	28, 27 12, 31	28, 27 18, 38	35, 27 2, 31			15, 18 35, 10	6, 3 10, 24
24	Loss of information		10	10		19			10, 19	10, 19			24, 26 28, 32	24, 28 35
25	Waste of time	29, 3 28, 18	20, 10 28, 18	28, 20 10, 16	35, 29 21, 18	1, 19 26, 17	35, 38 19, 18	1	35, 20 10, 6	10, 5 18, 32	35, 18 10, 39	24, 26 28, 32		35, 38 18, 16
26	Amount of substance	14, 35 34, 10	3, 35 10, 40	3, 35 31	3, 17 39		34, 29 16, 18	3, 35 31	35	7, 18 25	6, 3 10, 24	24, 28 35	35, 38 18, 16	
27	Reliability	11, 28	2, 35 3, 25	34, 27 6, 40	3, 35 10	11, 32 13	21, 11 27, 19	36, 23	21, 11 26, 31	10, 11 35	10, 35 29, 39	10, 28	10, 30 4	21, 28 40, 3
28	Measurement accuracy	28, 6 32	28, 6 32	10, 26 24	6, 19 28, 24	6, 1 32	3, 6 32		3, 6 32	26, 32 27	10, 16 31, 28		24, 34 28, 32	2, 6 32
29	Manufacturing accuracy	3, 27	3, 27 40		19, 26	3, 32	32, 2		32, 2	13, 32 2	35, 31 10, 24		32, 26 28, 18	32, 30
30	Harmful factors acting on object	18, 35 37, 1	22, 15 33, 28	17, 1 40, 33	22, 33 35, 2	1, 19 32, 13	1, 24 6, 27	10, 2 22, 37	19, 22 31, 2	21, 22 35, 2	33, 22 19, 40	22, 10 2	35, 18 34	35, 33 29, 31
31	Harmful side effects	15, 35 22, 2	15, 2 33, 31	21, 39 16, 22	22, 35 2, 24	19, 24 39, 32	2, 35 6	19, 22 18	2, 35 18	21, 35 2, 22	10, 1 34	10, 21 29	1, 22	3, 24 39, 1
32	Manufacturability	1, 3 10, 32	27, 1 4	35, 16	27, 26 18	28, 24 27, 1	28, 26 27, 1	1, 4	27, 1 12, 24	19, 35	15, 34 33	32, 24 18, 16	35, 28 34, 4	35, 23 1, 24
33	Convenience of use	32, 40 3, 28	29, 3 8, 25	1, 16 25	26, 27 13	13, 17 1, 24	1, 13 24		35, 34 2, 10	2, 19 13	28, 32 2, 24	4, 10 27, 22	4, 28 10, 34	12, 35
34	Repairability	11, 1 2, 9	11, 29 28, 27	1	4, 10	15, 1 13	15, 1 28, 16		15, 10 32, 2	15, 1 32, 19	2, 35 34, 27		32, 1 10, 25	2, 28 10, 25
35	Adaptability	35, 3 32, 6	13, 1 35	2, 16	27, 2 3, 35	6, 22 26, 1	19, 35 29, 13		19, 1 29	18, 15 1	15, 10 2, 13		35, 28	3, 35 15
36	Device complexity	2, 13 28	10, 4 28, 15		2, 17 13	24, 17 13	27, 2 29, 28		20, 19 30, 34	10, 35 13, 2	35, 10 28, 29		6, 29	13, 3 27, 10
37	complexity of control	27, 3 15, 28	19, 29 39, 25	25, 24 6, 35	3, 27 35, 16	2, 24 26	35, 38	19, 35 16	19, 1 16, 10	35, 3 15, 19	1, 13 10, 24	35, 33 27, 22	18, 28 32, 9	3, 27 29, 18
38	Level of automation	25, 13	6, 9		26, 2 19	8, 32 19	2, 32 13		28, 2 27	23, 28	35, 10 18, 5	35, 33	24, 28 35, 30	35, 13
39	Productivity	29, 28 10, 18	35, 10 2, 18	20, 10 16, 38	35, 21 28, 10	26, 17 19, 1	35, 10 38, 19	1	35, 20 10	28, 10 29, 25	28, 10 35, 23	13, 15 23		35, 38

No.	Feature to Improve \ Undesired Result (Conflict)	27 Reliability	28 Measurement accuracy	29 Manufacturing accuracy	30 Harmful factors acting on object	31 Harmful side effects	32 Manufacturability	33 Convenience of use	34 Repairability	35 Adaptability	36 Device complexity	37 complexity of control	38 Level of automation	39 Productivity
21	Power	19, 24 26, 31	32, 15 2	32, 2	19, 22 31, 2	2, 35 18	26, 10 34	26, 35 10	35, 2 10, 34	19, 17 34	20, 19 30, 34	19, 35 16	28, 2 17	28, 35 34
22	waste of energy	11, 10 35	32		21, 22 35, 2	21, 35 2, 22		35, 22 1	2, 19		7, 23	35, 3 15, 23	2	28, 10 29, 35
23	waste of substance	10, 29 39, 35	16, 34 31, 28	35, 10 24, 31	33, 22 30, 40	10, 1 34, 29	15, 34 33	32, 28 2, 24	2, 35 34, 27	15, 10 2	35, 10 28, 24	35, 18 10, 13	35, 10 18	28, 35 10, 23
24	Loss of information	10, 28 23			22, 10 1	10, 21 22	32	27, 22				35, 33	35	13, 23 15
25	Waste of time	10, 30 4	24, 34 28, 32	24, 26 28, 18	35, 18 34	35, 22 18, 39	35, 28 34, 4	4, 28 10, 34	32, 1 10	35, 28	6, 29	18, 28 32, 10	24, 28 35, 30	
26	Amount of substance	18, 3 28, 40	13, 2 28	33, 30	35, 33 29, 31	3, 35 40, 39	29, 1 35, 27	35, 29 25, 10	2, 32 10, 25	15, 3 29	3, 13 27, 10	3, 27 29, 18	8, 35	13, 29 3, 27
27	Reliability		32, 3 11, 23	11, 32 1	27, 35 2, 40	35, 2 40, 26		27, 17 40	1, 11	13, 35 8, 24	13, 35 1	27, 40 28	11, 13 27	1, 35 29, 38
28	Measurement accuracy	5, 11 1, 23			28, 24 22, 26	3, 33 22, 26	6, 35 25, 18	1, 13 17, 34	1, 32 13, 11	13, 35 2	27, 35 10, 34	26, 24 32, 28	28, 2 10, 34	10, 34 28, 32
29	Manufacturing accuracy	11, 32 1			26, 28 10, 36	4, 17 34, 26		1, 32 35, 23	25, 10		26, 2 18		26, 28 18, 23	10, 18 32, 39
30	Harmful factors acting on object	27, 24 2, 40	28, 33 23, 26	26, 28 10, 18			24, 35 2	2, 25 28, 39	35, 10 2	35, 11 22, 31	22, 19 29, 40	22, 19 29, 40	33, 3 34	22, 35 13, 24
31	Harmful side effects	24, 2 40, 39	3, 33 26	4, 17 34, 26							19, 1 31	2, 21 27, 1	2	22, 35 18, 39
32	Manufacturability		1, 35 12, 18		24, 2			2, 5 13, 16	35, 1 11, 9	2, 13 15	27, 26 1	6, 28 11, 1	8, 28 1	35, 1 10, 28
33	Convenience of use	17, 27 8, 40	25, 13 2, 34	1, 32 35, 23	2, 25 28, 39		2, 5 12		12, 36 1, 32	15, 34 1, 16	32, 26 12, 17		1, 34 12, 3	15, 1 28
34	Repairability	11, 10 1, 16	10, 2 13	25, 10	35, 10 2, 16		1, 35 11, 10	1, 12 26, 15		7, 1 4, 16	35, 1 13, 11		34, 35 7, 13	1, 32 10
35	Adaptability	35, 13 8, 24	35, 5 1, 10		35, 11 32, 31		1, 13 31	15, 34 1, 16	1, 16 7, 4		15, 29 37, 28	1	27, 34 35	35, 28 6, 37
36	Device complexity	13, 35 1	2, 26 10, 34	26, 24 32	22, 19 29, 40	19, 1	27, 26 1, 13	27, 9 26, 24	1, 13	29, 15 28, 37		15, 10 37, 28	15, 1 24	12, 17 28
37	complexity of control					2, 21		2, 5	12, 26	1, 15	15, 10 37, 28		34, 21	35, 18
38	Level of automation	11, 27 32	28, 26 10, 34	28, 26 19, 32	2, 33	2	1, 26 13	1, 12 34, 3	1, 35 13	27, 4 1, 35	15, 24 10	34, 27 25		5, 12 35, 26
39	Productivity	1, 35 10, 38	1, 10 34, 28	18, 10 32, 1	22, 35 13, 24	32, 33 18, 39	35, 28 7, 19	1, 28 7, 19	1, 32 10, 25	1, 35 28, 37	12, 17 28, 24	35, 18 27, 2	5, 12 35, 26	

부록 4
특허출원방법

Creative Design and Lab

특허 · 실용신안·의장·상표의 출원을 원하시는 분은 아래의 절차에 따라 서면출원할 수 있으며, 아래 그림을 클릭하면 자세한 내용을 볼 수 있습니다.

4.1 선등록(기술) 여부조사

본인이 출원하고자 하는 발명(고안, 의장, 상표)이 제3자에 의해 출원 또는 등록되어 있는지 여부를 출원 전에 조사하는 것입니다.

산업재산권의 등록가부는 출원일을 기준으로 결정되므로, 산업재산권 출원인은 본인이 출원하고자 하는 발명(고안, 의장, 상표)이 출원 전에 제3자에 의하여 출원된 출원발명(고안 등) 또는 등록된 권리와 동일 또는 유사한지 여부를 사전에 조사하여 본인출원이 등록거절되는 것을 막을 수 있습니다.

검색방법은 특허청 홈페이지(www.kipo.go.kr)⇒특허정보마당특허기술정보(KIPRIS)⇒한국특허정보원 회원가입 ⇒SGML 등 프로그램 다운로드 설치⇒주요 검색어로 조합하여 검색하거나, 특허청 특허전자도서관, 특허청 서울사무소 열람실, 지방특허정보지원센터를 방문하시어 검색하시면 됩니다.

4.2 사전등록 절차

사전등록 절차는 출원인이 특허청에 특허출원 등 특허에 관한 절차를 밟는 자가 출원인코드를 부여받기 위한 가장 기본적인 단계로서 사람이 태어나 주민등록번호를 부여받는 것과 비슷한 절차입니다.

이 출원인코드는 출원인의 기본 정보(출원인 성명, 주소 등)를 하나의 코드로 관리하기 위하여 필요하며, 향후 특허청에 제출하는 모든 서류에 기재하여야 하는 고유번호가 됩니다.

※ 주의 : 출원인 코드를 부여받기 위해서 날인된 인장과 동일한 인장이 출원서에 날인되어야 합니다.

4.2.1 준비사항

도장, 본인을 증명하는 서류(개인 :주민등록증, 여권, 운전면허증, 법인: 법인등기부등본)

4.2.2 절차안내

사전등록은 온라인으로 하거나 특허청을 직접 방문 또는 서면으로 신청 가능합니다. 구체적인 절차는 아래와 같은 순서에 따라 진행합니다.

(1) 온라인 신청

「특허넷 홈페이지 접속 → 전자출원 → 사전등록절차 → 출원인코드부여 신청서(제4호 서식) 작성 →특허청 전송→ 전자출원 처리결과 조회에서 확인

(2) 특허청 방문신청(서면신청 포함)

1. 대전 종합민원실 또는 서울사무소 민원실을 직접 방문 또는 우편 송부
2. 출원인 코드 부여신청서 작성 및 제출

서식은 홈페이지 → 전자민원창구 → 민원사무 및 서식 → 민원서식에서 다운받아 작성

4.2.3 출원서 등 각종서식 작성

(1) 출원서 작성

출원서류의 내용을 보고 일반인도 기술(창작)의 내용을 사용할 수 있을 정도로 충실하게 기재되어야 합니다. 출원서류를 직접 작성코자 하시면 이미 등록된 특허(실용신안·의장)공보를 견본으로 이용하시면 매우 유익합니다. 또한 자신이 직접 작성할 수 없는 경우 변리사 등 전문가의 도움을 받으실 수 있습니다.

(2) 특허출원 서류

특허출원서, 요약서, 명세서(청구범위 포함), 도면 (필요 시 첨부) 출원서 등 다운로드(전자민원창구 → 민원사무 및 서식 → 민원서식 → 분야별 서식(특허출원) → 제10호 서식)

(3) 실용신안등록출원 서류

출원서, 요약서, 명세서(청구범위 포함), 도면(필수) 출원서 등 다운로드(전자민원창구 → 민원사무 및 서식 → 민원서식 → 분야별 서식(실용신안출원) → 제1호 서식)

(4) 의장등록출원 서류

출원서(심사, 무 심사), 도면 출원서 등 다운로드(전자민원창구 → 민원사무 및 서식 → 민원서식 → 분야별 서식(의장출원) → 제2호 및 제2호의2 서식)

(5) 상표출원 서류

출원서, 견본 출원서 등 다운로드(전자민원창구 → 민원사무 및 서식 → 민원서식 → 분야별 서식(상표출원) → 제1호 서식)

※ 출원 서류는 특허청 홈페이지 → 전자민원창구 → 민원사무 및 서식 → 민원서식→분야별 서식에서 해당서류를 다운로드 받을 수 있으며, 특허청 종합민원실, 특허청 서울사무소, 지역지식재산센터에서도 구하실 수 있습니다.

※ 특허·실용신안·의장·상표별 출원등록 절차에 대한 상세한 안내, 출원서식, 출원견본, 작성요령 등은 별도로 다운로드받아 활용하실 수 있습니다.

4.2.4 출원서 등 제출

(1) 방문접수 시

장소 : 특허청 출원과(종합민원실), 특허청 서울사무소 출원등록과 시간 : 09:00~18:00(동절기 09:00~17:00)

(2) 우편접수 시

장소 : 대전광역시 서구 둔산동 920번지 정부대전청사 특허청장(우편번호 : 302-701) 우체국 소인일자(단, PCT 국제출원은 도달일)를 출원일로 인정합니다.

(3) 수수료 납부

우편접수 시에는 소정의 수수료를 통상환(우체국 발행)으로 교환하여 출원 서류에 첨부 특허청에 제출하시고, 방문접수 시나 온라인 출원 시에는 접수증의 접수번호를 특허청 소정의 영수용지에 납부자번호로 기재하여 접수한 다음날까지 전국 국고수납은행 및 온라인(www.giro.or.kr)으로 납부 가능합니다.

납입영수증은 전자민원창구 → 민원사무 및 서식 → 민원서식 →분야별서식→기타(특허료·등록료·수수료 납입영수증)에서 다운로드 가능

※ 우편접수처 : 대전광역시 서구 둔산동 920번지 정부대전청사 특허청장 우:302-701

(4) 출원번호통지서 수령

접수일로부터 약10일 후에 우편으로 출원번호통지서를 송부하여 드리며, 출원번호통지서는 출원절차가 종료될 때까지 반드시 보관하여 활용하시기 바랍니다

4.2.5 전자출원절차

(1) 사용자등록

특허청에서 출원 등의 절차를 진행하기 위해 본인의 사용자 식별코드를 부여받는 단계입니다. 전자출원을 하기 위해서는 반드시 사용자등록신청(출원인 코드 부여신청 및 전자문서 이용신고)을 하셔야 합니다. 출원인 코드 부여신청과 전자문서 이용신고는 동시에 할 수 있습니다. 다만, 출원인 코드 부여신청시 전자문서 이용신고를 하지 않은 경우 전자문서 이용신고를 하셔야 합니다.

* 전자문서 이용신고 시 비밀번호를 잊으신 경우에는 다시 신고하셔야 합니다.

(2) **인증서 발급**

출원인 코드 부여신청과 전자문서 이용신고 이후 온라인출원 및 전자문서교환을 위해 공인인증서를 등록하거나 특허청인증서를 발급하는 단계입니다.

전자문서 이용 신고 시 비밀번호를 잊으신 경우에는 전자문서 이용신고 단계를 다시 진행하셔야 합니다.

2002년 3월 이전에 출원인 코드신청을 한 출원인/대리인의 경우 전자문서 이용신고에 대한 조회는 접수번호나 출원인성명(명칭)을 이용하셔야 합니다. 처리결과 조회 시 접수번호로 조회가 가능하며 접수번호를 잊었을 경우에는 주민번호, 성명, 접수기간을 모두 입력 후 조회가 가능합니다.

부록 5
트리즈 참고 사이트

Creative Design and Lab

1. 트리즈 관련 사이트

(국내)

한국트리즈협회 (www.triz.or.kr)

트리즈 교육/인증제도 운영

한국트리즈학회 (www.koreatrizcon.com)

트리즈 교육, 학술대회 개최, 국제교류

아이디어 브레인 (www.ideabrain.co.kr)

킴스 트리즈 (www.kimstriz.co.kr)

(국외)

TRIZ Journal (www.triz-journal.com)

MATRIZ **협회** (www.matriz.org)

유럽트리즈협회 (www.etria.net)

Altshuller Institute for TRIZ Studies (www.aitriz.org)

2. 트리즈 자격증 소개

(국내)

한국트리즈협회 인증 자격증

(국외)

MATRIZ 협회 인증 자격증

미국 알트슐러 연구소 인증 자격증

우크라이나 ComCon*Triz International 인증 자격증

찾.아.보.기

본 과제(결과물)는 교육과학기술부의 재원으로 한국연구재단의 지원을 받아 수행된 광역경제권 선도산업 인재양성사업의 연구결과입니다.

Following are results of a study on the "Human Resource Development Center for Economic Region Leading Industry" Project, supported by the Ministry of Education, Science & Tehnology(MEST) and the National Research Foundation of Korea(NRF).

정가 19,000원

이론과 실무능력 향상을 위한 창의적 설계 및 실습

2011년 8월 11일 초판 인쇄

2011년 8월 20일 초판 발행

저 자 : 허 용 정 · 임 사 환

발행자 : 우 명 찬 · 송 준

발행처 : 홍릉과학출판사

주 소 : ㊒ 142-885 서울시 강북구 인수동 455-60

등 록 : 1976년 10월 21일 제5-66호

전 화 : 999-2274~5, 903-7037

팩 스 : 905-6729

ISBN : 978-89-7283-950-7

hongpub@hongpub.co.kr

www.hongpub.co.kr

저자와의 협의하에 인지생략